Ablaufplanung in der Halbleiter- und Elektronikproduktion

Andreas Klemmt

Ablaufplanung in der Halbleiter- und Elektronikproduktion

Hybride Optimierungsverfahren und Dekompositionstechniken

Mit einem Geleitwort von
Prof. Dr.-Ing. habil. Klaus-Jürgen Wolter
und PD Dr.-Ing. Gerald Weigert

RESEARCH

Andreas Klemmt
Dresden, Deutschland

Die vorliegende Arbeit wurde unter dem Titel „Ablaufplanung in der Halbleiter- und Elektronikproduktion: Hybride Optimierungsverfahren und Dekompositionstechniken" am 23.08.2011 als Dissertation an der Fakultät Elektrotechnik und Informationstechnik der Technischen Universität Dresden verteidigt (Tag der Einreichung: 04.04.2011).

Vorsitzender der Promotionskommission:
Prof. Dr.-Ing. habil. Dipl.-Math. K. Röbenack (TU-Dresden)

1. Gutachter: Prof. Dr.-Ing. habil. K.-J. Wolter (TU-Dresden)
2. Gutachter: Prof. Dr. rer. nat. habil. L. Mönch (FernUniversität in Hagen)

ISBN 978-3-8348-1993-2 ISBN 978-3-8348-1994-9 (eBook)
DOI 10.1007/978-3-8348-1994-9

Die Deutsche Nationalbibliothek verzeichnet diese Publikation in der Deutschen Nationalbibliografie; detaillierte bibliografische Daten sind im Internet über http://dnb.d-nb.de abrufbar.

Springer Vieweg

Einbandentwurf: KünkelLopka GmbH, Heidelberg

Gedruckt auf säurefreiem und chlorfrei gebleichtem Papier

Springer Vieweg ist eine Marke von Springer DE. Springer DE ist Teil der Fachverlagsgruppe Springer Science+Business Media.
www.springer-vieweg.de

Geleitwort

Dieses Buch widmet sich der Thematik der Ablaufplanung in Produktionsprozessen und deren Optimierung, im englischen Sprachraum auch kurz als Scheduling bezeichnet. Sein Inhalt fasst die Ergebnisse einer mehrjährigen und sehr erfolgreichen Zusammenarbeit zwischen einem Universitätsinstitut und einem namhaften Industrieunternehmen zusammen und ist zugleich die Dissertation seines Autors Andreas Klemmt. Wie für eine Dissertation typisch, werden spezielle Probleme, hier aus dem Bereich der Halbleiter- und Elektronikproduktion, beschrieben. Dennoch geht die Bedeutung des Buches weit über den ursprünglich enger gesteckten Rahmen hinaus und dürfte daher auch einen breiteren Leserkreis interessieren.

Es ist allgemein bekannt, dass gerade die Halbleiterproduktion mit ihren komplexen Strukturen und ihren extremen Anforderungen an die Umgebungsbedingungen besonders hohe Anforderungen an die Ablaufplanung stellt und somit auch auf diesem Gebiet als Technologietreiber wirkt. Hunderte von Prozessschritten in Verbindung mit komplizierten Nebenbedingungen wie z.B. Zirkulation im Prozessablauf, restriktive Dedizierung von Anlagen und Ausrüstungen oder Zeitschranken zwischen aufeinanderfolgenden Prozessschritten verhindern die Optimierung des Gesamtsystems, oft aber auch schon die Optimierung einzelner Teilsysteme. In diesem Kontext ist es bemerkenswert, dass es dem Autor gelungen ist, einzelne Fertigungsabschnitte so zu zerlegen, dass auch für praktisch relevante Größenordnung der Einsatz der klassischen Methode der gemischt-ganzzahligen Optimierung (MIP – Mixed Integer Programming) möglich wird. Durch die geschickte Verbindung ereignisdiskreter Simulationsmethoden mit dem Ansatz der MIP-Modellierung wird nicht nur die Anschaulichkeit erhöht, sondern es eröffnen sich darüber hinaus auch neue Möglichkeiten für die Effizienzsteigerung der Lösungsalgorithmen. Hier zeigt sich – wie so oft –, dass gerade die Verknüpfung unterschiedlicher Methodenapparate, die zunächst unabhängig voneinander entwickelt und angewendet werden, überraschende neue Möglichkeiten eröffnen.

Das Buch gliedert sich im Wesentlichen in drei Hauptteile. Der erste Teil enthält einen kurzen Abriss der theoretischen Grundlagen der Optimierung im Allgemeinen und deren Anwendung auf die Ablaufplanung, soweit es für das Verständnis der nachfolgenden Kapitel erforderlich ist. Im zweiten und umfangreichsten Teil werden die MIP-Modelle für verschiedene Anwendungsbeispiele entwickelt. Darüber hinaus wird dargestellt, wie sich die Gleichungssysteme des MIP-Modells auch aus ereignisdiskreten Simulationsmodellen automatisch erzeugen lassen bzw. wie sich die Ergebnisse der Optimierung mit Hilfe der Simulation veranschaulichen und interpretieren lassen. Breiten Raum nimmt die Beschreibung von Methoden zur Dekomposition von Problemstellungen ein. Dabei haben die behandelten Probleme größtenteils praktische Relevanz, sowohl die Größenordnung und die Komplexität der Nebenbedingungen als auch die Zielstellungen betreffend. So kommt beispielsweise der gewichteten totalen Verspätung als Zielgröße eine größere Bedeutung zu, als das in der akademischen Literatur oft üblich ist. Ebenso stellt sich der Autor den besonderen Herausforderungen einer rollierenden Planung. Der dritte Teil des Buches widmet sich schließlich einigen Aspekten der Implementierung der hier vorgestellten Methoden, womit zugleich der Beweis ihrer Praxistauglichkeit erbracht wird.

Dass Andreas Klemmt den aktuellen Wissensstand auf seinem Gebiet sehr genau studiert hat, findet nicht zuletzt im umfangreichen Quellenverzeichnis seinen Niederschlag. Dabei zeigt sich, dass die Grenzen für die Anwendung mathematischer Optimierungsmethoden in der Ablaufplanung – und damit sind keineswegs nur MIP-Modelle gemeint, auf die sich der Autor hier festgelegt hat – noch lange nicht ausgereizt sind. Entgegen einem immer noch weit verbreiteten Vorurteil lassen sich diese Methoden inzwischen auch in der Praxis anwenden und sind nicht nur auf rein akademische Problemstellungen beschränkt. Wir sind sicher, dass nicht nur wissenschaftlich interessierte Fachkollegen und Studenten das Buch mit Gewinn lesen werden, sondern auch Praktiker bzw. Entscheidungsträger in der Industrie, die sich mit der Ablaufplanung täglich auseinandersetzen müssen. Für die Entwickler von Planungs- und Steuerungssystemen steht der Nutzen ohnehin außer Frage, da hier durchaus wegweisende Methoden vorgestellt werden, die in den kommenden Jahren weiterentwickelt und zunehmend Eingang in entsprechende Softwaresysteme finden werden.

Prof. Dr. K.-J. Wolter
PD Dr. G. Weigert

Danksagung

Diese Arbeit entstand während meiner Tätigkeit als wissenschaftlicher Mitarbeiter am Institut für Aufbau- und Verbindungstechnik der Elektronik der Technischen Universität Dresden. Herrn Prof. Dr.-Ing. habil. Klaus-Jürgen Wolter möchte ich an dieser Stelle recht herzlich für die Betreuung und die Unterstützung meiner Arbeit danken. Gleiches gilt für Herrn Prof. Dr.-rer. nat. habil. Lars Mönch, dem ich besonders für die interessante, überregionale Zusammenarbeit, den daraus resultierenden Publikationen sowie den zahlreichen Hinweisen danke. Meinem Betreuer Herrn PD Dr.-Ing. Gerald Weigert danke ich für die vielen fachlichen Diskussionen und für die konstruktiven Kritiken, die maßgeblich diese Arbeit mitgestaltet haben.

Weiterhin bedanke ich mich bei meinen Kollegen Sven Horn und Jan Lange sowie meinen Diplomanden Eik Beier, Sebastian Werner und Dirk Doleschal, die maßgeblich an der Entwicklung und am Test von Programmen und Methoden mitgewirkt haben.

Weiterer Dank gilt ebenfalls den beteiligten Mitarbeitern unserer Industriepartner Infineon und Qimonda, die durch Ihre Aufgabenstellungen und ihr Mitwirken diese Arbeit erst möglich gemacht haben. Stellvertretend seien an dieser Stelle Thomas Jähnig, Petra Schönig, Gerolf Thamm, Sebastian Werner, Frank Lehmann und Jens Seyfert genannt.

Ein ganz besonderer Dank gilt zuletzt meiner lieben Frau Mandy und meiner kleinen Tochter Lisa für die Geduld sowie die fortwährende Unterstützung, ohne die diese Arbeit nicht möglich gewesen wäre.

Andreas Klemmt
Dresden, Dezember 2012

Das Forschungsvorhaben wurde im Rahmen der Technologieentwicklung mit Mitteln des Europäischen Fonds für regionale Entwicklung (EFRE) 2006-2011 und mit Mitteln des Freistaates Sachsens gefördert (Projektnummer 11150/1735, 13140/2171 und 13139/2219).

Inhaltsverzeichnis

Abkürzungsverzeichnis

ATC	Apparent Tardiness Cost (Prioritätsregel)
BATC	Batch Apparent Tardiness Cost (Prioritätsregel)
BFIFO	Batch First In First Out (Prioritätsregel)
BPRIO	Batch Priority (Prioritätsregel)
BP	Binäres Optimierungsproblem (engl. Binary Program)
CAP	Kapazitives Optimierungsproblem (engl. Capacity Allocation Problem)
CNF	Konjugierte Normalform (engl. Conjunctive Normal Form)
COP	Constraint-Optimierungsproblem (engl. Constraint Optimization Program)
CP	Constraint-Programmierung (engl. Constraint Programming)
CSP	Constraint Satisfaction Problem
CVD	Chemische Gasphasenabscheidung (engl. Chemical Vapour Deposition)
DES	Ereignisdiskrete Simulation (engl. Discrete Event Simulation)
EDD	Earliest Due Date (Prioritätsregel)
FIFO	First In First Out (Prioritätsregel)
GA	Genetischer Algorithmus
GS	Greedy Search (Heuristik)
GUI	Grafische Benutzeroberfläche (engl. Graphical User Interface)
IP	Ganzzahliges lineares Optimierungsproblem (engl. Integer Program)
LP	Lineares Optimierungsproblem (engl. Linear Program)
LS	Lokale Suche (engl. Local Search)
ILS	Iterative lokale Suche (engl. Iterated Local Search)
LPT	Longest Processing Time (Prioritätsregel)
MBP	Gemischt-binäres Optimierungsproblem (engl. Mixed Binary Program)
MES	Produktionsleitsystem (engl. Manufacturing Execution System)
MIP	Gemischt-ganzzahliges lineares Optimierungsproblem (engl. Mixed Integer Program)
MTO	Minimum Time Offset (Prioritätsregel)
MS	Minimum Slack (Prioritätsregel)
PoP	Package on Package
PVD	Physikalische Gasphasenabscheidung (engl. Physical Vapour Deposition)
RTC	Ressourcenverfolgung (engl. Ressource Tracking Control)
RTD	Real-Time Dispatcher
RW	Random Walk (Heuristik)

SAT	Erfüllbarkeitsproblem der Aussagenlogik (engl. Satisfiability Problem)
SDD	Small Difference Degree (Prioritätsregel)
SiP	System in Package
SPT	Shortest Processing Time (Prioritätsregel)
SST	Shortest Setup Time (Prioritätsregel)
TA	Threshold Accepting (Heuristik)
TS	Tabu Search (Heuristik)
WLP	Wafer Level Packaging
TSV	Through-Silicon Vias
SMT	Oberflächenmontage (engl. Surface Mount Technology)
VNS	Variable Nachbarschaftssuche (engl. Variable Neighborhood Search)
WIP	Arbeitsvorrat (engl. Work In Process)
WSPT	Weighted Shortest Processing Time (Prioritätsregel)

Abbildungsverzeichnis

Tabellenverzeichnis

1. Einleitung

1.1. Motivation und Zielstellung

Die Optimierung von Problemen der *Ablaufplanung* (engl. Scheduling) in der Halbleiter- und Elektronikproduktion gewinnt zunehmend an Bedeutung. Die Gründe hierfür liegen in den steigenden Anforderungen neuer Technologien an die Fertigung, resultierend aus der Erhöhung der Funktionsdichte auf dem Chip bzw. dem *Package*[1], der zunehmenden Produktvielfalt und -flexibilität sowie dem stetig wachsenden Kostendruck auf die Produktion. Dieser Handlungszwang führt Halbleiter- und Elektronikhersteller vermehrt dazu, den Einsatz von Methoden für eine optimierte, echtzeitfähige Ablaufplanung zu prüfen, die noch vor einigen Jahren aufgrund der begrenzten Leistungsfähigkeit verfügbarer Computer undenkbar waren. Das Ziel einer solchen Ablaufplanung ist es, ideale Steuerungsentscheidungen für die laufende Fertigung abzuleiten. Gegenwärtig werden sowohl simulationsbasierte Verfahren als auch Ansätze der mathematischen Optimierung für die Erzeugung von optimierten Ablaufplänen untersucht. Diese Verfahren sind in der Lage, komplexen Problemstellungen mit einer Vielzahl von Lösungsvarianten zu begegnen, bei einer definierten Ausrichtung auf eine Zielfunktion und unter sich ändernden Nebenbedingungen.

An dieser Stelle setzt die Arbeit an. Zunächst wird der technologische Herstellungsprozess elektronischer Bauelemente bzw. Baugruppen skizziert. Anschließend werden die sich daraus ergebenden Problemstellungen für die Ablaufplanung hergeleitet. Weiterhin werden typische Ziele der Ablaufplanung vorgestellt sowie grundlegend verschiedene Methoden zur Modellierung und Optimierung von Ablaufplanungsproblemen diskutiert. Zu diesen Methoden gehören insbesondere prioritätsregelbasierte Verfahren, simulationsbasierte Ansätze sowie mathematische Optimierungsverfahren. Jedes dieser Verfahren hat sich bereits in der Praxis, unabhängig voneinander, für spezielle Anwendungen bzw. Problemstellungen bewährt.

Ein genauer Vergleich der Vor- und Nachteile dieser Methoden sowie eine detaillierte Herausarbeitung ihrer jeweiligen Anwendungsgrenzen ist die Basis für einen neuen, hybriden Optimierungsansatz. Dieser besteht in der Kopplung prioritätsregelbasierter, simulationsbasierter und exakter Lösungsverfahren und stellt den innovativen Kern dieser Arbeit dar. Das Ziel dieses hybriden Optimierungsansatzes ist, die Vorteile der zuvor vorgestellten Verfahren miteinander zu vereinen. Die Basis bildet dabei ein allgemeines mathematisches Optimierungsmodell für definierte Klassen von Ablaufplanungsproblemen. Dieses ist modular, d.h. nach einer Art Baukastenprinzip aufgebaut und erlaubt die Ableitung problemangepasster mathematischer Modelle. Als Frontend für die Modellierung wird ein Simulationssystem verwendet. Dadurch wird die

[1] Der Begriff Package bezeichnet den verkapselten Verbund von einem oder mehreren Mikrochips auf einem Zwischenverdrahtungsträger. Der Zwischenverdrahtungsträger wird nachfolgend auch Substrat genannt.

Erzeugung mathematischer Modelle für Ablaufplanungsprobleme, auch ohne explizites Modellierungswissen, für Praktiker möglich.

Anhand von zahlreichen Beispielen wird die Qualität und Flexibilität dieses neuen, hybriden Optimierungsverfahrens sowohl bzgl. verschiedener Nebenbedingungen als auch unterschiedlicher Zielstellungen an die Ablaufplanung deutlich. Weiterhin werden mögliche Erweiterungen des allgemeinen Optimierungsmodells motiviert und erläutert. Durch die Lösung von mehr als 100.000 Instanzen von Ablaufplanungsproblemen – die größtenteils auf in der Literatur verfügbaren Testinstanzen beruhen – wird der neue Ansatz untersucht, dieser mit alternativen Ansätzen verglichen sowie dessen Anwendungsgrenzen bewertet.

Im zweiten Teil der Arbeit werden Dekompositionstechniken untersucht, die es erlauben, auch praktische Problemstellungen bzw. -größen mit dem vorgestellten hybriden Optimierungsansatz zu bearbeiten. Diese basieren auf dem Prinzip der Zerlegung eines Ablaufplanungsproblems in lösbare Teilprobleme. Auf der Basis von Fertigungsdaten eines führenden Halbleiterherstellers werden diese Verfahren anschließend untersucht und evaluiert. Dies stellt den Bezug der zunächst theoretischen Untersuchungen zu praxisbezogenen Problemstellungen her. Obwohl der hybride Optimierungsansatz ausschließlich an typischen Problemstellungen der Halbleiterindustrie untersucht wird, ist dieser auch auf verwandte Ablaufplanungsprobleme anderer Fertigungsbereiche anwendbar.

1.2. Wissenschaftliche Einordnung und Abgrenzung des Themas

Die Behandlung von Problemen der Produktions- und Ablaufplanung ist Gegenstand der Forschungen verschiedener Wissenschaftsdisziplinen. Hierzu gehören insbesondere Mathematik, Informatik, Wirtschaftswissenschaft sowie verschiedene Ingenieurwissenschaften. Zum einen resultiert dies aus der Vielschichtigkeit der Produktionsplanung (vgl. Abbildung 1.1), zum anderen aus der Verwendung verschiedener Modellierungsansätze.

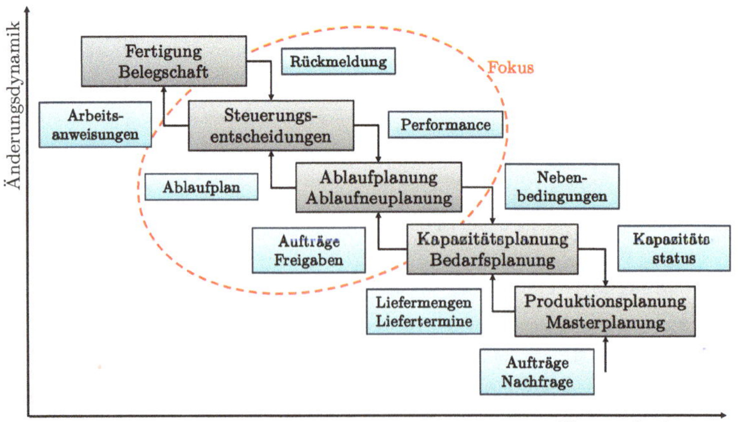

Abbildung 1.1.: Fokus der Arbeit (Darstellung in Anlehnung an Pinedo [Pin05])

Während bei einer längerfristigen Produktionsplanung primär kapazitive Aussagen (z.B. Liefermengen in bestimmten Perioden) auf der Basis vereinfachter, statischer Modelle erzeugt werden, basieren die Ergebnisse der kurzfristigen bzw. operativen Planung auf dynamischen Modellen, die oft eine deutliche feinere Granularität aufweisen. Der Fokus dieser Arbeit liegt auf diesen kurzfristigen Modellen. Dabei werden ausschließlich deterministische Modelle[2] für die Beschreibung von Ablaufplanungsproblemen betrachtet, die eine operative Anwendung, d.h. die Möglichkeit, aus lokal optimierten Ablaufplänen Steuerungsentscheidungen abzuleiten, zulassen. Alle Untersuchungen finden, mit Blick auf die Anforderung der Echtzeitfähigkeit, unter zeitlicher Beschränkung (z.B. maximale Dauer einer Optimierung) statt. Stochastische Modelle und Ansätze der Warteschlangentheorie, die primär der Leistungsbewertung eines Produktionssystems dienen, werden in dieser Arbeit nicht behandelt.

Weiterhin werden die Eigenschaften des Produktionssystems, d.h. Nebenbedingungen wie Arbeitspläne, Bearbeitungszeiten, Maschinenkapazitäten etc., als nicht veränderbar betrachtet. Ausschließlich die Erzeugung von Ablaufplänen, d.h. die optimierte zeitliche Zuordnung von Jobs zu Maschinen unter Beachtung dieser Nebenbedingungen sowie die daraus resultierende Ableitung von Steuerungsentscheidungen, sind der Untersuchungsgegenstand dieser Arbeit. Die behandelten Ablaufplanungsprobleme werden in den Abschnitten 4.1 und 5.2 weiter eingegrenzt.

1.3. Aufbau der Arbeit

Eine Konkretisierung der untersuchten Aufgabenstellung erfolgt in Kapitel 2 nach einer kurzen Beschreibung des technologischen Herstellungsprozesses elektronischer Bauelemente bzw. Baugruppen. Aus diesen Darstellungen werden verschiedene Problemstellungen für eine optimierte Ablaufplanung abgeleitet. Eine Auflistung aller in dieser Arbeit zu lösenden Teilaufgaben schließt Kapitel 2 ab.

Die notwendigen Voraussetzungen zum Verständnis der Arbeit werden in Kapitel 3 vermittelt. Dies betrifft insbesondere Begriffsbildungen sowie Grundlagen aus dem Bereich der mathematischen Optimierung. Im nachfolgenden Kapitel 4 erfolgt eine Einführung in die Theorie der Ablaufplanung. An dieser Stelle werden für die Arbeit gültige Definitionen, Notationen sowie Klassifikationen einheitlich festgelegt. Weiterhin werden verschiedene existierende Methoden zur Ablaufplanung vorgestellt. Mit einem ersten Vergleich dieser Verfahren in Abschnitt 4.4 beginnt der innovative Teil der Arbeit. Dieser Vergleich stellt ebenfalls die Motivation für Kapitel 5 dar, in welchem eine Kopplung simulationsbasierter und exakter Optimierungsverfahren in einem neuen, hybriden Ansatz vorgestellt wird. Detaillierte Untersuchungen dieses Ansatzes auf der Basis bekannter Problemstellungen (Benchmarks) sowie ein Fazit schließen dieses erste Kernkapitel der Arbeit ab.

Ausgewählte praxisbezogene Ablaufplanungsprobleme der Halbleiterindustrie werden mit dem hybriden Optimierungsansatz in Kapitel 6 untersucht. Hierbei werden insbesondere auch zeit- und maschinenbasierte Dekompositionstechniken eingesetzt. Umfangreiche Untersuchungen eines praktischen Ablaufplanungsproblems sowie ein Ausblick auf weitere mögliche Anwendungs-

[2]Zahlreiche Gründe für den Einsatz deterministischer Modelle für die (operative) Ablaufplanung werden in Ovacik und Uszoy [OU97] genannt.

fälle schließen dieses zweite Kernkapitel der Arbeit ab. Implementierungsaspekte, welche die praktische Verwertbarkeit der erzielten Ergebnisse unterstreichen, werden in Kapitel 7 diskutiert. An dieser Stelle wird auch auf einige Herausforderungen bei der Umsetzung der Forschungsarbeiten hingewiesen.

Die Arbeit schließt mit einer Zusammenfassung und einem Ausblick in Kapitel 8 ab. Weiterführende Ergänzungen, Grundlagen, Modelle, Algorithmen sowie detaillierte Einzelauswertungen werden im anschließenden Anhang zusammengefasst, auf den jeweils an den entsprechenden Stellen des Haupttextes verwiesen wird.

2. Problembeschreibung

In diesem Kapitel wird die bearbeitete Aufgabenstellung konkretisiert. Hierzu wird in Abschnitt 2.1 zunächst der primäre Untersuchungsgegenstand – die Herstellung elektronischer Bauelemente bzw. Baugruppen – prozesstechnologisch skizziert. Weiterhin werden daraus resultierende Problemstellungen für die Ablaufplanung abgeleitet. In Abschnitt 2.2 werden unterschiedliche Zielstellungen an eine optimierte Ablaufplanung erläutert. Außerdem erfolgt eine Präzisierung der bearbeiteten Aufgabenstellungen.

Als Grundlagenliteratur für die nachfolgenden prozesstechnischen Betrachtungen wurden [Hil08, Inf05, WW03, Tum01] sowie die angegebenen Internetquellen[1] verwendet.

2.1. Prozessbetrachtungen

Der Herstellungsprozess komplexer elektronischer Baugruppen lässt sich grob in vier Phasen unterteilen (vgl. Abbildung 2.1). Im so genannten *Frontend* einer Halbleiterfertigung werden zunächst mikroelektrische Schaltungen, d.h. Halbleiterchips, hergestellt. Dies geschieht durch das Auftragen funktionaler Schichten auf der Oberfläche einer hochreinen, einkristallinen Siliziumscheibe – dem so genannten *Wafer*. Der fertig bearbeitete Wafer verlässt das Frontend mit einer bestimmten Anzahl von Halbleiterchips, abhängig von der Packungsdichte der erzeugten Strukturen und dem Umfang der Funktionen. Die zweite Phase stellt der *Wafer-Test* dar. Hier werden die Chips auf dem Wafer verschiedenen Tests unterzogen. Nach dem Wafer-Test werden die Wafer im *Backend* zersägt und die nun vereinzelten Chips auf Substrate montiert. Verschiedene Aufbauformen (Packages) können dabei realisiert werden. Abschließend werden die erzeugten Packages umfangreich getestet. In einem vierten Schritt, der *Baugruppenfertigung*, werden verschiedene elektronische Bauelemente auf eine Leiterplatte zu größeren funktionalen Einheiten montiert.

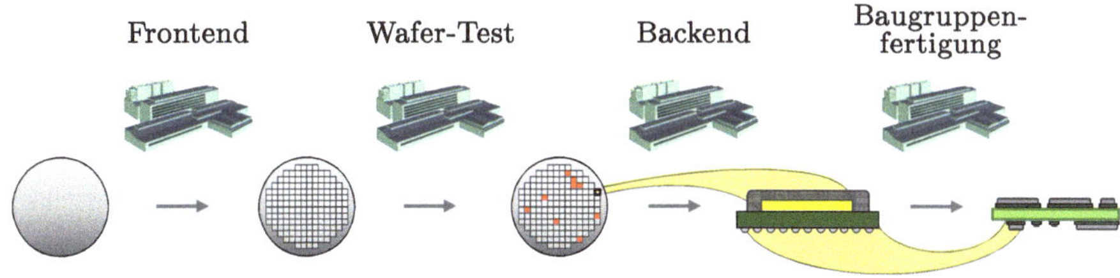

Abbildung 2.1.: Grobdarstellung des Herstellungsprozesses elektronischer Baugruppen (Darstellung in Anlehnung an Potoradi et al. [PBM+02] und Horn [Hor08])

[1] Insbesondere die Seite www.halbleiter.org ist hierbei hervorzuheben – Stand Oktober 2010.

In den nachfolgenden Unterabschnitten 2.1.1 bis 2.1.4 werden diese Stationen des technologischen Herstellungsprozesses genauer dargestellt und mit Blick auf die resultierenden Problemstellungen an die Ablaufplanung analysiert.

2.1.1. Frontend

Im Frontend werden die Elemente mikroelektronischer Schaltungen erzeugt. Dies geschieht durch das Dotieren des Wafers sowie durch gezieltes Aufbringen funktionaler Materialschichten. Durch die Abfolge der übereinander angeordneten Einzelschichten (Isolierschichten, Leiterbahnen, Schichten mit bestimmten Leitfähigkeiten) entstehen Schaltungen mit Transistoren, Kondensatoren und Widerständen. Aufgrund der hohen Miniaturisierung dieser Bauelemente entstehen hohe Anforderungen sowohl an die Produktionsumgebung (Reinraum) als auch an den Herstellungsprozess. Dieser ist gekennzeichnet von einer Vielzahl technologischer und logistischer Nebenbedingungen (z.B. der Umrüstungen von Anlagen, den Bedarf an Hilfsmitteln, Zeitkopplungen, Batch-Bearbeitung etc.), die nachfolgend ausführlich erläutert werden. Zur Illustration der fortschreitenden Miniaturisierung fasst Tabelle 2.1 die Entwicklung der Transistoranzahl pro Chip (speziell Mikroprozessor) über einen Zeitraum von ca. 40 Jahren zusammen[2].

Mikroprozessor	Anzahl Transistoren	Entwicklungsjahr
Intel 4004	2.300	1971
Intel 80286	134.000	1982
Intel Pentium (P5)	3.100.000	1993
AMD K5	4.300.000	1996
AMD K7 (Athlon)	37.000.000	2000
Intel Pentium 4	125.000.000	2004
Intel Core 2	410.000.000	2007
Intel Core i7	731.000.000	2008
Intel Itanium 2 Tukwila	2.046.000.000	2010

Tabelle 2.1.: Zeitliche Entwicklung der Anzahl an Transistoren ausgewählter Mikroprozessoren

Die Steigerung der Integrationsdichte auf dem Halbleiterchip führt zunehmend dazu, dass die Anforderungen und Kosten der Prozesse und Ausrüstungen stetig steigen[3]. Daraus resultieren stetig neue und immer komplexere Anforderungen an die Ablaufplanung. Eine effektive Ausnutzung der vorhandenen Ressourcen gewinnt hinsichtlich dieses Kostenaspektes in den letzten Jahren zunehmend an Bedeutung. Eine Untersuchung von SEMATECH, einem Konsortium der weltweit größten Halbleiterhersteller[4], unterstreicht dies. Dem Mooreschen Gesetz folgend wird für die Produktion von integrierten Halbleiterbauelementen eine durchschnittliche jährliche Kostensenkung von ca. 30% pro Chip angestrebt, um wettbewerbsfähig zu bleiben. Als Maßnahmen zum

[2] Quelle: www.halbleiter.org – Stand Oktober 2010.

[3] Zunehmend werden sowohl optische als auch materialbedingte Grenzen erreicht, die aus den Strukturverkleinerungen resultieren. Zum Beispiel führt die Querschnittsverkleinerung von Leiterbahnen zu Diffusions- und Elektromigrationseffekten.

[4] Offizielle Homepage: http://www.sematech.org – Stand: Oktober 2010.

Erreichen dieser Kostensenkung werden vorrangig neue Technologien für die Herstellung kleinerer Strukturabmessungen, größere Wafer sowie Ausbeute- und Produktivitätsverbesserungen angeführt. Abbildung 2.2 stellt die zeitliche Veränderung der prozentualen Anteile dieser Maßnahmen dar. Ähnliche Untersuchungsergebnisse sind in [SF00, GFA+02] zu finden.

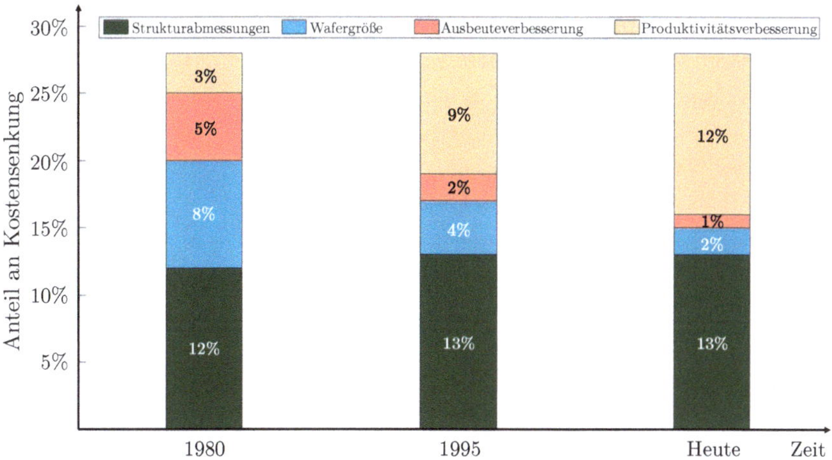

Abbildung 2.2.: Zeitliche Entwicklung der Anteile zur Kostenreduktion (Quelle: SEMATECH)

Die Erzeugung von Schaltungen bzw. Strukturen auf dem Wafer erfolgt in mehreren hundert Prozessschritten [MSPF07, YKJ09]. Hierbei werden einzelne Prozessschritte mehrfach durchlaufen, was zu Zyklen in der Fertigung führt, die sich erschwerend auf die Ablaufplanung auswirken. Als Ergebnis wird ein Wafer über einen Zeitraum von mehreren Wochen bzw. Monaten bearbeitet, bis dieser seinen Auslieferungszustand erreicht hat [PBM+02]. Ein häufig verwendeter Indikator für die Komplexität einer erzeugten mikroelektronischen Schaltung ist die Anzahl an Lithographieebenen. Diese liegt typischerweise zwischen 20 und 30 [CM07].

In der Regel werden 25 Wafer zu einem Los zusammengefasst und in so genannten *FOUP's* (engl. Front Opening Unified Pod) bzw. *Horden* zwischen den einzelnen Prozessschritten transportiert [Wer07]. Nachfolgend werden einige Prozessschritte des Frontends skizziert und in Hinblick auf resultierende Problemstellungen für die Ablaufplanung analysiert. Lose werden dabei auch Jobs, Hilfsmittel auch sekundäre Ressourcen genannt. Diese Bezeichnungen resultieren aus allgemeineren Begriffsbildungen der Ablaufplanung, die in Abschnitt 4.1 behandelt werden.

Lithographie

Der Lithographieprozess findet in einem Clustertool statt[5]. Zunächst wird auf dem Wafer ein lichtempfindlicher Fotolack aufgetragen. Dieser muss u.U. zusätzlich mit einer Antireflexionsschicht (engl. Anti Reflexion Coating) versehen werden. Anschließend findet die eigentliche Belichtung statt. Hierbei werden durch einen aufgeweiteten Laserstrahl die Strukturen einer *Maske* bzw. eines *Retikels* (engl. Reticle) auf den lichtempfindlichen Fotolack übertragen. Abbildung 2.3 stellt dies dar. Durch ein Linsensystem erfolgt zusätzlich eine Verkleinerung des Maskenabbildes.

[5] Als Clustertools bezeichnet man Maschinen mit mehreren (relevanten) internen Prozessschritten.

Je nach Anzahl der notwendigen Bildfelder wird der Belichtungsprozess pro Wafer mehrfach wiederholt. In einem dritten Prozessschritt wird der Fotolack in einem chemischen Bad entwickelt. Dabei werden bei einem Positivlack die belichteten Bereiche und bei einem Negativlack die nichtbelichteten Bereiche herausgelöst. Mit Hilfe eines abschließenden Wärmebehandlungsprozesses werden die verbliebenen Lackstrukturen stabilisiert. Durch diese werden nun Teile des Wafer abgedeckt, d.h., die darunter liegenden Bereiche können durch nachfolgende Implantations-, Abscheide- oder Ätzschritte nicht verändert werden.

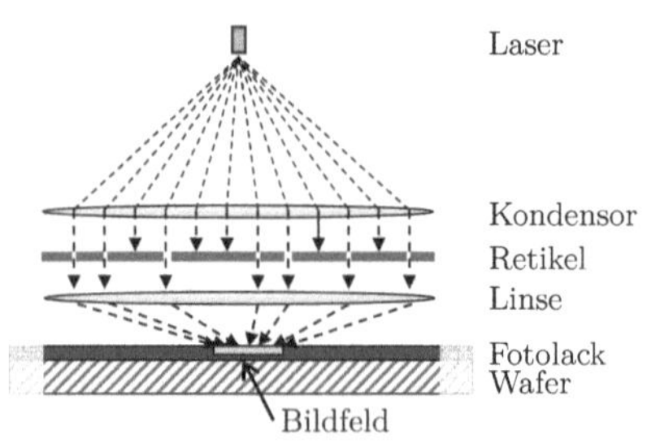

Abbildung 2.3.: Lithographieprozess (Darstellung in Anlehnung an [CHL08])

Problemstellungen für die Ablaufplanung: Die Lithographie ist auf Grund der hochgenauen Maschinen und der steigenden Anzahl an Retikeln pro Produkt der teuerste Prozessschritt in der Halbleiterfertigung [CM07]. Daraus resultierend ist dieser Prozessschritt häufig ein kapazitiver Engpass einer Halbleiterfabrik [CHL08] und aus diesem Grund von besonderem Interesse für die Ablaufplanung. Zur Bearbeitung eines Wafers auf einer Lithographieanlage muss das benötigte Retikel in dieser vorhanden sein. Retikel sind zwischen den Anlagen verlagerbar und stellen sekundäre Ressourcen dar [CM07]. Weiterhin müssen die zugehörigen Lacke auf der Anlage installiert und der Prozess qualifiziert sein. Eine Neuqualifikation von Prozessen bzw. eine Lackinstallation hat erhebliche Aufwände bzw. Kosten zur Folge. Diese macht diese Qualifikationen ebenfalls zum Ziel einer Optimierung [KLW+10]. Erschwerend existieren weiterhin komplexe Dedizierungsnebenbedingungen, d.h. Prozessfreigaberegeln.

Dotieren

Durch das Dotieren werden lokal Fremdatome in den Halbleiterkristall eingebracht, um gezielt dessen Leitfähigkeit durch Elektronenüberschuss bzw. -mangel zu verändern. Hierbei gibt es zwei grundlegend verschiedene Verfahren: Ionenimplantation und Diffusion.

Bei der Ionenimplantation werden Ionen nach einer Beschleunigung in einem elektrischen Feld auf den Wafer gelenkt. Die Fremdatome können dabei, abhängig von der Beschleunigung, gezielt in verschiedenen Tiefen des Wafers eingelagert werden. Als Masken reichen hierzu Fotolacke aus. Durch den Ablauf bei Raumtemperatur verhindert dieses Verfahren ein Ausdiffundieren anderer Dotierstoffe. Mittels Ionenimplantation lassen sich jedoch keine dreidimensionalen Strukturen (z.B. Gräben) dotieren. Nach einer Implantation findet immer ein Ofenprozess statt, um die im Kristallgitter entstandenen Schäden auszuheilen.

Die Diffusion ist ein typischer Ofenprozessschritt. Hierbei wird ein Trägergas mit einem Dotierstoff angereichert und dieses anschließend in einem Reaktor – unter hoher Temperatur – über die Wafer geleitet. Die Dotierstoffe breiten sich im Halbleiterkristall aus, bis das Konzentrationsgefälle ausgeglichen ist oder die Prozesstemperatur wieder abgesenkt wird. Die Dotierstoffe bilden sich nicht nur senkrecht, sondern auch seitlich aus. Bereiche, die nicht dotiert werden sollen, müssen mit einer Schicht aus Siliziumdioxid abgedeckt werden.

Problemstellungen für die Ablaufplanung (Ionenimplantation): Die Ionenimplantation ist ein Hochvakuumprozess, der auf Grund verschiedener Verbrauchsmittel (Gase, Energie) und teurer Maschinen relativ hohe Kosten pro Wafer verursacht. Das Problem der Ablaufplanung besteht bei diesem Prozessschritt in einer optimierten Steuerung von Anlagenumrüstungen. Gas-, Dosis- und Energiewechsel der Anlagen, die zum Teil erhebliche Rüstzeiten beanspruchen, sind mit Blick auf den aktuellen Losbestand zielgerichtet zu optimieren [HFC00, AS07].

Problemstellungen für die Ablaufplanung (Diffusion): Ofenprozesse sind vergleichsweise günstige Prozessschritte, da in einem Reaktor gleichzeitig sehr viele Wafer[6] (insbesondere auch Wafer verschiedener Lose) mit denselben Prozessanforderungen (Gas, Dotierstoff, Temperatur, Dauer) bearbeitet werden können. Hierzu werden diese zunächst durch einen Roboter in ein so genanntes *Boot* geladen und dieses anschließend in den Reaktor der Anlage gefahren[7] (vgl. Abbildung 2.4). Man spricht in diesem Zusammenhang auch von einer parallelen Batch-Bearbeitung mit inkompatiblen Familien. Um Spannungen und Risse im Wafer zu vermeiden, wird der Reaktor nur langsam bis auf ca. 1200°C aufgeheizt. Die daraus resultierende, verhältnismäßig lange Prozessdauer und die Batch-Bearbeitung führen zu erheblichen Diskontinuitäten[8] im Losfluss [MU98]. Die Ablaufplanung von Batch-Prozessen ist daher Gegenstand zahlreicher Untersuchungen [MBFP05, KWAM09], die in Abschnitt 6.1.1 detaillierter dargestellt werden.

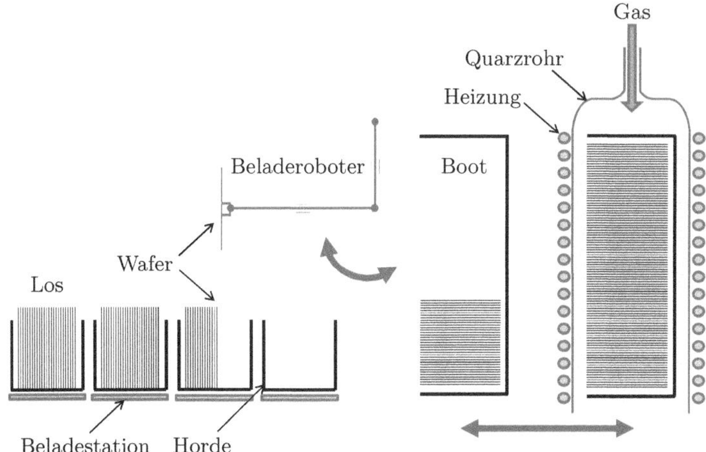

Abbildung 2.4.: Schematische Darstellung eines Ofenprozesses

Oxidation

Die Oxidation ist ein weiterer typischer Ofenprozess. Hierbei wird Sauerstoff in einem Reaktor unter hoher Temperatur (ca. 1500°C) über die Wafer geleitet, wodurch dieser an der Oberfläche der Wafer zu Siliziumdioxid reagiert. Oxidschichten haben zahlreiche Funktionen, wie die Isolation von Leiterbahnen, als Maskierung für Diffusionsprozesse oder auch als Schutz vor

[6]Zum Teil über 200 Wafer pro Bearbeitung.

[7]Der Entladevorgang findet in umgekehrter Reihenfolge statt.

[8]Als eine bildliche – auf den Alltag übertragene – Darstellung kann man eine Batch-Bearbeitung mit einem Fahrstuhl und serielle Bearbeitung mit einer Rolltreppe vergleichen.

mechanischer Beschädigung. Ist die Oberfläche des Wafers (Silizium) durch andere Schichten verdeckt, muss das Oxid über ein Abscheideverfahren aufgebracht werden.

Problemstellungen für die Ablaufplanung: Aus der Sicht der Ablaufplanung bestehen ähnliche Problemstellungen (Batch-Bearbeitung) wie bei Diffusionsöfen.

Abscheidung

Abscheideprozesse werden benötigt, um verschiedene Schichten aus isolierenden und leitenden Materialien auf dem Wafer aufzutragen. Hierbei wird zwischen chemischen und physikalischen Abscheideverfahren unterschieden. Bei der *chemischen Gasphasenabscheidung* (engl. Chemical Vapour Deposition, CVD) werden Schichten durch die thermische Zersetzung von Gasen erzeugt (vgl. auch Ofenprozesse). Bei der *physikalischen Gasphasenabscheidung* (engl. Physical Vapour Deposition, PVD) werden z.B. durch Aufdampfen oder Sputtern Metallschichten aus Aluminium oder Kupfer aufgebracht, aus denen nachfolgend Leiterbahnen herausgeätzt werden.

Problemstellungen für die Ablaufplanung: Aufgrund von Materialanlagerungen in den PVD-Anlagen unterliegen diese restriktiven Prozessfreigaben. Dies mindert die Freiheitsgrade der Ablaufplanung deutlich. Eine Umrüstung derartiger Anlagen ist kaum möglich bzw. sinnvoll. Herausforderungen für die Ablaufplanung entstehen daher vorrangig bei der effizienten Einplanung von Wartungsmaßnahmen (Anlagenreinigung, Wechsel von Verbrauchsmedien etc.).

Ätzen

Ätzprozesse werden benötigt, um verschiedene Schichten abzutragen. Man unterscheidet dabei zwischen anisotropen (richtungsabhängigen) und isotropen (richtungsunabhängigen) Ätzverfahren. Bei der nasschemischen Ätzung, einem isotropen Ätzverfahren, werden feste Materialschichten mit Hilfe einer chemischen Lösung in flüssige Verbindungen umgewandelt. Maskierschichten werden dabei nicht angegriffen, eventuell jedoch unterätzt. Eine Verdünnung mit Wasser stoppt den Ätzprozess. Beim anisotropen Trockenätzen hingegen wird Material abgebaut, indem reaktive Ionen auf die Oberfläche des Wafers geschossen werden.

Problemstellungen für die Ablaufplanung: Beide Ätzverfahren finden typischerweise in Clustertools statt, d.h., es werden zum Teil mehrere Kammern bzw. Ätzbäder durchlaufen. Die nasschemische Ätzung findet in der Regel innerhalb einer Batch-Bearbeitung statt. Eine besondere Herausforderung für die Ablaufplanung stellen weiterhin Zeitkopplungsrestriktionen zu Folgeoperationen dar, d.h. minimale Wartezeiten, die ungewollte Oxidbildung und Kontamination verhindern sollen [DBRL98].

Messen, Reinigen und Polieren

Neben den bereits dargestellten Prozessschritten existieren noch zahlreiche weitere Arbeitsgänge, deren Einflüsse auf die Ablaufplanung nicht explizit hervorgehoben werden. Dies betrifft insbesondere das Planarisieren der Wafer durch chemisch-mechanisches Polieren (Beseitigung von Unebenheiten), Messoperationen wie z.B. Schichtdickenmessungen sowie Reinigungsschritte.

Für weiterführende Erläuterungen zu den oben beschriebenen Prozessschritten sowie nützliche Darstellungen zum Aufbau komplexer Schaltungen bzw. Bauelemente in Abfolge dieser Prozesse wird auf die eingangs genannte Literatur verwiesen. Unter dem Gesichtspunkt der Ablaufplanung wird – resultierend aus den oben genannten Gründen (hunderte Prozessschritte, hohe Kapitalkosten, Zyklen im Herstellungsprozess, Rüstvorgänge, Zeitkopplungen, sekundäre Ressourcen) – das Frontend in der Literatur häufig als eine der komplexesten bekannten Fertigungen bezeichnet [EM06, CM07, CHL08].

2.1.2. Wafer-Test

Der Wafer-Test stellt die Schnittstelle zwischen den Fertigungsbereichen Frontend und Backend dar. In diesem werden die noch nicht zersägten Wafer mehreren Prüfschritten unterzogen, um fehlerhafte Chips frühzeitig zu erkennen. Nachdem in einem Parametertest verschiedene elektrische Parameter (Widerstände, Kapazitäten, Leckströme etc.) erfasst werden, wird in einem Funktionaltest eine erste Funktionsprüfung der Chips (z.B. Test von Lese- und Schreiboperationen) durchgeführt. Die elektrische Verbindung zwischen den Bond-Pads auf dem Wafer und dem jeweiligen Tester wird mittels einer Nadelkarte realisiert. Diese wird mehrfach auf den Wafer aufgesetzt, bis alle Chips auf dem Wafer gemessen sind. Abbildung 2.5 stellt dies vereinfacht dar. Die Tests werden dabei insbesondere auch bei verschiedenen Temperaturen durchgeführt. Fehlerhafte Schaltungen werden markiert und nach dem Zersägen des Wafers im Backend (vgl. Abschnitt 2.1.3) aussortiert.

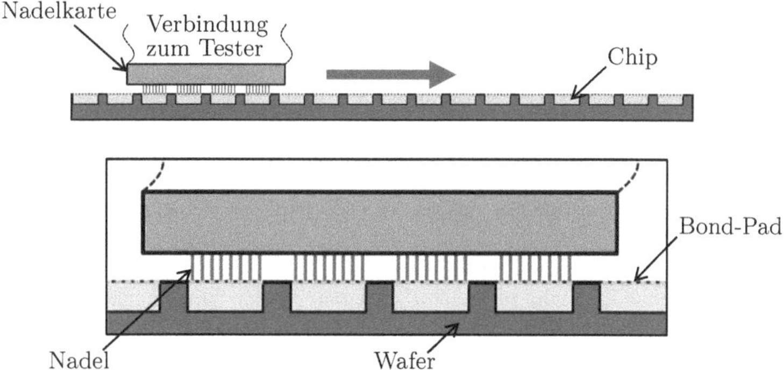

Abbildung 2.5.: Schematische Darstellung Funktionaltest

Problemstellungen für die Ablaufplanung: Eine Herausforderung bei der Ablaufplanung im Wafer-Test besteht in der Koordination der typischerweise mittelfristig geplanten Anlieferung aus dem Frontend und dem kurzfristigen, kundenspezifischen Bedarf des Backends. Weiterhin stellen die hochfeinen und teuren Nadelkarten begrenzte sekundäre Ressourcen dar. Benötigen aufeinanderfolgende Lose auf einem Tester unterschiedliche Nadelkarten bzw. Testtemperaturen, fallen außerdem signifikante Rüstzeiten an [BK11, KLW+11].

2.1.3. Backend

Das Backend ist der letzte Produktionsabschnitt der Halbleiterfertigung. Dieser ist räumlich und oft auch überregional getrennt von der restlichen Halbleiterproduktion angeordnet. Im Backend werden die empfindlichen Halbleiterchips vereinzelt, in ein Gehäuse eingebracht und elektrisch kontaktiert. Eine Vielzahl von technologischen Einflüssen der Aufbau- und Verbindungstechnik wirken hier auf den Prozessablauf ein, die bei der Ablaufplanung beachtet werden müssen [Hor08]. Das Backend lässt sich in die drei Teile Vormontage, Montage und Test untergliedern.

Vormontage

In der Vormontage werden die Chips vereinzelt. Hierzu wird vorrangig das Verfahren *Dicing before Grinding* angewendet. Zunächst werden die Wafer an der (Chip-)Oberseite etwas tiefer als die vorgesehene Chipdicke eingesägt. Anschließend werden die Wafer auf der eingesägten Seite mit einer Folie überzogen und danach die Rückseite bis auf die geforderte Chipdicke abgeschliffen.

Problemstellungen für die Ablaufplanung: Die Planung dieser Prozessschritte stellt seitens der Maschinenumgebung keine größeren Anforderungen an die Ablaufplanung. Jedoch steuert die Einschleusung der Lose in die Vormontage die Abläufe der nachfolgenden Prozessschritte (vgl. [WHWJ06, Hor08]).

Montage

Die Montage enthält umfangreiche Arbeitsgänge der Aufbau- und Verbindungstechnik. Zunächst werden alle funktionsfähigen Chips einzeln von der Folie entfernt und auf ein Substrat geklebt. Dieser Prozessschritt wird als *Chipbonden* (engl. Die-Bonding) bezeichnet. Anschließend wird der Chip z.B. mittels *Drahtbonden* (engl. Wire-Bonding) an den entsprechenden Anschlussstellen mit dem Substrat verbunden. Danach findet ein *Vergießen* (engl. Molding) des Chips statt, um diesen zu verkapseln, d.h., diesen insbesondere vor Umwelteinflüssen (Licht, Feuchtigkeit etc.) zu schützen. Abschließend[9] erfolgt das *Anbringen von Lotbällen* (engl. Ball-Placing) auf der dem Chip gegenüberliegenden Seite des Substrates. Diese Lotkugeln stellen die Kontaktierungen zur nächst höheren Integrationsebene (z.B. Leiterplatte) dar. Abbildung 2.6 fasst diesen klassischen Aufbau (2D-Package) zusammen.

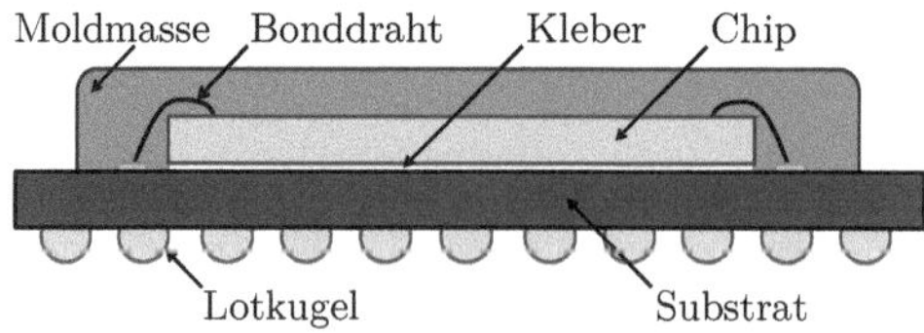

Abbildung 2.6.: Prinzipskizze eines klassischen 2D-Packages

Zunehmend häufiger werden im Backend auch so genannte Multichip- bzw. 3D-Packages hergestellt. Hierbei werden mehrere Chips übereinander gestapelt. Dadurch lassen sich deutlich höhere

[9] Verschiedene Ofenschritte zum Aushärten des Klebers, Markierungs- sowie diverse Inspektionsschritte werden in dieser Übersicht nicht betrachtet.

Packungsdichten[10] erzielen [Bey06]. Abbildung 2.7 (a) stellt einen solchen Multichipaufbau in Anlehnung an [Hor08] schematisch dar. Die Integration mehrerer Chips in einem Package wird als *System in Package* (SiP) bezeichnet.

Sollen Chips mit unterschiedlichen Funktionen auf einem Bauteil montiert werden, erfolgt dies derzeit vorrangig über das Stapeln von Packages. Ein solches *Package on Package* (PoP) ist in Abbildung 2.7 (b) in Anlehnung an [Ber10] dargestellt. Dennoch erreicht diese Aufbauform zunehmend intrinsische Grenzen für eine weitere Miniaturisierung [Bey08]. Um zukünftigen Anforderungen neuer Endgeräte begegnen zu können, werden bereits heute alternative Aufbauformen untersucht. Zu diesen gehört insbesondere das so genannte *Wafer Level Packaging* (WLP), das wesentlich höhere Packungsdichten zulässt [BSSB08]. Beim WLP werden alle Anschlusskontaktierungen bereits auf dem Wafer, d.h. vor dem Vereinzeln der Chips, realisiert. Somit ist das resultierende Package nicht breiter als der Chip selbst. Limitierungen dieser Aufbauform bestehen jedoch z.B. bzgl. der Anzahl an Anschlusspins. Weiterhin können Flip-Chip-Kontaktierungen, also Verbindungen über Mikrolotkugeln – so genannte *Bumps* – klassische Bonddrahtverbindungen ersetzen. Auch der Einsatz von Durchkontaktierungen durch den Halbleiterchip, so genannten *Through-Silicon Vias* (TSV), wird untersucht. Mit diesen lassen sich kürzeste Signalwege realisieren. Abbildung 2.7 (c) skizziert ein solches SiP in Anlehnung an [Bey08, Ber10].

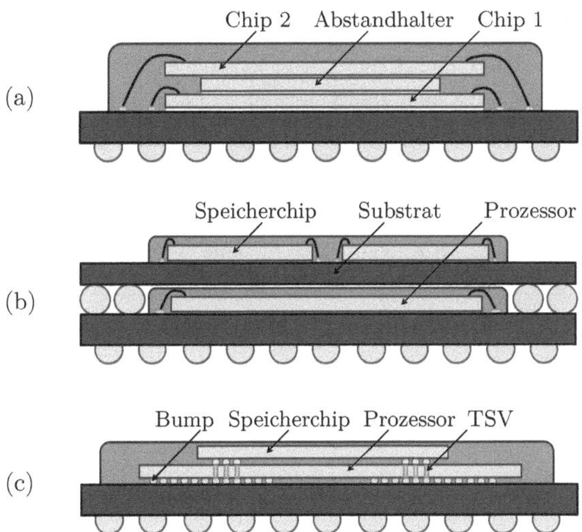

Abbildung 2.7.: Multi-Chip Packages: (a) SiP, gestapelte Chips durch Drahtbondbrücken mit Substrat kontaktiert (b) PoP, Chips mit Drahtbondbrücken kontaktiert (c) SiP, Chips mit TSV und Flip-Chip Kontaktierung

Problemstellungen für die Ablaufplanung: Der Montageprozess beinhaltet zahlreiche Herausforderungen für die Ablaufplanung. Beim Chipbonden fallen wesentliche Rüstzeiten bei einem Produktwechsel auf einer Anlage an. Durch eine effiziente Ablaufplanung lassen sich diese minimieren [PCL07]. Weiterhin kann durch die Einschleusung der Lose in die Vormontage die Bestands-

[10] Unter der Packungsdichte wird das Verhältnis vom aktiven Volumen des Chips zum Volumen des Packages verstanden. Dieses liegt bei heutigen 2D-Packages bei ca. 0,15% und 3D-Packages bei ca. 1,5% [Bey06, Ber10].

situation an dieser Operation gesteuert werden [WHWJ06, Hor08]. Das Drahtbonden ist i.Allg. der kapazitive Engpass der Montage, was dazu führt, dass oft dutzende Maschinen für diesen Prozess bereit stehen, die zum Teil parallel durch die Lose belegt werden[11] [PBM+02, Hor08]. Möglichkeiten zur Optimierung dieses Engpasses werden z.B. in [PBM+02] und [TMR04] vorgestellt. Bei Multi-Chip-Aufbauten, wie in Abbildung 2.7 (a) dargestellt, wird ein Los sowohl auf dem Chip-Bonder (Chip und Abstandhalter kleben) als auch auf dem Drahtbonder mehrfach bearbeitet, was zu Zyklen und damit zu deutlich erhöhten Anforderungen an die Ablaufplanung führt. Die Einführung von WLP-Technologien wird zu umfangreichen Veränderungen in der gesamten Produktionsinfrastruktur, d.h. der *Lieferkette* (engl. Supply Chain), führen. Denn nur durch die Kombination von Technologien des Frontends (Lithographie, Ätzen) und des Backends (Flip Chip, Verkapseln) sind diese neuen Technologien zu realisieren.

Test

Im Bereich Test werden die Chips bzw. Packages in mehreren Schritten intensiv auf Funktion geprüft und bzgl. verschiedener Qualitätsmerkmale sortiert. Die dabei anfallenden Bearbeitungszeiten sind i.Allg. deutlich länger als jene in der Vormontage bzw. Montage, wodurch dieser Abschnitt den Hauptanteil der Durchlaufzeit eines Loses im Backend verursacht [Hor08]. Durch die Integration mehrerer Chips in einem Package (SiP) lassen sich elektrische Tests dabei bereits signifikant reduzieren [BSSB08].

Der erste Testschritt zur elektrischen Prüfung ist das so genannte *Burn-In*. Ziel dieses Tests ist es, jene Chips auszusortieren, die im ersten Stadium des Lebenszyklus aufgrund von Produktionsfehlern ausfallen. Hierzu wird der Chip thermisch und funktional über einen Testzeitraum von ca. 24 Stunden belastet. Von Chips, die diesen Test überstehen, wird ein normaler Lebenszyklus erwartet. Somit trägt das Burn-In wesentlich zur Qualitätssicherung der gelieferten Bauelemente bei. Nach dem Burn-In erfolgen verschiedene Systemtests bzgl. Geschwindigkeit und Funktionalität. Diese finden bei unterschiedlichen Temperaturen und Spannungen statt. Dabei werden die Chips u.a. auch hinsichtlich verschiedener Qualitätsmerkmale sortiert.

Problemstellungen für die Ablaufplanung: Auch der Test beinhaltet verschiedene Herausforderungen für die Ablaufplanung [OU97, Siv99]. Das Burn-In findet in paralleler Batch-Bearbeitung statt und ist Bestandteil zahlreicher Untersuchungen [SC00, SCHK02]. Bei den Systemtests fallen auf einer Anlage wesentliche Rüstzeiten an, sowohl bei einem Produkt- als auch bei einem Temperaturwechsel. Weiterhin werden die Chips auf diesen Maschinen u.U. mehrfach bearbeitet (getestet). Das führt wiederum zu Zyklen im Arbeitsplan.

2.1.4. Baugruppenfertigung

Die Baugruppenfertigung stellt die zweite Ebene der Systemintegration dar. Dabei werden verschiedene elektronische Bauelemente auf einen Verdrahtungsträger zu einer größeren funktionalen Einheit montiert (z.B. Hauptplatine eines Computers oder anderer elektronischer Geräte). Der vorherrschende Verdrahtungsträger in der praktischen Anwendung ist dabei die *Leiterplatte*.

[11] Auch nach dem Vereinzeln der Chips bleibt die Loszuordnung i.Allg. bestehen.

Die Vielfalt möglicher Aufbauformen ist hierbei nahezu unbegrenzt. Das derzeitige Standardverfahren zur Herstellung elektronischer Baugruppen ist die *Oberflächenmontage* (engl. Surface Mount Technology, SMT). Hierbei können, abhängig von der Funktion und Komplexität der Baugruppe, Leiterplatten sowohl einseitig als auch doppelseitig bestückt werden. Abbildung 2.8 zeigt die schematische Darstellung einer SMT-Baugruppe auf einer doppelseitig bestückten Leiterplatte.

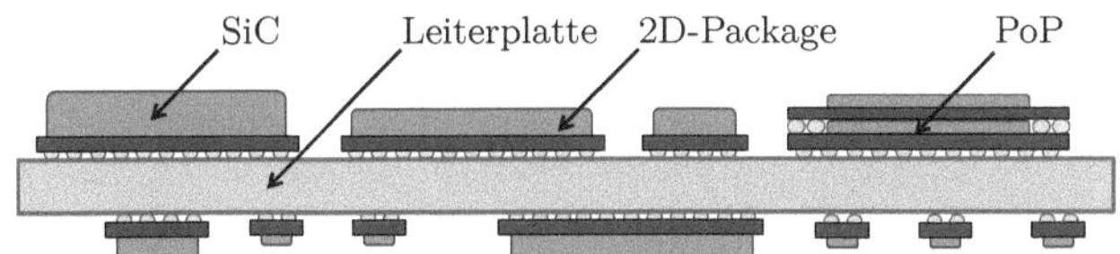

Abbildung 2.8.: Prinzipskizze einer doppelseitig bestückten Leiterplatte

Die Kontaktierung der Bauelemente mit der Leiterplatte findet über die Lotkugeln an der Unterseite der jeweiligen Substrate statt. Hierzu wird zunächst Lotpaste mittels eines Lotpastendruckers auf die Oberfläche der Leiterplatte appliziert. Anschließend werden die Bauelemente durch einen Bestücker auf die Leiterplatte aufgesetzt. In einem weiteren Prozessschritt, dem Reflowlöten, werden die bestückten Leiterplatten durch einen Ofen befördert, in dem das Umschmelzen des Lotes stattfindet. Das Bestücken der Leiterplattenunterseite erfolgt in ähnlicher Reihenfolge bzw. durch das Aufkleben von Bauelementen und einer anschließenden Wellenlötung. Nach dem Montagevorgang wird die Baugruppe einer abschließenden Systemprüfung unterzogen.

Die Verwendung von SiC, PoP und weiteren komplexen Packages reduziert die Anzahl der zu montierenden Bauelemente erheblich. Dies trägt auch zur Reduktion der Kosten der Baugruppe bei [BSSB08]. Gegenwärtige Trends zur Weiterentwicklung klassischer Verdrahtungsträger führen in Richtung so genannter HDI-Leiterplatten (engl. High Density Interposer). Hierdurch sollen Limitierungen der Leiterplatte bzgl. Anschlusszahl und -raster von Bauelementen überwunden werden. Die Leiterplatte wird dabei nicht mehr nur zum mechanischen Träger und elektrischen Verbindungselement, sondern auch zu einem Funktionselement mit diversen integrierten Komponenten. Zum Aufbau einer HDI-Leiterplatte können auch die aus der Halbleiterfertigung bekannten Dünnschichttechnologien eingesetzt werden.

Problemstellungen für die Ablaufplanung: Das Problem der Ablaufplanung in der Baugruppenfertigung besteht in dem Vorhandensein alternativer Aufbauformen (z.B. einseitig oder doppelseitig bestückte Leiterplatten) sowie verschiedener Maschinenumgebungen. Der Lotpastendrucker benötigt zur Änderung des Produktes einen Schablonenwechsel, d.h., es wird eine Anlagenrüstung notwendig. Der Reflow-Ofen kann, bedingt durch ein internes Förderband, fortlaufend (d.h. nach Ablauf einer Taktzeit) Leiterplatten aufnehmen, also auch mehrere Leiterplatten gleichzeitig bearbeiten. Weitere Prozessschritte, wie das Bestücken, finden innerhalb einer parallelen Maschinenumgebung statt, d.h., es sind mehrere Maschinen gleichen Typs verfügbar. Wie im Backend, wird es durch die Einführung neuer Technologien (z.B. HDI) zu umfangreichen Veränderungen in der Produktionsinfrastruktur kommen. Traditionelle Baugruppen- und Halbleiterfertigung werden sich zukünftig immer weiter annähern bzw. sich gegenseitig überlagern.

2.2. Ziele einer optimierten Ablaufplanung – untersuchte Problemstellung

Grundsätzlich geht es bei der Ablaufplanung und -steuerung immer um die Senkung von Kosten. Hierbei besteht ein natürlicher Konflikt zwischen Durchsatz und Durchlaufzeit, der auch als *Dilemma der Ablaufplanung* bezeichnet wird [DSV08]. Für jede Fertigung lässt sich eine so genannte *Betriebskennlinie* (engl. Operating Curve) ermitteln, welche die Durchlaufzeit in Abhängigkeit vom Durchsatz beschreibt. Jeder Arbeitspunkt auf dieser Betriebskennlinie repräsentiert einen Kompromiss dieser gegenläufigen Ziele, der praktisch auch erreichbar ist.

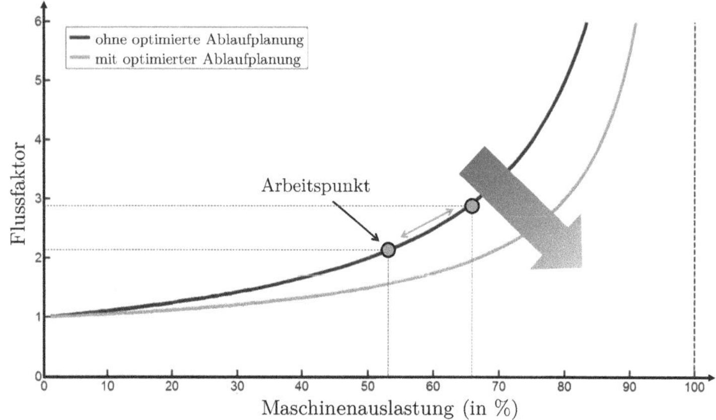

Abbildung 2.9.: Betriebskennlinie mit und ohne optimierter Ablaufplanung

Abbildung 2.9 stellt die Betriebskennlinie für die zwei verwandten und häufiger verwendeten Ziele Maschinenauslastung und Flussfaktor[12] dar. Durch eine Änderung der Einschleusung in das Fertigungssystem ist eine Verschiebung des Arbeitspunktes auf der Betriebskennlinie möglich. Eine Verbesserung der Performance des Systems, d.h. eine Verschiebung der Betriebskennlinie, wird dadurch i.Allg. jedoch nicht erreicht [HS07]. Das Ziel einer optimierten Ablaufplanung ist es, diese Performance des Systems durch eine effizientere Nutzung vorhandener Ressourcen zu verbessern. Hierdurch kann eine Verschiebung der Betriebskennlinie in Richtung der verfolgten Ziele erreicht werden. Weitere Darstellungen bzgl. der Leistungsbewertung von Fertigungssystemen sind in [HS07, Kie06] zu finden.

Einige Problemstellungen für die Ablaufplanung, die speziell auf den Anwendungsfall Halbleiter- und Elektronikproduktion fokussieren, wurden bereits in Abschnitt 2.1 skizziert. Durch die Entwicklung effizienter Lösungsmethoden für diese Problemstellungen kann eine Verbesserung der Performance des Fertigungssystems erreicht werden. Dies stellt das Ziel der vorliegenden Arbeit dar. Schwerpunktmäßig werden dabei maschinengruppenbasierte Lösungsansätze

- für eine optimierte Batch-Bildung
- für eine verbesserte Steuerung von Anlagenrüstungen
- für eine effiziente Auflösung von Dedizierungen betrachtet.

[12]Der Flussfaktor ist der (gemittelte) Quotient aus Durchlaufzeit und reiner Bearbeitungszeit aller Jobs.

Alle Untersuchungen verfolgen dabei (ausschließlich) die nachfolgend genauer definierten Zielgrößen:

- Minimierung der totalen (gewichteten) Verspätung
- Minimierung der totalen (gewichteten) Durchlaufzeit
- Minimierung der Zykluszeit.

Das Ziel dieser Arbeit besteht jedoch nicht darin, für alle eingangs skizzierten Problemstellungen individuelle Lösungsansätze vorzustellen. Ziel ist es vielmehr, eine übergreifende Methodik zu entwickeln, die mit wenig Aufwand auf verschiedene typische Problemstellungen der Ablaufplanung angewendet werden kann, ohne dass durch den potentiellen Endanwender ein problemspezifischer Suchalgorithmus[13] implementiert werden muss. Den Kern dieser neuen Methodik stellt ein mit einem Simulationssystem gekoppeltes mathematisches Modell dar. Im Gegensatz zu individuellen Lösungsansätzen bzw. -heuristiken, die meist nur für eine konkrete Problemstellung und oft auch nur für eine Zielgröße ausgelegt sind, soll durch den nachfolgend vorgestellten hybriden Optimierungsansatz eine flexible Anwendbarkeit sowohl bzgl. der Problemstruktur (Job- bzw. Maschineneigenschaften) als auch der verfolgten Ziele erreicht werden.

Die Forderung nach Flexibilität bzgl. der verfolgten Zielgröße ist dabei primär den sich ändernden Anforderungen an die Ablaufplanung, resultierend aus strategischen Entscheidungen eines Unternehmens, geschuldet. Ein hoher Anteil termingebundener Jobs verlangt i.Allg. eine Minimierung der Verspätung. Eine schnelle Produktentwicklung wird durch die Minimierung der Durchlaufzeit, eine hohe Auslastung durch eine Minimierung der Zykluszeit unterstützt. Speziell im Anwendungsfall Halbleiterindustrie sind solche Kurswechsel marktabhängig bzw. produktbedingt immer möglich. Weiterhin besitzen Jobs u.U. verschiedene Gewichte, die z.B. verschiedene Prioritätsklassen (Eillos, Kundenmuster, Fertigungsversuch, Volumenprodukt etc.) repräsentieren [Hor08] und die bei der Zielsetzung zu berücksichtigen sind.

Die Forderung nach Flexibilität bzgl. der Problemstruktur soll eine möglichst breite Anwendbarkeit der Methodik auf verschiedene Anwendungsfälle erlauben. Dies betrifft sowohl zugrundeliegende Maschinenumgebungen (z.B. Batch-Maschinen, Maschinen mit Rüstungen, getaktete Maschinen etc.) als auch prozesstechnologische bzw. ablauforganisatorische Nebenbedingungen (z.B. dynamische Bereitstellungen von Jobs, Zeitkopplungen, inkompatible Familien etc.)[14].

Die Bearbeitung aller eingangs skizzierten Problemstellungen durch den nachfolgend vorgestellten hybriden Optimierungsansatz würde den Rahmen dieser Arbeit sprengen. Das Ziel ist es vielmehr, den neuen Ansatz am Beispiel verschiedener Modelle der Prozessbereiche Oxidation und Diffusion (Ofenprozesse) tiefgründig vorzustellen sowie dessen Effizienz auf der Basis von Realdaten zu evaluieren[15]. Eine Anwendung des Verfahrens auf andere Problemstellungen (z.B. nasschemische Ätzung, Ionenimplantation, Lithographie, Burn-In) wird dagegen nur anhand von Beispieldaten skizziert.

Wie in Abschnitt 2.1.3 und 2.1.4 dargestellt, werden auch zukünftige Entwicklungen in der Aufbau- und Verbindungstechnik zunehmend stärker durch Frontend-Technolgien beeinflusst

[13] Die Lösung der Ablaufplanungsprobleme erfolgt über deren Rückführung auf gemischt-ganzzahlige Optimierungsprobleme, für die ein Standardlöser dieser Problemklasse verwendet wird.
[14] Genaue Eingrenzungen der behandelten Problemstellungen erfolgen in den Abschnitten 4.1 und 5.2.
[15] Dies betrifft insbesondere die Anwendung des Verfahrens in Kombination mit Dekompositionstechniken.

werden. Dadurch wird auch die Package-Herstellung eine Komplexität in der Fertigung erreichen, die bisher nur im Frontend zu beobachten ist. Aus diesem Grund fokussiert diese Arbeit nahezu ausschließlich auf diese, als besonders komplex geltende, Frontend-Produktionssysteme. Zusammenfassend sollen folgende Aufgabenstellungen in dieser Arbeit untersucht werden:

1. Recherche und Vergleich klassischer Lösungsansätze für Ablaufplanungsprobleme

2. Kopplung simulationsbasierter und exakter Lösungsansätze in einem hybriden Verfahren

3. Funktionsnachweis des hybriden Optimierungsansatzes auf der Basis verschiedener Benchmark-Probleme

4. Darstellung von Einsatzmöglichkeiten, Grenzen sowie Erweiterungen des hybriden Optimierungsverfahrens

5. Untersuchung von Dekompositionstechniken, die eine Anwendung des hybriden Optimierungsansatzes auf praktische Problemstellungen zulassen

6. Bewertung des erreichbaren Optimierungspotentials auf der Basis realer Daten am Beispiel von Ofenprozessen

7. Ausblick bzgl. der Anwendbarkeit des hybriden Optimierungsverfahrens auf weitere typische Problemstellungen der Ablaufplanung in der Halbleiter- und Elektronikproduktion.

Hierbei stellen die Punkte 2. und 5. den innovativen Kern dieser Arbeit dar, denen jeweils auch die Kapitel 5 und 6 zuzuordnen sind. Als Grundlage für diese Untersuchungen ist ein detailliertes Wissen über die Erstellung mathematischer Optimierungsmodelle erforderlich. Die notwendigen Voraussetzungen hierfür werden im nachfolgenden Kapitel 3 zusammenfassend dargestellt.

3. Optimierung

In diesem Kapitel werden zunächst notwendige Voraussetzungen zum Verständnis der Arbeit vermittelt. Dies betrifft insbesondere Begriffsbildungen, Notationen sowie grundlegende Definitionen.

Zunächst erfolgt im Abschnitt 3.1 ein Überblick über das Teilgebiet der linearen (gemischt-ganzzahligen) Optimierung. Wichtige Werkzeuge und Methoden, die für die spätere Modellierung und Optimierung von Ablaufplanungsproblemen verwendet werden, werden hier vorgestellt. Hierzu gehören u.a. Branch & Bound-basierte Verfahren, Schnittebenenverfahren sowie die Modellierung diskreter Alternativen. Die Constraint-Programmierung, die ein alternatives Modellierungs- bzw. Optimierungswerkzeug für Ablaufplanungsprobleme darstellt, wird in Abschnitt 3.2 skizziert. In Abschnitt 3.3 erfolgt eine kurze Einführung in die dynamische Optimierung. Ausgewählte heuristische Optimierungsverfahren werden in Abschnitt 3.4 vorgestellt.

Alle Grundlagen werden in kompakter Form ingenieurwissenschaftlich dargestellt und an zahlreichen Beispielen verdeutlicht. Für weitere, tiefergehende Zusammenhänge wird an gegebener Stelle auf entsprechende Literatur bzw. den Anhang A.1 verwiesen.

Als Lehrbücher für die lineare, die gemischt-ganzzahlige und die dynamische Optimierung sind [Wol98], [Wil99], [Law76], [KV02] und [GT97] zu nennen. Die Grundlagen der Constraint-Programmierung werden u.a. in [HW07], [BLPN01] und [Ach07] sehr detailliert dargestellt. Heuristische Optimierungsverfahren sowie ablaufplanungsbezogene Anwendungsfälle werden z.B. in [MKRW11] vorgestellt.

3.1. Mathematische Optimierung

Alle in der Arbeit betrachteten Optimierungsprobleme werden als Minimierungsprobleme dargestellt, d.h. diese liegen abstrakt in folgender Gestalt vor:

$$z(x) \to \min \quad \text{bei} \quad x \in G. \tag{3.1}$$

Die Menge $G \subseteq X$ beschreibt den *zulässigen Bereich* des Optimierungsproblems (3.1) und $z : G \subseteq X \to \mathbb{R}$ die *Zielfunktion*. Dabei bezeichnet X den zugrundeliegenden Lösungsraum (z.B. $X = \mathbb{R}^n$). Alle Vektoren $x \in G$ werden als *zulässige Vektoren* bezeichnet. Alle Restriktionen, die G einschränken, werden *Nebenbedingungen* (engl. Constraints) genannt. Nachfolgend werden einige Definitionen bzgl. der Optimalität eines zulässigen Vektors $x \in G$ angegeben (vgl. [GK02]).

Definition 3.1.1
Ein zulässiger Vektor $x^* \in G$ heißt:

(*i*) *globales Minimum von Problem* (3.1), *wenn*

$$z(x^*) \leq z(x) \quad \forall x \in G.$$

(*ii*) *lokales Minimum von Problem* (3.1), *wenn es eine Nachbarschaft $N(x)$ für alle $x \in X$ gibt mit*

$$z(x^*) \leq z(y) \quad \forall y \in N(x^*) \cap G.$$

3.1.1. Lineare Optimierung

Einen wichtigen Spezialfall restringierter Optimierungsaufgaben bilden die Probleme der *linearen Optimierung* (engl. Linear Programming, LP). Diese liegen immer dann vor, wenn sowohl die Zielfunktion als auch sämtliche Restriktionen des zulässigen Bereiches G linear sind. Man erhält:

$$\begin{aligned} z(x) &:= c^T x \to \min \quad \text{bei} \\ x \in G &:= \{x \in \mathbb{R}^n_+ \mid Ax \leq b\}. \end{aligned} \tag{3.2}$$

Dabei ist $A \in \mathbb{R}^{m \times n}$, $c \in \mathbb{R}^n$ und $b \in \mathbb{R}^m$. Die Bedingung $Ax \leq b$ ist komponentenweise zu verstehen. Der durch G beschriebene zulässige Bereich bildet ein konvexes Polyeder[1]. Aufgrund der Konvexität von G folgt aus Bemerkung A.1.3 und Satz A.1.4 sofort, dass jede Lösung von Problem (3.2) eine globale Lösung sein muss[2]. Ist die Zielfunktion z nach unten beschränkt und der zulässige Bereich G nichtleer, so gibt es immer mindestens eine (globale) Lösung von Problem (3.2).

Zur Lösung von Problemen der Art (3.2) werden vorrangig Simplex-Verfahren oder Innere-Punkt-Verfahren verwendet. Deren Funktionsprinzip wird z.B. in [GK02] oder [GT97] umfassend erläutert. Für einige Innere-Punkt-Verfahren konnte nachgewiesen werden, dass diese lineare Optimierungsprobleme der Form (3.2) mit polynomialen Aufwand lösen. In der Praxis hat sich jedoch häufig das Simplex-Verfahren als schnellstes Verfahren durchgesetzt.

3.1.2. Gemischt-ganzzahlige lineare Optimierung

Wie bei der linearen Optimierung wird auch bei der *gemischt-ganzzahligen linearen Optimierung* (engl. *Mixed Integer Programming*, MIP) eine lineare Zielfunktion über einem durch lineare Restriktionen begrenzten zulässigen Bereich minimiert. Der Unterschied besteht jedoch darin, dass einige Variablen nur ganzzahlige Werte annehmen dürfen. Formal sei hierzu folgende Definition angegeben (vgl. [Ach07]):

[1]Weitergehende Erläuterungen hierzu sind z.B. [GT97] oder [KV02] zu entnehmen.
[2]Bemerkung A.1.3, Satz A.1.4 sowie die Definition bzgl. der Konvexität von Mengen und Funktionen sind Anhang A.1 zu entnehmen.

Definition 3.1.2 (Gemischt-ganzzahlige lineare Optimierung)
Sei $A \in \mathbb{R}^{m \times n}$ und $b \in \mathbb{R}^m$ sowie $c \in \mathbb{R}^n$ gegeben. Weiterhin sei eine Indexmenge $\mathcal{I} \subseteq \mathcal{N}$ mit $\mathcal{N} = \{1, \ldots, n\}$ gegeben. Dann heißt:

$$\begin{aligned} z(x) &:= c^T x \to \min \quad \textit{bei} \\ x \in G &:= \{x \in \mathbb{R}^n_+, x_j \in \mathbb{Z} \;\; \forall j \in \mathcal{I} \mid Ax \leq b\} \end{aligned} \tag{3.3}$$

gemischt-ganzzahliges lineares Optimierungsproblem.

Typischerweise werden dabei einfache Restriktionen des Definitionsbereiches von x wie $x^L \leq x \leq x^U$ separat behandelt. Dabei heißen x^L und x^U *untere Schranke* (engl. Lower Bound) bzw. *obere Schranke* (engl. Upper Bound) für x. Folgende Spezialfälle können nun direkt aus Definition 3.1.2 abgeleitet werden ($\mathcal{B} := \{j \in \mathcal{I} \mid x_j^L = 0,\ x_j^U = 1\}$):

$\mathcal{I} = \emptyset$ *lineares Optimierungsproblem* (engl. Linear Program, LP)
$\mathcal{I} = \mathcal{N}$ *ganzzahliges lineares Optimierungsproblem* (engl. Integer Program, IP)
$\mathcal{I} = \mathcal{B}$ *gemischt-binäres Optimierungsproblem* (engl. Mixed Binary Program, MBP)
$\mathcal{I} = \mathcal{B} = \mathcal{N}$ *binäres Optimierungsproblem* (engl. Binary Program, BP).

Ist der zulässige Bereich G beschränkt, enthält dieser bzgl. der Komponenten ($x_j,\ j \in \mathcal{I}$) nur endlich viele Elemente. Dies erlaubt prinzipiell den Einsatz gezielter Enumerationstechniken. Jedoch ist zu beachten, dass ganzzahlige Optimierungsprobleme auf Grund ihrer Verwandtschaft zu kombinatorischen Aufgaben eine i.Allg. exponentiell wachsende Zahl zulässiger Lösungen[3] besitzen [GT97]. Das *Erfüllbarkeitsproblem der Aussagenlogik* (engl. Satisfiability Problem, SAT)[4] ist z.B. ein Spezialfall eines BP ohne Zielfunktion.

Mit Hilfe von Relaxationen (siehe Definition A.1.5) können einige Techniken der linearen Optimierung auf Teilprobleme der ganzzahligen linearen Optimierung übertragen und zu deren Lösung eingesetzt werden. Hierzu gehören beispielsweise die exakten Verfahren Branch & Bound sowie Schnittebenenverfahren, die auf der Lösung vieler ähnlicher linearer Probleme basieren. Diese Verfahren werden nachfolgend kurz skizziert.

3.1.2.1. Branch & Bound

Das Verfahren *Branch&Bound* gehört zu den am häufigsten verwendeten Methoden zur Optimierung von Problemen mit Ganzzahligkeitsbedingungen. Es ist auch unter den Namen Backtracking, Divide & Conquer oder Implicit Enumeration bekannt. Der Ansatz des Verfahrens besteht darin, ein gegebenes Problem sukzessive in kleinere Teilprobleme aufzuteilen, die einfacher zu lösen sind. Dabei entsteht während der Suche ein *Suchbaum* (engl. Branching Tree), dessen Wurzel das *Ausgangsproblem* $\mathcal{R}$ (engl. Root) repräsentiert. Exemplarisch kann hierzu Algorithmus 3.1.3 angegeben werden (vgl. z.B. [Ach07] oder [BK06]).

[3]Die Komplexitätsklassen $\mathcal{P}$ (polynomial) bzw. $\mathcal{NP}$ (nichtdeterministisch-polynomial) sowie die Begriffe $\mathcal{NP}$-vollständig und $\mathcal{NP}$-schwer werden als bekannt vorausgesetzt. Erläuterungen hierzu sind z.B. in den Standardwerken [GT97] oder [Bru04] zu finden.
[4]Nähere Erläuterungen hierzu sind in Definition A.1.8 auf Seite 180 zu finden.

Algorithmus 3.1.3 (Branch & Bound)

S1 *Setze* $\mathcal{A} := \{\mathcal{R}\}$, $z^U = \infty$.

S2 *Wenn* $\mathcal{A} = \emptyset$, *dann STOP: "Optimale Lösung* x^* *mit Zielfunktionswert* $z^* = z^U$ *".*

S3 *Wähle* $\mathcal{Q} \in \mathcal{A}$ *und setze* $\mathcal{A} := \mathcal{A} \backslash \{\mathcal{Q}\}$.

S4 *Löse das relaxierte Problem* $\mathcal{Q}^{relax}$ *von* $\mathcal{Q}$. *Wenn* $\mathcal{Q}^{relax} = \emptyset$, *dann gehe zu S2.* *Sonst* x^{relax} *optimale Lösung von Problem* $\mathcal{Q}^{relax}$ *mit Zielfunktionswert* $z^L(\mathcal{Q})$.

S5 *Wenn* $z^L(\mathcal{Q}) \geq z^U$, *gehe zu S2.*

S6 *Wenn* x^{relax} *zulässige Lösung für* $\mathcal{R}$ *setze* $x^* := x^{relax}$ *und* $z^* := z^U$, *gehe zu S2.*

S7 *Teile* $\mathcal{Q}$ *in die Teilprobleme* $\mathcal{Q} = \mathcal{Q}_1 \cap ... \cap \mathcal{Q}_k$, *setze* $\mathcal{A} := \mathcal{A} \cup \{\mathcal{Q}_1, \ldots, \mathcal{Q}_k\}$, *gehe zu S2.*

Dieser Algorithmus ist wie folgt zu interpretieren. Jede *Verzweigung* (engl. Branch) im Suchbaum (*S7*) steht für die Erstellung neuer Teilprobleme $\mathcal{Q}_1, \ldots, \mathcal{Q}_k$ aus dem gegenwärtigen Problem $\mathcal{Q}$. Die Auswahlmenge $\mathcal{A}$ der noch nicht gelösten Teilprobleme wird nun um diese neuen Teilprobleme erweitert. Anschließend wird ein neues Problem $\mathcal{Q}$ aus $\mathcal{A}$ ausgewählt (*S3*) und dessen LP-Relaxation in (*S4*) optimal gelöst. Wenn die dadurch erhaltene untere Schranke $z^L(\mathcal{Q})$ von $\mathcal{Q}$ größer ist als die bis dahin beste bekannte *obere Schranke der Zielfunktion* z^U (engl. Upper Bound/Primal Bound) für $\mathcal{R}$ (*S5*), braucht $\mathcal{Q}$ nicht weiter zerlegt werden, da es die optimale Lösung nicht enthalten kann. Ist x^{relax} zulässig für $\mathcal{R}$ und besser als der bisher beste Wert z^U, findet eine Aktualisierung der oberen Schranke z^U sowie der bisher besten gefundenen Lösung x^* statt (*S6*). Ist das Ergebnis besser, aber nicht zulässig, erfolgt ein erneutes Verzweigen in (*S7*). Der Algorithmus stoppt (*S2*), wenn die Auswahlmenge $\mathcal{A}$ keine offenen Probleme mehr enthält. Beispiel 3.1.4 veranschaulicht dies.

Beispiel 3.1.4

Das folgende Optimierungsproblem soll gelöst werden:

$$
\begin{array}{ccc}
z(x) := x_1 \to \min & \text{bei} & \\
-x_1 + x_2 \leq 3, & -x_1 + 6x_2 \leq 36, & 5x_1 + 3x_2 \leq 46, \\
3x_1 - x_2 \leq 15, & x_1 - 3x_2 \leq 0, & -2x_1 - 3x_2 \leq -12, \\
0 \leq x_1 \leq 6, & 0 \leq x_2 \leq 6, & x_1, x_2 \in \mathbb{Z}.
\end{array} \qquad (\mathcal{R})
$$

Setze $\mathcal{Q} = \mathcal{R}$. Die Lösung $x^{\text{relax}}(\mathcal{Q}) = (0{,}6\,;3{,}6)^T$ mit $z^L(\mathcal{Q})$ =0,6 der LP-Relaxation ($x_1, x_2 \in \mathbb{R}$) von $\mathcal{Q}$ liefert keine zulässige Lösung für $\mathcal{R}$, wie Abbildung 3.1 (links) zeigt. Somit erfolgt eine Aufteilung des Problems (*S7*). Es werden die beiden Teilprobleme

$$(\mathcal{R}) \quad \text{und} \quad -x_2 \leq -4 \qquad (\mathcal{Q}_1)$$

und

$$(\mathcal{R}) \quad \text{und} \quad x_2 \leq 3 \qquad (\mathcal{Q}_2)$$

zur Auswahlmenge hinzugefügt. Die LP-Relaxation für $\mathcal{Q}_1$ liefert eine zulässige optimale Lösung $x^{\text{relax}}(\mathcal{Q}_1) = (1\ ;\ 4)^T$ mit $z^L(\mathcal{Q}_1) = 1$, wie Abbildung 3.1 (rechts) zeigt. Die LP-Relaxation von $\mathcal{Q}_2$ liefert den nicht zulässigen Punkt $x^{\text{relax}}(\mathcal{Q}_2) = (1{,}5\ ;\ 3)^T$ mit $z^L(\mathcal{Q}_2) = 1{,}5$. Somit kann die optimale Lösung nicht in $\mathcal{Q}_2$ liegen und es braucht in $\mathcal{Q}_2$ nicht weiter verzweigt werden. Da $\mathcal{Q}_1$ aufgrund der Zulässigkeit von $x^{\text{relax}}(\mathcal{Q}_1)$ auch nicht weiter verzweigt wird, ist $\mathcal{A} = \emptyset$. Daraus folgt $x^* = x^{\text{relax}}(\mathcal{Q}_1)$.

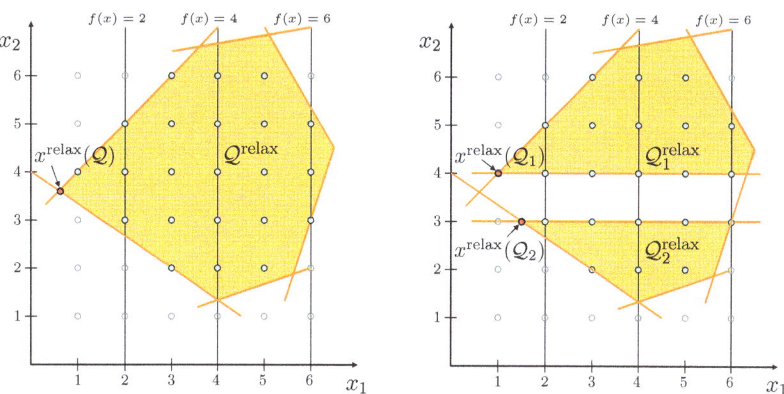

Abbildung 3.1.: Das Verfahren Branch & Bound

□

Durch das *Abschneiden von Teilen des Suchbaumes* (engl. Search Tree Pruning) in (*S5*), kann die vollständige Enumeration aller Lösungen von $\mathcal{R}$ vermieden werden. Dennoch wächst der verbleibende Suchbaum mit steigender Problemgröße i.Allg. exponentiell an. Somit ist das Auffinden optimaler Lösungen in akzeptabler Rechenzeit nicht garantiert. Jedoch erhält man durch die (beste) obere Schranke der Zielfunktion z^U und die durch

$$z^L = \min_{\mathcal{Q} \in \mathcal{A}} z^L(\mathcal{Q}) \tag{3.4}$$

definierte *untere Schranke der Zielfunktion* z^L (engl. Lower Bound/Dual Bound) für $\mathcal{R}$, eine Aussage darüber, wie nahe man sich bereits der optimalen Lösung befinden muss. Diese *Dualitätslücke* bzw. *Lücke* (engl. Gap) lässt sich durch

$$\mathcal{L} = 1 - \frac{z^L}{z^U} \tag{3.5}$$

berechnen. Das Auffinden guter unterer Schranken muss dabei nicht ausschließlich durch LP-Relaxationen erfolgen. Auch durch das Lösen des zu Problem (3.3) gehörenden *dualen linearen Optimierungsproblems*[5] (engl. Dual Linear Program) lassen sich untere Schranken errechnen[6]. Der Vorteil dieser so genannten *Lagrange-Relaxation* liegt darin, dass bereits jede zulässige Lösung des dualen Problems eine gültige untere Schranke für Problem (3.3) liefert, eine LP-Relaxation muss hingegen immer optimal gelöst werden.

[5]Siehe Definition A.6 im Anhang.

[6]Siehe Satz A.7 im Anhang.

Das Vorhandensein einer qualitativen Aussage über die Güte einer gefunden Lösung unterscheidet exakte Verfahren maßgeblich von Heuristiken (vgl. Abschnitt 3.4). Die Lücke $\mathcal{L}$ ist daher eine wesentliche Komponente der Untersuchungen in den Kapiteln 4 bis 7. Zusammenfassend muss erwähnt werden, dass eine Vielzahl unterschiedlicher Implementierungen von Branch & Bound-basierten Algorithmen existieren. Die Effizienz bzw. Konvergenzgeschwindigkeit der Verfahren hängt dabei signifikant von den folgenden Parametern ab:

- Auffinden effizienter Relaxationen, die gute untere Schranken liefern
- Einsatz von Heuristiken, die schnell gute obere Schranken finden
- effiziente *Knotenauswahl* in *S3* (engl. Node Selection)
- gutes *Verzweigungsschema* in *S7* (engl. Branching Scheme).

Für weitergehende Erläuterungen wird auf [Ach07, Wol98] oder [Wil99] verwiesen.

3.1.2.2. Schnittebenenverfahren

Neben dem Verzweigen des gegenwärtigen Problems $\mathcal{Q}$ mittels Branch & Bound, besteht auch die Möglichkeit, die LP-Relaxation von $\mathcal{Q}$ durch Hinzunahme von *Schnittebenen* (engl. Cutting Planes, Valid Inequalities) $a^T x < b$, $a \in \mathbb{R}^n$, $b \in \mathbb{R}$ zu verschärfen. Diese müssen dabei so gewählt werden, dass die gefundene Lösung $x^{\text{relax}}(\mathcal{Q})$ der LP-Relaxation von $\mathcal{Q}$ von der konvexen Hülle der ganzzahligen Lösungen $\mathcal{Q}_I$ abgeschnitten wird. Beispiel 3.1.5 verdeutlicht dies.

Beispiel 3.1.5

Betrachtet wird das in Beispiel 3.1.4 dargestellte Problem $\mathcal{R}$. Durch die Hinzunahme einer Schnittebene

$$-2x_1 - x_2 \leq -6$$

kann die Lösung $x^{\text{relax}}(\mathcal{Q})$ von Problem $\mathcal{Q}_{\text{relax}}$ von $\mathcal{Q}_I$ abgeschnitten werden, ohne eine zulässige Lösung von $\mathcal{R}$ zu eliminieren. Die Lösung der LP-Relaxation des daraus entstehenden Problems liefert bereits die Lösung x^* von $\mathcal{R}$. Das Problem besteht jedoch darin, gute Schnittebenen mit möglichst geringem Rechenaufwand zu finden, um $\mathcal{Q}_I$ zu beschreiben.

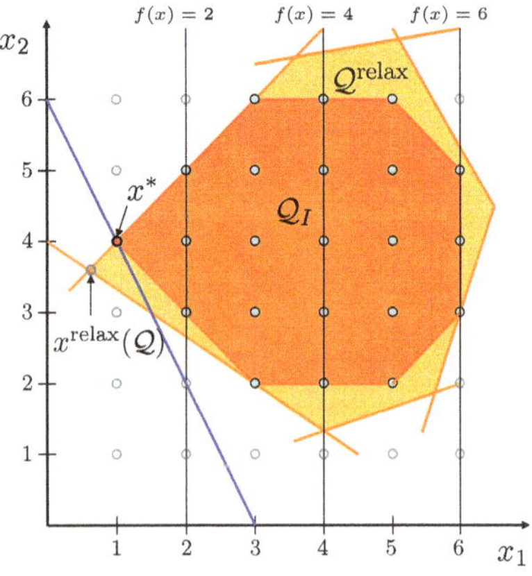

Abbildung 3.2.: Schnittebenenverfahren

□

„... in most cases there is such an enormous (exponential) number of inequalities needed to describe $\mathcal{Q}_I$ ..." [Wol98]

In der Literatur existieren daher verschiedene Ansätze zur Bestimmung von Schnittebenen wie z.B. Gomory Cuts, Flow Cover Cuts, Implied Bound Cuts, Clique Cuts etc., die wesentlicher Bestandteil von modernen MIP-Lösern sind. Ein sehr anschaulicher Überblick hierzu wird in [Cor07] gegeben. Für weitergehende Erläuterungen wird außerdem auf [Ach07] und [Wol98] verwiesen.

Eine Kombination aus Schnittebenenverfahren und Branch & Bound ist das Verfahren *Branch & Cut*, das als eines der stärksten Verfahren der linearen ganzzahligen Optimierung gilt. Erläuterungen hierzu sind z.B. in [Wol98] oder [KV02] zu finden.

3.1.2.3. Diskrete Alternativen

In den vorangegangenen Beschreibungen des zulässigen Bereiches G in Problem (3.2) bzw. (3.3) sind die einzelnen Ungleichungen immer durch eine Konjunktion verknüpft. Dies bedeutet, dass alle Ungleichungen des Ungleichungssystems erfüllt sein müssen. Bei vielen praktischen Anwendungen, müssen jedoch auch Entscheidungen zwischen *diskreten Alternativen*, d.h. *Disjunktionen*, modelliert werden. Dies geschieht gemäß der folgenden Definition (vgl. [Wol98, Sch03]).

Definition 3.1.6 (Diskrete Alternativen bzw. Disjunktionen)
Sei $x, x^U, a_1, a_2 \in \mathbb{R}^n$ und $b_1, b_2 \in \mathbb{R}$ mit $0 \leq x \leq x^U$, dann heißt eine Bedingung der Form:

$$a_1^T x \leq b_1 \quad \textbf{oder} \quad a_2^T x \leq b_2 \tag{3.6}$$

diskrete Alternative bzw. Disjunktion.

Um derartige diskrete Alternativen in einem IP oder MIP behandeln zu können, ist es notwendig, die Disjunktionen in reguläre, d.h. durch Konjunktionen verknüpfte, Nebenbedingungen zu transformieren. Hierzu führt man eine zusätzliche binäre Unbekannte $Y \in \{0, 1\}$ und eine hinreichend große Konstante K mit $K \geq \max(a_j^T x - b_j \mid 0 \leq x \leq x^U,\ j = 1, 2)$ ein. Anstelle der Alternative formuliert man nun folgende zwei Restriktionen:

$$\begin{aligned} a_1^T x - b_1 &\leq K(1 - Y), \\ a_2^T x - b_2 &\leq KY. \end{aligned} \tag{3.7}$$

Somit wird durch Y eine Entscheidungsvariable definiert. Ist $Y = 1$, so ist die zweite Ungleichung inaktiv (stets erfüllt) und x muss nur $a_1^T x \leq b_1$ genügen. Ist $Y = 0$, gilt der umgekehrte Fall. Beispiel 3.1.7 verdeutlicht dies.

Beispiel 3.1.7

Das folgende Optimierungsproblem soll gelöst werden:

$$\begin{aligned} z(x) := -14x_1 - 6x_2 \to \min \qquad & \text{bei} \\ -x_1 + 3x_2 \leq 30, \quad 17x_1 + 14x_2 \leq 238, \quad & 4x_1 + x_2 \leq 48, \quad x_1, x_2 \geq 0, \\ x_1 - x_2 \leq -1 \qquad \textbf{oder} \qquad & -x_1 + x_2 \leq -1. \end{aligned} \tag{3.8}$$

Abbildung 3.3 veranschaulicht das Beispiel. Der zulässige Bereich G des Optimierungsproblems ist nicht konvex, sondern besteht vielmehr aus zwei disjunkten konvexen Bereichen G_1 und G_2. Somit lassen sich Probleme mit diskreten Alternativen i.Allg. nicht als gewöhnliche lineare Optimierungsprobleme (3.2) formulieren. Führt man jedoch eine zusätzliche binäre Unbekannte Y und Nebenbedingungen der Form (3.7) ein, kann man das Problem in folgendes MIP transformieren:

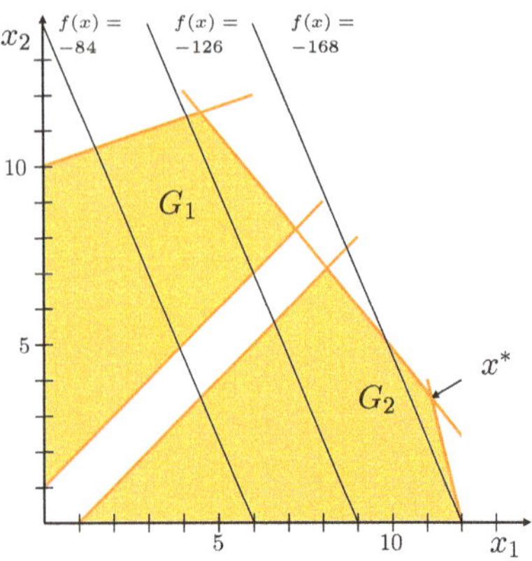

Abbildung 3.3.: Beispiel Disjunktion

$$z(\bar{x}) := c^T\bar{x} \to \min \quad \text{bei} \quad A\bar{x} \leq b \quad \text{mit}$$

$$A = \begin{pmatrix} -1 & 3 & 0 \\ 17 & 14 & 0 \\ 4 & 1 & 0 \\ 1 & -1 & K \\ -1 & 1 & -K \end{pmatrix}, b = \begin{pmatrix} 30 \\ 238 \\ 48 \\ K-1 \\ -1 \end{pmatrix}, c = \begin{pmatrix} -14 \\ -6 \\ 0 \end{pmatrix}, \bar{x} = \begin{pmatrix} x_1 \\ x_2 \\ Y \end{pmatrix}, Y \in \{0,1\},\ x_1, x_2 \geq 0.$$

Die Lösung des Problems kann nun mit einem MIP-Standardlöser berechnet werden. Der Zielfunktionswert im Optimum $\bar{x}^* = (11{,}13\ ;\ 3{,}49\ ;\ 0)^T$ beträgt in diesem Fall: $z(\bar{x}^*) = -176{,}72$. □

3.2. Constraint-Programmierung

Die *Constraint-Programmierung* (engl. *Constraint Programming*, CP) hat sich im letzten Jahrzehnt zu einem wichtigen Modellierungs- und Optimierungswerkzeug entwickelt. Besonders für die Lösung kombinatorischer Probleme stellt CP sehr effiziente Methoden bereit. Entgegen den bereits vorgestellten Methoden von LP und MIP, die vorrangig aus dem Bereich des Operations Research stammen, liegen die Wurzeln von CP in der Informatik [Pin05]. Dort wurden in den 1970er Jahren erstmals *Constraint Satisfaction Problems* (CSP) untersucht (vgl. Definition 3.2.1). Ziel der Constraint-Programmierung ist es, ein CSP, also eine Menge von *Constraints*, auf Widerspruchsfreiheit zu prüfen und gegebenenfalls zu vereinfachen. Weiterhin wird, wenn möglich, nach einer zulässigen Lösung für das CSP gesucht. Constraints sind als spezielle prädikatenlogische Formulierungen zu verstehen, die Bedingungen oder Einschränkungen beschreiben. Sie sind über einer endlichen Anzahl von Variablen und deren Wertebereichen, den so genannten *Domänen* (engl. *Domains*), definiert. Übersetzt bedeutet der Begriff Constraint Zwang oder Bedingung.

Als Standardwerke für die Grundlagen der CP, wie Prädikatenlogik oder logische Programmierung, sind [FA97] und [HW07] zu nennen. Als Bücher mit dem Fokus der Anwendung der CP auf Ablaufplanungsprobleme sind ebenfalls [HW07] sowie [BLPN01] hervorzuheben. Zunächst sei folgende formale Definition für das CSP angegeben (vgl. [Ach07]).

Definition 3.2.1 (Constraint Satisfaction Problem, CSP)
Seien $\mathcal{D} = \mathcal{D}_1 \times ... \times \mathcal{D}_n$ die Domänen endlich vieler Variablen $x_i \in \mathcal{D}_i$, $i = 1, \ldots, n$ und $\mathcal{C} = \{\mathcal{C}_1, \ldots, \mathcal{C}_m\}$ die Menge endlich vieler Bedingungen $\mathcal{C}_j : \mathcal{D} \rightarrow \{0, 1\}$, $j = 1, \ldots, m$. Das Constraint Satisfaction Problem besteht darin, zu entscheiden, ob die Menge

$$G^{CSP} = \{x \in \mathcal{D} \mid \mathcal{C}_j(x) = 1,\ j = 1, \ldots, m\} \tag{3.9}$$

nichtleer ist, d.h. eine Lösung $x \in \mathcal{D}$ zu finden, die alle Bedingungen $\mathcal{C}(x)$ erfüllt oder zu zeigen, dass keine derartige Lösung existieren kann. Ein CSP, dessen Domänen alle nur endlich viele Elemente besitzen, wird als CSP^{FD} (Finite Domain Constraint Satisfaction Problem) bezeichnet.

Die meisten der derzeit existierenden *Constraint-Löser* (engl. *Constraint Solver*) sind auf die Lösung von CSP^{FD} beschränkt [Ach07]. Aus diesem Grund soll nachfolgend ausschließlich jene Problemklasse untersucht werden. Zur Behandlung nichtendlicher Wertebereiche wird auf die Literaturanmerkungen in [HW07] verwiesen. Die Zusammenfassung von Constraints und Variablen wird als *Constraint-System* bezeichnet. Ein Constraint-Löser ist eine Bibliothek, die verschiedene Tests und Operationen auf den Bedingungen eines Constraint-Systems bereitstellt. Ziel des Lösers ist die Überprüfung der Erfüllbarkeit oder die Berechnung einer konkreten Lösung.

Im Vergleich zum zulässigen Bereich G der (gemischt-ganzzahligen) linearen Optimierung müssen die Bedingungen $\mathcal{C}(x)$ beim CSP^{FD} nicht ausschließlich linear sein. Verschiedene Typen von Constraints sowie deren logische Verknüpfungen sind zulässig. Dies lässt eine Problemmodellierung in einer allgemeineren Form zu. Exemplarisch werden hierzu verschiedene Constraints angegeben[7]:

- unäre Constraints (z.B $x \leq 5$)
- binäre Constraints (z.B $x + y \leq 5$)
- Bedingungen höherer Ordnung (z.B. $x + y + z \leq 1$)
- nichtlineare Constraints (z.B. $x^2 + y \leq 5$)
- logische Verknüpfungen von Constraints (z.B. $x + y \leq 5$ **oder** $x + y \geq 3$)
- Kardinalitätsbedingungen (z.B. *card*$(x, y) \geq 1$)
- globale Constraints (z.B. *alldifferent*(x, y, z)).

Die so genannte *Domain-Propagation* ist dabei eine der wichtigsten Bestandteile eines jeden CP-Lösers. Deren Ziel ist es, $\mathcal{D}$ bereits vorzeitig einzuschränken. Dies geschieht, indem alle Bedingungen wiederholt gegeneinander geprüft werden. Beispiel 3.2.2 illustriert dies.

Beispiel 3.2.2 (Domain Propagation)

Gegeben ist ein CSP^{FD} mit $x = (x_1, x_2, x_3)$ mit $x_i \in \mathcal{D}_i = \{1, \ldots, 5\}$, $i = 1, 2, 3$ und den Bedingungen $\mathcal{C}_1 : x_1 < x_2$ und $\mathcal{C}_2 : x_3 < x_1 - 1$.

[7] Die Art und Anzahl der unterstützten Bedingungen sind dabei vom Constraint-Löser abhängig.

$$\begin{array}{llllll} \mathcal{D}_1 = \{1,\dots,5\} & x_1 < x_2 & \mathcal{D}_1 = \{1,\dots,4\} & x_3 < x_1 - 1 & \mathcal{D}_1 = \{3,4\} & x_1 < x_2 & \mathcal{D}_1 = \{3,4\} \\ \mathcal{D}_2 = \{1,\dots,5\} & \Longrightarrow & \mathcal{D}_2 = \{2,\dots,5\} & \Longrightarrow & \mathcal{D}_2 = \{2,\dots,5\} & \Longrightarrow & \mathcal{D}_2 = \{4,5\} \\ \mathcal{D}_3 = \{1,\dots,5\} & & \mathcal{D}_3 = \{1,\dots,5\} & & \mathcal{D}_3 = \{1,2\} & & \mathcal{D}_3 = \{1,2\} \end{array}$$

Durch eine (wiederholte) Auswertung der Bedingungen, reduzieren sich die Domänen $\mathcal{D}_i$ von x_i bereits signifikant. □

Moderne CP-Löser verfügen in der Regel über eine hohe Bandbreite an *Propagations-Algorithmen*, die jeweils speziell für eine Klasse an Bedingungen zugeschnitten sind [Ach07]. Zum Lösen des CSP^{FD}, d.h., zur Berechnung einer zulässigen Variablenbelegung für $x \in G^{\text{CSP}}$ bzw. der Antwort "unlösbar" ($x = \emptyset$), werden wiederum Branch & Bound-basierte Verfahren eingesetzt. Der hierbei zugrundeliegende Baum wird auch als *Entscheidungsbaum* bezeichnet [HW07]. Algorithmus 3.2.3 skizziert eine rekursive Funktion, die eine *Tiefensuche* (engl. Backtracking) auf diesem Entscheidungsbaum durchführt (vgl. [HW07]), ohne auf die Details der Propagations-Algorithmen (Funktion *DomainPropagation*) einzugehen.

Algorithmus 3.2.3 (Lösen eines CSP^{FD} mittels Backtracking)

Sei $\mathcal{R} := (\mathcal{C}, \mathcal{D})$ ein CSP^{FD}.

Rekursive Funktion x=Backtracking($\mathcal{R}$)

S1 $\mathcal{D}^{prop}$=*DomainPropagation*$(\mathcal{C}, \mathcal{D})$.

S2 *Wenn $\exists x_i$ mit $\mathcal{D}_i^{prop} = \emptyset$, dann STOP mit $x = \emptyset$.*

S3 *Wenn $\forall x_i$ gilt: $|\mathcal{D}_i^{prop}| = 1$, dann STOP mit $x = (x_1, \dots, x_n)$.*

S4 *Wähle ein Index j aus $\{1, \dots, n\}$ mit $|\mathcal{D}_j^{prop}| > 1$. Setze $x^{neu} = \emptyset$.*

S5 *Solange $x^{neu} = \emptyset$ und $\mathcal{D}_j^{prop} \neq \emptyset$:*

S6 *Wähle einen Domänenwert $w \in \mathcal{D}_j^{prop}$ und setze $\mathcal{D}_j^{prop} = \mathcal{D}_j^{prop} \setminus w$.*

S7 *Erstelle $\mathcal{Q} := (\mathcal{C}, \mathcal{D}^{neu})$ mit $\mathcal{D}_i^{neu} = w$ wenn $i = j$, sonst $\mathcal{D}_i^{neu} = \mathcal{D}_i^{prop}$, $i = 1, \dots, n$.*

S8 x^{neu}=*Backtracking($\mathcal{Q}$).*

S9 *Setze $x = x^{neu}$.*

Wie in Algorithmus 3.1.3 wird das Ausgangsproblem $\mathcal{R}$ in (*S5*) bis (*S8*) sukzessive in Teilprobleme zerlegt. In jedem neu entstehenden Zweig wird die Domäne einer Variablen x_j auf einen noch gültigen Wert w fixiert (*S6*). Die anschließende Domain-Propagation (*S1*) prüft, ob sich durch diese Fixierung bereits Inkonsistenzen ergeben und bricht in diesem Fall die weitere Verzweigung ab (*S2*). Sind alle Domänen einelementige Mengen, stoppt der Algorithmus mit der ersten gefundenen gültigen Lösung (*S3*). Wie bei Verfahren für MIP existieren für CP zahlreiche verschiedene Suchstrategien sowie Konsistenzprüftechniken. Weitere Informationen hierzu sind in [HW07] oder [Ach07] zu finden.

Im Gegensatz zu Algorithmus 3.1.3 wird in Algorithmus 3.2.3 jedoch lediglich ein CSP^{FD} und kein Optimierungsproblem gelöst. Somit existieren auch keine Relaxationen, die eine Zielfunktion z beschränken. Erst wenn das CSP^{FD} zusätzlich mit einer Zielfunktion z verknüpft wird, erhält man ein Optimierungsproblem, das *Constraint Optimization Program* (COP) oder kurz *Constraint Program* genannt wird. Formal sei hierzu folgende Definition angegeben.

Definition 3.2.4 (Constraint Optimization Program, COP)
Sei G^{CSP} die Lösungsmenge eines CSP^{FD} nach Gleichung (3.9) *und $z : \mathcal{D} \to \mathbb{R}$, dann heißt ein Optimierungsproblem der Form*

$$z(x) \longrightarrow \min \quad bei \quad x \in G^{CSP} \tag{3.10}$$

(Finite Domain) Constraint Optimization Program.

Nachfolgender Algorithmus 3.2.5 skizziert die Lösung von COP durch iteratives Lösen von CSP^{FD} in einem Branch & Bound-basierten Verfahren.

Algorithmus 3.2.5 (Lösen eines COP – dichotome Suche)
Sei $\mathcal{R} := (\mathcal{C}, \mathcal{D})$ ein CSP^{FD} nach Definition 3.2.1 und $z : \mathcal{D} \to \mathbb{R}$.

S1 *Setze $z^U = \infty, z^L = 0$.*

S2 *Bestimme $x = Backtracking(\mathcal{R})$ durch Algorithmus 3.2.3.*

S3 *Wenn $x = \emptyset$, dann STOP mit "Keine zulässige Lösung".*

S4 *Setze $z^U := z(x)$.*

S5 *Wenn $z^U - z^L < \varepsilon$, dann STOP mit "Lösung x mit Zielfunktionswert z^U".*

S6 *Setze $z^A = (z^U + z^L)/2$.*

S7 *Erstelle ein CSP^{FD} $\mathcal{Q}$ aus $\mathcal{R}$ zzgl. der Bedingung $z(x) \leq z^A$.*

S8 *Wenn eine Lösung $x = Backtracking(\mathcal{Q})$ existiert, setze $z^U = z^A$ und gehe zu S5.*
Sonst setze $z^L = z^A$ und gehe zu S5.

Zunächst wird in (*S1*) bis (*S4*) die Lösbarkeit des Problems überprüft bzw. eine erste obere Schranke z^U für die Zielfunktion ermittelt. Die Initialisierung der unteren Schranke z^L ergibt sich i.Allg. problemspezifisch. O.B.d.A sei diese an dieser Stelle Null gesetzt. Mittels Intervallhalbierung[8] wird eine aktuelle Schranke z^A für den Zielfunktionswert errechnet (*S6*) und deren Zulässigkeit überprüft (*S7*). Anschließend wird die aktuelle Schranke z^U bzw. z^A entsprechend neu berechnet (*S8*). Das Verfahren stoppt, wenn die Differenz von z^U und z^L einen vorher definierten Wert ε unterschreitet[9].

Auch wenn sich die Funktionsweise eines CP-Lösers deutlich von der eines MIP-Lösers unterscheidet, arbeiten beide Verfahren auf Bäumen. Dies führt u.a. zur Entwicklung von Lösern, die mittels beider genannter Verfahren arbeiten. Beispiele hierfür sind in [Ach07] oder [LP01] zu finden. Für weitere Anmerkungen bzgl. der Unterschiede von MIP und CP wird an dieser Stelle ebenfalls auf [LP01] verwiesen.

Einen wichtigen Spezialfall eines CSP stellt das *Erfüllbarkeitsproblem der Aussagenlogik* (engl. Satisfiability Problem, SAT) dar. Hierbei sind sämtliche Variablen über booleschen Domänen definiert und alle Bedingungen (bezeichnet als *Klauseln*) bestehen lediglich aus Disjunktionen

[8] Dieses Verfahren wird auch als *dichotome Suche* bezeichnet.

[9] Gilt $z : \mathcal{D} \to \mathbb{Z}$, dann wird $z^A = \lfloor \frac{z^U + z^L}{2} \rfloor$ in (*S6*) gesetzt. Das Abbruchkriterium (*S5*) ist dann bei $z^L = z^A = z^U - 1$ erfüllt.

dieser Variablen. Das SAT-Problem besitzt dennoch eine große praktische Bedeutung, da sich die $\mathcal{NP}$-Vollständigkeit vieler Probleme durch dieses zeigen lässt. Jedes CSP^{FD} lässt sich in die *konjugierte Normalform* (engl. Conjunctive Normal Form, CNF) überführen, die den Input eines SAT-Lösers darstellt. Bei linearen Bedingungen benötigt diese Transformation nur polynomiale Laufzeit [TTKB09]. Das SAT-Problem als Entscheidungsproblem prüft, ob eine aussagenlogische Formel in CNF erfüllbar ist. Ist das SAT-Problem von CSP^{FD} lösbar, so ist auch das zugehörige CSP^{FD} lösbar. SAT-Löser haben den Vorteil, dass diese, aufgrund ihrer Einschränkung auf boolesche Variablen und Klauseln, vom Umfang des Programmcodes relativ klein und schnell sind. Die Transformation eines praktischen CSP^{FD} in die CNF führt jedoch schnell zu großen CNF-Instanzen (vgl. Abschnitt 4.4). Eine Definition für das SAT-Problem ist Definition A.1.8 im Anhang zu entnehmen. An dieser Stelle ist auch das erläuternde Beispiel A.1.9 zu finden.

3.3. Dynamische Optimierung

Die *dynamische Optimierung* (engl. Dynamic Programming, DP) ist ein weiteres Verfahren zur exakten Lösung von Optimierungsproblemen. Das Verfahren kann jedoch nur eingesetzt werden, wenn das zugrundeliegende Problem dem *Bellmann'schen Optimalitätsprinzip* genügt. Dieses fordert, dass eine optimale Lösung eines Optimierungsproblems rekursiv aus den optimalen Lösungen kleinerer Teilprobleme konstruiert werden kann.

„An optimal policy has the property that whatever the initial state and initial decision are, the remaining decisions must constitute an optimal policy with regard to the state resulting from the first decision.“ [Bel57]

Die dynamische Optimierung kann somit eingesetzt werden, wenn das Optimierungsproblem aus vielen gleichartigen, gleichstrukturierten und leichter zu lösenden Teilproblemen besteht und sich das globale Optimum aus den optimalen Lösungen dieser Teilprobleme zusammensetzt. Die optimalen Lösungen der (kleineren) Teilprobleme werden dabei jeweils bei der Berechnung einer Lösung des nächstgrößeren Teilproblems verwendet. Typische Anwendungsgebiete der dynamischen Optimierung sind klassische mathematische Problemstellungen wie die Berechnung kürzester Wege in Graphen, das Rundreiseproblem oder das Rucksackproblem [Bel57, BK06]. Letzteres Problem soll kurz skizziert werden, um die Funktionsweise der dynamischen Optimierung zu illustrieren.

Rucksackproblem

Das (ganzzahlige) Rucksackproblem gehört zur Klasse der $\mathcal{NP}$-schweren Probleme. Die Aufgabe besteht darin, aus n Gegenständen mit Gewichten $a_i \in \mathbb{N}$ und Nutzwerten $c_i \in \mathbb{R}$ $(i = 1, \ldots, n)$ eine Teilmenge $I \subseteq \{1, \ldots, n\}$ von Gegenständen auszuwählen und diese in einen Rucksack zu packen. Ziel der Auswahl ist die Maximierung der Summe der Nutzwerte $(\sum_{i \in I} c_i)$ bei gleichzeitiger Einhaltung einer Gesamtgewichtsbeschränkung $b \in \mathbb{N}$ des Rucksacks, d.h. $\sum_{i \in I} a_i \leq b$. Algorithmus[10] 3.3.1 skizziert die Lösung dieses Problems mittels dynamischer Optimierung.

[10]Diese sowie weitere Implementierungen für verschiedenste Rucksackprobleme sind in [MT90] zu finden.

Algorithmus 3.3.1 (Dynamische Optimierung - ganzzahliges Rucksackproblem)

S1 *Definiere Variable* $x_{ij} = 0$ $(i = 1, \ldots, n+1; j = 0, \ldots, b)$.

S2 *Für* $i = n : -1 : 1$

S3 *Für* $j = 1 : 1 : b$

S4 *Wenn* $a_i \leq j$ *setze* $x_{ij} = \max(c_i + x_{i+1,j-a_i}, x_{i+1,j})$

S5 *Wenn* $a_i > j$ *setze* $x_{ij} = x_{i+1,j}$

S6 *STOP mit "Optimaler Zielfunktionswert* x_{1b}*"*

In jeder Variablen x_{ij} wird dabei der maximale Nutzwert bei einem maximalen Gesamtgewicht j unter Berücksichtigung der Gegenstände $\{i, \ldots, n\}$ gespeichert. Für jeden Gegenstand i wird somit geprüft, ob der Nutzwert maximal vergrößert werden kann, wenn dieser mit in den Rucksack aufgenommen wird (*S4*). Der maximale Nutzwert bei Berücksichtigung aller Gegenstände ist somit x_{1b} nach dem Durchlaufen der beiden Schleifen (*S2*, *S3*) zu entnehmen (*S6*).

Das Prinzip der dynamischen Optimierung wird an diesem Beispiel besonders deutlich. Bei der Frage, ob Gegenstand i in den Rucksack aufgenommen werden soll, wird lediglich der summierte Gesamtnutzwert der Gegenstände $\{i+1, \ldots, n\}$ herangezogen. Eine Berechnung auf Basis aller Einzelgegenstände findet nicht statt. Die Korrektheit der Anwendung der dynamischen Optimierung auf das Rucksackproblem folgt aus der Gültigkeit des Bellman'schen Optimalitätsprinzips. Wenn I^* eine optimale Lösung ist, dann ist $I^* \backslash i$ eine optimale Lösung für das Rucksackproblem $\{1, \ldots, n\} \backslash i$ mit einer Gewichtsbeschränkung $b - a_i$. Beispiel 3.3.2 veranschaulicht dies.

Beispiel 3.3.2

Gegeben sei das Rucksackproblem der Größe $n = 6$ mit $a = (3, 5, 1, 3, 4, 1)$, $c = (4, 5, 2, 3, 1, 3)$ und einer Gesamtgewichtsbeschränkung $b = 12$. Mit $X = x_{ij}$ ergibt sich durch Algorithmus 3.3.1:

$$X = \begin{pmatrix} 0 & 3 & 5 & 5 & 7 & 9 & 9 & 10 & 12 & 12 & 14 & 14 & \boxed{15} \\ 0 & 3 & 5 & 5 & 6 & 8 & 8 & 10 & 10 & \boxed{11} & 13 & 13 & 13 \\ 0 & 3 & 5 & 5 & 6 & 8 & 8 & 8 & 8 & 9 & 9 & 9 & 9 \\ 0 & 3 & 3 & 3 & \boxed{6} & 6 & 6 & 6 & 7 & 7 & 7 & 7 & 7 \\ 0 & 3 & 3 & 3 & 3 & 4 & 4 & 4 & 4 & 4 & 4 & 4 & 4 \\ 0 & \boxed{3} & 3 & 3 & 3 & 3 & 3 & 3 & 3 & 3 & 3 & 3 & 3 \\ 0 & 0 & 0 & 0 & 0 & 0 & 0 & 0 & 0 & 0 & 0 & 0 & 0 \end{pmatrix}.$$

Somit beträgt der maximale Nutzwert $\sum_{i \in I} c_i = 15$ bei einer Auswahlmenge $I = \{1, 2, 4, 6\}$. Diese kann rekursiv bestimmt werden, was mit Hilfe der durch □ hervorgehobenen Einträge in X dargestellt wird. Durch Gegenstand $i = 1$ lässt sich bei $b = 12$ der Nutzwert 15 erreichen. Wegen $a_1 = 3$ verbleibt die Lösung des Problems in der Aufteilung der restlichen Gegenstände in den Rucksack der Größe $b = 9$. Hieraus folgt $i = 2 \in I$ etc.

□

Die Anwendung der dynamischen Optimierung auf das Rucksackproblem ist zwar praktisch erfolgreich, jedoch nicht effizient im Sinne von polynomialer Laufzeit. Der Algorithmus benötigt aufgrund der zwei Schleifen eine Laufzeit von $\mathcal{O}(nb)$. Da b eine zu seiner Eingabelänge exponentiell wachsende Größe ist, wird der Algorithmus als *pseudopolynomial* klassifiziert. Hieraus folgt, dass das Rucksackproblem schwach $\mathcal{NP}$-schwer ist.

Für viele praktische Problemstellungen lässt sich die dynamische Optimierung nicht direkt anwenden, da oftmals das Bellman'sche Optimalitätsprinzip nicht gilt. Dennoch kann die zugrundeliegende Idee der Problemzerlegung erfolgreich für die Entwicklung von Dekompositionsverfahren eingesetzt werden.

3.4. Heuristische Optimierung

Heuristische Optimierungsverfahren werden eingesetzt, wenn exakte Verfahren aufgrund des zu hohen Rechenaufwands bei praxisrelevanten Größenordnungen scheitern, insbesondere also bei Problemen der Klasse $\mathcal{NP}$-schwer. Als Heuristik bezeichnet man dabei alle Strategien zur Bestimmung von Lösungen für Probleme, für die keine effizienten Algorithmen bekannt sind.

> „Any approach without formal guarantee of performance can be considered a "heuristic". Such approaches are useful in practical situations if no better methods are available." [Bru04]

Im Gegensatz zu exakten Verfahren lassen Heuristiken i.Allg. keine Aussage über die Güte der gefundenen Lösung zu. Dennoch sind oftmals problemspezifische Heuristiken formulierbar, die einen guten Kompromiss zwischen Rechenaufwand und Qualität der gefundenen Lösung liefern. Domschke et al. [DSV08] ordnen Heuristiken u.a. in folgende Gruppen ein:

(1) Eröffnungsverfahren

(2) Verbesserungsverfahren

(3) unvollständige exakte Verfahren

(4) Kombinationen aus (1) bis (3).

Ziel der Eröffnungsverfahren (1) ist die Ermittlung einer guten Startlösung. Verbesserungsverfahren (2) arbeiten iterativ an der Verbesserung bereits gefundener Lösungen durch eine Nachbarschaftssuche. Die Definition der Nachbarschaft ist dabei vom verwendeten Verbesserungsverfahren abhängig. Unter unvollständigen exakten Verfahren sind exakte Methoden zu verstehen, die vor dem Beweis der Optimalität einer zulässigen Lösung abgebrochen wurden (z.B. Zeitlimit erreicht). Zu dieser, bis zum Abbruch besten gefundenen Lösung, existiert auch eine qualitative Aussage, wie stark der zugehörige Zielfunktionswert höchstens vom globalen Optimum abweicht (Lücke, vgl. Abschnitt 3.1.2.1). Eine weitere Klassifizierung ist nach Domschke et al. [DSV08] bzgl. der Reproduzierbarkeit der Ergebnisse vorzunehmen. Man unterscheidet zwischen:

(i) deterministischen Verfahren

(ii) stochastischen Verfahren.

Deterministische Verfahren (i) liefern bei mehrfacher Anwendung auf dasselbe Problem mit gleichen Anfangsbedingungen stets dieselbe Lösung, stochastische Verfahren (ii) in der Regel nicht. Somit werden Untersuchungen stochastischer Verfahren stets mehrfach durchgeführt und deren Ergebnisse abhängig von Mittelwert und Streuung angegeben.

Nachfolgend werden einige heuristische Verbesserungsverfahren skizziert. Diese beschränken sich auf die Klasse der lokalen Suchverfahren. Evolutions- oder schwarmbasierte Verfahren werden nicht behandelt. Als Grundlagenliteratur wird auf [Bru04, PX99] und [Sch99] verwiesen.

Lokale Suchverfahren

Lokale Suchverfahren (engl. Local Search, LS) stellen eine der wichtigsten Klassen heuristischer Optimierungsverfahren für die nachfolgend behandelten Ablaufplanungsprobleme dar.

„One of the most successful methods of attacking hard combinatorial problems is the discrete analog of "hill climbing", known as local (or neighborhood) search, ...“ [Bru04]

Die LS ist von der Annahme geprägt, dass sich in der *Nachbarschaft* (engl. Neighborhood) $N(x)$ einer Lösung $x \in X$ (vgl. Abschnitt 3.1) vorrangig Lösungen befinden, die ähnliche Zielfunktionswerte besitzen. Dies bedeutet insbesondere, dass es in der Nachbarschaft von (lokalen) Optima Anzeichen für deren Existenz gibt [Sch99]. Die Definition der Nachbarschaft N ist dabei problemspezifisch, d.h. abhängig von X durchzuführen. Für den Fall, dass X eine diskrete Menge ist, d.h. insbesondere auch bei kombinatorischen Problemstellungen, lassen sich Nachbarschaften allgemein durch Funktionen $N : X \to 2^X$ definieren, die jeder Lösung $x \in X$ eine Menge von Nachbarn $N(x) \subseteq X$ zuordnet [Bru04]. Existiert in X eine Norm (z.B. $X = \mathbb{R}^n$), kann diese für die Definition der Nachbarschaft verwendet werden. Algorithmus 3.4.1 skizziert die Funktionsweise der LS nach [KW08, WKH09].

Algorithmus 3.4.1 (Lokale Suche)

Gegeben sei eine initiale Lösung $x_0 \in G$ und eine Nachbarschaft N.

Funktion $x^* = LokaleSuche(x_0, N)$.

S1 *Setze $i = 0$ und $x^* = x_0$.*

S2 *Wenn Abbruchbedingung erfüllt, STOP: "Optimum=x^* mit Zielfunktionswert $z^* = z(x^*)$ ".*

S3 *Setze $i = i + 1$.*

S4 *Wähle ein $x_i \in N(x_{i-1})$.*

S5 *Wenn $\mathcal{A}_i < rand(0,1)$, dann setze $x_i = x_{i-1}$ und gehe zu S3.*

S6 *Wenn $z(x_i) < z(x^*)$, dann setze $x^* = x_i$.*

S7 *Gehe zu S2.*

Ausgehend von einer Startlösung x_0 werden wiederholt neue Lösungen x_i berechnet und bewertet[11]. Die nächste Lösung x_i wird dabei innerhalb der Nachbarschaft $N(x_{i-1})$ ausgewählt (*S4*).

[11] Der Index i ist als Zähler für die Iteration, nicht als Komponente des Vektors x, zu verstehen.

Abhängig von einer algorithmenspezifischen Akzeptanzwahrscheinlichkeit $\mathcal{A}_i$ wird diese neue Lösung entweder akzeptiert, was eine Bewegung im Lösungsraum zur Folge hat, oder diese verworfen (*S5*).

Hierbei liefert die Funktion $rand(0,1)$ eine Zufallszahl aus dem offenen Intervall (0,1). Man beachte, dass bei der heuristischen Optimierung der Begriff "Optimum" in der Literatur häufig als Synonym für den besten gefunden Wert verwendet wird (*S2*) und dieser nicht Definition 3.1.1 genügen muss. Daher werden die hier dargestellten Verfahren auch als *Verbesserungsverfahren* bzw. *Verbesserungsheuristiken* bezeichnet [Sch99]. Die angegebene Abbruchbedingung (*S2*) kann z.B. dann erfüllt sein, wenn der Zielfunktionswert unter eine bestimmte Schranke gefallen ist bzw. ein vorher definiertes Zeitlimit überschritten wird. Verschiedene lokale Suchverfahren unterscheiden sich lediglich in der Definition der Akzeptanzwahrscheinlichkeit $\mathcal{A}_i$. Beispiel 3.4.2 stellt das so genannte *Threshold Accepting*, den *Random Walk* sowie den *Greedy Search* vor.

Beispiel 3.4.2 (Threshold Accepting, Random Walk, Greedy Search)

Die Akzeptanzwahrscheinlichkeit eines Iterationsschrittes beim Threshold Accepting (TA) wird durch $\mathcal{A}_i = \Theta(\mathcal{T}_i - \Delta_i)$ definiert[12]. Dies bedeutet, dass die Veränderung einer Lösung immer dann akzeptiert wird, wenn $\mathcal{T}_i \geq \Delta_i$ ist. Somit ist $\mathcal{T}_i$ der Steuerungsparameter des Algorithmus. Für hohe $\mathcal{T}_i$ arbeitet TA ähnlich dem Random Walk (RW), für den $\mathcal{A}_i = 1$ gilt. Für niedrige $\mathcal{T}_i$ arbeitet TA ähnlich dem Greedy Search (GS), für den $\mathcal{A}_i = \Theta(-\Delta_i)$ gilt. Man versucht, die Vorteile der beiden Strategien (RW entspricht einer Breiten-, GS einer Tiefensuche) zu vereinen, indem man den Algorithmus mit einem relativ hohen $\mathcal{T}_0$ starten lässt und diesen Wert sukzessive um τ verringert, d.h. man wählt[13]

$$\mathcal{T}_i = (\mathcal{T}_0 - i\tau)^+, \ \tau > 0.$$

Abbildung 3.4 erläutert die Funktionsweise an einer einfachen reellwertigen Problemstellung, d.h. $x \in \mathbb{R}, z : \mathbb{R} \to \mathbb{R}$ und $N(x) := \{y \in \mathbb{R} \mid \|x - y\| < \varepsilon\}$.

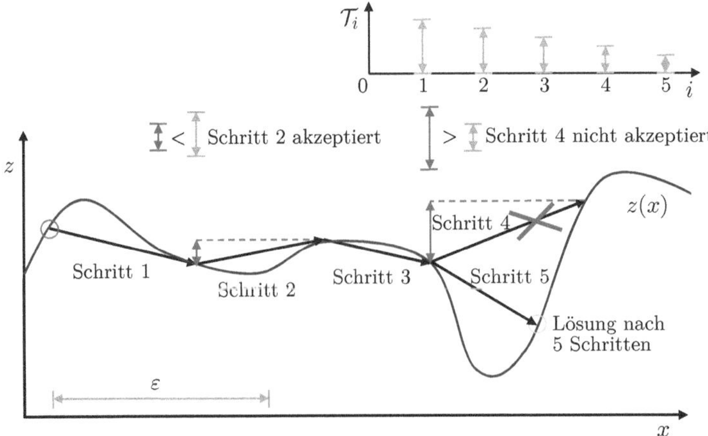

Abbildung 3.4.: Veranschaulichung der Heuristik Threshold Accepting

□

[12]Hierbei gilt $\Theta(y) = 1$ wenn $y \geq 0$ ist, $\Theta(y) = 0$ wenn $y < 0$ ist und $\Delta_i := z(x_i) - z(x_{i-1})$.
[13]Es gilt die Notation $x^+ := \max(x, 0)$ für die gesamte Arbeit.

Der Nachteil von TA besteht darin, dass einige Informationen über Dimension und Streuung der Zielfunktion z benötigt werden, um $\mathcal{T}_0$ und τ effektiv einzustellen. Diesen Nachteil vermeiden Algorithmen mit dynamischer Schwellwertbestimmung, wie z.B. *Record to Record Travel* [Due93] oder *Old Bachelor Acceptance* [HKT95]. Für eine ausführlichere Beschreibung dieser und anderer Algorithmen, wie z.B. *Tabu Search* (TS) [Tai94], *Simulated Annealing* [MRRT53] oder *Great Deluge* [WHW06], wird auf die angegebenen Quellen verwiesen.

Die LS ist ein fundamentaler Bestandteil vieler moderner Metaheuristiken wie der *iterativen lokalen Suche* (engl. Iterated Local Search, ILS) und der *variablen Nachbarschaftssuche* (engl. Variable Neighborhood Search, VNS). Nähere Informationen zu ILS, das auf der mehrfachen Durchführung einer LS beginnend von verschiedenen Lösungen x_0 basiert, sind in [LMS02] zu finden.

Variable Nachbarschaftssuche

VNS ist eine durch Hansen und Mladenovic [HM01] entwickelte Metaheuristik. Die Kernidee von VNS besteht darin, anstelle einer Nachbarschaft verschiedene Nachbarschaften unterschiedlicher Größe für ein Problem zu definieren. Dies soll es einer LS ermöglichen, aus einem lokalen Optimum zu entkommen. Die Funktionsweise von VNS wird durch den nachfolgenden Algorithmus 3.4.3 genauer dargestellt [HM01, AM10, KWAM09].

Algorithmus 3.4.3 (Variable Nachbarschaftssuche)

S1 *Definiere K unterschiedliche Nachbarschaften N_k sowie eine Nachbarschaft N.*

S2 *Setze $i = 0$, $k = 1$ und bestimme eine initiale Lösung $x_0 \in G$.*

S3 *Setze $x^* = x_0$.*

S4 *Wenn Abbruchbedingung erfüllt, STOP: "Optimum=x^* mit Zielfunktionswert $z^* = z(x^*)$".*

S5 *Setze $i = i + 1$.*

S6 *Wähle ein $x_i \in N_k(x_{i-1})$.*

S7 *Verbessere x_i durch eine lokale Suche $x_i^* = LokaleSuche(x_i, N)$.*

S8 *Wenn $z(x_i^*) < z(x^*)$, dann setze $x^* = x_i^*, k = 1$ und gehe zu S4.*

S9 *Setze $k = (k \mod K) + 1$ und gehe zu S4.*

Algorithmus 3.4.3 verwendet in (*S7*) die in Algorithmus 3.4.1 skizzierte LS. Gerät diese in ein lokales Optimum, wird die Suche von einer Lösung aus einer zunehmend größeren Nachbarschaft (*S9*) neu gestartet (*S6*). Dieser Schritt wird auch *Shaking* genannt. Findet hingegen eine Verbesserung des Zielfunktionswertes statt, beginnt die LS (*S7*) wieder in der kleinsten Nachbarschaft der aktuellen Lösung (*S8*). Der Algorithmus stoppt, wenn eine definierte Abbruchbedingung erfüllt ist (*S4*).

4. Ablaufplanung

In diesem Kapitel werden verschiedene Methoden zur Modellierung und Optimierung von Ablaufplanungsproblemen vorgestellt. Diese bilden die Basis der in den nachfolgenden Kapiteln durchgeführten Untersuchungen und bauen auf den zuvor dargestellten Grundlagen auf. Kapitel 4.1 gibt zunächst eine kurze Einführung in die grundlegenden Begriffe der Ablaufplanung. Weiterhin erfolgt eine Klassifikation von Ablaufplanungsproblemen. Je nach Art des vorliegenden Ablaufplanungsproblems können unterschiedliche Verfahren zu dessen Modellierung und Lösung eingesetzt werden. Hierzu gehören insbesondere:

- direkte Ansätze zur Ablaufplanung
- simulationsbasierte Ansätze zur Ablaufplanung.

Direkte Verfahren sind typischerweise mathematische Lösungsansätze für Ablaufplanungsprobleme und stammen vorrangig aus dem Gebiet des Operations Research bzw. der Informatik. Hierbei wird das zugrundeliegende Ablaufplanungsproblem als Optimierungsmodell formuliert. Bei dieser formalisierten Problemdarstellung ist eine explizite Beschreibung aller relevanten Nebenbedingungen zwingend notwendig. Verschiedene Verfahren (wie z.B. MIP, CP etc.) können anschließend zur Lösung der modellierten Probleme verwendet werden. Auf Grund der $\mathcal{NP}$-Schwere vieler Ablaufplanungsprobleme beschränkt sich die Anwendbarkeit direkter Ansätze zur Ablaufplanung i.Allg. auf Ausschnitte komplexer Fertigungssysteme, mit dem Ziel der Ableitung lokaler Steuerungsentscheidungen. Dies stellt auch den primären Untersuchungsgegenstand dieser Arbeit dar (vgl. Abschnitt 1.2).

Die Wurzeln der simulationsbasierten Ablaufplanung liegen vorrangig im ingenieurwissenschaftlichen Bereich bzw. der Informatik. Die Erzeugung der Ablaufpläne erfolgt dabei indirekt, d.h. unter Zuhilfenahme eines Simulationswerkzeuges. Die ablaufplanungsrelevanten Nebenbedingungen werden dabei implizit durch das jeweilige Simulationsmodell umgesetzt. Simulationsbasierte Verfahren werden insbesondere dann eingesetzt, wenn Ablaufplanungsprobleme zu groß sind, d.h. eine formalisierte Darstellung entweder nicht möglich oder zu komplex ist. Die Simulation kann dabei sowohl zur Ableitung lokaler Steuerungsentscheidungen als auch zur Emulation des Verhaltens eines komplexeren Gesamtsystems verwendet werden, um die Performance lokaler Steuerungsverfahren zu bewerten.

Beide Ansätze werden in den Abschnitten 4.2 und 4.3 kurz skizziert. Die Möglichkeiten und Grenzen der einzelnen Verfahren werden anschließend in Abschnitt 4.4 dargestellt. In Kapitel 5 erfolgt eine Kopplung beider Modellierungsansätze. Eine derartige Kopplung wurde bisher in der Literatur nur unzureichend untersucht bzw. diskutiert.

„Many papers discuss either simulation or scheduling by itself. However, much less literature exists on the interface between the two different approaches...“ [FMR06]

4.1. Begriffsbildung

In diesem Abschnitt werden wesentliche Grundbegriffe aus der Theorie der Ablaufplanung eingeführt und bzgl. der in dieser Arbeit behandelten Problemstellungen spezifiziert. Die Ausführungen folgen dabei weitestgehend [Bru04]. Für die gesamte Arbeit gilt die in Abschnitt 1.2 getätigte Einschränkung auf deterministische Ablaufplanungsprobleme. Nach der allgemeinen Definition eines *Maschinenbelegungsplanes* erfolgt in 4.1.1 eine Klassifikation von Ablaufplanungsproblemen. Hierbei wird die in der Literatur allgemein übliche $(\alpha \mid \beta \mid \gamma)$-Notation eingeführt [GLLRK79]. Da einige Begriffsbildungen in der Literatur nicht einheitlich bzw. eindeutig sind, erfolgt eine genaue Definition dieser für alle in der Arbeit behandelten Problemstellungen. Abgeschlossen wird der Abschnitt mit ersten Komplexitätsaussagen für verschiedene, später behandelte, Ablaufplanungsprobleme. Als Grundlagenbücher für die Theorie der Ablaufplanung werden an dieser Stelle [Bru04, Pin05, COS96] und [BEP$^+$01] genannt.

Das Problem der Ablaufplanung besteht in einer effektiven bzw. optimalen Zuordnung von Jobs zu Maschinen. Hierbei wird eine *Maschine* typischerweise als statische, Arbeit verrichtende Ressource und ein *Job* als dynamische, zu bearbeitende Einheit angesehen.

„ ...a resource is usually referred to as a "machine", a task that has to be done on a machine is typically referred to as a "job"." [Pin05]

Dies wird auch in der nachfolgenden Arbeit so aufgefasst. Weiterhin ist in der Literatur zu beobachten, dass die Definition von einem Job nicht einheitlich ist. In der vorliegenden Arbeit findet eine strikte Trennung von Job und Arbeitsgang (vgl. Definition 4.1.2) statt. Nach Brucker [Bru04] erfolgt zunächst die allgemeine Definition eines Maschinenbelegungsplanes:

Definition 4.1.1 (Maschinenbelegungsplan)
Es sei $M = \{M_1, \ldots, M_m\}$ eine Menge von Maschinen sowie $J = \{J_1, \ldots, J_n\}$ eine Menge von Jobs $(m, n \in \mathbb{N})$. Ein Maschinenbelegungsplan ist eine Zuordnung für jeden Job von einem oder mehreren Zeitintervallen zu einer oder mehreren Maschinen.

Allgemeiner kann ein Maschinenbelegungsplan auch als Zuordnung von Arbeitsgängen oder allgemeinen Vorgängen zu Ressourcen verstanden werden [Hor08, Sau03], wobei Ressourcen nicht nur Maschinen sondern auch Personal, Werkzeuge oder Transportwege repräsentieren können. Auf diese Unterscheidung wird in der vorliegenden Arbeit verzichtet. Nach Brucker [Bru04] werden die bereits angesprochen Arbeitsgänge wie folgt formal definiert:

Definition 4.1.2 (Arbeitsgang, Arbeitsplan, Bearbeitungszeit)
Jeder Job J_i $(i = 1, \ldots, n)$ hat eine definierte Anzahl $n_i \in \mathbb{N}$ an Arbeitsgängen $O_i = O_{i1}, \ldots, O_{i,n_i}$ auszuführen. Die Menge O_i aller Arbeitsgänge von J_i wird als Arbeitsplan bezeichnet. Weiterhin definiert p_{io} die Bearbeitungszeit von Arbeitsgang O_{io} $(o = 1, \ldots, n_i)$.

Die Zuordnung von Arbeitsgängen zu Maschinen wird durch Definition 4.1.3 festgelegt.

Definition 4.1.3 (Maschinenzuordnung bzw. Arbeitsgangverknüpfung)
Jeder Arbeitsgang O_{io} $(i = 1, \ldots, n,\ o = 1, \ldots, n_i)$ ist verknüpft mit einer Menge $M_{io} \subseteq M$ an Maschinen, auf welcher bzw. welchen dieser ausgeführt werden darf. Dabei wird M_{io} als Maschinenzuordnung zu Arbeitsgang O_{io} bezeichnet. Existieren zu einem Arbeitsgang O_{io} Maschinen mit unterschiedlichen Bearbeitungszeiten, wird dies durch p_{iok} angegeben $(k \in M_{io})$. Die Menge aller Arbeitsgänge, die M_k enthalten, wird durch $A_k := \{O_{io} \in O_i \mid i \in J, k \in M_{io}\}$ definiert.

Bemerkung 4.1.4

Wird $i \in J$, $k \in M$ etc. geschrieben, ist dies als Synonym für J_i, M_k etc. zu verstehen. Gleiches gilt z.B. für $\sum_{k \in M} \sum_{O_{io} \in A_k} p_{iok}$ was gleichbedeutend zu $\sum_{k \in M} \sum_{i \in J} \sum_{o=1\,(k \in M_{io})}^{n_i} p_{iok}$ ist.

Ablaufplanungsprobleme sind weiterhin charakterisiert durch eine Vielzahl von Nebenbedingungen unterschiedlichen Typs (z.B. prozesstechnologisch oder logistisch), welche die in Definition 4.1.1 beschriebene Zuordnung der Jobs zu den Maschinen beeinflussen. Diese werden in den nachfolgenden Unterabschnitten näher klassifiziert. Formal lässt sich die Definition für einen *zulässigen Maschinenbelegungsplan* bzw. das *Ablaufplanungsproblem* wie folgt angeben [Bru04]:

Definition 4.1.5 (Ablaufplanungsproblem)
Ein Maschinenbelegungsplan heißt zulässig bzw. löst das Ablaufplanungsproblem, wenn sich keine zwei Zeitintervalle (d.h. Bearbeitungen von Arbeitsgängen) auf derselben Maschine überlappen, sich keine zwei Zeitintervalle eines Jobs überlappen und überdies eine Reihe von problemspezifischen Bedingungen erfüllt sind.

Mit Definition 4.1.5 findet eine Einschränkung auf so genannte *Shop-Probleme* statt, d.h. Probleme, bei denen sich ein Job nicht gleichzeitig an mehreren Maschinen aufhalten und eine Maschine nicht mehrere Jobs gleichzeitig bearbeiten kann. Letztere Eigenschaft definiert die so genannte *Maschinenkapazität*[1].

4.1.1. Klassifikation von Ablaufplanungsproblemen

Für die Klassifikation von Ablaufplanungsproblemen wird i.Allg. die $(\alpha \mid \beta \mid \gamma)$-Notation von Graham et al. [GLLRK79] verwendet. Im α-Feld werden die Spezifika der Maschinenumgebung (Abschnitt 4.1.1.1) angegeben. Das β-Feld enthält Informationen über die Jobs sowie Ablaufrestriktionen (Abschnitt 4.1.1.2). Im γ-Feld wird die Zielfunktion (Abschnitt 4.1.1.3) definiert.

4.1.1.1. Klassifizierung nach Maschinenumgebung

Das α-Feld setzt sich zusammen aus $\alpha = \alpha_1\alpha_2$. Hierbei beschreibt α_1 die Art der vorliegenden Maschinenumgebung und α_2 die Anzahl der Maschinen bzw. Maschinengruppen. Die durchgeführten Untersuchungen beschränken sich[2] dabei auf $\alpha_1 \in \{P, R, J, F, FF, FJ, FFR, FJR\}$.

[1] Die Einschränkungen bzgl. der Maschinenkapazität werden im Laufe der Arbeit verallgemeinert.
[2] Die Definitionen hier nicht behandelter weiterer Einträge wie $\alpha_1 \in \{\circ, Q, PMPM, QMPM, G, X, O\}$ sind z.B. [Bru04] zu entnehmen. Die Charakterisierung von FFR und FJR erfolgt in Definition 4.1.11.

Man schreibt $\alpha_1 =$

P, wenn ein Ablaufplanungsproblem mit identischen parallelen Maschinen vorliegt.

R, wenn ein Ablaufplanungsproblem mit heterogenen parallelen Maschinen vorliegt.

J, wenn ein Job-Shop-Problem vorliegt.

F, wenn ein Flow-Shop-Problem vorliegt.

FJ, wenn ein flexibles Job-Shop-Problem vorliegt.

FF, wenn ein flexibles Flow-Shop-Problem vorliegt.

FJR, wenn ein flexibles Job-Shop-Problem mit heterogenen parallelen Maschinen vorliegt.

FFR, wenn ein flexibles Flow-Shop-Problem mit heterogenen parallelen Maschinen vorliegt.

Die nachfolgenden Definitionen spezifizieren diese α_1-Elemente gegenüber allgemeineren Darstellungen der Fachliteratur mit dem Fokus der in dieser Arbeit behandelten Problemstellungen.

Definition 4.1.6 (Ablaufplanungsproblem mit identischen parallelen Maschinen – P)
Ein Ablaufplanungsproblem mit m identischen Maschinen und n Jobs, bei dem jeder Job J_i genau einen Arbeitsgang O_{i1} besitzt, $M_{i1} = M$ und $p_{i1k} = p_i$ gilt, heißt Ablaufplanungsproblem mit identischen parallelen Maschinen (engl. Identical Parallel Machine Problem).

Definition 4.1.7 (Ablaufplanungsproblem m. heterogenen parallelen Maschinen – R)
Ein Ablaufplanungsproblem mit m Maschinen und n Jobs, bei dem jeder Job J_i genau einen Arbeitsgang O_{i1} besitzt und $M_{i1} = M$ gilt, heißt Ablaufplanungsproblem mit heterogenen parallelen Maschinen (engl. Unrelated Parallel Machine Problem). In diesem Fall existiert eine maschinenabhängige Bearbeitungszeit p_{i1k} von J_i auf M_k.

Weiterhin können im Fall heterogener paralleler Maschinen verschiedene Maschineneigenschaften, wie z.B. Maschinenkapazitäten (siehe Bemerkung 4.1.12), unterschiedlich sein. Erfolgt eine Bearbeitung der Jobs in mehr als einem Arbeitsgang, sind folgende Ablaufplanungsprobleme hervorzuheben (vgl. [Bru04]):

Definition 4.1.8 (Job-Shop-Problem – J)
Ein Ablaufplanungsproblem mit m Maschinen und n Jobs, bei dem mindestens ein Job mehrere Arbeitsgänge besitzen kann, die Maschine, auf der jeder Arbeitsgang auszuführen ist, eindeutig ist und bei dem für die Arbeitsgänge O_{io} für jeden Job J_i Vorrangbedingungen der Form

$$O_{i1} \rightarrow O_{i2} \rightarrow \ldots \rightarrow O_{i,n_i} \quad \text{für} \quad i = 1, \ldots, n$$

bestehen, heißt Job-Shop-Problem. Dieses Problem entspricht ablauforganisatorisch einer Werkstattfertigung.

Definition 4.1.9 (Flow-Shop-Problem – F)
Der Spezialfall eines Job-Shop-Problems, in dem $n_i = m$ und $M_{io} = M_o$ für $i = 1, \ldots, n$ und $o = 1, \ldots, m$ gilt, heißt Flow-Shop-Problem. Dieses Problem entspricht ablauforganisatorisch einer Fließfertigung.

Weiterhin sind Kombinationen der zuvor betrachteten Maschinenumgebungen möglich. Folgende Kombinationen werden in dieser Arbeit betrachtet:

Definition 4.1.10 (Flexibles Flow- bzw. Job-Shop-Problem – FF/FJ)
Ein Flow-Shop-Problem (Job-Shop-Problem), bei dem anstelle einzelner Maschinen jeweils eine Gruppe identischer paralleler Maschinen (P siehe Definition 4.1.6) zur Verfügung steht, heißt flexibles Flow-Shop-Problem (flexibles Job-Shop-Problem).

Definition 4.1.11 (Flexibles Flow- bzw. Job-Shop-Problem mit heterogenen Maschinen – FFR/FJR)
Ein Flow-Shop-Problem (Job-Shop-Problem), bei dem anstelle einzelner Maschinen jeweils eine Gruppe heterogener paralleler Maschinen (R siehe Definition 4.1.7) zur Verfügung steht, heißt flexibles Flow-Shop-Problem (flexibles Job-Shop-Problem) mit heterogenen Maschinen.

Die Komponente α_2 im α-Feld beschreibt für $\alpha_1 \notin \{FF, FJ, FFR, FJR\}$ die jeweils vorliegende Anzahl an Maschinen, für $\alpha_1 \in \{FF, FJ, FFR, FJR\}$ die Anzahl der Maschinengruppen. Wird die Komponente α_2 weggelassen, ist die Anzahl als beliebig zu interpretieren.

4.1.1.2. Klassifizierung nach Job-Eigenschaften

Das β-Feld beschreibt die Job-Eigenschaften. Eine einheitliche Definition dafür existiert in der Literatur jedoch nicht. So wurde von Graham et al. [GLLRK79] eine Schreibweise mit sechs Komponenten $\beta_1, \ldots, \beta_6$ vorgeschlagen, die auch Brucker [Bru04] in einer geänderten Version verwendet. Domschke [DSV08] entwickelte eine umfangreichere Darstellung mit zehn Komponenten, während Pinedo [Pin08] und Baptiste [BLPN01] auf eine Unterteilung des β-Feldes in unterschiedliche Komponenten ganz verzichten. Dieses Vorgehen wird auch in dieser Arbeit verfolgt. Hierzu werden nachfolgend alle behandelten Job-Eigenschaften[3] bzw. Ablaufcharakteristika aufgelistet. Erscheinen diese (nicht) im β-Feld, enthält das Ablaufplanungsproblem diese Besonderheiten (nicht):

- $prec$ beschreibt das Vorhandensein von *Vorrangbeziehungen* (engl. Precedence Relations).
- aux beschreibt das Vorhandensein von sekundären Ressourcen (engl. Auxiliary Resources).
- $rcrc$ kennzeichnet das Vorhandensein von *Zyklen* (engl. Recirculation), d.h., mindestens ein Job passiert eine Maschine mehrfach. In diesem Fall wird die Bearbeitungszeit von J_i auf M_k in Abhängigkeit vom Arbeitsgang O_{io}, d.h. als p_{iok}, angegeben.

[3]Zeitbasierte Job- bzw. Arbeitsgangeigenschaften wie d_i, r_i etc. sind als Intervall (ab dem Zeitpunkt 0) anzusehen.

$prmu$ kennzeichnet einen Spezialfall von $\alpha_1 = F$, in dem die Abarbeitungsreihenfolge der Jobs an allen Maschinen identisch sein muss. Dieses Problem wird als *Permutations-Flow-Shop-Problem* bezeichnet.

M_{io} beschreibt das Vorhandensein von *Dedizierungen* (engl. Dedications, Machine Eligibility Restrictions). Im Fall $\alpha_1 \in \{R, FF, FJ, FFR, FJR\}$ existieren dann Einschränkungen bzgl. der Nutzbarkeit paralleler Maschinen, d.h. $M_{io} \subseteq M$.

$p_i = p$ kennzeichnet den Spezialfall, dass die Bearbeitungszeit aller Arbeitsgänge identisch ist.

r_i kennzeichnet das Vorhandensein von *Bereitstellungsterminen* (engl. Release Dates) für Jobs, d.h., die Bearbeitung von J_i darf nicht vor r_i beginnen.

d_i beschreibt das Vorhandensein von *harten Fertigstellungsterminen* (engl. Deadlines) für Jobs, die zwingend eingehalten werden müssen. Weiche *Fertigstellungstermine* (engl. Due Dates) hingegen werden nicht explizit in das β-Feld aufgenommen. Deren Vorhandensein folgt aus der Zielfunktionsdefinition.

s_{ij} kennzeichnet das Vorhandensein von *reihenfolgeabhängigen Umrüstzeiten* (engl. Sequence-dependent Setup Times) zwischen mindestens zwei Arbeitsgängen.

tb beschreibt das Vorhandensein von *Zeitkopplungsrestriktionen* (engl. Time Bounds), d.h. einer maximal erlaubten Wartezeit z_{io} zwischen mindestens zwei aufeinanderfolgenden Arbeitsgängen eines Jobs. Wird zwischen allen Arbeitsgängen eines jeden Jobs eine Zeitkopplung von Null gefordert, wird dies durch $no - wait$ gekennzeichnet.

$p - batch$ kennzeichnet das Vorhandensein von *parallelen Batches*. Ein paralleler Batch besteht aus einer Menge von Jobs, die gleichzeitig auf einer Maschine bearbeitet werden. Zur Bearbeitung müssen alle Jobs verfügbar sein. Bei $p - batch$-Problemen entspricht die Länge der Batch-Bearbeitung der maximalen Bearbeitungszeit aller im Batch enthaltenen Jobs. Ist das Bilden von Batches nur innerhalb definierter Familien möglich, schreibt man zusätzlich *incompatible*. Verbrauchen die Jobs unterschiedlich viel Maschinenkapazität, schreibt man zusätzlich $non - identical$.

$s - batch$ kennzeichnet das Vorhandensein von *seriellen Batches*. Ein serieller Batch besteht aus einer Menge von Jobs, die hintereinander auf einer Maschine bearbeitet werden. Bei $s - batch$-Problemen entspricht die Länge der Batch-Bearbeitung der Summe der Bearbeitungszeiten aller im Batch enthaltenen Jobs. Diese müssen bereits zum Start des Batches verfügbar sein.

Bemerkung 4.1.12

Sind parallele Batches auf einer Maschine M_k möglich, so gilt anstelle der in Definition 4.1.5 getroffenen Festlegung, dass eine Maschine nicht mehrere Jobs gleichzeitig bearbeiten kann, die Festlegung, dass eine Maschine nicht mehrere Batches gleichzeitig bearbeiten kann. Die Bildung der Batches erfolgt außerdem nur innerhalb vorgegebener Kapazitätsbeschränkungen, d.h., es existiert ein Parameter b_k, der angibt, wie viele Jobs maximal gleichzeitig (in einem Batch) auf Maschine M_k bearbeitet werden können. Im Falle nicht identischer Job-Größen ($non-identical$) existiert weiterhin pro Job ein Parameter g_i, der angibt, wie viel Maschinenkapazität für dessen Bearbeitung benötigt wird.

4.1.1.3. Klassifizierung nach Zielfunktion

Das Lösen eines Ablaufplanungsproblems – im Sinne des Auffindens eines zulässigen Maschinenbelegungsplans – reicht oft nicht aus. Vielmehr wird nach einem zulässigen Maschinenbelegungsplan gesucht, der gewissen Zielgrößen der Fertigung, die sich durch eine *Zielfunktion* z (engl. Cost Function) beschreiben lassen, optimiert.

„The scheduling problem is to find a feasible solution which minimizes the total cost function." [Bru04]

Die zu optimierende Zielfunktion z wird im letzten Feld, dem γ-Feld des Klassifikationsschemas, angegeben. Bezeichnet man C_i als die *Fertigstellungszeit*[4] (engl. Completion time) von Job J_i, so lassen sich u.a. folgende Optimierungskriterien für diesen Job angeben (vgl. [Bru04]):

Definition 4.1.13 (Optimierungskriterien)
Für jeden Job J_i bezeichnet:

$$L_i := C_i - d_i \quad \text{die Terminabweichung (engl. Lateness) von } J_i \tag{4.1}$$
$$E_i := (d_i - C_i)^+ \quad \text{die Verfrühung (engl. Earliness) von } J_i \tag{4.2}$$
$$T_i := (C_i - d_i)^+ \quad \text{die Verspätung (engl. Tardiness) von } J_i. \tag{4.3}$$

Neben diesen Optimierungskriterien existieren oft auch *Gewichte* w_i (engl. Weights) für Jobs, die deren Wichtigkeit repräsentieren. Mit jeder der Optimierungskriterien $\tau_i \in \{C_i, L_i, E_i, T_i\}$ lassen sich verschiedene typische Zielfunktionen für Ablaufplanungsprobleme wie folgt konstruieren:

$$z = \max_{i \in J} \tau_i,$$
$$z = \max_{i \in J} w_i \tau_i,$$
$$z = \sum_{i \in J} \tau_i,$$
$$z = \sum_{i \in J} w_i \tau_i.$$

Weiterhin sind auch Linearkombinationen einzelner Zielfunktionen, d.h. multikriterielle Zielfunktionen möglich. Man unterscheidet insbesondere zwischen *regulären* und *nichtregulären Zielfunktionen.* Eine Zielfunktion ist genau dann regulär, wenn der Zielfunktionswert bei einer Rechtsverschiebung eines Arbeitsganges nicht abnehmen kann [Hen02][5]. Die am häufigsten verwendeten und für die Arbeit relevanten Zielfunktionen werden in Definition 4.1.14 angegeben.

Definition 4.1.14 (Zielfunktionen)
Zur Bewertung eines zulässigen Maschinenbelegungsplanes, für n Jobs J_i, werden folgende Zielfunktionen definiert:

[4]Auch C_i ist als Intervall ab dem Zeitpunkt 0 zu verstehen.
[5]Alle in der nachfolgenden Definition 4.1.14 genannten Zielfunktionen sind regulär. Eine nichtreguläre Zielfunktion ist z.B. die totale Verfrühung (vgl. [Bru04]).

$$z = \max_{i \in J} C_i \qquad \textit{Gesamtdurchlaufzeit bzw. Zykluszeit (engl. Makespan)} \qquad (4.4)$$

$$z = \sum_{i \in J} C_i \qquad \textit{totale Fertigstellungszeit (engl. Total Completion Time)} \qquad (4.5)$$

$$z = \sum_{i \in J} w_i C_i \qquad \textit{totale gewichtete Fertigstellungszeit (engl. Total Weigthed Compl. Time)} \qquad (4.6)$$

$$z = \sum_{i \in J} T_i \qquad \textit{totale Verspätung (engl. Total Tardiness)} \qquad (4.7)$$

$$z = \sum_{i \in J} w_i T_i \qquad \textit{totale gewichtete Verspätung (engl. Total Weigthed Tardiness).} \qquad (4.8)$$

Die Minimierung der totalen Fertigstellungszeit ist, da $\sum_{i \in J} r_i$ konstant ist, identisch zur Minimierung der auch oft verwendeten *mittleren Durchlaufzeit* (engl. Cycle Time), die als $z = 1/n \sum_{i \in J}(C_i - r_i)$ definiert ist. Der bisher dargestellte Sachverhalt bzgl. der Klassifikation von Ablaufplanungsproblemen soll anhand der nachfolgenden drei Beispiele verdeutlicht werden. Hierbei wird zu jedem Beispiel die $(\alpha \mid \beta \mid \gamma)$-Notation angegeben sowie ein zulässiger Maschinenbelegungsplan in Form eines *Gantt-Diagramms*[6] dargestellt.

Beispiel 4.1.15

$J4 \mid\mid C_{\max}$ beschreibt ein Job-Shop-Problem, in dem Jobs über vier Maschinen geplant werden sollen. Ziel ist die Minimierung der Gesamtdurchlaufzeit[7]. Eine Instanz dieses Problems ist beschrieben durch eine Zuordnung aller Arbeitsgänge O_{io} zu jeweils einer der vier Maschinen $M_{io} \in \{M_1, M_2, M_3, M_4\}$ sowie den zugehörigen Bearbeitungszeiten p_{io} von J_i auf $M_k = M_{io}$. Abbildung 4.1 stellt dies dar.

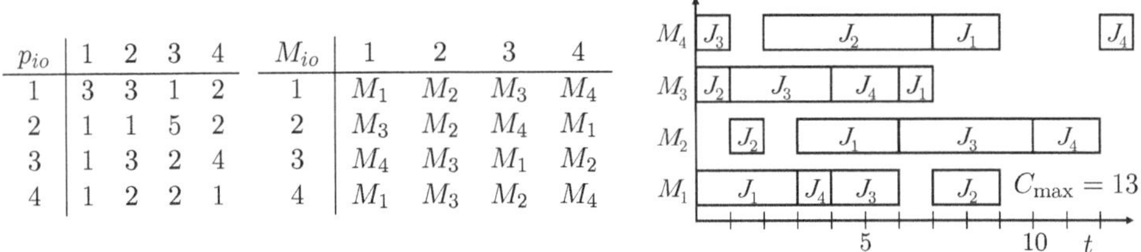

p_{io}	1	2	3	4
1	3	3	1	2
2	1	1	5	2
3	1	3	2	4
4	1	2	2	1

M_{io}	1	2	3	4
1	M_1	M_2	M_3	M_4
2	M_3	M_2	M_4	M_1
3	M_4	M_3	M_1	M_2
4	M_1	M_3	M_2	M_4

Abbildung 4.1.: Beispiel einer Instanz des Problems $J4 \mid\mid C_{\max}$

□

Beispiel 4.1.16

$J3 \mid p_i = 3; rcrc \mid \sum C_i$ beschreibt ein Job-Shop-Problem, in dem Jobs über drei Maschinen geplant werden sollen. Die Bearbeitungszeit jedes Arbeitsganges beträgt genau drei Zeiteinheiten. Ziel ist die Minimierung der totalen Fertigstellungszeit. Eine Instanz dieses Problems wird durch eine Zuordnung aller Arbeitsgänge O_{io} zu jeweils einer der drei Maschinen $M_{io} \in \{M_1, M_2, M_3\}$ beschrieben. Da Job J_1 Maschine M_2 mehrfach passiert, wird zusätzlich $rcrc$ in das β-Feld aufgenommen. Abbildung 4.2 stellt dies dar.

[6] Das Gantt-Diagramm wird häufig als Darstellungsmöglichkeit für Ablaufpläne benutzt. Es stellt die zeitliche Abfolge von Arbeitsgängen grafisch in Form von Balken über der Zeitachse t dar. Wird nachfolgend keine Dimension für die Zeitachse angegeben, ist von Zeiteinheiten auszugehen.

[7] Dabei wird $\max_{i \in J} \tau_i$ in der Literatur üblicherweise als $\tau_{\max}$ abgekürzt.

M_{io}	1	2	3	4
1	M_3	M_2	M_1	M_2
2	M_1	M_3		
3	M_1	M_2	M_3	

$\sum_{i \in J} C_i = 66$

Abbildung 4.2.: Beispiel einer Instanz des Problems $J3 \mid p_i = 3; rcrc \mid \sum C_i$

□

Beispiel 4.1.17

$F3 \mid r_i; prmu \mid \sum T_i$ beschreibt ein Permutations-Flow-Shop-Problem, in dem Jobs über drei Maschinen geplant werden sollen. Dabei haben alle Jobs einen Bereitstellungs- und einen (weichen) Fertigstellungstermin. Ziel ist die Minimierung der totalen Verspätung. Eine Instanz dieses Problems wird durch eine Zuordnung von Bearbeitungszeiten zu allen Arbeitsgängen O_{io} (mit $o = k = 1, \ldots, m$) sowie der Definition der Bereitstellungstermine r_i und Fertigstellungstermine d_i für jeden Job J_i, beschrieben. Abbildung 4.3 stellt dies dar.

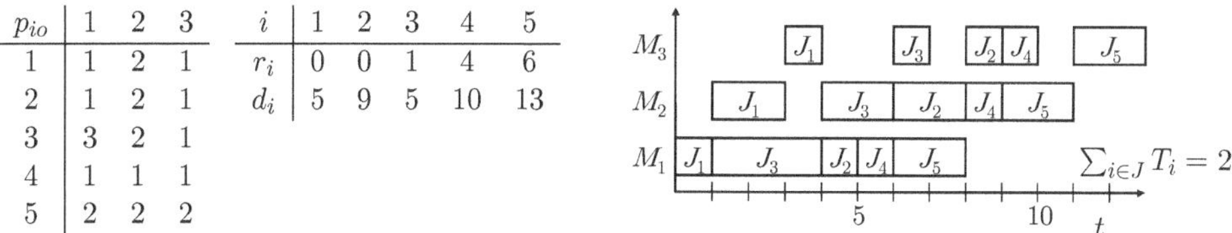

p_{io}	1	2	3
1	1	2	1
2	1	2	1
3	3	2	1
4	1	1	1
5	2	2	2

i	1	2	3	4	5
r_i	0	0	1	4	6
d_i	5	9	5	10	13

Abbildung 4.3.: Beispiel einer Instanz des Problems $F3 \mid r_i; prmu \mid \sum T_i$

□

4.1.2. Komplexität von Ablaufplanungsproblemen

Seit den 1970er Jahren sind Komplexitätsbetrachtungen ein fester Bestandteil bei der Untersuchung und Klassifizierung von Ablaufplanungsproblemen [Sch03]. Die Betrachtungen liefern eine Aussage darüber, wie aufwändig die Lösung eines Problems ist und bestimmen daher grundlegend die Einsatzmöglichkeiten der entwickelten Verfahren. Eine der wichtigsten Arbeiten auf dem Gebiet der Komplexitätstheorie stammt von Cook [Coo71], in der erstmals die $\mathcal{NP}$-Vollständigkeit für das SAT-Problem[8] nachgewiesen werden konnte. Das SAT-Problem kann auf viele praktische Problemstellungen $\mathcal{Q}$ reduziert werden. Eine *Reduktion* bedeutet hierbei, dass eine Transformation von SAT zu $\mathcal{Q}$, abgekürzt als SAT $\propto \mathcal{Q}$, in polynomialer Laufzeit möglich ist[9]. Dies macht den Nachweis der $\mathcal{NP}$-Schwere vieler praktischer Probleme (bzw. der $\mathcal{NP}$-Vollständigkeit der zugeordneten Entscheidungsprobleme) einfacher.

[8] Nähere Erläuterungen hierzu sind in Definition A.1.8 auf Seite 180 zu finden.
[9] Nähere Erläuterungen hierzu sind in [Bru04] zu finden.

Tabelle 4.1 fasst die wichtigsten Komplexitätsresultate bzgl. der für diese Arbeit relevanten Ablaufplanungsprobleme zusammen[10]. Dabei gehören $\mathcal{NP}$-schwere Probleme, die einen pseudopolynomialen Lösungsalgorithmus (vgl. Abschnitt 3.3) besitzen, zu den vergleichsweise einfachen $\mathcal{NP}$-schweren Problemen. Praktisch bedeutet dies, dass u.U. auch noch vergleichsweise große Probleme schnell gelöst werden können. Daher werden diese Probleme auch als schwach $\mathcal{NP}$-schwer bezeichnet. Ist es im Gegensatz ausgeschlossen, dass ein pseudopolynomialer Algorithmus für ein $\mathcal{NP}$-schweres Problem existieren kann, wird das Problem als stark $\mathcal{NP}$-schwer klassifiziert. Um ein Ablaufplanungsproblem möglichst schnell der Klasse $\mathcal{P}$ oder $\mathcal{NP}$-schwer zuzuordnen, benutzt man häufig einfache Reduktionsregeln. Einige dieser Regeln werden in Ab-

Problem	Komplexität	Quelle
$1 \mid p-batch;\ b_1 < n \mid C_{\max}$ [11]	$\mathcal{P}$	[BGH+98]
$1 \mid p-batch \mid \sum w_iC_i$	$\mathcal{P}$	[BGH+98]
$1 \mid p_i = p;\ p-batch;\ r_i \mid \sum w_iT_i$	$\mathcal{P}$	[BBKT04]
$P \mid p_i = p;\ r_i \mid \sum w_iC_i$	$\mathcal{P}$	[BK08]
$P \mid p_i = p;\ r_i \mid \sum T_i$	$\mathcal{P}$	[BK05]
$P2 \mid p_i = 1;\ prec;\ r_i \mid \sum C_i$	$\mathcal{P}$	[BT04]
$F2 \mid\mid C_{\max}$	$\mathcal{P}$	[Joh54]
$F2 \mid p_{ij} = 1;\ prec;\ r_i \mid \sum C_i$	$\mathcal{P}$	[BT04]
$J2 \mid p_{ij} = 1;\ r_i \mid C_{\max}$	$\mathcal{P}$	[Tim97]
$J2 \mid p_{ij} = 1 \mid \sum C_i$	$\mathcal{P}$	[KT96]
$1 \mid\mid \sum T_i$	$\mathcal{NP}$-schwer (schwach)	[Law77]
$1 \mid p-batch \mid \sum w_iT_i$	$\mathcal{NP}$-schwer (schwach)	[BGH+98]
$1 \mid p-batch;\ r_i \mid \sum w_iT_i$	$\mathcal{NP}$-schwer (schwach)	[BBKT04]
$F2 \mid no-wait \mid C_{\max}$	$\mathcal{NP}$-schwer (schwach)	[GG64]
$J2 \mid p_i = 1; no-wait \mid C_{\max}$	$\mathcal{NP}$-schwer (schwach)	[Tim85]
$P2 \mid\mid \sum w_iC_i$	$\mathcal{NP}$-schwer (schwach)	[BCJS74]
$J3 \mid n = 3 \mid C_{\max}$	$\mathcal{NP}$-schwer (schwach)	[SS95]
$F3 \mid\mid C_{\max}$	$\mathcal{NP}$-schwer (stark)	[GJS76]
$1 \mid p-batch;\ r_i;\ b_1 < n \mid C_{\max}$	$\mathcal{NP}$-schwer (stark)	[BGH+98]
$P \mid\mid C_{\max}$	$\mathcal{NP}$-schwer (stark)	[GJ78]
$P \mid p_i = 1;\ prec \mid C_{\max}$	$\mathcal{NP}$-schwer (stark)	[Ull75]
$F \mid p_{io} = 1;\ prec \mid C_{\max}$	$\mathcal{NP}$-schwer (stark)	[Tim03]
$F2 \mid\mid \sum C_i$	$\mathcal{NP}$-schwer (stark)	[GJS76]
$J2 \mid\mid C_{\max}$	$\mathcal{NP}$-schwer (stark)	[LRK79]
$J2 \mid\mid \sum C_i$	$\mathcal{NP}$-schwer (stark)	[GJS76]
$J2 \mid p_{io} = 1 \mid \sum w_iT_i$	$\mathcal{NP}$-schwer (stark)	[Tim98]

Tabelle 4.1.: Komplexitätsresultate für verschiedene Ablaufplanungsprobleme

bildung 4.4 dargestellt. Hierbei ist der Pfeil jeweils als "Spezialfall von" bzw. "einfacheres Problem als" zu lesen. Gilt jeweils für den Spezialfall die Zugehörigkeit zu $\mathcal{NP}$-schwer, so lässt sich die $\mathcal{NP}$-Schwere auch direkt für das allgemeinere Problem ableiten. Gilt andersherum, dass das allgemeinere Problem polynomial lösbar ist, trifft dies auch für alle Spezialfälle dieses Problems zu. Beispiel 4.1.18 verdeutlicht dies.

[10] Eine sehr detaillierte Übersicht ist unter http://www.mathematik.uni-osnabrueck.de/research/OR/class/ zu finden – Stand August 2009. Tabelle 4.1 stellt Auszüge daraus dar, die teilweise auch in [Bru04] zu finden sind.

[11] Der Parameter b_1 definiert die Maschinenkapazität (vgl. Bemerkung 4.1.12).

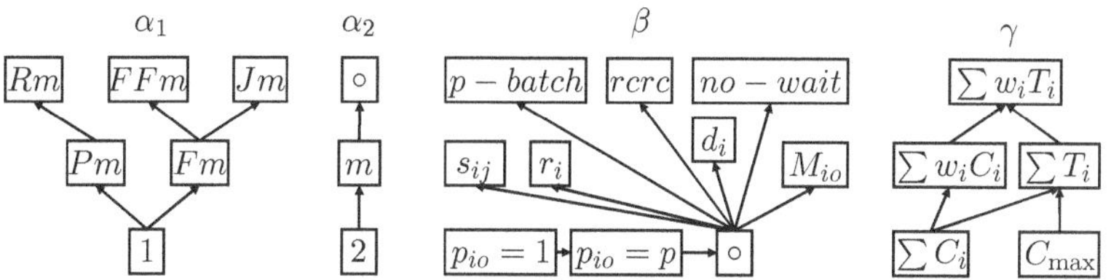

Abbildung 4.4.: Einfache Reduktionsregeln (Hierbei bezeichnet $\alpha_1 = 1$ das Einmaschinenproblem; $\circ$ ist als beliebig bzw. als keine Einschränkung zu interpretieren)

Beispiel 4.1.18

Zu zeigen ist, dass das Problem $J5 \mid\mid \sum T_i$ $\mathcal{NP}$-schwer ist. Da $F3 \mid\mid C_{\max}$ $\mathcal{NP}$-schwer ist (vgl. Tabelle 4.1), folgt dies aus den Reduktionen: $F3 \mid\mid C_{\max} \propto J3 \mid\mid C_{\max} \propto J5 \mid\mid C_{\max} \propto J5 \mid\mid \sum T_i$.

□

Ein wesentliches Interesse besteht daher in der Bestimmung von Komplexitätshierarchien (vgl. [PX99, GLLRK79]), d.h. in der Ermittlung, welche die schwersten noch polynomial lösbaren Probleme und welche die einfachsten bereits $\mathcal{NP}$-schweren Probleme sind. Umfangreichere Darstellungen hierzu sind in [Bru04] zu finden. Teile dieser Grenzen sind ebenfalls in Tabelle 4.1 dargestellt. Dieser ist zu entnehmen, dass Ablaufplanungsprobleme mit praktischer Relevanz oftmals in der Klasse $\mathcal{NP}$-schwer liegen. Lediglich für Spezialfälle, wie z.B. feste Bearbeitungszeiten aller Aufträge, Begrenzung der Maschinenanzahl auf eins oder zwei etc. existieren spezielle Algorithmen (z.B. Sortierverfahren) mit polynomialer Laufzeit. Für die relevanten Zielgrößen Zykluszeit, totale (gewichtete) Fertigstellungszeit und totale (gewichtete) Verspätung sind parallele Maschinenprobleme, Flow-Shop-Probleme sowie Job-Shop-Probleme spätestens ab drei Maschinen stark $\mathcal{NP}$-schwer. Für die exakte Lösung dieser Probleme bedeutet dies, dass ein exponentielles Laufzeitverhalten in Abhängigkeit von der Problemgröße (i.Allg. Anzahl Jobs bzw. Anzahl Maschinen) zu erwarten ist[12]. Einige Untersuchungen dieser Arbeit bestehen daher darin, zu ermitteln, bis zu welchen typischen Problemgrößen exakte Lösungsverfahren dennoch sinnvoll einsetzbar sind. Mit Hilfe dieser Informationen werden anschließend Dekompositionsansätze entwickelt, die exakte Verfahren zur effizienten Lösung von Teilproblemen benutzen. Zunächst erfolgt daher eine Vorstellung verschiedener Lösungsansätze für Ablaufplanungsprobleme. Mit diesen werden die Grundlagen für die durchgeführten Untersuchungen in Abschnitt 4.4 sowie Kapitel 5 und 6 geschaffen.

4.2. Modellierung: direkte Ansätze zur Ablaufplanung

In diesem Abschnitt werden verschiedene direkte Ansätze zur Ablaufplanung vorgestellt. Hierbei wird das jeweilige Ablaufplanungsproblem direkt, d.h. ohne Zuhilfenahme von Werkzeugen (wie z.B. Simulationssystemen), als mathematisches Modell beschrieben. Dieses besitzt stets die Eigenschaft, dass die Allokation von Jobs zu Maschinen zeitlich variabel ist. Als Literaturreferenz für diesen Abschnitt werden [Bru04, PX99] sowie [Hen02] genannt.

[12] Es wird von der allgemein anerkannten Vermutung ausgegangen, dass $\mathcal{P} \neq \mathcal{NP}$ gilt.

Der Zugang zur mathematischen Modellierung von Ablaufplanungsproblemen erfolgt häufig über das Konzept des *disjunktiven Graphen* (vgl. Definition 4.2.1), das 1964 in [RS64] vorgestellt wurde. Dieser Ansatz ist prinzipiell für alle Shop-Probleme (vgl. Abschnitt 4.1) anwendbar. Für reguläre Zielfunktionen enthält die Menge aller durch den disjunktiven Graphen beschriebenen zulässigen Ablaufpläne stets auch mindestens einen optimalen Ablaufplan [Bru04]. Nach Brucker [Bru04] wird der disjunktive Graph wie folgt definiert:

Definition 4.2.1 (Disjunktiver Graph)
Für ein Shop-Problem ist der disjunktive Graph G definiert als $G := (V, C, D)$, wobei:

- *V die Menge der Knoten des Graphen darstellt. Diese setzt sich zusammen aus der Menge aller Arbeitsgänge sowie einem Knoten* 0 *(Quelle) und einem Knoten $*$ (Senke). Der Graph ist knotengewichtet*[13] *mit der Bearbeitungszeit des jeweiligen Arbeitsgangs. Das Gewicht der Quelle und der Senke ist 0.*
- *C die Menge der gerichteten konjunktiven Kanten, welche die Reihenfolgebeziehungen der einzelnen Arbeitsgänge repräsentieren. Weiterhin existieren konjunktive Kanten zwischen den Knoten der Arbeitsgänge ohne Vorgänger und* 0 *sowie zwischen den Knoten der Arbeitsgänge ohne Nachfolger und $*$.*
- *D die Menge der ungerichteten disjunktiven Kanten, welche die Kapazitätsbeschränkungen der einzelnen Maschinen repräsentieren.*

Abbildung 4.5 zeigt den disjunktiven Graphen des in Abschnitt 4.1.1 vorgestellten Beispiels 4.1.15. Aus Gründen der Übersichtlichkeit werden nur die disjunktiven Kanten von M_2 dargestellt. Weiterhin ist zu jedem Arbeitsgang (Knoten) die zugehörige Maschine sowie das Gewicht des Knotens (Bearbeitungszeit) angegeben. Wurde der disjunktive Graph des jeweiligen Ablaufplanungsproblems erstellt, besteht die Aufgabe anschließend darin, alle ungerichteten disjunktiven Kanten in gerichtete Kanten zu überführen[14]. Man spricht von einer *vollständigen*

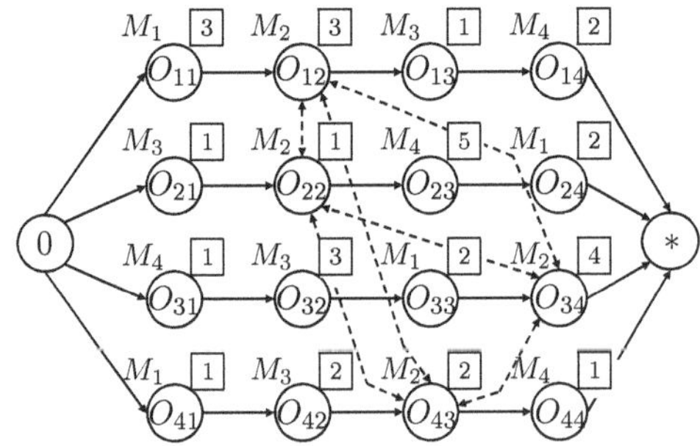

Abbildung 4.5.: Disjunktiver Graph für das in Beispiel 4.1.15 eingeführte Problem $J4 \mid\mid C_{\max}$

[13] In alternativen Definitionen des disjunktiven Graphen werden die Bearbeitungszeiten als Kantengewichte eingeführt [OU97, Pin05]. Dies erlaubt eine breitere praktische Anwendung (insbesondere die Abbildung von Bereitstellungsterminen) dieses Ansatzes, der jedoch in dieser Arbeit nicht weiter verfolgt wird.

[14] Man bezeichnet diese dann auch als *fixierte Kanten*.

Selektion S, wenn alle disjunktiven Kanten fixiert sind und der daraus resultierende Graph $G_S = (V, C \cup S)$ kreisfrei ist. Aus einer vollständigen Selektion lässt sich ein Ablaufplan konstruieren. Das Optimierungsproblem besteht jedoch darin, eine vollständige Selektion zu finden, bei der der längste Weg von der Quelle zur Senke minimal ist. Jeder dieser längsten Wege von der Quelle zur Senke wird dabei als *kritischer Pfad* bezeichnet. Die Arbeitsgänge auf dem kritischen Pfad werden *kritische Vorgänge* genannt. Abbildung 4.6 verdeutlicht dies und gibt einen optimalen Ablaufplan für Beispiel 4.1.15 sowie die zugehörige vollständige Selektion[15] an. Der kritische Pfad ist dabei mit breiten Pfeilen im Graphen hervorgehoben. Wie zu sehen ist, muss der kritische Pfad nicht eindeutig sein.

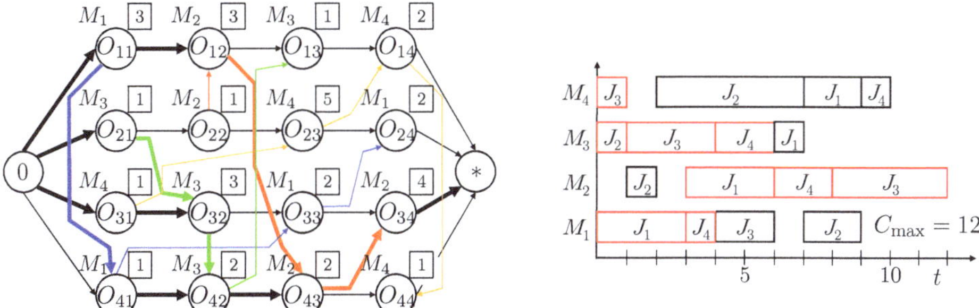

Abbildung 4.6.: Optimale Lösung für das in Beispiel 4.1.15 eingeführte Problem $J4 \,||\, C_{\max}$ zzgl. vollständiger Selektion und kritischem Pfad

Zur Lösung der Reihenfolgeentscheidungen an den Maschinen können sowohl heuristische als auch exakte Verfahren eingesetzt werden. Diese werden nachfolgend kurz skizziert.

4.2.1. Heuristische Verfahren

Um gute Lösungen für Shop-Probleme zu erhalten, werden in der Literatur zahlreiche verschiedene Heuristiken vorgestellt. Die LS, deren Grundprinzip in Abschnitt 3.4 dargestellt wurde, bildet hierbei eine der erfolgreichsten Klassen von Heuristiken für diese Probleme. Das Job-Shop-Problem ($J \,||\, C_{\max}$) zählt zu den am besten untersuchten Ablaufplanungsproblemen, da es aus praktischer Sicht die Grundlage für viele komplizierte Probleme bildet [Sch03]. Aus diesem Grund wird in diesem Abschnitt die Anwendung der LS für das Job-Shop-Problem kurz skizziert. Hieraus resultierend sollen mögliche Anwendungsfälle aber auch Grenzen von Lösungsansätzen abgeleitet werden. Dies stellt eine wesentliche Motivation für die Arbeiten in späteren Abschnitten dar. Die Ausführungen folgen weitestgehend [Hen02] und [Bru04]. Für umfangreichere Erläuterungen bzgl. verschiedener Optimierungsheuristiken für das Job-Shop-Problem ($J \,||\, C_{\max}$) wird an dieser Stelle auf [VAL94, JM99, Sch03] und [WB08] verwiesen.

Um die LS (vgl. Algorithmus 3.4.1) auf Ablaufplanungsprobleme wie das Job-Shop-Problem anzuwenden, bedarf es einer geeigneten Lösungsdarstellung für x sowie der Definition einer Nachbarschaft $N(x)$. Eine mögliche Lösungsrepräsentation nach [Hen02] ist die *aufsteigende Nummerierung*, die auf der *topologischen Sortierung* eines gerichteten Graphen basiert.

[15] Auf die Darstellung redundanter, transitiver disjunktiver Kanten wurde verzichtet.

Definition 4.2.2 (Aufsteigende Nummerierung)
Sei $G = (V, C)$ ein gerichteter Graph, $N = |V| - 2$, $p_G(v, G) = \{u \in V \mid (u, v) \in C\}$ für $v \in V$ die Menge der direkter Vorgänger sowie $s_G(v, G) = \{w \in V \mid (v, w) \in C\}$ für $v \in V$ die Menge der direkter Nachfolger von v in G. Weiterhin sei $\pi : V \setminus \{0, *\} \to \{1, \ldots, N\}$ eine bijektive Abbildung, die jedem Knoten (außer 0 oder $*$) eine Zahl zwischen 1 und N zuordnet. Dann heißt π aufsteigende Nummerierung, wenn $\pi(u) < \pi(v)$ für alle $v \in V$ und alle $u \in p_G(v, G)$ gilt.

Existiert eine aufsteigende Nummerierung für einen Graphen $G = (V, C)$, dann ist dieser kreisfrei. Folgender Algorithmus 4.2.3 berechnet eine aufsteigende Nummerierung für einen Graphen $G = (V, C)$ nach [Hen02]:

Algorithmus 4.2.3 (Aufsteigende Nummerierung)

Gegeben sei gerichteter Graph $G = (V, C)$ mit $V = \{0, 1, \ldots, N, *\}$.

Funktion π = AufsteigendeNummerierung(G).

S1 Setze $i = 1$, $W = \{u \in V \mid p_G(u, G) = \{0\}\}$ *und* $U = V \setminus W$.

S2 *Wähle ein* $v \in W$.

S3 Setze $\pi(v) = i$ *und* $W = W \setminus \{v\}$.

S4 Setze $i = i + 1$.

S5 Setze $S_v = \{w \in s_G(v, G) \mid p_G(w, G) \cap (W \cup U) = \emptyset\}$.

S6 *Falls* $W \cup S_v = \emptyset$, *dann STOP: "Fehler: G nicht kreisfrei".*

S7 Setze $W = W \cup S_v$ *und* $U = U \setminus S_v$.

S8 *Falls* $W = \{*\}$, *dann STOP: "Ausgabe aufsteigende Nummerierung* π*", sonst gehe zu S2.*

Zunächst wird die Menge W aller aktuell zu betrachtenden Knoten, die keine Vorgänger außer 0 besitzen, gebildet (*S1*). Weiterhin wird die Menge aller noch nicht betrachteten Knoten U initialisiert. Aus der Menge W wird nun ein Knoten v ausgewählt (*S2*) und dieser der aufsteigenden Nummerierung hinzugefügt (*S3*). Danach werden alle Knoten $w \in s_G(v, G)$ zu W hinzugefügt (*S7*), die von v erreichbar sind und keine anderen Vorgänger in W bzw. U besitzen (*S5*). Der Algorithmus stoppt, sobald ein Zyklus detektiert (*S6*) bzw. $*$ erreicht wird (*S8*).

Basis einer LS ist eine gültige Startlösung x_0 (vgl. Algorithmus 3.4.1). Für ein Job-Shop-Problem kann diese mit Hilfe der aufsteigenden Nummerierung aus dem zugehörigen disjunktiven Graphen $G = (V, C, D)$ konstruiert werden. Hierzu wird der gerichtete Graph $G = (V, C)$ als Eingangsgröße für Algorithmus 4.2.3 verwendet. Die aufsteigende Nummerierung induziert dann Reihenfolgerelationen zwischen beliebigen Knoten $v, w \in V$, d.h. zwischen den Arbeitsgängen $v = O_{io}$ und $w = O_{jp}$. Müssen beide Arbeitsgänge auf derselben Maschine M_k (d.h. $M_k = M_{io} = M_{jp}$) bearbeitet werden, wird dadurch eine gerichtete Kante (v, w) definiert. Daraus resultierend erhält man aus der aufsteigenden Nummerierung immer eine vollständige Selektion S und somit auch eine zulässige Lösung x_0. Mit Hilfe des nachfolgenden Algorithmus 4.2.4 lassen sich aus einer aufsteigenden Nummerierung π und aus dem gerichteten Graphen $G = (V, C)$ Ablaufpläne berechnen (vgl. [Hen02]).

Algorithmus 4.2.4

Gegeben sei ein gerichteter Graph $G = (V, C)$ gemäß Definition 4.2.2.

S1 *Bestimme* $\pi = AufsteigendeNummerierung(G)$

S2 *Setze* $i = 1$, $s_0 = e_0 = 0$.

S3 *Setze* $v = \pi^{-1}(i)$.

S4 *Setze* $s_v = \max\{e_w \mid w \in p_G(v, G)\}$.

S5 *Setze* $e_v = s_v + p_v$.

S6 *Setze* $i = i + 1$.

S7 *Falls* $i \leq N$, *dann gehe zu S3.*

Dieser Algorithmus berechnet zu jedem Knoten $v \in V$, d.h. zu jedem Arbeitsgang, den frühest möglichen Starttermin (*S4*) sowie dessen Ende (*S5*).

Mit Hilfe von Algorithmus 4.2.4 lassen sich *semiaktive*[16] Ablaufpläne rein auf der Basis von Graphen, d.h. von Listen bzw. Mengen, konstruieren[17]. Dabei ist zu beachten, dass die Menge W in (*S2*) von Algorithmus 4.2.3 oftmals aus mehr als einem Knoten v besteht. Zur Auswahl eines Knotens können verschiedene statische *Prioritätsregeln*[18] verwendet werden. Diese werden später in Abschnitt 4.3.2 im Zusammenhang mit ereignisdiskreten Simulationssystemen näher erläutert. Die Erzeugung eines Ablaufplans durch Algorithmus 4.2.4 erfolgt somit in zwei Stufen:

(i) Reihenfolgebeziehungen der Arbeitsgänge mittels einer definierten Prioritätsregel und aufsteigender Nummerierung bestimmen (*S1*)

(ii) Arbeitsgänge auf Basis dieser Reihenfolgebeziehungen in (*S2*) bis (*S7*) einplanen.

Um eine ermittelte Startlösung x_0 mit einer LS zu verbessern, bedarf es weiterhin der Definition geeigneter Nachbarschaften N im zugrundeliegenden Lösungsraum X (vgl. Abschnitt 3.4).

> „The quality of local search strongly depends on the neighborhood used.“ [Bru04]

Beispiel 4.2.5 stellt exemplarisch die so genannte N_1-Nachbarschaft (vgl. [Hen02]) vor.

Beispiel 4.2.5

Sei x eine Lösung und π die zugehörige aufsteigende Nummerierung, dann ist eine Nachbarschaft $N_1(x)$ definiert als die Menge aller möglichen Vertauschungen zweier Vorgänge π_i und π_j in π mit $\pi_i < \pi_j$. Ein Nachbar ist nur zulässig, wenn π_i mit allen Vorgängen π_k, $k = i + 1, \ldots, j$ und π_j mit allen Vorgängen $k = i, \ldots, j - 1$ vertauscht werden können. Zwei Vorgänge sind vertauschbar, wenn es keine gerichteten Kanten zwischen ihnen in $G = (V, C, D)$ gibt. □

---

[16] Ein zulässiger Ablaufplan heißt semiaktiv, wenn kein Arbeitsgang zeitlich vorgezogen werden kann, ohne die Arbeitsgangreihenfolge mindestens an einer Maschine zu verändern [Pin08].

[17] Zusätzliche Werkzeuge wie Simulatoren (vgl. Abschnitt 4.3) kommen hierbei nicht zum Einsatz.

[18] Prioritätsregeln werden im Zusammenhang mit direkten Ansätzen zur Ablaufplanung auch als *konstruktive Heuristiken* bezeichnet.

Die meisten in der Literatur diskutierten Nachbarschaften sind auf dem zu einem Ablaufplan gehörenden gerichteten Graphen G_S definiert und bestehen in der Regel in der Umorientierung einzelner disjunktiver Kanten. Für das Job-Shop-Problem ($J \mid\mid C_{\max}$) hat sich die Verwendung von Nachbarschaften, die auf dem kritischen Pfad definiert sind, als am effizientesten herausgestellt. Hierzu werden zunächst Blöcke, also Anreihungen von direkt aufeinander folgenden Arbeitsgängen auf einer Maschine, identifiziert, die sich auf dem kritischen Pfad befinden. Anschließend werden auf diesen Blöcken Nachbarschaften definiert, die im Vergleich zur N_1-Nachbarschaft nur Umkehrungen von Orientierungen einer Kante in einem Block zulassen. In der Literatur werden weitergehend Nachbarschaften diskutiert, die z.B. nur das Vertauschen der ersten und letzten Arbeitsgänge innerhalb eines Blockes zulassen. Hierfür wird auf [NS96, YN97, Hen02] und [Bru04] verwiesen.

Als beste bekannte LS-Heuristik für das Job-Shop-Problem wird in der Literatur nahezu einstimmig TS genannt (vgl. [Sch03, WB08]). Eine von Watson und Beck [WB08] vorgestellte Kombination von TS und CP liefert dabei die derzeit[19] besten bekannten Ergebnisse für zahlreiche Benchmark-Instanzen von Job-Shop-Problemen.

Bemerkung 4.2.6

LS-Heuristiken, insbesondere jene, die auf Nachbarschaften basieren, die auf dem kritischen Pfad definiert sind, haben auch entscheidende Nachteile. Einerseits sind diese oftmals für die Zielgröße Zykluszeit ($C_{\max}$) zugeschnitten, andererseits sind diese stark auf spezielle Problemklassen (z.B. Job-Shop-Probleme) ausgelegt und nicht ohne weiteres für allgemeinere Ablaufplanungsprobleme (z.B. Maschinen mit Batch-Bearbeitung) anwendbar. Es müssen dann problemspezifische Vertauschoperationen definiert und aufwändig implementiert werden. Ziel dieser Arbeit ist es jedoch, Verfahren zu untersuchen, die eine möglichst breite praktische Anwendung und eine Ausrichtung auf verschiedene Ziele zulassen. Daher werden problemspezifische Heuristiken für die in Abschnitt 4.4 bzw. Kapitel 5 durchgeführten allgemeinen Untersuchungen nicht in Betracht gezogen. Lediglich für ein konkretes Anwendungsbeispiel in Abschnitt 6.1 wird eine problemspezifische VNS-Heuristik als Referenz für die entwickelten Verfahren untersucht.

Nachbarschaften, die auf einer Lösungsdarstellung definiert sind, werden im Folgenden *lösungsraumbasierte Nachbarschaften* genannt. Im übertragenen Sinne beschreiben diese Nachbarschaften Regeln zum Vertauschen von Arbeitsgängen im Gantt-Diagramm unter Beachtung der dem Problem zugrundeliegenden Nebenbedingungen.

4.2.2. Exakte Verfahren

Bereits seit 1959 existieren mit der ersten Veröffentlichung von Wagner [Wag59] verschiedene MIP-Formulierungen für klassische Shop-Probleme. Jedoch machten erst die enormen Fortschritte der Rechnerleistung in den letzten Jahren eine Anwendung exakter Verfahren für praxisrelevante Probleme möglich [Sch03]. Hinzu kommen die Fortschritte in der Entwicklung von Lösern für LP, MIP, CP und SAT-Probleme.

[19] Dieses Aussage stellt das Ergebnis einer Literaturrecherche dar – Stand Dezember 2010.

„A natural way to attack machine scheduling problems is to formulate them as mathematical programming models.“ [RK76]

Aus dem disjunktiven Graphen kann direkt ein COP (vgl. Definition 3.2.4), d.h. ein *diskretes Optimierungsproblem*, abgeleitet werden. Hierzu werden die Startzeitpunkte der Arbeitsgänge $O_{io} \in V$ als Unbekannte $S_{io} \geq 0$ definiert. Der Startzeitpunkt S_0 der Quelle ist 0. Optimierungsmodell (4.9) veranschaulicht dies.

Optimierungsmodell: (4.9)

$$S_* \to \min \quad \text{bei} \tag{4.10}$$

$$S_{io} + p_{io} \leq S_{jp} \qquad O_{io}, O_{jp} \in V,\ (O_{io}, O_{jp}) \in C, \tag{4.11}$$

$$S_{io} + p_{io} \leq S_{jp} \ \textbf{oder} \ S_{jp} + p_{jp} \leq S_{io} \qquad O_{io}, O_{jp} \in V,\ (O_{io}, O_{jp}) \in D. \tag{4.12}$$

Hierbei minimiert die Zielfunktion (4.10) den längsten Weg im Graphen. Gleichung (4.11) erzwingt die Einhaltung der technologischen Reihenfolge jedes Jobs. Durch Nebenbedingung (4.12) wird die Maschinenkapazität abgebildet. Somit sind alle Forderungen eines Shop-Problems erfüllt. Prinzipiell lässt sich jedes allgemeine Job-Shop-Problem in dieser Form darstellen. Aufgrund des Bezuges von Optimierungsmodell (4.9) zum disjunktiven Graphen wird dieses auch als *disjunktives lineares Optimierungsproblem* (engl. Disjunctive Linear Program) bezeichnet.

Da zur Modellierung lediglich lineare Nebenbedingungen sowie deren logische Verknüpfungen erforderlich sind, können, wie in Abschnitt 3.2 skizziert, exakte Verfahren wie CP oder SAT, in Verbindung mit Algorithmus 3.2.5 direkt auf Probleme des Typs (4.9) angewendet werden[20]. Dabei bieten moderne CP-Löser bereits eine Vielzahl speziell für Ablaufplanungsprobleme vordefinierte Bedingungen an. So erfolgt die Modellierung der Ressourcenbeschränkung (4.12) oftmals über das Setzen globaler Bedingungen, die intern mit verschiedenen Verfahren, wie z.B. *Edge Finding*-Algorithmen, *Overload Checking* oder *Forbidden Regions* behandelt werden[21].

Weiterhin kann Optimierungsmodell (4.9), wie in Abschnitt 3.1.2.3 dargestellt, in ein MIP umgewandelt werden. Das daraus resultierende Optimierungsmodell (4.13) wurde bereits 1960, also vor dem disjunktiven Graphen, das erste Mal von Manne [Man60] vorgestellt. Es wird auch *Manne-Modell* genannt. Die nachfolgende Darstellung des Manne-Modells erfolgt in Form eines *klassischen Job-Shop-Problems*. Klassisch bedeutet in diesem Zusammenhang, dass jeder Job jede Maschine genau einmal durchläuft ($n_i = m$)[22]. Mit Hilfe der Menge A_k (vgl. Definition 4.1.3), der reellwertigen Unbekannten $C_{\max} \geq 0$ und den binären Unbekannten

$X_{iojp} \in \{0, 1\}$ Arbeitsgang O_{io} wird vor Arbeitsgang O_{jp} bearbeitet, $k = 1, \ldots, m$, $O_{io}, O_{jp} \in A_k$, $i < j$, 0 sonst,

lässt sich Modell (4.9) wie folgt in ein MIP-Modell transformieren[23]:

[20] Dies gilt unter Annahme einer diskretisierten Zeitachse.

[21] Nähere Informationen diesbezüglich sind in [BLPN01, Wol05] und [Pin05] zu finden.

[22] Diese Einschränkung erfolgt lediglich aus Gründen der Übersichtlichkeit. Eine allgemeinere Formulierung wird in Kapitel 5 angegeben.

[23] Im weiteren Verlauf, wird auf den direkten Bezug der MIP-Modelle zu dem disjunktiven Graphen nicht mehr weiter eingegangen.

Manne-Modell (Job-Shop-Problem)

Optimierungsmodell: (4.13)

$$C_{\max} \rightarrow \min \qquad \text{bei} \tag{4.14}$$

$$S_{io} + p_{io} \leq C_{\max} \qquad i = 1, \dots, n, o = m, \tag{4.15}$$

$$S_{io} + p_{io} \leq S_{i,o+1} \qquad i = 1, \dots, n, \; o = 1, \dots, m-1, \tag{4.16}$$

$$KX_{iojp} + S_{io} - S_{jp} \geq p_{jp} \qquad k = 1, \dots, m, O_{io}, O_{jp} \in A_k, i < j, \tag{4.17}$$

$$K(1 - X_{iojp}) + S_{jp} - S_{io} \geq p_{io} \qquad k = 1, \dots, m, O_{io}, O_{jp} \in A_k, i < j. \tag{4.18}$$

Das Manne-Modell für ein Job-Shop-Problem ist, analog zu Modell (4.9), wie folgt zu interpretieren. Die zu minimierende Zykluszeit $C_{\max}$ (4.14) wird durch Nebenbedingung (4.15) beschränkt (dies entspricht der Fertigstellung des letzten Arbeitsgangs). Restriktion (4.16) sichert die Einhaltung der technologischen Reihenfolge jedes Jobs. Die Ungleichungen (4.17) und (4.18) garantieren, dass jeweils nur ein Job zur gleichen Zeit auf einer Maschine bearbeitet werden kann[24].

Eine umfangreiche Zusammenstellung von MIP-Formulierungen für Ablaufplanungsprobleme (Einzelmaschinenprobleme, parallele Maschinenprobleme und Shop-Probleme) ist in Blazewicz et al. [BDW91] zu finden. Weiterhin fasst Pan [Pan97] die historische Entwicklung von MIP-Formulierungen für klassische Shop-Probleme – beginnend ab 1959 – zusammen. Hierbei arbeitet dieser fünf grundlegend unterschiedliche Modelle heraus: Wagner-Modell [Wag59], Browman-Modell [Bro59], Manne-Modell [Man60], Wilson-Modell [Wil89] und Morten & Pentico-Modell [MP93]. Der primäre Unterschied der Modelle liegt dabei in der Definition der binären Unbekannten. Tabelle 4.2 fasst dies zusammen. Dieser ist zu entnehmen, dass binäre Unbekannte verwendet werden können, um Vorrangbeziehungen, Positionszuweisungen oder auch zeitliche Zuweisungen abzubilden. Auch Dauzère-Pérès und Servaux [DPS98] identifizieren diese verschiedenen Modellierungsvarianten in einer Studie über Einzelmaschinenprobleme. Im Folgenden werden nicht alle oben genannten Modelle näher betrachtet. Vielmehr wird darauf hingewiesen, dass sich Ablaufplanungsprobleme oftmals auf unterschiedliche Weise modellieren lassen[25].

Modell	$\{0,1\}$	**Bedeutung**
Manne [Man60]	X_{iojp}	Arbeitsgang O_{io} wird vor Arbeitsgang O_{jp} bearbeitet, $k = 1, \dots, m,\; O_{io}, O_{jp} \in A_k,\; i < j$.
Wagner [Wag59], Wilson [Wil89]	X_{ioq}	Arbeitsgang O_{io} an Position q auf Maschine M_k bearbeitet, $k = 1, \dots, m,\; O_{io} \in A_k,\; q = 1, \dots, n$.
Browman [Bro59], Morten & Pentico [MP93]	X_{iot}	Arbeitsgang O_{io} zum Zeitpunkt[26] t auf Maschine M_k bearbeitet, $k = 1, \dots, m,\; O_{io} \in A_k,\; t = 1, \dots, T$.

Tabelle 4.2.: Definition binärer Unbekannter in verschiedenen MIP-Modellen

[24] K stellt dabei die in Abschnitt 3.1.2.3 eingeführte hinreichend große Konstante dar.

[25] Bei klassischen Job-Shop-Problemen muss Maschine k nicht als Index in den Variablen berücksichtigt werden, da $k = M_{io}$ gilt.

[26] Diesen Modellen liegt eine Diskretisierung der Zeitachse in T Zeiteinheiten zugrunde.

Um eine weitere MIP-Formulierung für das klassische Job-Shop-Problem anzugeben, wird nachfolgend das Wilson-Modell vorgestellt. Der Grund hierfür liegt in den Untersuchungsergebnissen von Pan [Pan97]. Sein Vergleich der fünf genannten Modelle für Shop-Probleme führte zu dem Ergebnis, dass das Manne- bzw. das Wilson-Modell für diese Probleme die effizientesten Formulierungen darstellen[27]. Weiterhin bilden diese beiden Modelle auch die Grundlage eines nachfolgend entwickelten verallgemeinerten mathematischen Modells.

Wilson-Modell (Job-Shop-Problem)

Im Wilson-Modell werden binäre Unbekannte X_{ioq} jeweils über die Position der Arbeitsgänge auf den Maschinen definiert (vgl. Tabelle 4.2). Entsprechend ändert sich auch die Definition der Startzeitvariablen. In diesem Fall beschreibt die reellwertige Unbekannte $S_{kq} \geq 0$ die Startzeit des q-ten Arbeitsgangs auf Maschine M_k.

Optimierungsmodell: (4.19)

$$C_{\max} \to \min \qquad \text{bei} \tag{4.20}$$

$$S_{kn} + \sum_{O_{io} \in A_k} X_{ion} p_{io} \leq C_{\max} \qquad k = 1, \ldots, m, \tag{4.21}$$

$$\sum_{q=1}^{n} X_{ioq} = 1 \qquad k = 1, \ldots, m,\ O_{io} \in A_k, \tag{4.22}$$

$$\sum_{O_{io} \in A_k} X_{ioq} = 1 \qquad k = 1, \ldots, m,\ q = 1, \ldots, n, \tag{4.23}$$

$$K X_{ioq} + K X_{i,o+1,r} + S_{kq} + p_{io} \leq 2K + S_{lr} \qquad \begin{cases} i = 1, \ldots, n,\ o = 1, \ldots, m-1, \\ q, r = 1, \ldots, n,\ k = M_{io},\ l = M_{i,o+1}, \end{cases} \tag{4.24}$$

$$S_{kq} + \sum_{O_{io} \in A_k} X_{ioq} p_{io} \leq S_{k,q+1} \qquad k = 1, \ldots, m,\ q = 1, \ldots, n-1. \tag{4.25}$$

Im Wilson-Modell für ein Job-Shop-Problem wird die zu minimierende Zielfunktion (4.20) durch Restriktion (4.21) beschränkt. Dies entspricht der Fertigstellung des letzten Arbeitsgangs. Die Gleichungsnebenbedingungen (4.22) und (4.23) sichern, dass jeder Job an jeder Maschine genau einmal bearbeitet wird bzw. das jede Position genau einmal vergeben wird. Restriktion (4.24) sichert die Einhaltung der technologischen Reihenfolge der Arbeitsgänge jedes Jobs. Nebenbedingung (4.25) garantiert, dass jeweils nur ein Job auf einer Maschine bearbeitet werden kann.

Im Anhang A.2 sind für das Manne- und das Wilson-Modell jeweils aus den Optimierungsmodellen (4.13) bzw. (4.19) abgeleitete Formulierungen für das Flow-Shop- bzw. Permutations-Flow-Shop-Problem dargestellt. Diese zeigen, wie sich die Modelle abhängig von den sich ändernden Nebenbedingungen vereinfachen. Ein erster Vergleich dieser Modelle erfolgt in Tabelle 4.3. Dabei wird die Anzahl der zur Modellierung benötigten binären bzw. reellwertigen Unbekannten sowie die Anzahl der Gleichungs- und Ungleichungsrestriktionen abhängig von n und m angegeben.

[27] Bewertungskriterien für die Effizienz waren dabei die Anzahl der binären Unbekannten sowie die Anzahl der Restriktionen, die notwendig sind, um das jeweilige Problem zu modellieren.

Job-Shop-Problem	Manne-Modell	Wilson-Modell
Binäre Unbekannte	$\frac{mn(n-1)}{2}$	n^2m
Reellwertige Unbekannte	$mn+1$	$mn+1$
Restriktionen	n^2m	$n^3(m-1)+3mn$
Flow-Shop-Problem		
Binäre Unbekannte	$\frac{mn(n-1)}{2}$	n^2m
Reellwertige Unbekannte	$mn+1$	mn
Restriktionen	n^2m	$n^3(m-1)+3mn-m$
Permutations-Flow-Shop-Problem		
Binäre Unbekannte	$\frac{n(n-1)}{2}$	n^2
Reellwertige Unbekannte	$mn+1$	mn
Restriktionen	n^2m	$2mn+n-m+1$

Tabelle 4.3.: Vergleich von Manne- und Wilson-Modell für Shop-Probleme

Aus Tabelle 4.3 ist zu entnehmen, dass das Manne-Modell deutlich weniger binäre Unbekannte als das Wilson-Modell für die Modellierung der drei verschiedenen Shop-Probleme benötigt. Auch die Anzahl der reellwertigen Unbekannten sowie der Restriktionen ist, zumindest beim Job-Shop-Problem, nicht höher. Daher ist zu erwarten, dass sich das Manne-Modell besser zur Lösung von Job-Shop-Problemen eignet. Ähnlich stellt sich dies beim Flow-Shop-Problem dar. Beim Permutations-Flow-Shop-Problem fällt jedoch sehr deutlich auf, dass die Anzahl der Restriktionen im Wilson-Modell signifikant kleiner ist, als jene im Manne-Modell. Ebenfalls müssen in der Wilson-Formulierung (A.21) keine diskreten Alternativen modelliert werden. Dies trägt i.Allg. wesentlich zur Verbesserung der Performance bei.

Es ist somit bereits bei der Modellierung eines Problems darauf zu achten, dass die Unbekannten abhängig von den vorliegenden Nebenbedingungen sinnvoll definiert werden. Dies kann die Größe des resultierenden Optimierungsproblems signifikant beeinflussen und sich deutlich auf dessen Lösbarkeit auswirken. Ein allgemeines mathematisches Modell, das verschiedene Typen von Unbekannten problemabhängig definiert, wird in Abschnitt 5.3 vorgestellt.

4.3. Modellierung: simulationsbasierte Ansätze zur Ablaufplanung

„Simulation techniques are used to solve a problem when it cannot be tackled by analytical methods because it is either too complex or an analytical description itself is impossible." [FMR06]

Mit steigender Problemgröße bzw. -komplexität eines Ablaufplanungsproblems geraten direkte Ansätze zur Ablaufplanung schnell an Grenzen, die eine praktische Anwendbarkeit nicht mehr gewährleisten. Ein Ausweg besteht dann in der Verwendung von Simulatoren zur Modellierung und Lösung des jeweiligen Ablaufplanungsproblems. Unter der Modellierung ist hierbei die Erstellung eines Simulationsmodells zu verstehen, das die Nebenbedingungen des Ablaufplanungsproblems beinhaltet. Bei simulationsbasierten Verfahren sind, im Gegensatz zu den direkten (mathematischen) Ansätzen, die Zuordnungen von Arbeitsgängen zu Maschinen nicht zeitlich variabel. Vielmehr sind diese Allokationen das Ergebnis einer Simulation. Die Einhaltung der Nebenbedingungen des Ablaufplanungsproblems erfolgt dabei implizit durch den Simulator.

Zur Modellierung von Ablaufplanungsproblemen werden fast ausschließlich Methoden der *ereignisdiskreten Simulation* (engl. Discrete Event Simulation, DES) verwendet [MKRW11]. Zustandsänderungen im nachgebildeten System finden dabei allein beim Eintreten von definierten Ereignissen statt. In Abschnitt 4.3.1 werden die wesentlichen Eigenschaften von DES-Systemen skizziert. Weiterhin werden *prioritätsregelbasierte Verfahren* (engl. Dispatching) in Abschnitt 4.3.2 sowie *simulationsbasierte Optimierungsverfahren* (engl. Simulation-based Optimization) in Abschnitt 4.3.3 näher vorgestellt. Diese stellen wesentliche Bestandteile bzw. Erweiterungen der *simulationsbasierten Ablaufplanung* (engl. Simulation-based Scheduling) dar.

Vorlagen dieses Abschnittes sind u.a. die Standardwerke [LK00, BCNN04, Bru04, Pin05] und [MKRW11] sowie die Dissertationsschrift [Hor08].

4.3.1. Ereignisdiskrete Simulation

Eine erste allgemeine Definition für Simulation liefert die VDI-Richtlinie 3633 [VDI93]. Diese beschreibt Simulation als:

> „... das Nachbilden eines Systems mit seinen dynamischen Prozessen in einem experimentierfähigen Modell, um zu Erkenntnissen zu gelangen die auf die Wirklichkeit übertragbar sind." [VDI93]

Für die Nachbildung von Fertigungssystemen werden Simulatoren eingesetzt, die in der Lage sind, Ablaufplanungsprobleme in Modellen abzubilden, diese Modelle zeitabhängig (zeitfortlaufend) zu simulieren, um daraus vorzeitig Erkenntnisse über zukünftige Ereignisse zu erlangen, die in der Wirklichkeit bzw. dem realen System zu erwarten sind. Das Hauptmerkmal einer solchen Ablaufsimulation ist eine fortlaufende Zeit. Für die Abbildung komplexer Ablaufplanungsprobleme hat sich besonders der Einsatz von DES-Systemen bewährt [Wen00]. Jedes DES-System arbeitet dabei nach dem gleichen Grundprinzip und besteht im Kern aus den Komponenten (vgl. [LK00, MKRW11]): Simulationszustand, Simulationsuhr, Ereigniskalender, Variablen, Initialisierungsroutine, Zeitführungsroutine, Ereignisroutine, Bibliotheksroutinen, Ergebnisroutine und Hauptprogramm.

> „Discrete event simulation concerns the modeling of a system as it envolves over time by a representation in which the state variables change instantaneously at seperate points in time." [LK00]

Jede Zustandsänderung des Systems resultiert aus einem intern ausgelösten *Ereignis* (engl. Event). Man spricht in diesem Zusammenhang auch von einer Ereignissteuerung [Sau03]. Alle Ereignisse finden jeweils auf der Basis eines diskreten Zeitrasters[28] (z.B. Sekundenbasis) statt und werden sequentiell, ausgehend von einem initialisiertem *Systemzustand* (engl. System State), abgearbeitet. Das heißt, es wird immer nur ein (diskretes) Ereignis ausgeführt, das den Systemzustand durch eine definierte *Ereignisroutine* (engl. Event Routine) beeinflusst. Erst nach der

[28] Das diskrete Zeitraster ist keine bestimmende Eigenschaft eines DES-Systems, jedoch typisch für eine Implementierung auf einem digital arbeitenden Computer.

vollständigen Ausführung wird das nächste Ereignis bearbeitet. Auch die Ausführung mehrerer Ereignisse zu einem Zeitpunkt im Zeitraster ist möglich. Das Ergebnis eines Ereignisses kann wiederum die Erzeugung eines neuen, zukünftigen Ereignisses mit einem zugehörigen Zeitpunkt sein. Ein DES-System arbeitet mit einem *Ereigniskalender* (engl. Event List) aller anstehenden Ereignisse. Sind alle Ereignisse eines Zeitpunktes abgearbeitet, wird durch eine *Zeitführungsroutine* (engl. Timing Routine) der Zeitpunkt des nächsten Ereignisses errechnet. Zu diesem geht das System anschließend über. Hierbei wird die *Simulationsuhr* (engl. System Clock) aktualisiert. Daraus resultieren typischerweise nicht-äquidistante Schrittweiten in der zeitlichen Abfolge (vgl. Abbildung 4.7). Eine definierte Abbruchbedingung (z.B. Ereigniskalender ist leer, Simulationsuhr hat einen definierten Zeitpunkt erreicht) stoppt die Simulation und eine Ergebnisroutine wertet verschiedene Systemleistungsgrößen, basierend auf Variablen zur Informationsspeicherung des Systemverhaltens, aus. Für eine umfangreichere Darstellung der ereignisdiskreten Simulation wird auf [LK00] und [BCNN04] verwiesen.

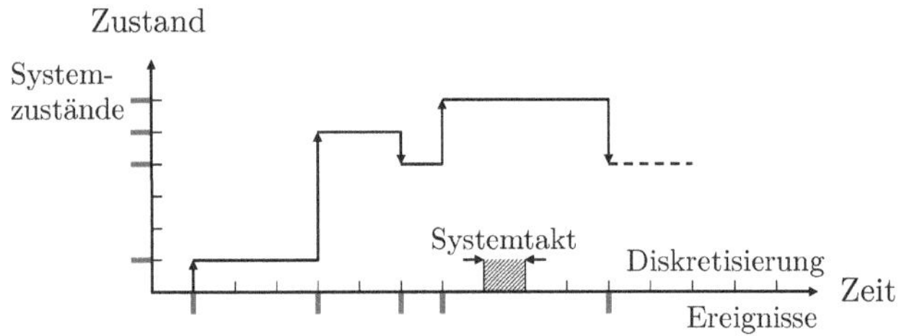

Abbildung 4.7.: Ereignissteuerung eines DES-Systems

Zur eigentlichen Modellbildung stellen DES-Systeme verschiedene Ansätze zur Verfügung. Diese lassen sich in streng ereignis-, prozess- und aktivitätsorientierte Ansätze unterscheiden [Pid04]. Nahezu alle kommerziellen Simulatoren, wie auch das nachfolgend vorgestellte DES-System, arbeiten prozessorientiert [MKRW11]. Das heißt, das Systemverhalten wird durch Prozesse (vgl. Arbeitsplan) abgebildet, welche aus einzelnen Aktivitäten (vgl. Arbeitsgang) bestehen. Das DES-System erzeugt anschließend aus den jeweiligen Modellen die Ereignisse, wie z.B. das Anfangs- und Endereignis eines Arbeitsgangs, selbst.

Die Modellierung eines Fertigungssystems ist abgeschlossen, sobald alle Nebenbedingungen mit Hilfe der Objekte des DES-Systems bzw. deren Verknüpfungen abgebildet sowie notwendige Steuerungsregeln definiert sind. Steuerungsregeln fällen zu diskreten Zeitpunkten Abarbeitungsentscheidungen, insbesondere auch bei zeitgleichen Ereignissen. Steuerungsregeln sind ein fundamentaler Bestandteil von DES-Systemen, deren Umsetzung in der Regel in Form von Prioritätsregeln erfolgt. Einige dieser Regeln werden im nächsten Abschnitt genauer vorgestellt.

4.3.2. Prioritätsregeln – Dispatching

Unter *Dispatching* (dt. Abfertigung) versteht man allgemein den Einsatz regelbasierter Verfahren. Prioritätsregeln können sowohl direkt zur Steuerung der Produktion als auch zur planerischen Zuordnung von Arbeitsgängen zu Maschinen (Ablaufplanung) in einem übergeordneten DES-System verwendet werden [Hor08].

Ein Beispiel für ein, in der Halbleiterindustrie weit verbreitetes, rein prioritätsregelbasiertes Steuerungssystem ist das Produkt *Real-Time Dispatcher*[29] (RTD). Der RTD ermöglicht die direkte Steuerung der Produktion unter Verwendung komplexer, konfigurierbarer Regeln auf der Basis eines Daten-Repository (chronologisiertes Data-Warehouse), das alle augenblicklich relevanten Produktionsdaten enthält [Hor08] und diese zur Entscheidungsfindung heranzieht bzw. heranziehen kann. Zukünftige Entscheidungen werden durch den RTD nicht getroffen [Hor08]. Dispatching wird in dieser Arbeit somit als deterministisches Verfahren verstanden, das erst durch ein übergeordnetes System (z.B. DES-System) zur vorausberechnenden bzw. eigentlichen Ablaufplanung einsetzbar ist. Die Auswertung einer Prioritätsregel findet nach Domschke [DSV08] immer in zwei Schritten statt:

(i) Rangwertberechnung für jeden einzuplanenden Job bzw. Arbeitsgang mittels einer definierten Prioritätsregel (z.B. Sortierregel)

(ii) Einplanung der Jobs bzw. Arbeitsgänge in der durch die Rangwerte bestimmten Reihenfolge (ggf. unter Beachtung von Restriktionen).

Hierbei werden Analogien zu Algorithmus 4.2.4 sichtbar. Der Unterschied besteht lediglich in dem Aufrufzeitpunkt der Regelauswertung. In Algorithmus 4.2.4 findet die Regelauswertung ausschließlich vor der Erzeugung des Ablaufplans statt. In einem DES-System hingegen erfolgt die Regelauswertung zu definierten Ereignissen, d.h. während der Erzeugung des Ablaufplans. Dies führt zu der Unterscheidung zwischen *statischen* und *dynamischen Prioritätsregeln*. Während statische Prioritätsregeln zeitunabhängig sind und einem Job eine feste Priorität zuweisen, können dynamische Prioritätsregeln die Rangwerte der Jobs bzw. Arbeitsgänge mit fortschreitender Zeit ändern. Einige statische bzw. dynamische Prioritätsregeln werden in Tabelle 4.4 bzw. 4.5 zusammengefasst.

Regel	**Beschreibung und Eigenschaften**
FIFO	Bei FIFO (engl. *First In First Out*) werden die Jobs in der Reihenfolge ihres Eintreffens abgearbeitet.
EDD	Bei EDD (engl. *Earliest Due Date*) wird jeweils der Job mit dem frühesten Fertigstellungstermin zuerst abgearbeitet.
SST	Bei SST (engl. *Shortest Setup Time*) wird jeweils der Job mit der kürzesten Rüstzeit zuerst abgearbeitet.
SPT	Bei SPT (engl. *Shortest Processing Time*) wird der Job mit der kürzesten Bearbeitungszeit zuerst abgearbeitet. Die Regel ist optimal für das Problem $P \mid\mid \sum C_i$.
LPT	Bei LPT (engl. *Longest Processing Time*) wird der Job mit der längsten Bearbeitungszeit zuerst abgearbeitet.
WSPT	Bei WSPT (engl. *Weighted Shortest Processing Time*) wird der Job mit dem größten Verhältnis von w_i/p_i zuerst abgearbeitet. Die Regel ist optimal für das Problem $1 \mid\mid \sum w_i C_i$.

Tabelle 4.4.: Auswahl statischer Prioritätsregeln

[29] Derzeit vertrieben durch die Firma Applied Materials: www.appliedmaterials.com – Stand November 2009.

Regel	Beschreibung und Eigenschaften
MS	Bei MS (engl. *Minimum Slack*) wird der Job mit der größten *Schlupfzeit* (engl. Slack Time) zuerst abgearbeitet. Die Schlupfzeit s_i von Job J_i zum Zeitpunkt t ist definiert als $s_i = (d_i - p_i - t)^+$.
ATC	Bei ATC (engl. *Apparent Tardiness Cost*) wird der Job mit dem größten Rangindex $I_i(t) = \frac{w_i}{p_i} \exp(-\frac{s_i}{\kappa \bar{p}})$ zum Zeitpunkt t zuerst abgearbeitet. Dabei stellt $\bar{p}$ die durchschnittliche Bearbeitungszeit aller wartenden Jobs dar. Der Parameter κ dient der Skalierung der Prioritätsregel und wird empirisch bestimmt.

Tabelle 4.5.: Auswahl dynamischer Prioritätsregeln

Wie diese zeigen, gibt es einfache elementare, aber auch beliebig komplex zusammengesetzte Prioritätsregeln. Die ATC-Regel ist z.B. eine Kombination der MS- und WSPT-Regel.

Prioritätsregeln können im Einzelfall für ausgewählte Problemstellungen bereits optimierte Zuordnungen von Arbeitsgängen zu Maschinen liefern [PX99, Bru04]. Im Allgemeinen ist deren Anwendung innerhalb eines dynamischen Systems jedoch nur als eine Heuristik zum Erreichen einer definierten Zielstellungen zu verstehen (vgl. Beispiel 4.3.1).

Beispiel 4.3.1

Betrachtet wird das in Beispiel 4.1.17 eingeführte Problem $F3 \mid r_i; prmu \mid \sum T_i$. Mit Hilfe eines DES-Systems werden zwei Ablaufpläne unter Verwendung der EDD- bzw. FIFO-Regel erzeugt. Abbildung 4.8 stellt diese dar. Die Anwendung der EDD-Regel führt zu einem besseren Ergebnis hinsichtlich der totalen Verspätung, die FIFO-Regel hingegen zu besseren Ergebnissen hinsichtlich der totalen Durchlaufzeit sowie der Zykluszeit.

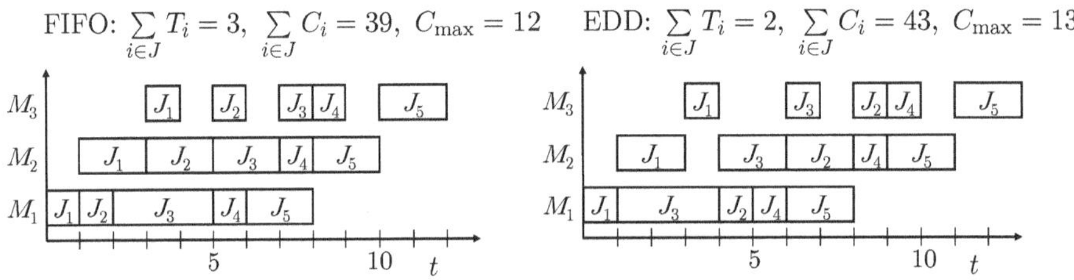

Abbildung 4.8.: Vergleich von FIFO- und EDD-Regel anhand von Beispiel 4.1.17

□

Einige der oben genannten bzw. weitere Regeln werden in den nachfolgenden Abschnitten vorgestellt und weiterentwickelt. Wenn in dieser Arbeit bei der Verwendung eines DES-Systems keine expliziten Angaben bzgl. dessen Steuerungsregeln angegeben werden, ist von einer FIFO-Steuerung auszugehen. Für eine sehr umfassende Darstellung nahezu aller im Einsatz befindlichen Prioritätsregeln, deren Anwendungsfällen, Klassifikation, Abhängigkeiten und Zielen wird an dieser Stelle auf [Kem05] verwiesen.

4.3.3. Simulationsbasierte Optimierung

Die simulationsbasierte Optimierung hat die Erzeugung mehrerer verschiedener Ablaufpläne zum Ziel. Diese werden anschließend miteinander verglichen und hinsichtlich der definierten Zielstellung bewertet. Einen guten Literaturüberblick über verschiedenste Optimierungsansätze basierend auf Simulationstechniken ist in [FGA05] zu finden. Für den spezielleren Fall der simulationsbasierten Ablaufplanung wird z.B. auf [AGKL03, WKH09] oder [MKRW11] verwiesen. Das Funktionsprinzip einer simulationsbasierten Optimierung ist dabei jedoch immer gleich und wird durch Algorithmus 4.3.2 skizziert [FMR06].

Algorithmus 4.3.2 (Simulationsbasierte Optimierung)

S1 *Erzeuge einen initialen Ablaufplan durch einen Simulationslauf.*

S2 *Berechne den Zielfunktionswert als Ergebnis der Simulation.*

S3 *Modifiziere den Ablaufplan durch lokale Veränderungen.*

S4 *Wenn ein Abbruchkriterium erfüllt ist, dann STOP, sonst gehe zu S2.*

Dieser Basisalgorithmus lässt sich wie folgt in ein DES-System einbetten (vgl. [Ham02, Hor08, WKH09, MKRW11]). Innerhalb des DES-Modells werden *Stellgrößen* (engl. Control Variables) $x \in X$ definiert, die durch einen übergeordneten heuristischen Suchalgorithmus verändert werden können. Der Raum aller möglichen Stellgrößenkombinationen sei X. Die Bewertung einer Stellgrößenkonfiguration erfolgt durch einen Simulationslauf, dessen Ergebnis ein normierter skalarer Zielfunktionswert[30] $z : X \to [0, 1]$ ist. Abhängig von z wird auf der Basis der bisherigen Stellgrößenkonfiguration eine neue (modifizierte) Stellgrößenkonfiguration durch den heuristischen Suchalgorithmus berechnet. Der klassische heuristische Optimierungszyklus kommt zustande, der schließlich durch eine geeignete Abbruchbedingung beendet wird. Abbildung 4.9 (vgl. [KHBW07]) verdeutlicht dies. Die heuristische Optimierung lässt sich somit in zwei Abschnitte unterteilen. In einen auswertenden Teil (Simulation) auf der einen und einen heuristischen Suchprozess auf der anderen Seite. Für die i.Allg. problemunabhängige Suche (Metaheuristik)

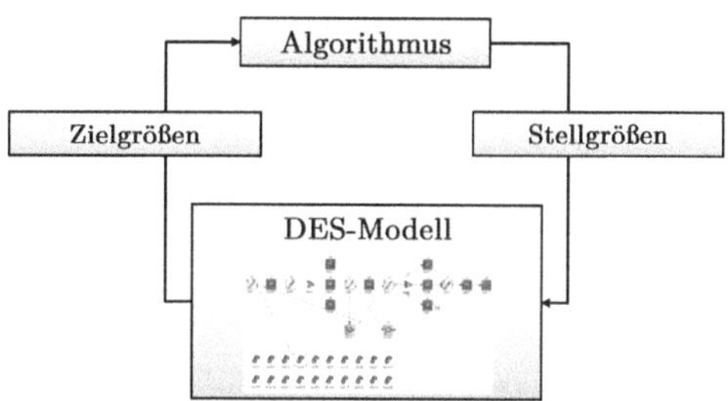

Abbildung 4.9.: Funktionsprinzip simulationsgestützte Optimierung

[30] Bei einer multikriteriellen Optimierung kann z.B. mit einer gewichteten Summe der Einzelziele gearbeitet werden.

werden z.B. die LS (vgl. Abschnitt 3.4) oder naturanaloge Verfahren – wie *genetische Algorithmen* (GA) oder Ameisenalgorithmen – verwendet. Stellgrößen und Nachbarschaften werden dagegen problemspezifisch definiert. Aufgrund der relativ einfachen Verbesserungsheuristiken ist der zeitkritische Teil des simulationsbasierten Optimierungsansatzes i.Allg. immer die Simulation. Das heißt, die Anzahl der berechenbaren Simulationsläufe in einer definierten Zeit ist primär von der Simulationsdauer des jeweiligen Modells abhängig. In [WKH09] werden folgende Punkte genannt, die wesentlichen Einfluss auf den erfolgreichen Einsatz der simulationsbasierten Optimierung in einer produktionsbegleitenden Simulation haben:

(1) Verwendung eines schnellen Simulators sowie schneller Rechentechnik

(2) Benutzung problemspezifischer Prioritätsregeln im DES-Modell

(3) Definition geeigneter problemspezifischer Stellgrößen

(4) Auswahl geeigneter Nachbarschaften, um eine möglichst hohe Korrelation zwischen Stellgrößenänderung und deren Auswirkung auf die Zielfunktion zu erreichen

(5) Zerlegung des Simulationsmodells (Engpassoptimierung).

Der Hintergrund von (1) ist das Berechnen einer möglichst hohen Anzahl von Ablaufplänen in einer vorgegebenen Zeit. Eine gute Startlösung wird durch (2) angestrebt. Durch (3) wird ein signifikanter Einfluss der Stellgrößen auf den Ablaufplan gefordert. Mit Hilfe von (4) wird die Effektivität der LS erhöht. Durch das Zerlegen des Simulationsmodells (5) kann die Optimierung u.U. lokal (z.B. auf Engpässe) angewendet werden. Unkritische Abschnitte werden dabei nicht immer wieder simuliert.

Stellgrößen

Als Stellgrößen werden all jene Eingriffspunkte in das DES-Modell bezeichnet, durch deren Änderung direkter Einfluss auf den Ablaufplan genommen werden kann. Hierzu zählen z.B. das Festlegen von Job-Reihenfolgen, Job-Maschinen-Zuordnungen, Startterminen sowie die Auswahl von Prioritäts- oder Rüstregeln. Nach [Hor08] lassen sich Stellgrößen eines simulationsbasierten Optimierungssystems folgenden abstrakten Stellgrößentypen zuordnen[31]:

(i) Zuordnung (einelementig aus Intervall): Verwende $\kappa = 2 \in [1{,}5]$ in Prioritätsregel ATC.

(ii) Auswahl (Menge): Werkzeug A oder Werkzeug C aus $\{A, B, C, D\}$ wird auf M_1 verwendet.

(iii) Reihenfolge (Relation): J_2 wird vor J_5, J_5 vor J_7, J_7 vor J_8 und J_8 vor J_{11} auf M_3 bearbeitet.

(iv) Rekombination und Verschachtelung von (i) bis (iii): Werkzeug A oder Werkzeug C aus $\{A, B, C, D\}$ wird auf M_1 verwendet. Die Verfügbarkeit von Werkzeug C wird vor A geprüft.

Weiterhin wird in [Hor08] die Einbettung der oben genannten *abstrakten Stellgrößentypen* in ein DES-System sowie deren Veränderung in einem Optimierungsmodul beschrieben. Die Kommunikation zwischen Suchalgorithmus (z.B. LS-Metaheuristik) und DES-Modell erfolgt dabei

[31] Diese Klassifizierung ist das Ergebnis einer Analyse verschiedener DES-Systeme in [Hor08]. Für jeden Stellgrößentyp wird jeweils ein Beispiel angegeben.

ausschließlich über abstrakte Stellgrößen. Dadurch wird eine breite Anwendbarkeit der Metaheuristik sowohl auf verschiedene Ablaufplanungsprobleme als auch bzgl. unterschiedlicher Zielgrößen erreicht. Modellspezifisch ist lediglich die Verknüpfung der abzubildenden Eingriffspunkte zu den abstrakten Stellgrößen vorzunehmen. Für Punkt (iii) bedeutet dies zum Beispiel:

- Eine abstrakte Stellgröße x_1 vom Typ Reihenfolge, die Permutationen der Menge $S_1 := \{1, 2, 3, 4, 5\}$ beschreibt, wird erstellt.
- Die Jobs werden mit den Elementen von S_1 eineindeutig verknüpft ($J_2 \rightarrow 1, J_5 \rightarrow 2$, $J_7 \rightarrow 3$, $J_8 \rightarrow 4, J_{11} \rightarrow 5$).
- Die Stellgröße x_1 wird mit der Maschine M_3 verknüpft.

Nachbarschaften

Wie in Abschnitt 3.4 dargestellt, erfordert eine LS die Definition einer geeigneten Nachbarschaft N. Diese ist bei der simulationsbasierten Optimierung auf den abstrakten Stellgrößen zu definieren. Da diese Stellgrößen i.Allg. jedoch keine Lösungsrepräsentation darstellen müssen, sondern lediglich auf Steuerungsentscheidungen während einer Simulation Einfluss nehmen, werden diese Nachbarschaften im Folgenden *abstrakte Nachbarschaften* bzw. *stellgrößenbezogene Nachbarschaften* genannt. Der Bezug der Nachbarschaften zur eigentlichen Problemstruktur entfällt dabei im Allgemeinen. So muss z.B. die Zulässigkeit eines erzeugten Ablaufplans nach der Simulation geprüft werden. Diese folgt, im Vergleich zu direkten Ansätzen der Ablaufplanung, nicht automatisch aus der Definition der Nachbarschaft (vgl. z.B. Kreisfreiheit des disjunktiven Graphen in Abschnitt 4.2).

Bei der Verwendung von heuristischen Verbesserungsverfahren, insbesondere bei der LS, wird angestrebt, möglichst geringe Veränderungen an den eingesetzten Stellgrößen vorzunehmen[32]. Bei abstrakten (intervallbasierten) Stellgrößen mit reellen oder ganzzahligen Wertebereichen ist hierfür die Anwendung des euklidischen Abstandes möglich (evtl. mit Rundung). Insbesondere jedoch bei Reihenfolgestellgrößen ist die Definition von abstrakten Nachbarschaften schwieriger. Diese erfolgt dann i.Allg. über Distanzmaße für Permutationen. In dieser Arbeit wird hierfür ausschließlich die weit verbreitete *Deviation-Distance* benutzt. Diese ist wie folgt definiert:

Definition 4.3.3 (Deviation-Distance)
Seien π und σ zwei Permutationen der Menge $S = \{1, \ldots, n\}$. Dann wird durch

$$D(\pi, \sigma) = \sum_{i=1}^{n} |\pi^{-1}(i) - \sigma^{-1}(i)| \tag{4.26}$$

ein Abstandsmaß (die Deviation-Distance) bzgl. dieser beiden Permutationen definiert.

Ähnliche bzw. weitere Ansätze für die Berechnung von Distanzmaßen für Permutationen sind in [SS05, Hen02, HWB06] oder [Sör07] zu finden. Beispiel 4.3.4 verdeutlicht dies für den in Punkt (iii) skizzierten Anwendungsfall für zwei Permutationen der Menge S_1.

[32]Gleiches gilt z.B. auch für den Operator Mutation beim Einsatz eines GA [Ham02].

Beispiel 4.3.4

Berechnet werden soll der Abstand der Permutationen $\pi_1 := (1, 2, 4, 3, 5)$ und $\pi_2 := (5, 1, 3, 2, 4)$ zu $\pi_0 := (1, 2, 3, 4, 5)$. Aus Gleichung (4.26) folgt: $D(\pi_1, \pi_0) = 2$ und $D(\pi_2, \pi_0) = 8$. Somit liegt π_1 in einer kleineren Nachbarschaft zu π_0 als π_2. □

Welchen maximalen Abstand zwei Permutationen besitzen dürfen (distanzmaßabhängig), um in einer LS als Nachbarn zu gelten, ist in den Einstellungen der LS zu definieren. Nähere Informationen und Umsetzungen hierzu sind ebenfalls in [Hor08] zu finden.

In [HWB06] werden abstrakte Nachbarschaften um problemspezifische Informationen, wie z.B. Bearbeitungszeiten, erweitert, um einen teilweisen Bezug der Nachbarschaften zur Problemstruktur herzustellen. Die Ergebnisse an einfachen Flow-Shop- bzw. Permutations-Flow-Shop-Problemen zeigten dabei eine deutlich erhöhte Korrelation zwischen lokaler Modifikation und Zielfunktionswertänderung. Dies wirkt sich i.Allg. – vgl. Punkt (4) – beschleunigend auf den Verlauf der simulationsbasierten Optimierung aus. Dennoch lassen sich durch den Einsatz abstrakter Nachbarschaften i.Allg. keine vergleichbaren Ergebnisse wie durch den Einsatz lösungsraumbasierter Nachbarschaften erzielen. Deren Hauptvorteil liegt vielmehr in der breiten Anwendbarkeit und dem i.Allg. deutlich reduzierten Berechnungsaufwand eines Nachbarn, da z.B. die Berechnung des kritischen Pfades in jedem Iterationsschritt entfällt.

4.3.4. Einsatzgebiete simulationsbasierter Verfahren für die Ablaufplanung

Die Einsatzgebiete simulationsbasierter Modellierungsansätze sind sehr weitreichend [Wen00]. Dies trifft insbesondere auch für Probleme der Ablaufplanung zu. Betrachtet man ein Fertigungssystem aus systemtheoretischer Sicht, wird dies schnell deutlich (vgl. Abbildung 4.10). Dieses besteht aus einem *Basissystem*, das die vorhandenen Ressourcen (Maschinen, Hilfsmittel etc.) repräsentiert und einem *Basisprozess*, der definiert, wie diese Ressourcen durch die Jobs benutzt werden dürfen bzw. müssen [FMR06, Mön07]. Die Zuweisung der Jobs zu den Ressourcen wird durch ein übergeordnetes *Steuerungssystem* geregelt, das Algorithmen bzw. Regeln zur Ablaufsteuerung bereithält. Ein *Steuerungsprozess* definiert, unter welchen Umständen wann und wo (z.B. für eine Maschinengruppe) welche Steuerungsalgorithmen anzuwenden sind. Aus dieser Darstellung leiten Fowler, Mönch und Rose [FMR06] zwei grundlegend verschiedene Anwendungsgebiete für die Simulation – bezogen auf Ablaufplanungsprobleme – ab:

(1) Simulation wird als Teil des Steuerungssystems verwendet

(2) Simulation emuliert das Basissystem bzw. den Basisprozess und bewertet das Steuerungssystem.

Variante (1) stellt einen typischen Anwendungsfall dar. Basissystem und Basisprozess beschreiben ein System (z.B. eine reale Produktionsumgebung) zu einem aktuellen Zeitpunkt. Die Simulation bzw. die simulationsbasierte Optimierung wird verwendet, um auf dieser Basis einen Ablaufplan zu erzeugen. Der Planungshorizont ist dabei eher kurz, d.h. dieser liegt z.B. im Bereich von Stunden bzw. Tagen. Aus dem Ablaufplan werden anschließend Steuerungsentscheidungen für den Basisprozess abgeleitet (z.B. Starttermine für Jobs, Rüstungen von Anlagen).

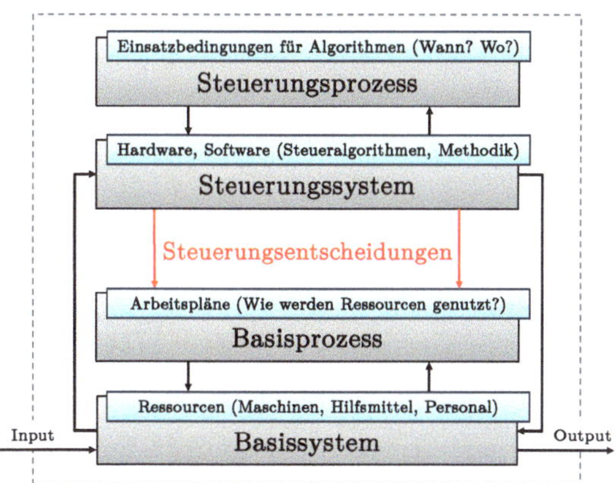

Abbildung 4.10.: Systemtheoretisches Modell eines Fertigungssystems

Einen praktisch hervorzuhebenden Anwendungsfall, der (1) zuzuordnen ist, stellt die *produktionsbegleitende Simulation* [Hor08, KHW11] dar, in deren Ergebnis die Terminierung für Arbeitsgänge steht. Für die Simulation werden dabei in der Regel deterministische Modelle verwendet. Das heißt, der Ablaufplan wird unter Verwendung fester Bearbeitungszeiten, geplanter Ankunftszeiten und weiterer determinierter Annahmen berechnet [Hor08]. In diesem Fall spricht man auch von *deterministischen Simulationsmodellen.* Dies führt jedoch dazu, dass die durch die produktionsbegleitende Simulation erzielten Aussagen nur kurze Gültigkeiten haben können. Bei etwaigen Störungen ist eine Neuplanung notwendig.

Weitere Anwendungsfälle, die (1) zuzuordnen sind, sind Kurz- und Mittelfristprognosen. Diese werden ebenfalls auf der Basis von Realdaten, jedoch unter Verwendung stochastischer Parameter, erstellt. Der Planungshorizont liegt im Bereich von Tagen oder Wochen. Das Ziel von Prognosen ist z.B. die Ermittlung von relevanten Kennzahlen (z.B. Entwicklung von Bestand und Durchlaufzeiten). Für die Prognosen werden typischerweise Verteilungen für unsichere Eingangsdaten wie Bearbeitungszeiten, Rüstzeiten etc. angenommen. Man spricht dann auch von *stochastischen Simulationsmodellen.* Die Ergebnisse von Prognosen sind zwar Ablaufpläne, diese werden i.Allg. jedoch nicht direkt für Steuerungsentscheidungen des Basisprozesses herangezogen. Dennoch können auch aus Prognosen indirekt Steuerungsentscheidungen abgeleitet werden. Als Beispiel hierfür soll eine Maschine angeführt werden, für die im Planungszeitraum eine Wartung fällig wird. Lautet das Ergebnis der Prognose, dass die zugehörige Maschinengruppe innerhalb des Fälligkeitstermins der Wartung in eine Engpasssituation gerät, kann eine indirekte Steuerungsmaßnahme darin bestehen, die Wartung vorzuziehen.

Variante (2) wird verwendet, um das Verhalten des Basissystems bzw. des Basisprozesses zu emulieren. Das heißt, die Simulation ruft das Steuerungssystem, in dem verschiedene Ansätze zur Erzeugung (lokaler) Ablaufpläne implementiert sind, zu definierten Ereignissen auf. Auf Basis dieser Ablaufpläne werden Steuerungsentscheidungen im DES-Modell gefällt. Das DES-Modell kann dabei auf einem realen System, einem historischen Datensatz oder auch einem größeren Benchmark basieren. Ziel des Ansatzes ist ein objektiver Vergleich verschiedener Steuerungssysteme (Algorithmen, Modellierungsansätze).

4.4. Vergleich von direkten- und simulationsbasierten Ansätzen zur Ablaufplanung

In den vorangegangen beiden Abschnitten wurden verschiedene exakte sowie heuristische Verfahren zur Optimierung von Ablaufplanungsproblemen vorgestellt. Diese unterschieden sich zum Teil grundlegend in der Art der Problemmodellierung bzw. Problemlösung. Ziel dieses Abschnittes ist es, die Vor- und Nachteile der verschiedenen Modellierungsansätze genauer zu untersuchen und Aussagen bzgl. potentieller Einsatzgebiete zu treffen. Der Vergleich der Methoden beginnt zunächst mit der Optimierung klassischer Job-Shop-Probleme. Anschließend werden weitere Anwendungsfälle skizziert, an denen die verschiedenen Ansätze mit Blick auf spätere Problemstellungen und Zielgrößen untersucht werden.

Job-Shop-Probleme zählen zu den am meisten untersuchten Ablaufplanungsproblemen [Sch03]. Für diese Probleme existieren eine Vielzahl von Testinstanzen (Benchmarks), was einen Vergleich verschiedener Optimierungsverfahren ermöglicht. Basis für die nachfolgenden Untersuchungen bilden die Testinstanzen der OR-Library[33], einer Bibliothek für Benchmark-Probleme aus verschiedenen Gebieten des Operations Research. Sie beinhaltet 82 verschiedene Testinstanzen für klassische Job-Shop-Probleme mit teilweise verschiedenen Problemgrößen (Anzahl Jobs und Maschinen). Die Testinstanzen entstammen den wissenschaftlichen Veröffentlichungen [ABZ88, FT63, Law84, AC91, SWV92] und [YN92]. Weiterhin werden 40 oft referenzierte Testinstanzen von Taillard [Tai93][34] verwendet[35].

Ziel der nachfolgenden Benchmark-Untersuchungen ist es jedoch nicht, ein Verfahren oder eine Heuristik zu konstruieren, die bisher bekannte obere Schranken für ausgewählte Job-Shop-Probleme verbessert. Vielmehr erfolgt eine neutrale Gegenüberstellung der vier bereits eingeführten Verfahren MIP, CP, SAT und der simulationsbasierten Optimierung (mit GS-Heuristik) unter dem Gesichtspunkt einer späteren operativen bzw. praktischen Anwendung. Dies bedeutet, dass die Optimierung eines Benchmarks nach einer vorgegebenen Zeitschranke von fünf Minuten abgebrochen und der beste bis dahin erreichte Zielfunktionswert ausgegeben wird. Für heuristische bzw. exakte Verfahren, die intern mit Heuristiken arbeiten (wie z.B. MIP), wird der durchschnittlich erreichte Zielfunktionswert nach zehn Wiederholungen dargestellt. Für alle Untersuchungen wird ausschließlich Standardrechentechnik[36] verwendet. Problemspezifische Heuristiken, die sich ausschließlich auf Job-Shop-Probleme bzw. auf feste Zielgrößen (wie die Zykluszeit) beschränken, werden nicht betrachtet (vgl. Bemerkung 4.2.6).

Weiterhin soll der folgende Vergleich weder eine Softwarelösung hervorheben noch abwerten. Daher wird auf die explizite Benennung der eingesetzten Löser verzichtet und lediglich darauf hingewiesen, dass alle verwendeten Verfahren bereits verschiedene Benchmark-Probleme erstmalig optimal gelöst haben. Die Methoden repräsentieren somit den Stand der Technik (2009). Ziel ist es, aus den erreichten Ergebnissen Rückschlüsse auf Funktionsweise, lösbare Problemgrößen, mögliche Anwendungsfälle und den Verlauf des Optimierungsprozesses abzuleiten. Dies stellt wiederum die Motivation für die Untersuchungen in den nachfolgenden Kapiteln 5 und 6 dar.

[33]Siehe http://people.brunel.ac.uk/ mastjjb/jeb/orlib/jobshopinfo.html – Stand April 2010.

[34]Siehe http://mistic.heig-vd.ch/taillard/problemes.dir/problemes.html – Stand April 2010.

[35]Wie in der Literatur üblich, werden alle Testinstanzen im Folgenden mit abz5-abz9, ft06, ft10, ft20, la01-la40, orb01-orb10, swv01-swv20, ta01-ta40 und yn1-yn4 abgekürzt.

[36]Verwendet wird ein Notebook mit Intel Core 2 Duo Prozessor (2,53 GHz) und 4 GB RAM.

Die Ergebnisse der Job-Shop-Untersuchungen sind in Abbildung 4.11 zusammengefasst. Aufgrund der Vielzahl an Instanzen findet dabei eine Gruppierung in 13 verschiedene Klassen auf der Abzisse statt. Eine Klasse beinhaltet dabei alle Benchmarks gleicher Problemgröße (Anzahl Jobs × Anzahl Maschinen). Auf der Ordinate wird das durchschnittlich ausgenutzte bzw. erreichte Optimierungspotential $\mathcal{D}(\mathcal{V})$ pro Klasse und Verfahren $\mathcal{V}$ (MIP, CP, SAT oder GS) dargestellt. Hierbei ergibt sich dieser Wert aus

$$\mathcal{D}(\mathcal{V}) = \frac{1}{b} \sum_{l=1}^{b} \frac{z_l^{\text{FIFO}} - z_l(\mathcal{V})}{z_l^{\text{FIFO}} - z_l^*}, \tag{4.27}$$

wobei z_l^{FIFO} eine mittels DES-System und Regel FIFO ermittelte Startlösung, $z_l(\mathcal{V})$ die durch das untersuchte Verfahren gefundene Lösung und z_l^* die beste bekannte obere Schranke bzw. das Optimum[37] für Benchmark l darstellt. Dabei beinhaltet eine Klasse b verschiedene Benchmarks. Erreicht ein Verfahren $\mathcal{V}$ somit für eine Klasse den Wert 1, bedeutet dies, dass alle zur Klasse gehörenden Benchmarks optimal gelöst werden konnten bzw. die beste in der Literatur bekannte obere Schranke immer erreicht wurde[38]. Wurde für einen Benchmark l mit einem Verfahren $\mathcal{V}$ keine zulässige Lösung gefunden wird $z_l(\mathcal{V}) = z_l^{\text{FIFO}}$ in Gleichung (4.27) gesetzt. Für alle

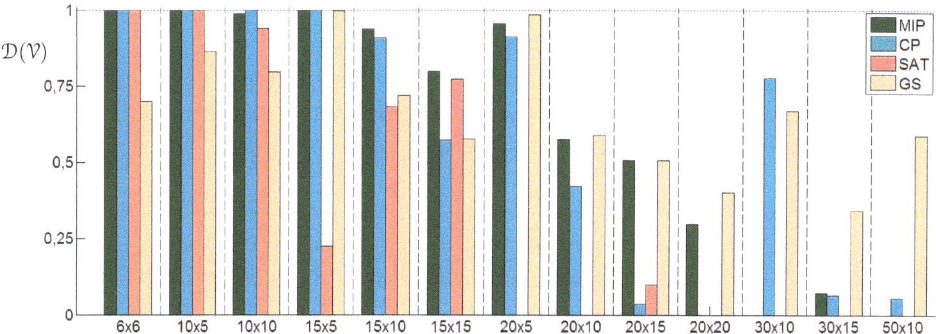

Abbildung 4.11.: Ausnutzung des Optimierungspotentials für Instanzen des Problems $J \mid\mid C_{\max}$

untersuchten Verfahren wird der durch die FIFO-Lösung erreichte Zielfunktionswert z_l^{FIFO} als initiale obere Schranke für Benchmark l gesetzt. Für CP und SAT wird die in Algorithmus 3.2.5 skizzierte dichotome Suche, basierend auf Modell (4.9), verwendet. Für die MIP-Untersuchungen wird das in Abschnitt 4.2.2 skizzierte Manne-Modell (4.13) benutzt. Für die simulationsbasierte Optimierung werden Stellgrößen vom Typ Reihenfolge (vgl. Abschnitt 4.3.3) definiert, welche die organisatorische Reihenfolge der Arbeitsgänge auf jeder Maschine verändern können. Eine detaillierte Einzelauswertung aller Ergebnisse dieser Untersuchung ist Tabelle A.1 im Anhang zu entnehmen. Diese lässt bereits einige Aussagen bzgl. der Lösbarkeit von Ablaufplanungsproblemen bzw. Rückschlüsse auf deren Optimierbarkeit zu:

[37] Referenz hierfür waren die Arbeiten von [WB08, Hen02, Mej08] sowie die Internetquellen http://bach.istc.kobe-u.ac.jp/csp2sat/jss/ und http://mistic.heig-vd.ch/taillard/problemes.dir/ordonnancement.dir/jobshop.dir//best_lb_up.txt – Stand Dezember 2010.

[38] Der Parameter $\mathcal{D}$ wird nachfolgend für verschiedene Messungen der Performance verwendet und dabei immer kontextspezifisch definiert.

1. Es wird zunächst deutlich, dass alle exakten Verfahren mit wachsender Problemgröße zunehmend schlechtere Ergebnisse erzielen bzw. dass für große Probleme i.Allg. gar keine zulässige Lösung mehr innerhalb der zeitlichen Begrenzungen gefunden werden kann. Aufgrund der $\mathcal{NP}$-Schwere (vgl. Abschnitt 4.1.2) von Job-Shop-Problemen ist dieses Verhalten auch zu erwarten. Jedoch zeigt erst eine derartige Untersuchung, wo die Grenzen einer operativen Nutzung liegen, d.h., der erhöhte Aufwand derartiger Verfahren – unter praktischen Gesichtspunkten – gerechtfertigt erscheint. So ist der Einsatz der derzeit verfügbaren exakten Verfahren spätestens ab der Problemgröße 20×20 als nicht mehr sinnvoll einzustufen.

2. Im Gegensatz zu den exakten Verfahren nimmt die Lösungsgüte von GS mit wachsender Problemgröße nur leicht ab. Dies ist primär auf die wachsende Anzahl an Stellgrößenkonfigurationen zurückzuführen. So wurden ab einer Problemgröße von ca. 20 Jobs durchschnittlich bessere Ergebnisse erzielt, als mit den Branch & Bound-basierten exakten Verfahren. Bis zu dieser Problemgröße (d.h. bei allen Benchmarks mit weniger als 20 Jobs) wurde das verfügbare Optimierungspotential durchschnittlich um ca. 20% weniger ausgeschöpft als bei MIP.

3. Die Wahrscheinlichkeit, dass ein Verfahren trotz begrenzter Optimierungsdauer (gute) Ergebnisse liefert, ist sehr unterschiedlich. Während die simulationsbasierte Optimierung immer – und MIP zumindest bis zu 20×20-Instanzen immer – Lösungen ermittelt, haben sowohl CP als auch SAT hier deutliche Defizite. Bereits für einige vergleichsweise kleine Probleminstanzen (kleiner 20×20) konnten innerhalb der zeitlichen Restriktionen keine zulässigen Lösungen (33% bei CP, 48% bei SAT) ermittelt werden.

Vorerst keine Aussagen lassen die Ergebnisse aus Tabelle A.1 jedoch bzgl. der Konvergenz der verschiedenen Optimierungsverfahren zu. Diese soll exemplarisch am Beispiel der ft10-Instanz untersucht werden. Dieser Benchmark zählt zu den bekanntesten Job-Shop-Problemen. Er wurde 1963 durch Fisher und Thompson [FT63] veröffentlicht und blieb über 25 Jahre ungelöst[39]. Abbildung 4.12 stellt den (gemittelten) Optimierungsverlauf der Verfahren grafisch dar.

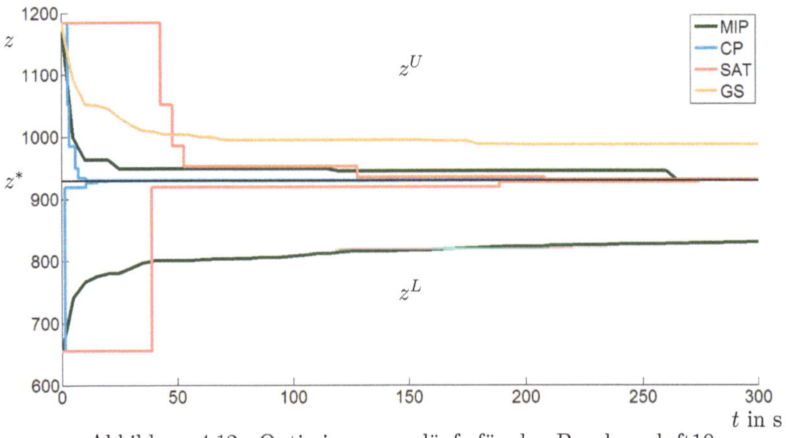

Abbildung 4.12.: Optimierungsverläufe für den Benchmark ft10

[39] Die Lösung erfolgte 1989 durch Carlier und Pinson [CP89].

Hierbei bezeichnet z^* den optimalen Zielfunktionswert des Benchmarks, der bei 930 liegt. Für alle Verfahren ist der zeitliche Verlauf der oberen Schranke der Zielfunktion z^U dargestellt, für alle exakten Verfahren außerdem der zeitliche Verlauf der unteren Schranke der Zielfunktion z^L. Anhand dieser Abbildung werden die Funktionsweise der dichotomen Suche (CP und SAT) und die jeweiligen Konvergenzgeschwindigkeiten deutlich. Während CP und SAT das Optimum des Benchmarks innerhalb von 300 Sekunden nicht nur finden, sondern auch beweisen, bleibt der Beweis der Optimalität bei MIP aus[40]. Hierin ist einer der Hauptschwachpunkte MIP-basierter Ansätze zu sehen.

„Für dieses rasante Anwachsen der Rechenzeiten wird in der Literatur einstimmig der Mangel an guten unteren Schranken genannt.“ [Sch03]

Dennoch ist festzuhalten, dass auch MIP die optimale Lösung für dieses Beispiel findet und bereits in den ersten Sekunden der Optimierung ähnlich schnell absteigt wie CP. Dies ist besonders in Hinblick auf einen praktischen Einsatz hervorzuheben.

Die in Abbildung 4.12 dargestellten Optimierungsverläufe stellen zwar nur einen geringen Ausschnitt aller Untersuchungen dar, jedoch wird anhand dieser Darstellung auch das Hauptproblem der dichotomen Suche deutlich. Wie bei ft10 liegt die erste aktuelle Schranke z^A (vgl. Algorithmus 3.2.5) bei vielen Benchmarks unterhalb des optimalen Zielfunktionswertes. Der Beweis, dass es keinen zulässigen Ablaufplan innerhalb dieser Schranke geben kann, benötigt u.U. jedoch viel Zeit (im Beispiel 40 Sekunden bei SAT). Bei etwas größeren Probleminstanzen kann dies leicht zu Rechenzeiten größer fünf Minuten führen, was das in Punkt 3 angesprochene unsichere Konvergenzverhalten zur Folge hat. Weicht man anstelle der dichotomen Suche auf eine inkrementelle Suche aus, führt dies zwar zu einer leicht erhöhten Anzahl gelöster Instanzen, jedoch insgesamt zu deutlich schlechteren Ergebnissen. Die Ergebnisse dieser Untersuchung sind für CP[41] Tabelle A.2 zu entnehmen. Zusammenfassend lassen sich folgende Aussagen ableiten:

4. Die Konvergenzgeschwindigkeit exakter Verfahren ist bei kleineren Probleminstanzen (bis 15×15) deutlich höher als jene der simulationsbasierten Optimierung. So wird das Optimum durch CP in ca. 75% und durch SAT in ca. 45% aller Fälle für diese Instanzen gefunden und bewiesen. In Tabelle A.1 entspricht dies allen Ergebnissen der Spalte "Diff" mit dem Eintrag 0. Für MIP erfolgte der Beweis der Optimalität für nur ca. 30% dieser Instanzen. Im Vergleich zur simulationsbasierten Optimierung, welche die maximale Optimierungsdauer immer ausgeschöpft, da kein Beweis der Optimalität erfolgen kann, brechen exakte Verfahren den Optimierungsprozess in diesen Fällen vorzeitig ab (oft innerhalb weniger Sekunden). Dies ist, in Hinblick auf eine praktische Anwendung, eine wichtige Eigenschaft exakter Verfahren.

5. CP und SAT sind insbesondere dann heranzuziehen, wenn das Ziel der Untersuchung der Beweis der exakten Lösung ist. Insbesondere für Probleminstanzen mit mehr als 15 Jobs erschien MIP hierzu (auch mit deutlich erhöhten Rechenzeiten) als nicht mehr praktikabel. SAT- oder CP-Verfahren hingegen können bei deutlich verlängerten Rechenzeiten (im Stundenbereich) durchaus noch optimale Lösungen für Probleme mit 20 Jobs erzielen[42].

[40] Der Beweis der Optimalität bei MIP dauerte für dieses Beispiel ca. 20 Minuten.
[41] Auf eine Implementierung der inkrementellen Suche für SAT wurde verzichtet.
[42] Siehe z.B. die Ergebnisse für la26-la30 unter http://bach.istc.kobe-u.ac.jp/csp2sat/jss/ – Stand April 2010.

6. Das Nichtvorhandensein einer klassischen Zielfunktion ist einer der Hauptnachteile von CP und SAT. Diese kann nur indirekt über zusätzliche Bedingungen beeinflusst werden. Die Wahl einer geeigneten Schrittweite (Verringerung des Zielfunktionswertes), in Hinblick auf eine schnelle Konvergenz, erweist sich als schwierig.

7. Die Größe der Domänen SAT-basierter Lösungsansätze hat entscheidenden Einfluss auf das Optimierungsergebnis. Während CP-Verfahren meist intervallbasiert arbeiten (d.h. eine Domäne ist beschrieben durch einen frühestmöglichen Start, ein spätmöglichstes Ende sowie eine Dauer [HW07]) und i.Allg. unabhängig von der eigentlichen Größe der Domänen sind, findet bei SAT-basierten Ansätzen stets eine Diskretisierung der Domänen statt.

Größere Domänen führen zu mehr Klauseln und Literalen im SAT-Problem und somit auch zu erhöhten Rechenzeiten. Da alle Benchmarks der OR-Library bzw. alle Taillard-Instanzen Bearbeitungszeiten aus dem Intervall [0,100] besitzen, ist der Einfluss der Größe der Domänen in den vorangegangenen Untersuchungen nur begrenzt feststellbar. Beispiel 4.4.1 verdeutlicht dies.

Beispiel 4.4.1

Untersucht wird die ft10-Instanz von [FT63] aus Abbildung 4.12. Multipliziert man alle Bearbeitungszeiten mit dem Faktor zehn, hat dies eine Änderung des optimalen Zielfunktionswertes von 930 auf 9300 zur Folge. Die Konvergenz des Optimierungsverlaufes von GS, CP und MIP werden durch diese Domänenvergrößerung kaum beeinflusst. Dies ist durch die Modellierung begründet. Der GS arbeitet auf Basis eines DES-Modells, d.h., durch die Domänenvergrößerung werden nur die Abstände zwischen den Ereignissen vergrößert, nicht jedoch deren Anzahl. Im MIP-Modell sind alle Startzeiten der Jobs auf den Maschinen als reellwertige Unbekannte abgebildet. Für CP gelten die in Punkt 7 genannten Eigenschaften. Für SAT hingegen steigt die Anzahl der Klauseln und Literale, bedingt durch die Diskretisierung der Zeitachse, ca. um das Zehnfache. Die Dauer des Optimierungsprozesses (Auffinden und Beweisen des Optimums) vergrößert sich dabei ca. um den Faktor 20, wie Tabelle 4.6 zeigt.

Problem	Literale	Klauseln	Optimierungsdauer
ft10	41974	326774	ca. 300s
ft10 ($p_{io} = 10p_{io}$)	412145	3260077	ca. 6000s

Tabelle 4.6.: Einfluss der Größe der Domänen auf die Optimierung (SAT)

□

Der Beweis des Optimums (Punkt 5) ist für eine praktische Anwendung von eher geringem Interesse. Vielmehr sollen gute Lösungen innerhalb kurzer Zeit erreicht werden. Daher erfolgt in den nachfolgenden Abschnitten eine Fokussierung auf MIP als Vertreter der exakten Verfahren. Dieses Verfahren erreicht, Bezug nehmend auf Tabelle A.1, insgesamt die besten Ergebnisse. Ebenso erzielt dieses Verfahren konstant gute Ergebnisse (Punkt 3). Auf weitere Untersuchungen von SAT und CP wird daher in den nachfolgenden Abschnitten verzichtet.

Die ersten Untersuchungen bekannter Job-Shop-Probleme vermitteln bereits Erkenntnisse bzgl. der Funktionsweise, über lösbare Problemgrößen, über mögliche Anwendungsszenarien sowie das Konvergenzverhalten der einzelnen Verfahren. Dennoch ist Abbildung 4.11 zu entnehmen, dass die Problemgröße allein nicht der einzige Indikator für die zu erwartende Güte der Optimierungsergebnisse ist. Vielmehr spielt auch die Struktur des Problems eine wichtige Rolle[43]. Diese Struktur ist bei Job-Shop-Problemen einfach, da nur relativ wenige Nebenbedingungen zu beachten sind (Arbeitspläne der Jobs, Kapazität der Maschinen). Daher werden nun weitere Nebenbedingungen mit hoher praktischer Relevanz für die späteren Abschnitte untersucht.

Eine dieser Bedingungen ist das Vorhandensein von Rüstungen auf Maschinen. Hierbei sind für die Bearbeitung eines Jobs bestimmte Voraussetzungen auf einer Maschine zu schaffen (Werkzeugwechsel, Temperaturänderung, Software-Update etc.). Oftmals existieren dabei *Job-Familien*, also Gruppierungen von Jobs, die den gleichen Rüstzustand erfordern (z.B. Jobs des gleichen Produktes). Für die Problemklasse $J \mid s_{ij} \mid C_{\max}$ existieren ebenfalls Benchmark-Probleme, die im Wesentlichen Erweiterungen der bereits vorgestellten Job-Shop-Instanzen sind. Exemplarisch werden hierfür die Probleme t2-ps01 bis t2-ps15 untersucht. Diese entstammen der Veröffentlichung [BT96] und stellen Erweiterungen der Instanzen la01 bis la15 um Job-Familien und reihenfolgeabhängige Umrüstzeiten dar. Zu deren Lösung werden in [BT96] spezielle Branch & Bound-Verfahren vorgestellt. Ebenfalls problemspezifische Branch & Bound-Algorithmen wurden für diese Probleme in [AF08] untersucht. In [Wol09] wurden mittels CP (teilweise erstmalig) die Probleme t2-ps01 bis t2-ps10 optimal gelöst. Wie bei den zuvor genannten Veröffentlichungen fielen hierbei Rechenzeiten bis in den Bereich von mehreren Tagen an. Durch die Konstruktion problemspezifischer Heuristiken werden in [GVV08] deutliche Laufzeitreduktionen bei ähnlich guten Ergebnissen erreicht (ohne Beweis der Optimalität). Diese basieren auf der Kopplung eines GA mit einer LS. Wie jedoch in Abschnitt 4.2.1 erwähnt, ist dieser lösungsraumbasierte Ansatz kaum auf allgemeinere Problemstellungen erweiterbar. Wolf [Wol09] schreibt hierzu:

> „However it is an open question how the compared approaches will perform on real scheduling problem where the time windows of the tasks are a-priori fixed and the tasks are constrained by several other conditions, too.“ [Wol09]

Die nachfolgenden Untersuchungen der Instanzen des Problems $J \mid s_{ij} \mid C_{\max}$ finden ebenfalls unter zeitlichen Nebenbedingungen (maximal fünf Minuten Optimierungsdauer) statt. Untersucht werden die Methoden MIP und GS[44]. Weiterhin wird das Verbesserungspotential der SST-Regel (vgl. Abschnitt 4.3.2) gegenüber der FIFO-Regel bewertet. Für das MIP-Modell wird wiederum das Manne-Modell (4.13) verwendet. Hierbei werden die Nebenbedingungen (4.17) bzw. (4.18) verschärft zu:

$$KX_{iojp} + S_{io} - S_{jp} \geq p_{jp} + s_{ji} \qquad k = 1, \ldots, m, O_{io}, O_{jp} \in A_k, i < j, \tag{4.28}$$

$$K(1 - X_{iojp}) + S_{jp} - S_{io} \geq p_{io} + s_{ij} \qquad k = 1, \ldots, m, O_{io}, O_{jp} \in A_k, i < j. \tag{4.29}$$

Dabei beschreibt s_{ij} die Elemente einer nicht notwendigerweise symmetrischen Rüstzeitmatrix[45], d.h., s_{ij} definiert die Rüstzeit, die zwischen der Bearbeitung zweier verschiedener Jobs J_i und J_j anfällt. Gehören die Jobs Job-Familien an bzw. existiert eine Menge F an Job-Familien

[43] Die überdurchschnittlich guten Ergebnisse in den Klassen 15x5 und 20x5 sind u.a. darauf zurückzuführen, dass einige FIFO-Lösungen bereits optimal sind.

[44] Es werden dieselben Reihenfolgestellgrößen wie bei den Untersuchungen der Job-Shop-Probleme verwendet.

[45] Die Gültigkeit der Dreiecksungleichung bzgl. der Elemente der Rüstzeitmatrix wird verlangt.

und für jeden Job J_i eine Zuordnung f_i zu dieser Menge, kann die Rüstzeitmatrix reduziert werden. Dies ist insbesondere dann sinnvoll, wenn $|F|$ deutlich kleiner als n ist. Anstelle von s_{ij} wird dann s_{vw} in den Nebenbedingungen (4.28) und (4.29) verwendet, mit $v = f_i$ und $w = f_j$[46].

Abbildung 4.13 stellt die erzielten Ergebnisse dieser Untersuchung – analog zu Abbildung 4.11 – grafisch dar. Eine detaillierte Einzelauswertung aller Ergebnisse ist Tabelle A.4 im Anhang zu entnehmen. Diese Ergebnisse lassen nun weitere Aussagen bzgl. der Lösbarkeit von Ablaufplanungsproblemen durch die genannten Verfahren zu:

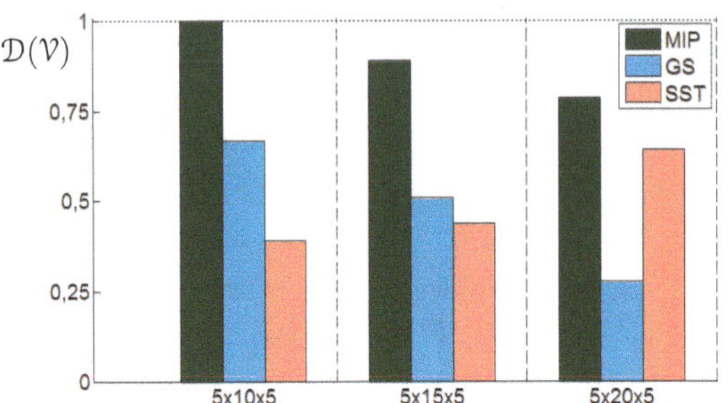

Abbildung 4.13.: Ausnutzung des Optimierungspotentials für Instanzen des Problems $J \mid s_{ij} \mid C_{\max}$

8. Durch die Hinzunahme zusätzlicher Nebenbedingungen (Rüstungen) verschlechtert sich das durchschnittlich Verbesserungspotential[47] bei GS von 80% auf 50% und bei MIP von 100% auf 91%. Eine optimale Lösung wird nur noch für die Instanzen t2-ps01 bis t2-ps05 erreicht. Die zugehörigen la-Instanzen konnten hingegen alle optimal gelöst werden. Dennoch sinkt das Verbesserungspotential bei GS deutlich stärker.

Die Ursache hierfür liegt in den verwendeten Stellgrößen. Diese berücksichtigen die zusätzlichen Nebenbedingungen nicht. Auf die Umrüstungen kann jedoch bereits im DES-Modell Einfluss genommen werden, indem man statt der Prioritätsregel FIFO die SST-Regel (vgl. Abbildung 4.13) verwendet.

9. Bereits durch die Verwendung geeigneter Prioritätsregeln lässt sich oftmals ein bedeutendes Optimierungspotential ausschöpfen (ohne dass eine simulationsbasierte Optimierung überhaupt stattfinden muss). Der Optimierungsprozess einer simulationsbasierten Optimierung sollte daher stets auf der Basis einer geeigneten Startlösung begonnen werden.

Abbildung 4.14 stellt das Gantt-Diagramm eines Ablaufplans der Instanz t2-ps01 dar, der mit dem DES-System simcron MODELLER (vgl. Abschnitt 5.1) und der SST-Regel erzeugt wurde. In diesem DES-System (wie in einigen anderen Simulatoren auch) ist die Rüstung Bestandteil eines Arbeitsganges. Ein Arbeitsgang kann dann erst beginnen, nachdem der vorangegange Arbeitsgang beendet und das entsprechende Ereignis ausgelöst wurde. Eine vorzeitige Rüstung einer evtl. leer stehenden Maschine ist somit nicht ohne weiteres möglich (vgl. J_1 auf M_3 oder J_7

[46] In den Benchmark-Untersuchungen werden identische Rüstzeitmatrizen für alle Maschinen verwendet. Eine weitaus differenziertere Betrachtung wird in Kapitel 5 vorgestellt.

[47] Als Referenz hierfür werden die Ergebnisse der Instanzen la01 – la15 in Tabelle A.1 verwendet.

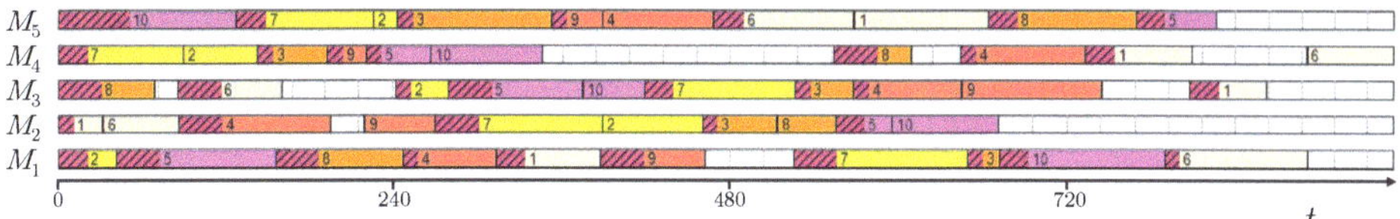

Abbildung 4.14.: Lösung der Instanz t2-ps01 basierend auf der SST-Regel

auf M_1). Die strenge zeitlich gerichtete Vorgehensweise ist sowohl das Hauptmerkmal als auch einer der Hauptschwachpunkte simulationsbasierter Ansätze.

10. Zustandsänderungen von Maschinen in einem DES-Modell sind nur zu konkreten Ereignissen möglich. Auf Grund der zeitlich vorwärts gerichteten Simulation ist das nachträgliche Einfügen und Bewerten von zurückliegenden Ereignissen i.Allg. nicht zulässig.

Rüstzeiten stellen jedoch nur eine von vielen Nebenbedingungen dar, die typischerweise in einem Ablaufplanungsproblem auftreten können. Eine weitere Bedingung ist z.B. das Vorhandensein von Zeitkopplungsrestriktionen. Das heißt, dass zwischen zwei aufeinander folgenden Arbeitsgängen Wartezeiten existieren, die nicht überschritten werden dürfen. Besonders im Bereich der Halbleiterindustrie (zur Verminderung von Kontamination und Oxidation, vgl. Abschnitt 2.1) oder aber auch in der metallverarbeitenden Industrie (Schmelzprozesse) treten diese Nebenbedingungen vermehrt auf. Die restriktivste Variante dieser Nebenbedingung ist das $no-wait$-Problem, also die Forderung, dass sobald der erste Arbeitsgang eines Jobs begonnen wurde, dieser keine Wartezeit an auch nur einem Folgearbeitsgang besitzen darf. Auch für diese Problemgruppe existieren Benchmarks, die wiederum Erweiterungen der eingangs genannten Job-Shop-Probleme darstellen. Auf eine ausführliche Untersuchung von Instanzen des Problems $J \mid no-wait \mid C_{\max}$, denen sich Schuster in [Sch03] ausführlich widmet, wird an dieser Stelle verzichtet. Vielmehr soll Abbildung 4.15 kurz den Unterschied simulationsbasierter und exakter Verfahren am Beispiel jeweils eines erzeugten Ablaufplans mit dieser Nebenbedingung verdeutlichen. Die Erzeugung einer zulässigen Lösung mit einem DES-System (als Ergebnis genau einer

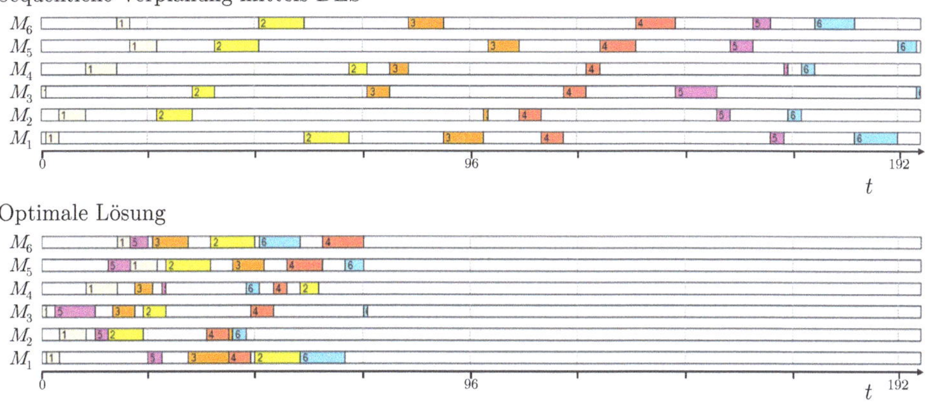

Abbildung 4.15.: Lösungen für das $no-wait$-Problem am Beispiel der ft06-Instanz

Simulation) kann z.B. durch eine sequentielle Verplanung[48] der Jobs erreicht werden. In der MIP-Modellierung müssen lediglich die Nebenbedingungen (4.17) und (4.18) des Manne-Modells (4.13) verschärft werden zu:

$$KX_{iojp} + S_{io} - S_{jp} = p_{jp} \qquad k = 1, \ldots, m, O_{io}, O_{jp} \in A_k, i < j, \tag{4.30}$$

$$K(1 - X_{iojp}) + S_{jp} - S_{io} = p_{io} \qquad k = 1, \ldots, m, O_{io}, O_{jp} \in A_k, i < j. \tag{4.31}$$

11. Eine ereignisdiskrete Simulation erzeugt i.Allg. verzögerungsfreie Ablaufpläne, d.h., der Start eines verfügbaren Jobs an einer freigewordenen Maschine wird nicht zugunsten eines noch nicht bereitstehenden Jobs verzögert. Lediglich durch das Erzwingen von organisatorischen Reihenfolgen an Maschinen durch zusätzliche Nebenbedingungen (z.B. durch eine Stellgröße vom Typ Reihenfolge, zusätzlichen Programmcode etc.) ist dies möglich.

Abbildung 4.16 verdeutlicht Punkt 11 am Beispiel der Instanz ft06 des Problems $J \mid\mid C_{\max}$. Hierbei stellt der Pfeil die Verzögerung eines möglichen Job-Starts zugunsten eines noch nicht bereitgestellten Jobs dar. Daraus resultierend ergeben sich Leerstandszeiten auf den Maschinen, obwohl mindestens ein Job (J_1 an M_4) zur Bearbeitung bereitsteht. Das bewusste Verzögern von Jobs ist jedoch aus praktischer Sicht kritisch zu bewerten, da verfügbare Maschinenkapazität nicht genutzt wird. Andererseits sind optimale Ablaufpläne i.Allg. selten verzögerungsfrei [PX99].

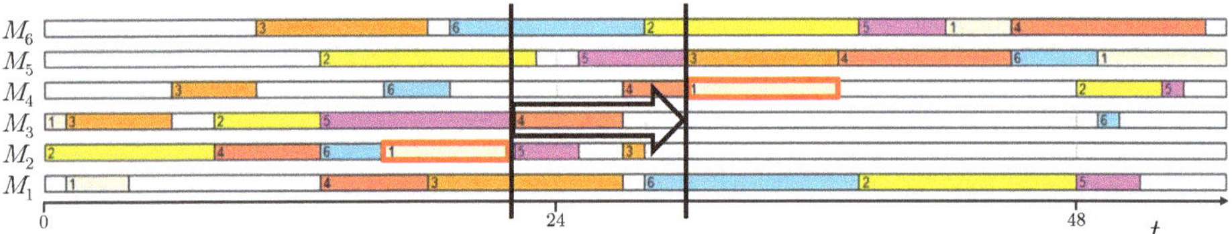

Abbildung 4.16.: Optimale Lösung der Instanz ft06 des Problems $J \mid\mid C_{\max}$ mit Verzögerung

Eine weitaus größere Bedeutung hat das Verzögern von Jobs bzw. das Freihalten von Anlagen bei dem Vorhandensein von hoch priorisierten Jobs in der Fertigung bzw. bei Zielgrößen, welche die Einhaltung von Fertigstellungsterminen repräsentieren. Insbesondere dann kann durch Verzögerungen ein bedeutendes Optimierungspotential ausgeschöpft werden.

Eine weitere Schwierigkeit vieler Ablaufplanungsprobleme besteht im Vorhandensein alternativer Arbeitsgänge. Das heißt, aus einer Maschinengruppe wird genau eine Maschine zur Bearbeitung eines Jobs verwendet. Im Falle identischer paralleler Maschinen führen hierbei bereits sehr einfache Prioritätsregeln (in Kombination mit einem DES-System) zu guten Ablaufplänen. Treten jedoch Dedizierungen innerhalb einer Maschinengruppe auf, können lastentkoppelte Steuerungsentscheidungen[49] zu stark differierenden Maschinenauslastungen innerhalb der Maschinengruppe führen. Beispiel 4.4.2 skizziert dies an einem einfachen Beispiel.

[48] Dies wird durch zusätzliche Vorrangbeziehungen einzelner Arbeitsgänge erreicht.

[49] Hiermit sind Prioritätsregeln gemeint die kein Wissen über zukünftige Job-Ankünfte oder Job-Mengen haben bzw. dieses nicht verwenden.

Beispiel 4.4.2

Gegeben sei folgendes Problem vom Typ $P2 \mid M_{io}; r_i \mid \sum C_i$. Es existieren 20 Jobs und zwei parallele Maschinen. Dabei können die Jobs $J_1 - J_{10}$ (in Abbildung 4.17 gelb gekennzeichnet) auf beiden Maschinen bearbeitet werden, die anderen Jobs lediglich auf Maschine M_1. Die Bearbeitungszeiten und Bereitstellungstermine sind zufällig (diskret) gleichverteilt, abgekürzt als $\sim DU$, innerhalb der Intervalle $p_i \sim DU[5, 10]$ und $r_i \sim DU[0, 100]$ (siehe Informationen im Gantt-Diagramm). In Abbildung 4.17 ist die Lösung eines solchen Problems mittels eines DES-Systems dargestellt. Hierbei werden alle Jobs aufsteigend sortiert. Wird eine Maschine frei, wird der erste verfügbare Job gemäß dieser Sortierung gestartet. Dies führt aufgrund der Dedizierungen zu einer Überlast auf M_1. Eine optimale Lösung dieses Problems ist ebenfalls dargestellt. Hierbei führen u.a. Verzögerungen (Warten auf J_{17} und J_{20}) zu einem deutlich besseren Ergebnis.

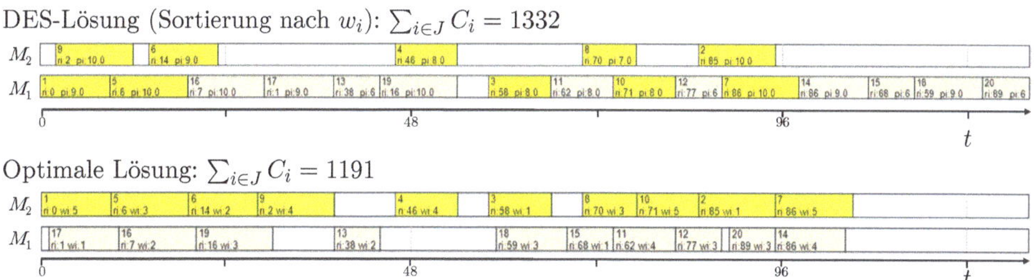

Abbildung 4.17.: Probleme bei Dedizierungen innerhalb der Maschinengruppe

□

Bemerkung 4.4.3

Für Beispiel 4.4.2 lassen sich mit etwas Modellierungswissen auch im DES-Modell Lösungsmöglichkeiten konstruieren, die bei geringem Mehraufwand bessere Ablaufpläne zur Folge haben. Sind die Dedizierungen jedoch komplexer, Bereitstellungstermine aufgrund von Vorgängerarbeitsgängen unbekannt und ist das Modellierungswissen aufgrund einer automatischen Modellerstellung nicht vorhanden, lässt sich das dargestellte Problem auch in der Praxis beobachten.

Ein sehr ähnliches Problem besteht im Falle von Rüstungen auf parallelen Maschinen. Hier können lastentkoppelte Steuerungsentscheidungen zu vermehrten (unnötigen) Rüstaufwendungen führen. Beispiel 4.4.4 zeigt dies.

Beispiel 4.4.4

Gegeben sei folgendes Problem vom Typ $P2 \mid M_{io}; p_i = 10; r_i; s_{ij} \mid \sum C_i$. Es existieren jeweils sieben Jobs zweier verschiedener Job-Familien (vgl. Abbildung 4.18 – gekennzeichnet durch Färbung der Balken im Gantt-Diagramm). Alle Jobs besitzen die identische Bearbeitungszeit von zehn Zeiteinheiten. Die Bereitstellungstermine sind gemäß $r_i \sim [0, 100]$ verteilt. Beim Wechsel der Job-Familie auf einer Maschine fällt eine Rüstzeit von 25 Zeiteinheiten an. Die Maschinen sind initial auf jeweils eine der beiden Familien gerüstet. In Abbildung 4.18 ist die Lösung eines solchen Problems mittels eines DES-Systems dargestellt. Hierbei wird die SST-Regel (vgl.

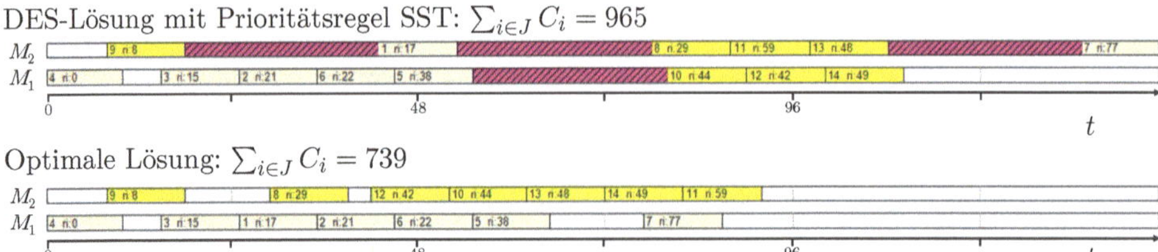

Abbildung 4.18.: Probleme bei Dedizierungen innerhalb von Maschinengruppen mit Rüstungen

Abschnitt 4.3.2) verwendet. Das heißt, wenn eine Maschine frei wird, werden zunächst die Jobs der gerüsteten Familie gestartet. Sind ausschließlich Jobs der anderen Familie verfügbar, wird eine Umrüstung durchgeführt. Eine optimale Lösung dieses Problems ist ebenfalls dargestellt. Hierbei führen wiederum Verzögerungen (Warten auf J_8) zu einem deutlich besseren Ergebnis. □

Für das in Beispiel 4.4.4 dargestellte Problem lassen sich ebenfalls effizientere Rüstregeln formulieren. Es gelten jedoch auch hier die in Bemerkung 4.4.3 genannten Verallgemeinerungen. Dies führt zu folgenden Aussagen (vgl. Punkt 10):

12. Auf Grund der zeitlich gerichteten Simulation ist die Berücksichtigung und Bewertung von zukünftigen Ereignissen nur bedingt möglich[50].
13. Parallele Arbeitsgänge stellen zusätzliche Freiheitsgrade für die Ablaufplanung dar, die – insbesondere beim Auftreten von Dedizierungen – innerhalb der Regelauswertungen in einem DES-Systems u.U. nur ineffizient genutzt werden. Kapazitive Betrachtungen finden hierbei in der Regel nicht statt.

Alle bisher betrachteten Probleme dieses Abschnitts beschränkten sich ausschließlich auf Shop-Probleme. Auf die MIP-Modelle hatten die verschiedenen Nebenbedingungen dabei nur geringen Einfluss. In den folgenden Abschnitten werden nun auch die Maschinenumgebungen Schritt für Schritt erweitert, um auch die aus realen Produktionssystemen abgeleiteten Problemstellungen bearbeiten zu können. Hierzu gehören insbesondere Maschinen mit Batch-Bearbeitung, die den Untersuchungsgegenstand von Abschnitt 6.1 darstellen. Ohne jedoch an dieser Stelle bereits auf die exakte Modellierung dieser Probleme einzugehen[51], werden bereits einige Benchmark-Ergebnisse vorgestellt, die wiederum die Vor- und Nachteile simulationsbasierter bzw. exakter Lösungsansätze verdeutlichen. Als Basis für diese Untersuchungen werden die Instanzen OVE-1 bis OVE-4 für die Problemklassen:

- $R \mid M_{io}; p-batch; non-identical; incompatible; r_i \mid C_{\max}$,
- $R \mid M_{io}; p-batch; non-identical; incompatible; r_i \mid \sum w_i C_i$,
- $R \mid M_{io}; p-batch; non-identical; incompatible; r_i \mid \sum w_i T_i$

[50] Lediglich aktuell bereits vorliegende zukünftige Ereignisse (z.B. durch Restbearbeitungszeiten, Bereitstellungstermine etc.) können zu einem konkreten Ereignis bereits mit ausgewertet werden, jedoch keine Ereignisse, die sich erst noch aus gegenwärtigen Ereignissen ergeben.

[51] Diese erfolgt in Abschnitt 5.3 bzw. Abschnitt 6.1.2. Weiterhin werden in diesen Abschnitten auch die verwendeten Stellgrößen des simulationsbasierten Optimierungsansatzes vorgestellt.

aus [KHWH08, KLW09] herangezogen. Viele der bisherigen Feststellungen lassen sich auch bei diesen Problemen wiederfinden. Abbildung 4.19 zeigt dies teilweise. Diese stellt die optimale Lösung der Instanz OVE-1 für die Zielgröße totale Fertigstellungszeit[52] dar. Der Vergleich erfolgt zu einer modifizierten FIFO-Regel (BFIFO), die mittels DES-System erzeugt wurde. Es wird deutlich, dass durch effizientes Verzögern von Batches (erster Batch auf M_1 und M_4) insgesamt weniger Batches gebildet werden müssen. Hierdurch sinkt die totale Fertigstellungszeit.

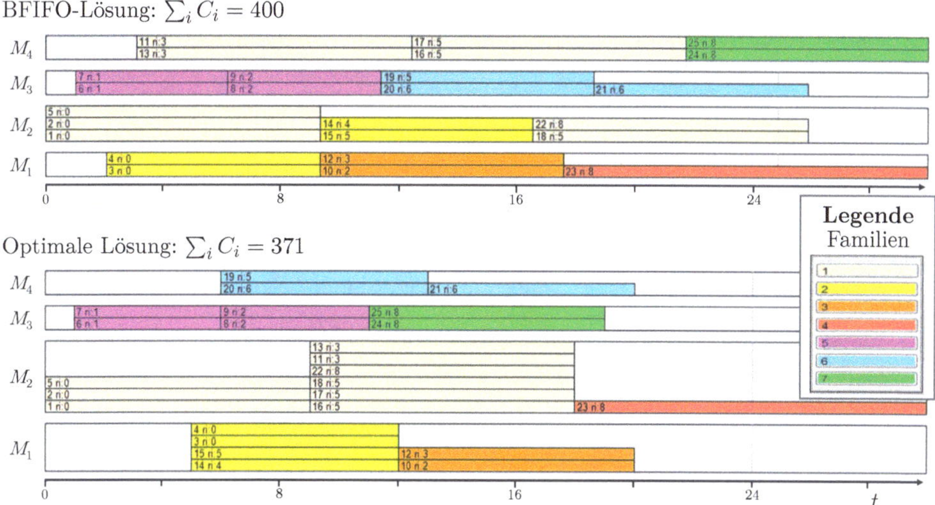

Abbildung 4.19.: Vergleich der modifizierten FIFO-Lösung und der optimalen MIP-Lösung für Benchmark OVE-1 und Zielgröße totale Fertigstellungszeit

Abbildung 4.20 stellt weiterhin die Optimierungsergebnisse der Verfahren MIP und GS für die Zielgrößen Zykluszeit, totale Fertigstellungszeit, totale gewichtete Fertigstellungszeit, totale Verspätung und totale gewichtete Verspätung grafisch dar. Außerdem wird die Prioritätsregel BFIFO und BATC (engl. Batch Apparent Tardiness Cost) untersucht. Die BFIFO- und die BATC-Regel sind Erweiterungen der bereits vorgestellten FIFO- bzw. ATC-Regel (vgl. Abschnitt 4.3.2) für Batch-Probleme. Die BATC-Regel ist dabei primär für die Zielgröße totale (gewichtete) Verspätung ausgelegt[53]. Da die Untersuchungen lediglich auf vier Benchmarks unterschiedlicher Größe beruhen, erfolgt eine direkte Skalierung der erreichten Ergebnisse $z_l(\mathcal{V})$ für Benchmark l auf die Lösungen der BFIFO-Regel z_l^{BFIFO}. Das heißt der Parameter $\mathcal{D}(\mathcal{V}, l)$ wird definiert als:

$$\mathcal{D}(\mathcal{V}, l) = \frac{z_l(\mathcal{V})}{z_l^{\text{BFIFO}}}$$

und stellt in diesem Fall nicht das Optimierungspotential sondern die erreichte Senkung des Zielfunktionswertes dar. Dadurch wird das Verhältnis zwischen Zielfunktionswertsenkung und Zielgröße besser deutlich. Die erreichten Einzelergebnisse werden wiederum in Tabelle A.5 bis A.9 im Anhang A.3 dargestellt.

[52] Jobs gleicher Job-Familien werden durch gleiche Farben repräsentiert.
[53] Die BFIFO- und die BATC-Regel werden in Abschnitt 6.1.2.1 näher erläutert.

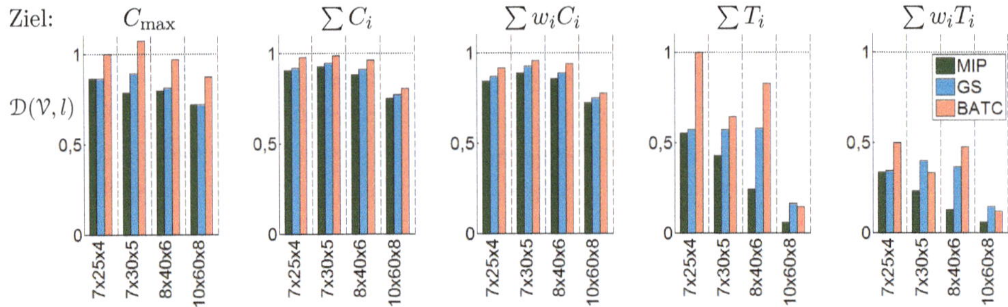

Abbildung 4.20.: Vergleich der Optimierungsergebnisse für die OVE-Instanzen

Diese Untersuchungsergebnisse lassen folgende weitere Aussagen zu:

14. Die Lösbarkeit sowie das Optimierungspotential eines Ablaufplanungsproblems hängt, selbst bei gleicher Problemgröße, stark von der gewählten Zielgröße ab.

15. Die Modellierung von komplexeren Maschinenumgebungen (als jene in Shop-Problemen) führt i.Allg. zu einer deutlich erhöhten Anzahl an Variablen und Nebenbedingungen im MIP-Modell.

Zusammenfassend haben die Untersuchungen in diesem Abschnitt gezeigt, dass sowohl exakte als auch simulationsbasierte Optimierungsverfahren, begründet durch ihre unterschiedliche Funktionsweise, verschiedene Vor- und Nachteile bzgl. Lösung von Ablaufplanungsproblemen besitzen. Ein DES-System arbeitet immer zeitgerichtet und produziert i.Allg. verzögerungsfreie Ablaufpläne. Als eine Konsequenz hieraus sind zeitbezogene Nebenbedingungen (wie Zeitkopplungen, harte Fertigstellungstermine etc.) nur schwer – z.B. durch zusätzliche Programmierung (Skripte) – oder aber auch gar nicht abbildbar. Auf der anderen Seite ist eine Modellierung nahezu beliebig komplexer Ressourcenbedingungen möglich. Hier erreichen exakte Verfahren sehr schnell die Grenzen der sinnvollen praktischen Anwendung. Der Modellierungsaufwand, insbesondere die Definition von Unbekannten und Nebenbedingungen, kann dabei sehr schnell sehr stark anwachsen. Dies spiegelt sich ebenfalls in einem deutlich gegenläufigen Konvergenzverhalten beider Ansätze – in Abhängigkeit der Problemgröße – wider.

16. Die Anwendung exakter Verfahren für größere Probleminstanzen bzw. praxisbezogene Problemstellungen kann häufig nur über Dekompositionstechniken realisiert werden (vgl. Abschnitt 6).

Weiterhin ist in der Literatur festzustellen, dass wenige bzw. gar keine exakten Modelle für allgemeinere Problemstellungen existieren, d.h. Modelle, die auf viele verschiedene Problemstellungen der Ablaufplanung anwendbar sind. Ein solches Modell soll daher im nächsten Kapitel entwickelt werden. In Kapitel 6 wird dieses allgemeine mathematische Modell anschließend in Kombination mit den in Punkt 16 genannten Dekompositionsansätzen auf Basis praxisbezogener Problemstellungen untersucht.

5. Kopplung simulationsbasierter und exakter Verfahren

Wie in Abschnitt 4.4 dargestellt, haben sowohl direkte als auch simulationsbasierte Ansätze zur Ablaufplanung jeweils verschiedene Vor- und Nachteile. So stellen direkte Verfahren für Problemstellungen geringerer Größe auch exakte Lösungsansätze bereit, während die Heuristiken simulationsbasierter Ansätze für diese Probleme weniger effizient sind, sich jedoch auch für den Einsatz auf große Problemstellungen der Ablaufplanung eignen. Weiterhin ist die Modellierung zeitbezogener Nebenbedingungen mit direkten Ansätzen effizient möglich. Simulationsbasierte Ansätze haben ihre Stärken hingegen eher bei der Abbildung von komplexen Ressourcenzusammenhängen.

Die Motivation dieses Kapitels besteht darin, die Vorteile der beiden Verfahren miteinander zu verbinden. Hierbei wird eine Kopplung eines DES-Systems mit einem MIP-Löser vorgestellt. Diese Kopplung wird am Beispiel des DES-Systems simcron MODELLER dargestellt, es ist aber auch die Verwendung vergleichbarer anderer Simulationssysteme möglich bzw. denkbar. Kern der Kopplung ist ein allgemeines mathematisches Modell, das über eine definierte Schnittstelle mit dem Simulationssystem kommuniziert[1]. Dieses mathematische Modell erlaubt dabei die Modellierung vieler praxisrelevanter Nebenbedingungen, wie z.B. Umrüstungen, alternative Arbeitsgänge, Batch-Bildung, Vorrangbeziehungen etc. und baut auf den Erkenntnissen der vorangegangenen Untersuchungen auf. Der Fokus liegt dabei insbesondere auf der Anwendbarkeit für eine rollierende Planung (Fertigungssystem ist initial gefüllt) und einer austauschbaren Zielfunktion. Die Erstellung bzw. Parametrierung des allgemeinen mathematischen Modells erfolgt automatisch aus dem Simulationsmodell heraus. Die Lösung des mathematischen Modells erfolgt durch einen extern angeschlossenen Standardlöser für die Problemklasse MIP. Dies hat den entscheidenden Vorteil, dass kein problemspezifisches Suchverfahren implementiert werden muss. Dadurch wird eine flexible Anwendbarkeit sicherstellt.

Die Beschreibung der Schnittstelle bzw. des mathematischen Modells erfolgt in Abschnitt 5.3. Zuvor wird in Abschnitt 5.1 das verwendete DES-Systems vorgestellt. In Abschnitt 5.2 folgt eine Auflistung von Anforderungen an das Simulationsmodell, unter denen eine derartige Transformation möglich ist. In Abschnitt 5.4 wird dargestellt, wie die Besonderheiten direkter bzw. simulationsbasierter Ansätze zur Ablaufplanung in einem hybriden, gekoppelten Modell ausgenutzt werden können. Anhand einiger Problemstellungen der Literatur wird die Effizienz dieses Ansatzes in Abschnitt 5.5 untersucht. Weiterhin werden Möglichkeiten der Erweiterung dieses Modells vorgestellt.

[1] Die Verwendung eines anderen DES-Systems (anstelle des dargestellten) erfordert i.Allg. nur eine Anpassung dieser Schnittstelle.

In der Fachliteratur konnten derartige hybride Ansätze noch nicht beobachtet werden. Lediglich aus dem Bereich der Warteschlangensysteme bzw. der Leistungsbewertung sind Untersuchungen zur analytischen Beschreibung ereignisdiskreter Simulationssysteme bekannt. Hierzu wird auf die Arbeiten [CS04, Sch08] und [CS08] verwiesen. Die nachfolgend dargestellten Abschnitte stellen weiterhin wesentliche Erweiterungen zu den eigenen bisherigen Veröffentlichungen [KHW08] und [KHWW09] dar.

5.1. Beispiel eines DES-Systems

In diesem Abschnitt werden zunächst verschiedene Erläuterungen zu dem verwendeten DES-System simcron MODELLER[2] vorgenommen, die zum Verständnis bzw. zur Illustration der nachfolgenden Abschnitte notwendig sind. Wie viele der derzeit verfügbaren DES-Systeme[3] ist auch der simcron MODELLER objektorientiert aufgebaut. Das heißt, das DES-System bietet bereits verschiedene vordefinierte Bausteine zur Modellierung von Fertigungsprozessen bzw. -abläufen an. Oftmals sind dabei Analogien realer Objekte der Fertigung (wie Job, Maschine etc.) zu den Objekten im Simulator erkennbar.

Eine Auswahl[4] der Objekte des verwendeten DES-Systems ist in Tabelle 5.1 dargestellt. Neben diesen hier sehr kurz skizzierten DES-Objekten existieren noch zahlreiche andere Komponenten, wie z.B. Schichtpläne. Diese werden jedoch für die Darstellungen in den nächsten Abschnitten nicht benötigt und daher nicht näher erläutert.

Eine wichtige Eigenschaft vieler moderner DES-Systeme ist eine eingebettete Skriptsprache. Diese erweitert einerseits die Abbildungsmächtigkeit des Simulators, andererseits werden über implementierte Schnittstellen wie ODBC Möglichkeiten für eine automatische Erstellung von Simulationsmodellen aus diversen Quelldatensystemen geschaffen [Hor08][5]. Der simcron MODELLER verwendet hierbei die Skriptsprache Tcl/Tk. Durch diese Sprache lassen sich sämtliche Objekte des DES-Systems erzeugen. Weiterhin besteht die Möglichkeit, jedes DES-Objekt um Eigenschaftsvariablen, Prozeduren sowie Eventhandler[6] zu erweitern. Die Kombination mehrerer (verschiedener) Eventhandler an einem DES-Objekt ist ebenfalls möglich. Neben einer Skriptsprache bietet auch der simcron MODELLER eine *grafische Benutzeroberfläche* (engl. Graphical User Interface, GUI) an. Mittels der GUI oder durch die Ausführung eines Skripts erfolgt die eigentliche Modellbildung, d.h. die Verknüpfung der einzelnen Objekte des DES-Systems zu einem lauffähigen Simulationsmodell. Abbildung 5.1 zeigt die Modellierung des in Abschnitt 4.1.1 vorgestellten Beispiels 4.1.16 vom Problemtyp $J3 \mid p_i = 3; rcrc \mid \sum C_i$ mit Hilfe des DES-Systems simcron MODELLER.

[2]Derzeit vertrieben durch die Firma simcron GmbH: www.simcron.de – Stand Dezember 2010.

[3]Eine Übersicht über weit verbreitete DES-Systeme ist z.B. in [Hor08] zu finden.

[4]Diese Darstellung erhebt nicht den Anspruch der Vollständigkeit und ist somit nicht als umfassende Beschreibung der Abbildungsbreite des untersuchten DES-Systems zu verstehen. In Klammern aufgeführte Eigenschaften sind als optional zu betrachten.

[5]Für weitergehende Informationen bzgl. der Einbettung von DES-Systemen in reale Produktionsumgebungen wird an dieser Stelle auf [WHJW06, Hor08] oder [WHWJ06] verwiesen.

[6]Ein Eventhandler ist ein Skript, d.h. Programmcode, das zu definierten Ereignissen während der Simulation ausgeführt wird.

Objekt	Beschreibung	Eigenschaften
Maschine	Das Maschinenobjekt beschreibt eine statische, begrenzte Ressource, die benötigt wird, um einen Job zu bearbeiten. Maschinen können frei, belegt oder nicht verfügbar sein. Weiterhin kann eine Maschine einen oder mehrere Rüstzustände haben.	Kapazität, Verfügbarkeit, (Rüstzustand)
Warteschlange	Das Warteschlangenobjekt repräsentiert einen Lagerplatz für Jobs, in dem diese eine unbestimmte Zeit gehalten werden können.	(begrenzbare Lagerkapazität)
Job	Mit dem Job-Objekt werden die dynamischen (sich bewegenden) Einheiten eines Fertigungssystems abgebildet. Jobs belegen während ihrer Bearbeitung eine Maschine bzw. verbrauchen Maschinenkapazität.	Bereitstellungstermin, Verfügbarkeit, Größe, (Fertigstellungstermin, Produktzugehörigkeit)
Technologie	Das Technologieobjekt spezifiziert den Arbeitsplan eines oder mehrerer Jobs durch eine Liste aller durchzuführenden Arbeitsgänge. Diese kann nur die Objekte Maschine, Warteschlange oder Verzweigung enthalten.	Bearbeitungszeiten, (Arbeitsgangeigenschaften)
Verzweigung	Das Verzweigungsobjekt erlaubt die Modellierung alternativer Arbeitsgänge. Eine Verzweigung kann Maschinen, Warteschlangen, Verzweigungen oder Technologien enthalten.	Parallelität, Typ
Bedarf	Mit dem Bedarfsobjekt lassen sich Vorrangbeziehungen zwischen den Arbeitsgängen verschiedener Technologieobjekte modellieren, d.h., dass ein Arbeitsgang z.B. erst beginnen kann, wenn ein oder mehrere andere Arbeitsgänge abgeschlossen sind.	Bedarfsmenge, Bedarfsarbeitsgänge
Rüstung	Das Rüstobjekt erlaubt die Modellierung von Rüstvorgängen. Diese fallen an, wenn sich der Rüstzustand einer Maschine von den Rüstanforderungen des nächsten Jobs (z.B. Produktzugehörigkeit) unterscheidet. Eine Maschine oder Warteschlange kann auch mit mehreren Rüstobjekten verknüpft sein.	Rüstzeitmatrix, Rüstoperator
Ziel	Das Zielobjekt erlaubt die Definition von zu beobachtenden bzw. zu kalkulierenden Zielgrößen.	

Tabelle 5.1.: Auswahl von Objekten des DES-Systems simcron MODELLER

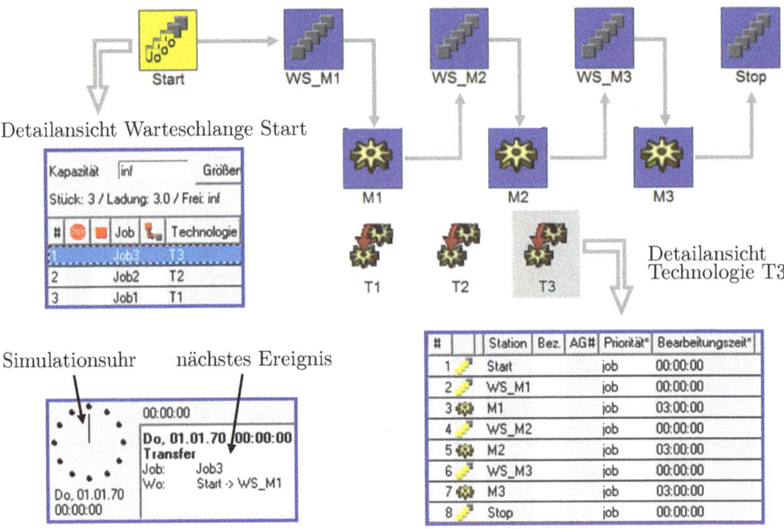

Abbildung 5.1.: DES-Modell einer Instanz des Problems $J3 \mid p_{io} = 3; rcrc \mid \sum C_i$

5.2. Anforderungen an das Simulationsmodell – Eingrenzungen

Da sich durch Verschachtelungen bzw. die Kombination von Objekten eines DES-Systems und die zusätzliche Ausführung von Programmcode (Skripte) während einer Simulation nahezu beliebig komplexe Ablaufplanungsprobleme modellieren lassen, unterliegt die nachfolgend dargestellte Überführung eines DES-Modells in ein mathematisches Modell Einschränkungen. Das heißt, dass in Abschnitt 5.3 vorgestellte allgemeine mathematische Modell erfüllt nicht den Anspruch, eine formalisierte Darstellung eines beliebigen Simulationsmodells zu sein. Im Gegenteil, alle nachfolgend dargestellten Restriktionen grenzen die Abbildungsmächtigkeit des DES-Systems ein. Dennoch lassen sich auch mit diesen Einschränkungen noch viele praktische Problemstellungen (vgl. Abschnitt 5.5 bzw. Kapitel 6) behandeln.

Alle Anforderungen an das Simulationsmodell, die für eine Überführung in das nachfolgende mathematische Modell notwendig sind, werden im Folgenden pro DES-Objekt[7] aufgelistet.

Maschine

Mögliche bzw. notwendige Eigenschaften des Maschinenobjektes

Insgesamt ist die Transformation von 15 verschiedenen Maschinentypen (Maschinen mit unterschiedlichen Eigenschaften) möglich. Diese erweitern teilweise das im verwendeten DES-System vorhandene Maschinenobjekt. Jede dieser Erweiterungen ist durch die Erstellung eines *Template-Modells*, analog zu [Hor08], umgesetzt und als separates Maschinenobjekt im

[7] Die Verwendung aller hier nicht aufgeführten Objekte (wie z.B. Schichtplanobjekt, Stochastikobjekt, Methodenobjekt) ist für die nachfolgende Überführung eines DES-Modells in ein mathematisches Modell nicht zulässig.

DES-System verfügbar. In den weiteren Ausführungen werden diese Objekte durch folgende Symbole gekennzeichnet:

⚙$^{J}_{o}$, ⚙$^{J}_{W}$, ⚙$^{J}_{T}$, ⚒$^{J}_{o}$, ⚒$^{J}_{W}$, ⚒$^{J}_{T}$, ⚙$^{B}_{o}$, ⚙$^{B}_{W}$, ⚙$^{B}_{T}$, ⚙$^{B_I}_{o}$, ⚙$^{B_I}_{W}$, ⚙$^{B_I}_{T}$, ⚒$^{B_I}_{o}$, ⚒$^{B_I}_{W}$ und ⚒$^{B_I}_{T}$.

Für alle Maschinen gilt, dass ausschließlich die unterbrechungsfreie Bearbeitung von genau einem Job (gekennzeichnet[8] durch ⚙$^{J}_{*}$) bzw. genau einem Batch (gekennzeichnet durch ⚙$^{B}_{*}$) zu einem Zeitpunkt beginnen kann. Diese Maschinen werden dabei im Folgenden als Job-Maschine bzw. als Batch-Maschine bezeichnet. Die Bearbeitungszeit aller Jobs in einem Batch wird als identisch angenommen[9]. Der frühestmögliche Startzeitpunkt des nächsten Jobs bzw. Batches entspricht entweder:

(i) der Fertigstellung des aktuellen Jobs bzw. Batches (Normalfall, gekennzeichnet durch ⚙$^{*}_{o}$) oder

(ii) der Fertigstellung des aktuellen Jobs bzw. Batches zzgl. einer maschinenabhängigen Wechselzeit $e_k \in \mathbb{R}$ ($e_k \geq -\min_{O_{io} \in A_k}(p_{iok})$, $k \in M$, gekennzeichnet durch ⚙$^{*}_{W}$) oder

(iii) einer maschinenabhängigen Taktzeit $t_k \in \mathbb{R}_+$ ($t_k > 0$, $k \in M$, gekennzeichnet durch ⚙$^{*}_{T}$).

Dabei ist zu beachten, dass insbesondere durch Punkt (ii) mit $e_k < 0$ und durch Punkt (iii) die in Definition 4.1.5 getätigten Einschränkungen bzgl. der verfügbaren Maschinenkapazitäten erweitert werden.

Auch die Verknüpfung einer Maschine mit genau einem Rüstobjekt ist möglich (gekennzeichnet durch ⚒$^{*}_{*}$). Das Vorhandensein eines Rüstobjektes an einer Maschine M_k erfordert, dass jeder Arbeitsgang O_{io} von Job J_i der auf M_k durchgeführt werden kann, genau einer Job-Familie f_{io} zugeordnet ist. Durch s_{vwk} wird mit $v = f_{io}$ und $w = f_{jp}$ eine Rüstzeit zwischen Arbeitsgang O_{io} und O_{jp} definiert. Zwischen aufeinander folgenden Jobs bzw. Batches der gleichen Familie (d.h. $v = w$) ist keine Rüstzeit erforderlich. Weiterhin müssen alle Rüstzeiten der Dreiecksungleichung $s_{vwk} + s_{wzk} \geq s_{vzk}$ genügen.

Batch-Maschinen werden weiterhin unterschieden in Batch-Maschinen mit *inkompatiblen Familien* – gekennzeichnet durch durch ⚙$^{B_I}_{*}$ bzw. ⚒$^{B_I}_{*}$ – und Batch-Maschinen ohne inkompatible Familien – gekennzeichnet durch ⚙$^{B}_{*}$. Im Fall inkompatibler Familien bedeutet dies, dass jeder Arbeitsgang O_{io}, der auf einer solchen Maschine ausgeführt werden kann, eine Familienzugehörigkeit f_{io} besitzt und dass alle Jobs eines Batches derselben Familie angehören müssen[10]. Wird eine Rüstung zwischen zwei Jobs bzw. Batches notwendig, kann diese stets erst nach der vollständigen Beendigung eines Arbeitsganges zzgl. etwaiger Wechselzeiten stattfinden. Abbildung 5.2 fasst die verschiedenen möglichen Maschinentypen inkl. eines illustrierenden Gantt-Diagramms zusammen.

[8] Der $*$ ist als Platzhalter zu interpretieren.

[9] Dieser Spezialfall genügt für die Beschreibung der in dieser Arbeit betrachteten Problemstellungen. Verallgemeinerungen, in denen die längste Bearbeitungszeit eines Jobs die Batch-Bearbeitungszeit (im Sinne der p – *batch*-Notation) definiert, werden ausschließlich in Abschnitt 5.5.3 diskutiert.

[10] Mit den zuvor erfolgten Einschränkungen ergeben sich hieraus identische Bearbeitungszeiten p_k für Maschinen des Typs ⚙$^{B}_{*}$. Für die Maschinenobjekte ⚙$^{B_I}_{*}$ bzw. ⚒$^{B_I}_{*}$ folgen daraus identische familienabhängige Bearbeitungszeiten p_{vk} für alle Jobs einer Familie v.

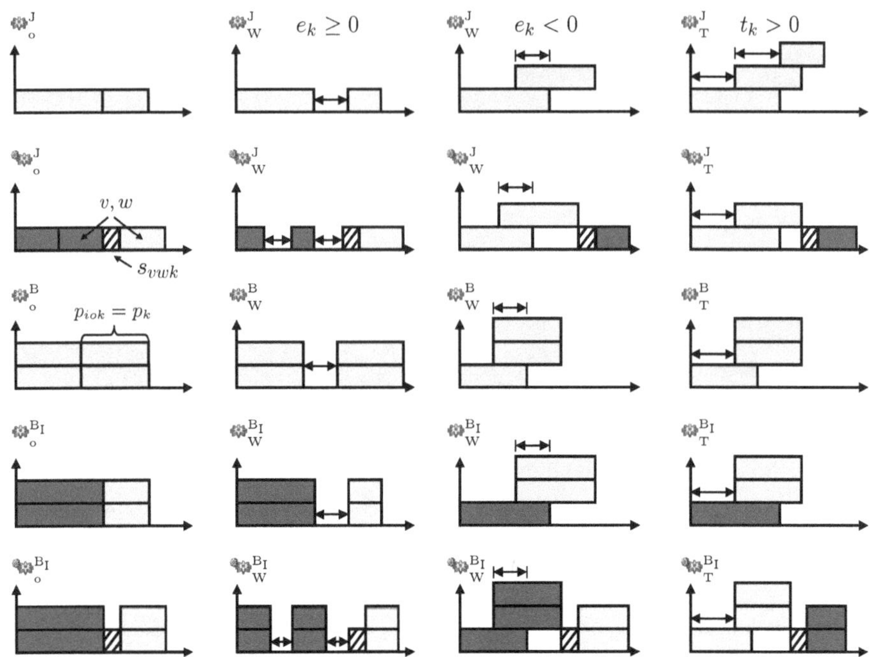

Abbildung 5.2.: Mögliche Maschinentypen für die Transformation

Da im weiteren Verlauf der Arbeit diese unterschiedlichen Maschinentypen mathematisch beschrieben werden, erfolgt an dieser Stelle eine Definition verschiedener Mengen. Hierbei entspricht M (vgl. Abschnitt 4.1) der Menge aller Maschinen. Man erhält:

M^J	Menge aller **J**ob-**M**aschinen, $M^J \subseteq M$,
M^{Js}	Menge aller **J**ob-**M**aschinen mit Rüstung, $M^{Js} \subseteq M^J$,
M^{Jo}	Menge aller **J**ob-**M**aschinen **o**hne Rüstung, $M^{Jo} \subseteq M^J$,
M_o^{Js}	Menge aller **J**ob-**M**aschinen mit Rüstung, **o**hne Wechsel- bzw. Taktzeit, $M_o^{Js} \subseteq M^{Js}$,
M_T^{Js}	Menge aller **J**ob-**M**aschinen mit Rüstung und **T**aktzeit, $M_T^{Js} \subseteq M^{Js}$,
M_W^{Js}	Menge aller **J**ob-**M**aschinen mit Rüstung und **W**echselzeit, $M_W^{Js} \subseteq M^{Js}$,
M_o^{Jo}	Menge aller **J**ob-**M**aschinen **o**hne Rüstung, **o**hne Wechsel- bzw. Taktzeit, $M_o^{Jo} \subseteq M^{Jo}$,
M_T^{Jo}	Menge aller **J**ob-**M**aschinen **o**hne Rüstung, mit **T**aktzeit, $M_T^{Jo} \subseteq M^{Jo}$,
M_W^{Jo}	Menge aller **J**ob-**M**aschinen **o**hne Rüstung, mit **W**echselzeit, $M_W^{Jo} \subseteq M^{Jo}$,
M^B	Menge aller **B**atch-**M**aschinen, $M^B \subseteq M$,
M^{Bs}	Menge aller **B**atch-**M**aschinen mit Rüstung, $M^{Bs} \subseteq M^B$,
M^{B_I}	Menge aller **B**atch-**M**aschinen mit **i**nkompatible Familien, $M^{B_I} \subseteq M^B$,
M^{Bo}	Menge aller **B**atch-**M**aschinen **o**hne Familien, $M^{Bo} \subseteq M^B$,
M_o^{Bs}	Menge aller **B**atch-**M**aschinen mit Rüstung, **o**. Wechsel- bzw. Taktzeit, $M_o^{Bs} \subseteq M^{Bs}$,
M_T^{Bs}	Menge aller **B**atch-**M**aschinen mit Rüstung und **T**aktzeit, $M_T^{Bs} \subseteq M^{Bs}$,

M_W^{Bs} Menge aller **B**atch-**M**aschinen mit Rüstung und **W**echselzeit, $M_W^{Bs} \subseteq M^{Bs}$,
$M_o^{B_I}$ Menge aller **B**atch-**M**aschinen mit **i**. Familien, **o**. Wechsel- bzw. Taktzeit, $M_o^{B_I} \subseteq M^{B_I}$,
$M_T^{B_I}$ Menge aller **B**atch-**M**aschinen mit **i**. Familien und **T**aktzeit, $M_T^{B_I} \subseteq M^{B_I}$,
$M_W^{B_I}$ Menge aller **B**atch-**M**aschinen mit **i**. Familien und **W**echselzeit, $M_W^{B_I} \subseteq M^{B_I}$,
M_o^{Bo} Menge aller **B**atch-**M**aschinen **o**hne Familien, **o**. Wechsel- bzw. Taktzeit, $M_o^{Bo} \subseteq M^{Bo}$,
M_T^{Bo} Menge aller **B**atch-**M**aschinen **o**hne Familien, mit **T**aktzeit, $M_T^{Bo} \subseteq M^{Bo}$,
M_W^{Bo} Menge aller **B**atch-**M**aschinen **o**hne Familien, mit **W**echselzeit, $M_W^{Bo} \subseteq M^{Bo}$.

Es gilt weiterhin:

$$M^J \cup M^B = M, \quad M^J \cap M^B = \emptyset,$$
$$M^{Js} \cup M^{Jo} = M^J, \quad M^{Js} \cap M^{Jo} = \emptyset,$$
$$M^{Bs} \cup M^{B_I} \cup M^{Bo} = M^B, \quad M^{Bs} \cap M^{B_I} = \emptyset, \quad M^{Bs} \cap M^{Bo} = \emptyset, \quad M^{B_I} \cap M^{Bo} = \emptyset,$$
$$M_o^{Js} \cup M_W^{Js} \cup M_T^{Js} = M^{Js}, \quad M_o^{Js} \cap M_W^{Js} = \emptyset, \quad M_o^{Js} \cap M_T^{Js} = \emptyset, \quad M_W^{Js} \cap M_T^{Js} = \emptyset,$$
$$M_o^{Jo} \cup M_W^{Jo} \cup M_T^{Jo} = M^{Jo}, \quad M_o^{Jo} \cap M_W^{Jo} = \emptyset, \quad M_o^{Jo} \cap M_T^{Jo} = \emptyset, \quad M_W^{Jo} \cap M_T^{Jo} = \emptyset,$$
$$M_o^{Bs} \cup M_W^{Bs} \cup M_T^{Bs} = M^{Bs}, \quad M_o^{Bs} \cap M_W^{Bs} = \emptyset, \quad M_o^{Bs} \cap M_T^{Bs} = \emptyset, \quad M_W^{Bs} \cap M_T^{Bs} = \emptyset,$$
$$M_o^{B_I} \cup M_W^{B_I} \cup M_T^{B_I} = M^{B_I}, \quad M_o^{B_I} \cap M_W^{B_I} = \emptyset, \quad M_o^{B_I} \cap M_T^{B_I} = \emptyset, \quad M_W^{B_I} \cap M_T^{B_I} = \emptyset,$$
$$M_o^{Bo} \cup M_W^{Bo} \cup M_T^{Bo} = M^{Bo}, \quad M_o^{Bo} \cap M_W^{Bo} = \emptyset, \quad M_o^{Bo} \cap M_T^{Bo} = \emptyset, \quad M_W^{Bo} \cap M_T^{Bo} = \emptyset.$$

Abbildung 5.3 fasst die eben definierten Mengen hierarchisch zusammen und stellt eine Verbindung zu den bisher eingeführten Template-Modellen her.

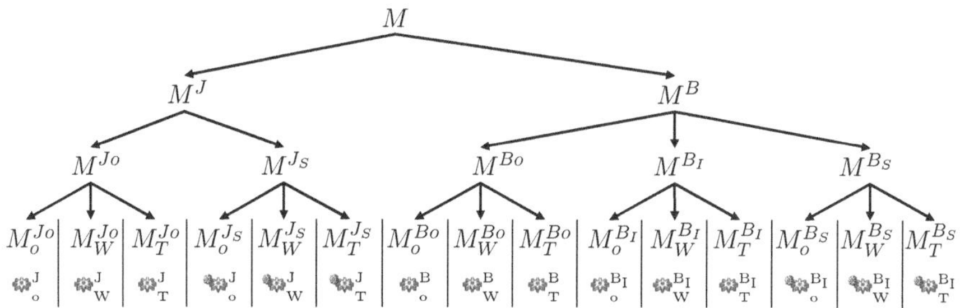

Abbildung 5.3.: Hierarchie der Maschinentypen und deren Template-Modelle

Neben den dargestellten Maschinentypen kann jede Maschine weitere Eigenschaften besitzen. Ist eine initiale Restbearbeitungszeit u_k vorhanden, kann die Bearbeitung eines Jobs erst nach Ablauf dieser Zeit beginnen. Weiterhin besitzen Batch-Maschinen eine maximale Batch-Kapazität b_k und bzw. oder b_k^M (vgl. Bemerkung 4.1.12).

Ignorierte Eigenschaften des Maschinenobjektes

Alle Eigenschaften bzw. Parameter (außer b_k, b_k^M, u_k, e_k und t_k), Eventhandler sowie Prozeduren werden ignoriert.

Unzulässige Eigenschaften des Maschinenobjektes

Das Verknüpfen einer Maschine mit mehr als einem Rüstobjekt ist nicht zulässig.

Warteschlange

Mögliche bzw. notwendige Eigenschaften des Warteschlangenobjektes:
Das Vorhandensein einer unbegrenzten Warteschlange vor jedem Arbeitsgang, d.h. vor einer Maschine bzw. Verzweigung innerhalb eines Arbeitsplanes, wird vorausgesetzt. Grund hierfür ist die Sicherstellung blockierungsfreier Abläufe.

Ignorierte Eigenschaften des Warteschlangenobjektes
Alle Eigenschaften bzw. Parameter, Eventhandler sowie Prozeduren werden ignoriert.

Unzulässige Eigenschaften des Warteschlangenobjektes
Das Verknüpfen einer Warteschlange mit einem Rüstobjekt ist nicht zulässig.

Technologie

Mögliche bzw. notwendige Eigenschaften des Technologieobjektes
Das Technologieobjekt definiert den Arbeitsplan O_i, zzgl. einer Warteschlange vor jedem aktiven Arbeitsgang O_{io}, für einen oder mehrere Jobs J_i. Weiterhin werden über die Technologie die Bearbeitungszeiten p_{iok} der einzelnen Arbeitsgänge definiert. Optional kann ein Arbeitsgang O_{io} eine minimale Wartezeit t_{io} (z.B. Transportzeit, Entladezeit des Vorgängerarbeitsgangs) oder eine maximale Wartezeit z_{io} (z.B. Zeitkopplung zum Ende des Vorgängerarbeitsgangs bzw. bei z_{i1} zum Bereitstellungstermin r_i) besitzen ($t_{io} \leq z_{io}$). Außerdem kann ein Arbeitsgang O_{io} mit einem Bedarfsobjekt verknüpft sein. Ist ein Arbeitsgang O_{io} eines Jobs J_i mit einer Maschine mit Rüstobjekt verknüpft, muss ein Job außerdem in diesem Arbeitsgang einer Familie f_{io} angehören.

Ignorierte Eigenschaften des Technologieobjektes
Alle Eigenschaften bzw. Parameter (außer p_{iok}, t_{io}, f_{io} und z_{io}), Eventhandler sowie Prozeduren werden ignoriert.

Job

Mögliche bzw. notwendige Eigenschaften des Job-Objektes
Jedes Job-Objekt ist genau mit einer Technologie verknüpft. Falls mehrere Jobs mit derselben Technologie verknüpft sind, wird für jeden dieser Jobs ein identischer Arbeitsplan (inklusive Bearbeitungszeiten) angelegt. Jeder Job besitzt einen Bereitstellungstermin $r_i \geq 0$. Optional (abhängig von der Zielgröße) kann bzw. muss ein Job einen harten oder weichen Liefertermin d_i bzw. ein Gewicht w_i besitzen. Verbrauchen Jobs auf einer Batch-Maschine unterschiedlich viel Maschinenkapazität, wird dies durch die Größe g_i des Jobs spezifiziert (vgl. Bemerkung 4.1.12).

Ignorierte Eigenschaften des Job-Objektes
Alle Eigenschaften bzw. Parameter (außer w_i, g_i, r_i und d_i), Eventhandler sowie Prozeduren werden ignoriert.

Unzulässige Eigenschaften des Job-Objektes
Das Splitten von Jobs ist nicht zulässig.

Verzweigung

Mögliche bzw. notwendige Eigenschaften des Verzweigungsobjektes

Jede Verzweigung kann eine oder mehrere Maschinen des Typs Job-Maschine oder Batch-Maschine (d.h. entweder $*^{J}_{*}$ oder $*^{B*}_{*}$) enthalten. Die Parallelität der Verzweigung muss eins sein, d.h., ein Job muss auf genau einer der in der Verzweigung enthaltenen Maschinen bearbeitet werden.

Ignorierte Eigenschaften des Verzweigungsobjektes

Alle Eigenschaften bzw. Parameter, Eventhandler und Prozeduren werden ignoriert.

Unzulässige Eigenschaften des Verzweigungsobjektes

Das Verknüpfen einer Verzweigung mit einem Technologie- bzw. Verzweigungsobjekt ist nicht zulässig.

Rüstung

Mögliche bzw. notwendige Eigenschaften des Rüstobjektes

Das Rüstobjekt erlaubt die Definition einer Rüstzeitmatrix s_{vwk} auf einer mit diesem verknüpften Maschine M_k (siehe Punkt Maschine). Werden mehrere Maschinen mit demselben Rüstobjekt verknüpft, werden diesen identische Rüstmatrizen zugeordnet. Ist eine Maschine mit einem Rüstobjekt verknüpft, kann eine initiale Rüstzeit s_{0vk} (für Familie v) erforderlich sein.

Ignorierte Eigenschaften des Rüstobjektes

Alle Eigenschaften bzw. Parameter (außer s_{vwk} bzw. s_{0vk}) sowie Prozeduren werden ignoriert.

Unzulässige Eigenschaften des Rüstobjektes

Die Verwendung von Rüstbegrenzungen (maximale Anzahl gleich gerüsteter Maschinen) im Sinne sekundärer Ressourcen ist nicht zulässig.

Bedarf

Mögliche bzw. notwendige Eigenschaften des Bedarfsobjektes

Ein Bedarfsobjekt darf genau auf einen Arbeitsgang O_{io} einer beliebigen Technologie verweisen.

Ignorierte Eigenschaften des Bedarfsobjektes

Alle Eigenschaftsvariablen sowie Prozeduren werden ignoriert.

Unzulässige Eigenschaften des Bedarfsobjektes

Die Verwendung von Sammelmengen ist unzulässig.

Ziel

Mögliche Zielobjekte:

Als mögliche Ziele sind die in Definition 4.1.14 vorgestellten Zielfunktionen auswählbar[11]:

1. Zykluszeit, gekennzeichnet durch ^{M},
2. totale (gewichtete) Fertigstellungszeit, gekennzeichnet durch ^{C},
3. sowie die totale (gewichtete) Verspätung, gekennzeichnet durch ^{T}.

Ignorierte Zielobjekte

Alle weiteren Ziele werden ignoriert.

[11] Die Zielgrößen totale Fertigstellungszeit bzw. totale Verspätung werden nicht explizit behandelt sondern als Spezialfall der totalen gewichteten Fertigstellungszeit bzw. totalen gewichteten Verspätung mit $w_i = 1,\ i \in J$ angesehen.

Bemerkung 5.2.1

Verallgemeinerungen der hier getroffenen Einschränkungen sind möglich und werden exemplarisch in Abschnitt 5.5.3 dargestellt. Dies betrifft insbesondere allgemeinere Probleme vom Typ $p - batch$ sowie Problemstellungen mit sekundären Ressourcen. Die in diesem Abschnitt definierten Anforderungen an das DES-Modell dienen primär dazu, das im nachfolgend vorgestellte mathematische Modell nicht zu groß werden zu lassen (Abbildung von Sonderfällen über Fallunterscheidungen).

5.3. Entwicklung eines allgemeinen mathematischen Modells

In diesem Abschnitt wird die Erstellung eines allgemeinen mathematischen Modells beschrieben, das aus einem Simulationsmodell abgeleitet bzw. durch dieses parametrisiert wird. Das DES-Modell unterliegt dabei den im vorhergehenden Abschnitt definierten Einschränkungen. Die Erstellung des mathematischen Modells erfolgt innerhalb von zwei Schritten, die nachfolgend einzeln erläutert werden (vgl. [KHWW09]). Um alle Definitionen bzw. Gleichungen übersichtlich zu gestalten, werden folgende Indizes einheitlich festgelegt:

Indizes

i, j	Job-Indizes,
k, l	Maschinenindizes,
o, p	Arbeitsgangindizes,
q	Positionsindex,
v, w	Familienindizes.

Um weiterhin die Anzahl der verschiedenen Variablen gering zu halten, wird u.U. eine Mehrfachdefinition einer Variable vorgenommen. Diese lassen sich jedoch eindeutig über die vergebenen Indizes (und deren Anzahl) unterscheiden[12]. Außerdem sind sämtliche (Index-)Mengen bzw. Konstanten mit einem Großbuchstaben gekennzeichnet. Parameter, die hingegen Eigenschaften von Jobs oder Maschinen definieren, werden grundsätzlich klein geschrieben. Wird eine Menge zusätzlich mit einem hochgestelltem Buchstaben spezifiziert, so kennzeichnet dies eine spezielle Teilmenge. Wie in den vorangegangenen Abschnitten gilt außerdem Bemerkung 4.1.4.

Schritt 1 (Datenextraktion)

In einem ersten Schritt werden alle Grunddaten des durch das Simulationsmodell beschriebenen Ablaufplanungsproblems extrahiert. Folgende Parameter, Vektoren und Mengen werden definiert bzw. deren Werte aus dem Simulationsmodell ausgelesen:

Grunddaten

n	Anzahl Jobs,
m	Anzahl Maschinen,
f	Anzahl Familien.

[12]Siehe z.B die Definitionen von M: M, M_k, M_{io} sowie alle in Abschnitt 5.2 definierten Teilmengen von M.

Job- und Familiendaten

J, J_i	Menge aller **J**obs, $J_i \in J := \{J_1, \ldots, J_n\}$,
F, F_v	Menge aller **F**amilien bzw. Produkte, $F_v \in F := \{F_1, \ldots, F_f\}$,
H	Menge aller Jobs mit einem **h**arten Fertigstellungstermin,
d_i	Fertigstellungstermin von J_i,
r_i	Bereitstellungstermin von J_i,
w_i	Gewicht von J_i,
n_i	Anzahl Arbeitsgänge von J_i,
g_i	**G**röße bzw. Menge von J_i (Kapazitätsverbrauch auf Batch-Maschine).

Maschinendaten

M, M_k	Menge aller **M**aschinen, $M_k \in M := \{M_1, \ldots, M_m\}$,
M^S	Menge aller **M**aschinen mit Rüstung, d.h. $M^S := M^{Js} \cup M^{Bs}$,
M_W^J	Menge aller **J**ob-**M**aschinen mit einer **W**echselzeit, d.h. $M_W^J := M_W^{Jo} \cup M_W^{Js}$,
D_k	Menge der Familien, die auf M_k bearbeitet werden können (**D**edizierungen),
u_k	initiale Restbearbeitungszeit von M_k,
e_k	Wechselszeit von M_k (vgl. Abschnitt 5.2),
t_k	**T**aktzeit von M_k (vgl. Abschnitt 5.2),
b_k	maximale Job-**K**apazität auf **B**atch-Maschine $k \in M^B$,
b_k^M	maximale **M**engen-**K**apazität auf **B**atch-Maschine $k \in M^B$,
c_k	Grenze für maximale Anzahl an Batches auf $k \in M^B$.

Arbeitsplan- bzw. Arbeitsgangdaten

O_i	Arbeitsplan von J_i, d.h. $O_i = \{O_{i1}, \ldots, O_{i,n_i}\}$,
M_{io}	**M**aschine(n) auf welchen J_i in Arbeitsgang O_{io} ausgeführt werden kann,
A_k	Menge aller **A**rbeitsgänge die M_k enthalten, d.h. $A_k := \{O_{io} \in O_i \,\vert\, i \in J, k \in M_{io}\}$,
O_i^E	Menge aller Arbeitsgänge von J_i ohne Alternativen, $O_i^E \subseteq O_i$,
O_i^V	Menge aller Arbeitsgänge von J_i mit Alternativen, $O_i^V \subseteq O_i$,
O_i^B	Menge der **B**atch-Arbeitsgänge von J_i, $O_i^B \subseteq O_i$, $M_{io} \in M^B$,
V	Menge aller **V**orrangbeziehungen von Arbeitsgängen $u \in V$, mit $u = \{O_{io}, O_{jp}\}$,
Z_i	Menge aller Arbeitsgänge von J_i mit einer **Z**eitkopplung,
z_{io}	**Z**eitkopplung zu Arbeitsgang $O_{io} \in Z_i$ (vgl. Abschnitt 5.2),
t_{io}	**T**ransportzeit zu Arbeitsgang O_{io} (vgl. Abschnitt 5.2),
p_{iok}, p_{vk}	Bearbeitungszeit von Arbeitsgang O_{io} bzw. Familie $v \in D_k$ auf M_k,
f_{io}	**F**amilie von Arbeitsgang O_{io},
s_{vwk}	Rüstzeit zwischen Arbeitsgang O_{io} und O_{jp} auf $k \in M^S$, $v = f_{io}, w = f_{jp}$,
s_{0vk}	initiale Rüstzeit von J_i zu Arbeitsgang O_{i1}, $v = f_{i1}$ auf $k \in M^S$.

Zieldaten

I	**I**ndex der gewählten Zielgröße ($I = 1$ für Zykluszeit, $I = 2$ für totale (gewichtete) Fertigstellungszeit, $I = 3$ für totale (gewichtete) Verspätung).

Schritt 2 (Modellerstellung)
Die Erstellung des Lösungsvektors sowie die Konstruktion der Nebenbedingungen erfolgt nach einer Art Baukastensystem. Dabei werden, abhängig von den verwendeten Objekten des Simulators, die Restriktionen und die Unbekannten eines MIP zusammengesetzt. Veranschaulicht wird dies durch das Symbol des jeweiligen Objektes des verwendeten DES-Systems[13] am rechten Rand. Hierbei kennzeichnet ^{J} eine Verzweigung, bestehend aus Job-Maschinen $^{*J}_{*}$ und ^{B} eine Verzweigung, bestehend aus Batch-Maschinen $^{*B*}_{*}$. Mit der Hilfe der zuvor definierten Mengen ist es dabei möglich, lediglich Entscheidungsvariable im Lösungsvektor bzw. Nebenbedingungen zu definieren, die essentiell zur Beschreibung des zugrundeliegenden Ablaufplanungsproblems notwendig sind. So muss z.B. keine Vorrangvariable zwischen Jobs definiert werden, die keine gemeinsame Maschine im Arbeitsplan besitzen. Auch ein Fertigstellungszeitpunkt muss nur für einen Job J_i berechnet werden, wenn dies die Zielfunktion ($I > 1$) oder die Nebenbedingungen (harter Fertigstellungstermin, d.h. $i \in H$) erfordern. Dies kann die Größe des entstehenden Optimierungsproblems erheblich reduzieren. Folgende Entscheidungsvariablen werden definiert:

$C_{\max} \in \mathbb{R}_+$ Zykluszeit, ^{M}

$C_i \in \mathbb{R}_+$ Fertigstellungszeit von Job i, $i \in \begin{cases} J & I > 1, \\ H & \text{sonst}, \end{cases}$ $^{C} \vee {}^{T}$

$T_i \in \mathbb{R}_+$ Verspätung von Job $i \in J$, $I = 3$, ^{T}

$S_{io} \in \mathbb{R}_+$ Startzeitpunkt von Arbeitsgang O_{io}, $i \in J$, $O_{io} \in O_i$, $M_{io} \subseteq M^J \vee n_i > 1$, $^{**}_{*}$

$S^B_{qk} \in \mathbb{R}_+$ Startzeitpunkt vom q-ten **B**atch auf Maschine $k \in M^B$, $q = 1, \ldots, c_k$, $^{*B}_{*}$

$W_{iok} \in \{0,1\}$ Arbeitsgang $O_{io} \in O^V_i$ wird auf $k \in M_{io}$ bearbeitet, $M_{io} \subseteq M^J$, 0 sonst, ^{J}

$X_{iojp} \in \{0,1\}$ Arbeitsgang O_{io} wird vor Arbeitsgang O_{jp} auf $k \in M^J$ bearbeitet, $O_{io}, O_{jp} \in A_k$, $i < j$, 0 sonst, $^{*J}_{*}$

$Y_{qvk} \in \{0,1\}$ Batch q auf $k \in M^B$ wird mit Familie $v \in D_k$ gebildet, $q = 1, \ldots, c_k$, 0 sonst, $^{*B_I}_{*}$

$Z_{ioqk} \in \{0,1\}$ Arbeitsgang O_{io} wird im q-ten Batch auf $k \in M^B$ bearbeitet, $O_{io} \in A_k$, $q = 1, \ldots, c_k$, 0 sonst. $^{B} \vee {}^{*B*}_{*}$

Mit Hilfe dieser Variablen und der Eingabedaten aus Schritt 1 kann nun folgendes MIP-Basismodell formuliert werden:

Optimierungsmodell: (5.1)

$$C_{\max} \longrightarrow \min \qquad I = 1, \quad {}^{M} \tag{5.2}$$

$$\sum_{i \in J} w_i C_i \longrightarrow \min \qquad I = 2, \quad {}^{C} \tag{5.3}$$

$$\sum_{i \in J} w_i T_i \longrightarrow \min \qquad I = 3, \quad {}^{T} \tag{5.4}$$

bei

[13]Die Existenz von Jobs, Technologien und Warteschlangen wird vorausgesetzt und nicht explizit hervorgehoben.

$$S_{io} + p_{iok} + t_{i,o+1} \leq S_{i,o+1} \qquad i \in J, O_{io} \in O_i^E, 1 \leq o < n_i, k = M_{io}, \tag{5.5}$$

$$S_{io} + \sum_{k \in M_{io}} W_{iok}(p_{iok} + t_{i,o+1}) \leq S_{i,o+1} \qquad i \in J, O_{io} \in O_i^V, 1 \leq o < n_i, M_{io} \subseteq M^J, \tag{5.6}$$

$$S_{io} + \sum_{k \in M_{io}} \sum_{q=1}^{c_k} Z_{ioqk}(p_{iok} + t_{i,o+1}) \leq S_{i,o+1} \qquad \begin{cases} i \in J, O_{io} \in O_i, 1 \leq o < n_i, \\ M_{io} \subseteq M^B, \end{cases} \tag{5.7}$$

$$S_{io} + p_{iok} + z_{i,o+1} \geq S_{i,o+1} \qquad \begin{cases} i \in J, O_{io} \in O_i^E, 1 \leq o < n_i, \\ k = M_{io}, O_{i,o+1} \in Z_i, \end{cases} \tag{5.8}$$

$$K(1 - W_{iok}) + S_{io} + p_{iok} + z_{i,o+1} \geq S_{i,o+1} \qquad \begin{cases} i \in J, O_{io} \in O_i^V \; 1 \leq o < n_i, \\ k \in M_{io} \subseteq M^J, O_{i,o+1} \in Z_i, \end{cases} \tag{5.9}$$

$$K(1 - \sum_{q=1}^{c_k} Z_{ioqk}) + S_{io} + p_{iok} + z_{i,o+1} \geq S_{i,o+1} \qquad \begin{cases} i \in J, O_{io} \in O_i^V, 1 \leq o < n_i, \\ k \in M_{io} \subseteq M^B, O_{i,o+1} \in Z_i, \end{cases} \tag{5.10}$$

$$\begin{aligned} &K(1 - X_{iojp}) + \kappa_1 + \kappa_2 + S_{jp} \\ &\quad \geq S_{io} + \tau_1(p_{iok} + \sigma_1 + \varepsilon_1) + \tau_3 \\ &K X_{iojp} + S_{io} + \kappa_1 + \kappa_2 \\ &\quad \geq S_{jp} + \tau_2(p_{jpk} + \sigma_2 + \varepsilon_2) + \tau_4 \end{aligned} \qquad \begin{cases} k \in M^J, O_{io}, O_{jp} \in A_k, i < j, \\ \kappa_1 = \begin{cases} K(1 - W_{iok}) & O_{io} \in O_i^V, \\ 0 & \text{sonst}, \end{cases} \\ \kappa_2 = \begin{cases} K(1 - W_{jpk}) & O_{jp} \in O_j^V, \\ 0 & \text{sonst}, \end{cases} \\ \sigma_1 = \begin{cases} s_{vwk} & k \in M^{J_S}, \\ 0 & \text{sonst}, \end{cases} \\ \sigma_2 = \begin{cases} s_{wvk} & k \in M^{J_S}, \\ 0 & \text{sonst}, \end{cases} \\ \varepsilon_1 = \begin{cases} e_k & (k \in M_W^{J_O}) \vee \\ & (k \in M_W^{J_S} \wedge s_{vwk} = 0), \\ e_k^+ & k \in M_W^{J_S} \wedge s_{vwk} > 0, \\ 0 & \text{sonst}, \end{cases} \\ \varepsilon_2 = \begin{cases} e_k & (k \in M_W^{J_O}) \vee \\ & (k \in M_W^{J_S} \wedge s_{wvk} = 0), \\ e_k^+ & k \in M_W^{J_S} \wedge s_{wvk} > 0, \\ 0 & \text{sonst}, \end{cases} \\ \tau_1 = \begin{cases} 0 & (k \in M_T^{J_O}) \vee \\ & (k \in M_T^{J_S} \wedge s_{vwk} = 0), \\ 1 & \text{sonst}, \end{cases} \\ \tau_2 = \begin{cases} 0 & (k \in M_T^{J_O}) \vee \\ & (k \in M_T^{J_S} \wedge s_{wvk} = 0), \\ 1 & \text{sonst}, \end{cases} \\ \tau_3 = \begin{cases} t_k & (k \in M_T^{J_O}) \vee \\ & (k \in M_T^{J_S} \wedge s_{vwk} = 0), \\ 0 & \text{sonst}, \end{cases} \\ \tau_4 = \begin{cases} t_k & (k \in M_T^{J_O}) \vee \\ & (k \in M_T^{J_S} \wedge s_{wvk} = 0), \\ 0 & \text{sonst}, \end{cases} \end{cases} \tag{5.11}$$

$$\sum_{k \in M_{io}} W_{iok} = 1 \qquad i \in J, O_{io} \in O_i^V, M_{io} \subseteq M^J, \tag{5.12}$$

$$S_{io} \geq r_i + t_{io} \qquad i \in J, o = 1, M_{io} \subseteq M^J \vee n_i > 1, \tag{5.13}$$

$$S_{io} \leq r_i + z_{io} \qquad i \in J, o = 1, O_{io} \in Z_i, M_{io} \subseteq M^J \vee n_i > 1, \tag{5.14}$$

$$S_{io} \geq \kappa(u_k + \sigma) \qquad \begin{cases} i \in J, o = 1, k \in M_{io}, M_{io} \subseteq M^J, \\ \kappa = \begin{cases} W_{iok} & O_{io} \in O_i^V, \\ 1 & \text{sonst}, \end{cases} \\ \sigma = \begin{cases} s_{0vk} & k \in M^{J_S}, \\ 0 & \text{sonst}, \end{cases} \end{cases} \tag{5.15}$$

$$S_{qk}^B \leq K(1 - Z_{ioqk}) + r_i + z_{io} \qquad \begin{cases} i \in J, o = 1, O_{io} \in Z_i, \\ k \in M_{io} \subseteq M^B, n_i = 1, q = 1, \ldots, c_k, \end{cases} \tag{5.16}$$

$$S_{qk}^B \geq Z_{ioqk}(r_i + t_{io}) \qquad i \in J, o = 1, k \in M_{io} \subseteq M^B, n_i = 1, q = 1, \ldots, c_k, \tag{5.17}$$

$$S_{qk}^B \geq Z_{ioqk}(u_k + s_{0vk}) \qquad i \in J, o = 1, k \in M_{io} \subseteq M^{B_S}, n_i = q = 1, v = f_{io}, \tag{5.18}$$

$$S_{qk}^B \geq u_k \qquad q = 1, k \in M^{B_I} \cup M^{B_o}, \tag{5.19}$$

$$S_{io} + p_{iok} \leq S_{jp} \qquad \begin{cases} u \in V, u = \{O_{io}, O_{jp}\}, \\ O_{io} \in O_i^E, k = M_{io} \in M^J, \end{cases} \tag{5.20}$$

$$S_{io} + \sum_{k \in M_{io}} W_{iok} p_{iok} \leq S_{jp} \qquad \begin{cases} u \in V, u = \{O_{io}, O_{jp}\}, \\ O_{io} \in O_i^V, M_{io} \in M^J, \end{cases} \tag{5.21}$$

$$\sum_{k \in M_{io}} \sum_{q=1}^{c_k} Z_{ioqk} = 1 \qquad i \in J, O_{io} \in O_i^B, \tag{5.22}$$

$$\sum_{O_{io} \in A_k} Z_{ioqk} \leq b_k \qquad k \in M^B, q = 1, \ldots, c_k, \tag{5.23}$$

$$\sum_{O_{io} \in A_k} Z_{ioqk} g_i \leq b_k^M \qquad k \in M^B, q = 1, \ldots, c_k, \tag{5.24}$$

$$\sum_{v \in D_k} Y_{qvk} = 1 \qquad k \in M^{B_I} \cup M^{B_S}, q = 1, \ldots, c_k, \tag{5.25}$$

$$Z_{ioqk} - Y_{qvk} \leq 0 \qquad \begin{cases} k \in M^{B_I} \cup M^{B_S}, O_{io} \in A_k, \\ v = f_i, q = 1, \ldots, c_k, \end{cases} \tag{5.26}$$

$$S_{qk}^B + \varphi + \varepsilon \leq S_{q+1,k}^B \qquad \begin{cases} I > 1, k \in M^B \setminus M^{B_S}, q = 1, \ldots, c_k - 1, \\ \varphi = \begin{cases} \sum_{v \in D_k} Y_{qvk} p_{vk} & k \in M_o^{B_I} \cup M_W^{B_I}, \\ t_k & k \in M_T^{B_I} \cup M_T^{B_o}, \\ p_k & \text{sonst}, \end{cases} \\ \varepsilon = \begin{cases} e_k & k \in M_W^{B_o} \cap M_W^{B_I}, \\ 0 & \text{sonst}, \end{cases} \end{cases} \tag{5.27}$$

$$S_{qk}^B + \varphi + \varepsilon \leq S_{q+1,k}^B \qquad \begin{cases} I = 1, k \in M^B \setminus M^{B_O}, q = 1, \ldots, c_k - 1, \\ \varphi = \begin{cases} \sum_{O_{io} \in A_k} Z_{ioqk} p_{iok} & k \in M_o^{B_I} \cup M_W^{B_I}, \\ t_k & k \in M_T^{B_I} \cup M_T^{B_o}, \\ p_k & \text{sonst}, \end{cases} \\ \varepsilon = \begin{cases} e_k & k \in M_W^{B_o} \cap M_W^{B_I}, \\ 0 & \text{sonst}, \end{cases} \end{cases} \tag{5.28}$$

$$S_{qk}^{B} - K(1 - Y_{qvk}) - K(1 - Y_{q+1,w,k}) \\ \leq S_{q+1,k}^{B} - \tau_1(p_{vk} + s_{vwk} + \varepsilon) - \tau_2 \qquad \begin{cases} k \in M^{B_S},\ v, w \in D_k,\ q = 1, \ldots, c_k - 1 \\ \varepsilon = \begin{cases} e_k & k \in M_W^{B_S} \wedge s_{vwk} = 0, \\ e_k^+ & k \in M_W^{B_S} \wedge s_{vwk} > 0, \\ 0 & \text{sonst}, \end{cases} \\ \tau_1 = \begin{cases} 0 & k \in M_T^{B_S} \wedge s_{vwk} = 0, \\ 1 & \text{sonst}, \end{cases} \\ \tau_2 = \begin{cases} t_k & k \in M_T^{B_S} \wedge s_{vwk} > 0, \\ 0 & \text{sonst}, \end{cases} \end{cases} \tag{5.29}$$

$$\begin{aligned} K(1 - Z_{ioqk}) + S_{qk}^{B} - S_{io} \geq 0 \\ K(1 - Z_{ioqk}) - S_{qk}^{B} + S_{io} \geq 0 \end{aligned} \qquad k \in M^B, q = 1, \ldots, c_k, O_{io} \in A_k, n_i > 1, \tag{5.30}$$

$$C_i \leq d_i \qquad i \in H, \tag{5.31}$$

$$S_{io} + p_{iok} \leq C_{\max} \qquad \begin{cases} I = 1, i \in J, o = n_i, O_{io} \in O_i^E, \\ k = M_{io} \subseteq M^J, \end{cases} \tag{5.32}$$

$$S_{io} + \sum_{k \in M_{io}} W_{iok} p_{iok} \leq C_{\max} \qquad \begin{cases} I = 1, i \in J, o = n_i, O_{io} \in O_i^V, \\ M_{io} \subseteq M^J, \end{cases} \tag{5.33}$$

$$S_{io} + \sum_{k \in M_{io}} \sum_{q=1}^{c_k} Z_{ioqk} p_{iok} \leq C_{\max} \qquad \begin{cases} I = 1, i \in J, o = n_i > 1, \\ M_{io} \subseteq M^B, \end{cases} \tag{5.34}$$

$$K(1 - Z_{ioqk}) + C_{\max} \geq S_{qk}^{B} + p_{iok} \qquad \begin{cases} I = 1, i \in J, o = n_i = 1, \\ k \in M_{io} \subseteq M^B, \\ q = 1, \ldots, c_k, \end{cases} \tag{5.35}$$

$$S_{io} + p_{iok} \leq C_i \qquad \begin{cases} i \in \begin{cases} J & \text{wenn } I > 1, \\ H & \text{sonst}, \end{cases} \\ o = n_i, O_{io} \in O_i^E, k = M_{io} \subseteq M^J, \end{cases} \tag{5.36}$$

$$S_{io} + \sum_{k \in M_{io}} W_{iok} p_{iok} \leq C_i \qquad \begin{cases} i \in \begin{cases} J & \text{wenn } I > 1, \\ H & \text{sonst}, \end{cases} \\ o = n_i, O_{io} \in O_i^V, k = M_{io} \subseteq M^J, \end{cases} \tag{5.37}$$

$$S_{io} + \sum_{k \in M_{io}} \sum_{q=1}^{c_k} Z_{ioqk} p_{iok} \leq C_i \qquad \begin{cases} i \in \begin{cases} J & \text{wenn } I > 1, \\ H & \text{sonst}, \end{cases} \\ o = n_i > 1, M_{io} \subseteq M^B, \end{cases} \tag{5.38}$$

$$K(1 - Z_{ioqk}) + C_i \geq S_{qk}^{B} + p_{iok} \qquad \begin{cases} i \in \begin{cases} J & \text{wenn } I > 1, \\ H & \text{sonst}, \end{cases} \\ o = n_i = 1, k \in M_{io} \subseteq M^B, \\ q = 1, \ldots, c_k, \end{cases} \tag{5.39}$$

$$C_i - d_i \leq T_i \qquad I = 3, i \in J. \tag{5.40}$$

Das MIP-Basismodell (5.1) wird problemabhängig erstellt und ist wie folgt zu interpretieren. Durch Gleichung (5.2) bis (5.4) werden die betrachteten Zielfunktionen definiert. Diese werden abhängig von der ausgewählten Zielgröße und der vorliegenden Maschinenumgebung durch die Nebenbedingungen (5.32) bis (5.40) beschränkt. Durch die Restriktionen (5.5) bis (5.10) werden die technolgischen Reihenfolgen (Arbeitspläne) der Jobs problemabhängig umgesetzt. Diese beinhalten insbesondere mögliche Transportzeiten und Zeitkopplungen. Nicht definiert werden diese Nebenbedingungen im Falle eines parallelen Maschinenproblems ($n_i = 1,\ i \in J$). Besteht dieses ausschließlich aus Batch-Maschinen, braucht auch die Variable S_{io} nicht definiert zu werden. Durch Restriktion (5.11) werden die Eigenschaften der Job-Maschinen modelliert (vgl. Abschnitt 5.2). Dies betrifft insbesondere die Definition des möglichen Startzeitpunktes eines Arbeitsgangs auf einer solchen Maschine (unter Berücksichtigung von Wechsel-, Takt- und Rüstzeiten). Bei der Modellierung der Job-Maschinen wird die binäre Entscheidungsvariable X_{iojp} eingesetzt, die der Abbildung von Vorrangbeziehungen zwischen den Arbeitsgängen auf den Maschinen dient (vgl. Manne-Modell (4.13) in Abschnitt 4.2.2).

Bemerkung 5.3.1

Liegt ein Permutations-Flow-Shop-Problem vor, reduziert sich die Definition der Unbekannten X_{iojp}, *wie in Modell* (A.9) *dargestellt, auf* X_{ij}. *Auf die explizite Hervorhebung dieses Spezialfalls in Modell* (5.1) *wurde aus Gründen der Übersichtlichkeit verzichtet.*

Ist es möglich, einen Arbeitsgang auf alternativen Job-Maschinen auszuführen, ist die Definition der Variable W_{iok} zur Modellierung notwendig. Hierzu ist Bemerkung 5.3.2 vorzunehmen.

Bemerkung 5.3.2

Die Nebenbedingung (5.11) *kann für den Fall, dass sich nur eine der beiden Arbeitsgänge* O_{io} *bzw.* O_{jp} *in einer Verzweigung befindet, d.h. entweder* $O_{io} \in O_i^V$ *oder* $O_{jp} \in O_j^V$ *gilt, vereinfacht werden. Sei o.B.d.A* $O_{jp} \in O_j^V$, *dann wird*

$$K(1 - X_{iojp}) + S_{jp} - W_{jpk}(\tau_1(p_{iok} + \sigma_1 + \varepsilon_1) + \tau_3) \geq S_{io},$$
$$KX_{iojp} + S_{io} - W_{jpk}(\tau_2(p_{jpk} + \sigma_2 + \varepsilon_2) + \tau_4) \geq S_{jp}$$

anstelle von Nebenbedingung (5.11) *verwendet. Auch auf diese Fallunterscheidung wurde in Modell* (5.1) *aus Gründen der Übersichtlichkeit verzichtet.*

Durch Gleichung (5.12) wird sichergestellt, dass ein Job innerhalb einer Verzweigung nur genau eine Maschine belegt. Die Restriktionen (5.13) bis (5.19) setzen die Bereitstellungstermine von Jobs und die Restbearbeitungszeiten der Maschinen in Abhängigkeit von der jeweiligen Maschinenumgebung um. Mit Hilfe der Nebenbedingungen (5.20) und (5.21) können Vorrangbeziehungen zwischen Arbeitsgängen abgebildet werden[14]. Die Restriktionen (5.22) bis (5.30) dienen ausschließlich der Modellierung von Batch-Maschinen. Dabei kommt eine positionsbezogene binäre Entscheidungsvariable Z_{ioqk} bei der Modellierung zum Einsatz. Durch diese wird in Nebenbedingung (5.22) gefordert, dass jeder Arbeitsgang, der auf einer Batch-Maschine durchzuführen ist, genau einem Batch zugeordnet wird. Die maximale Kapazität einer Batch-Maschine wird durch Restriktion (5.23) bzw. (5.24) umgesetzt. Findet die Batch-Bildung zusätzlich in inkompatiblen Familien statt, ist die Definition einer weiteren Unbekannten Y_{qvk} notwendig. Die Gleichungen (5.25) und (5.26) bilden die zugehörigen Restriktionen ab. Durch die Nebenbedin-

[14]Vorrangbeziehungen für den Fall $M_{io} \in M^B$ bzw. $M_{jp} \in M^B$ werden hierdurch (noch) nicht abgedeckt, da diese nachfolgend nicht behandelt werden. Jedoch können derartige Restriktionen auch für Batch-Maschinen in ähnlicher Weise modelliert werden (vgl. Gleichung (5.7)).

gungen (5.27), (5.28) und (5.29) werden die Eigenschaften der Batch-Maschinen modelliert (vgl. Abschnitt 5.2). Dies betrifft insbesondere die Definition des nächsten möglichen Startzeitpunktes eines Batches auf einer solchen Maschine (unter Berücksichtigung von Wechsel-, Takt- und Rüstzeiten sowie des verfolgten Ziels). Die Startzeitpunkte der Batches werden durch die Variable S^B_{qk} definiert. Durch Restriktion (5.30) werden die Startzeitpunkte von Batches und Arbeitsgängen synchronisiert. Dies ist jedoch nur für Jobs notwendig, die mehr als einen Arbeitsgang im Arbeitsplan besitzen. Die Bedingung (5.31) fordert die Einhaltung harter Fertigstellungstermine.

Bemerkung 5.3.3

Eine Batch-Maschine M_k erlaubt prinzipiell auch die Abbildung einer Job-Maschine, indem $b_k = 1$ gewählt wird. Es ist jedoch zu beachten, dass dann die allgemeinere und deutlich schwächere, positionsbezogene Variablendefinition (vgl. Wilson-Modell) zur Modellierung der Reihenfolgeentscheidung an M_k benutzt wird. Die gesonderte Behandlung der Job-Maschine in Modell (5.1) *über Fallunterscheidungen trägt somit wesentlich zur Verbesserung der Performance bei.*

5.4. Hybride Optimierung

Im letzten Abschnitt wurde ein MIP-Basismodell vorgestellt, das sich vollständig aus einem DES-Modell ableiten lässt. Auf diese Weise ist es einem Nutzer möglich, ein MIP-Modell für ein spezielles Ablaufplanungsproblem zu erstellen, ohne explizites Wissen über die eigentliche MIP-Modellierung besitzen zu müssen. Lediglich die Bausteine des DES-Systems sowie deren Verknüpfung sind zur Modellbildung notwendig. Bis zu diesem Punkt diente das DES-Modell somit primär der Gewinnung von Eingangsdaten. In diesem Abschnitt wird nun eine echte Kopplung der beiden verschiedenen Modellierungsansätze, d.h. eine *hybride Optimierung*, beschrieben. Dies bedeutet, dass auch die Ergebnisse einer Simulation bzw. simulationsbasierten Optimierung mit in die MIP-Modellerstellung einfließen. Dies kann die Freiheitsgrade des MIP-Modells erheblich einschränken sowie den Optimierungsprozess beschleunigen.

5.4.1. Gewinnung von Startlösungen und Schranken durch Simulation

Bei der MIP-Modellerstellung in Schritt 2 (Abschnitt 5.3) werden problemabhängig verschiedene reellwertige Unbekannte definiert. Das heißt, der Definitionsbereich dieser Variablen ist das halboffene Intervall $[0, \infty)$. Wird mit Hilfe einer Simulation bzw. simulationsbasierten Optimierung ein zulässiger Maschinenbelegungsplan erzeugt, so können einige dieser Intervalle von vornherein stark eingeschränkt werden. Eine untere Schranke für S_{io} lässt sich direkt aus dem Arbeitsplan ableiten, indem die Summe der (minimalen) Bearbeitungszeiten der Vorgängerarbeitsgänge gebildet wird[15]. Eine untere Schranke $z^L_{C_{\max}}$ für die Zielfunktion $C_{\max}$ folgt aus:

$$z^L_{C_{\max}} = \max_{k=1,\dots,m} \left(\sum_{i \in J} \sum_{O_{io} \in O^E_i \cap A_k} p_{iok} \right), \tag{5.41}$$

[15] Minimale Bearbeitungszeit bezieht sich hierbei auf Vorgängerarbeitsgänge, die sich in Verzweigungen befinden.

d.h., der maximalen Summe der Bearbeitungszeiten, die minimal auf einer Maschine anfallen. Für den Spezialfall eines Permutations-Flow-Shop-Problems kann diese Schranke durch

$$z^L_{C_{\max}} = \max_{k=1,\ldots,m} \left(\sum_{O_{io} \in A_k} p_{iok} + \sum_{l=1, l \neq k}^{m} \min_{O_{io} \in A_l} p_{iol} \right) \tag{5.42}$$

noch schärfer formuliert werden. Während die Berechnung unterer Schranken für S_{io} sowie $C_{\max}$, vgl. Gleichung (5.41) bzw. (5.42), allein aus den Eingangsinformationen, d.h. ohne einen initialen Simulationslauf, gewonnen werden können, werden obere Schranken aus dem Ergebnis eines solchen Laufes abgeleitet. Hierzu gehört insbesondere eine obere Schranke für den Zielfunktionswert. Bei einer Optimierung nach Zykluszeit werden obere Schranken für die Variablen S_{io} durch die Summe der noch (minimal) anfallenden Bearbeitungszeiten ermittelt. Weiterhin ergeben sich aus einer initialen Simulation und der zugehörigen Zykluszeit sinnvolle Werte für den Parameter K (z.B. ein Vielfaches der Zykluszeit). Wird dieser Wert zu klein gewählt, kann dies zu unzulässigen Lösungen führen. Wird K zu groß gewählt, können u.U. numerische Instabilitäten bei der Berechnung auftreten. Außerdem können aus einem erzeugten Maschinenbelegungsplan alle Informationen bzgl. der Konstruktion einer Startlösung, d.h. eines Lösungsvektors in Abhängigkeit der definierten Unbekannten, abgeleitet werden. Manche MIP-Löser bieten die Übergabe einer Startlösung an. Dies kann den Optimierungsprozess deutlich beschleunigen. Insbesondere bei größeren Problemen ist es dann ausgeschlossen, dass keine Lösungen bzw. nur qualitativ schlechte Lösungen im Vergleich zur Simulation gefunden werden (vgl. Abschnitt 4.4).

Bemerkung 5.4.1

Eine Startlösung kann auch dazu verwendet werden, die Zulässigkeit eines mittels DES-System erzeugten Ablaufplans schnell zu überprüfen. Insbesondere bei Problemen mit harten Fertigstellungsterminen oder Zeitkopplungen ist die Zulässigkeit nicht zwangsläufig gewährleistet.

Ebenso werden aus einer mit dem DES-System erzeugten Startlösung entsprechende Werte für die maximale Batch-Anzahl c_k auf Maschine $k \in M^B$ abgeleitet. Diese wirken sich wiederum direkt auf die Definition der Unbekannten Z_{ioqk} aus.

5.4.2. MIP-Modellvereinfachung durch Simulation – Heuristiken

Die Größe eines MIP-Modells wird durch die Anzahl der benutzten Variablen bestimmt. Besonders binäre Entscheidungsvariable haben dabei einen großen Einfluss auf Lösbarkeit und Konvergenzverhalten. Die Variable X_{iojp} beschreibt die Vorrangbeziehungen zweier Arbeitsgänge O_{io} und O_{jp} auf einer Job-Maschine. Sie wird definiert, sobald diese beiden Arbeitsgänge auf einer Job-Maschine ausgeführt werden können, unabhängig von der Position der Arbeitsgänge in den Arbeitsplänen oder den Bereitstellungsterminen der zugehörigen Jobs. Folgendes Beispiel soll dies verdeutlichen. Gegeben sei ein Flow-Shop-Problem. Ein Job J_i befindet sich hierbei bereits am letzten Arbeitsgang $o = n_i$. Ein weiterer Job J_j ist zu diesem Zeitpunkt noch nicht bereitgestellt. Dann ist die Wahrscheinlichkeit, dass J_i vor J_j an Maschine M_o bearbeitet wird, sehr hoch. Dennoch wird eine Vorrangvariable definiert. Eine Heuristik besteht nun darin, derartige potentielle Vorrangbeziehungen zu identifizieren und zu fixieren, d.h. Freiheitsgrade einzuschränken. Eine fixierte Vorrangbeziehung zwischen zwei Arbeitsgängen O_{io} und O_{jp} (o.B.d.A. O_{io} vor O_{jp}) führt dazu, dass die Variable X_{iojp} im MIP-Modell nicht definiert werden muss[16]. Restriktion (5.11) kann in diesem Fall zu

$$\kappa_1 + \kappa_2 + S_{jp} \geq S_{io} + \tau_1(p_{iok} + \sigma_1 + \varepsilon_1) + \tau_3 \tag{5.43}$$

vereinfacht werden. Falls die Vorrangbeziehungen O_{io} vor O_{jp} und O_{jp} vor $O_{j'p'}$ auf einer Maschine fixiert sind, entfällt Restriktion (5.43) für O_{io} und $O_{j'p'}$ vollständig. Um solche potentiellen Vorrangbeziehungen zu identifizieren, kann wiederum die Simulation benutzt werden. Eine einfache Heuristik besteht z.B. darin eine Vorrangbeziehung "O_{io} vor O_{jp}" zu fixieren, falls $o + x_D \leq p$ und $S_{io}^{\text{sim}} + x_S \cdot C_{\max}^{\text{sim}} \leq S_{jp}^{\text{sim}}$ gilt. Diese Heuristik ist skalierbar durch die Parameter x_D (minimale Arbeitsgangdifferenz) und x_S (minimale relative Startzeitdifferenz). Dabei wird x_S prozentual zu der durch die Simulation ermittelten Zykluszeit $C_{\max}^{\text{sim}}$ angegeben. Weiterhin beschreibt S_{io}^{sim} die Startzeit von Arbeitsgang O_{io} in der Simulation. Beispiel 5.4.2 verdeutlicht dies.

Beispiel 5.4.2

Gegeben sei die Instanz la31 für das klassische Job-Shop-Problem $J10 \mid\mid C_{\max}$. Diese besteht aus 30 Jobs, die in zehn Arbeitsgängen über genau zehn verschiedene Maschinen geplant werden sollen. Für dieses Problem konnte durch ein auf dem Manne-Modell (4.13) basierenden MIP innerhalb von fünf Minuten keine zulässige Lösung gefunden werden (vgl. Tabelle A.1). Mit Hilfe von Tabelle 4.3 lässt sich errechnen, dass man zur Beschreibung dieses Problems 4651 Unbekannte und 9000 Restriktionen benötigt. Wendet man die oben skizzierte Heuristik mit den Parametern $x_D = 3$ und $x_S = 0{,}1$ an, bedeutet dies, dass eine Vorrangbeziehung "O_{io} vor O_{jp}" zwischen zwei Arbeitsgängen O_{io} und O_{jp} fixiert wird, wenn J_i die zu Arbeitsgang O_{io} gehörende Maschine mindestens drei Arbeitsgänge vor J_j im Arbeitsplan erreicht und die vorherige Bearbeitung auch in einer Simulation bestätigt wird. Durch die Anwendung der Heuristik reduziert sich die Größe des MIP auf 1812 Unbekannte und 4616 Restriktionen. Hierdurch konnte das aus der Literatur bekannte Optimum von 1784 für diesen Benchmark innerhalb von fünf Minuten gefunden und durch die untere Schranke (5.41) auch bewiesen werden. Abbildung 5.4 stellt einen optimalen Ablaufplan für diese Instanz grafisch dar. Eine Untersuchung dieser Heuristik auf der Basis der in Abschnitt 4.4 vorgestellten Job-Shop-Benchmarks erfolgt in Abschnitt 5.5.1.1.

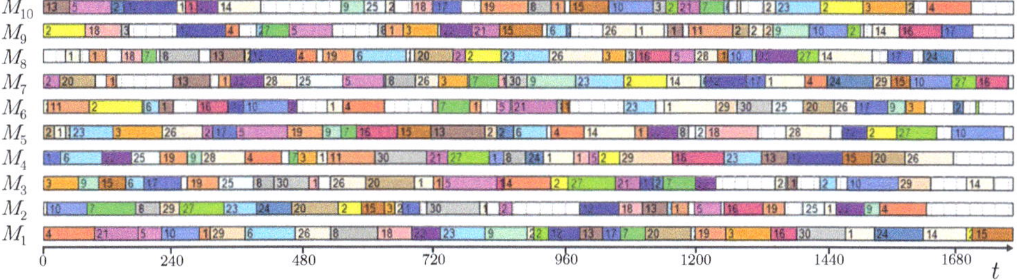

Abbildung 5.4.: Optimale Lösung des Benchmarks la31 mittels hybrider Optimierung

□

[16]Übertragen auf das disjunktive Graphenmodell kommt dies der Fixierung einer disjunktiven Kante gleich.

5.4.3. Simulation optimierter Lösungen

Das Ergebnis der Optimierung eines aus dem DES-Modell abgeleiteten MIP-Modells ist ein (problemspezifischer) Lösungsvektor, der allen definierten Unbekannten Werte zuordnet. Um aus diesem einen Ablaufplan zu konstruieren wird wiederum das zugrundeliegende DES-Modell verwendet. Dieses Modell wird um die Nebenbedingungen erweitert, dass alle Arbeitsgänge nur an den durch die Lösung definierten Maschinen und in der berechneten Reihenfolge bzw. zu den berechneten Zeitpunkten starten dürfen. Dies kann in dem in Abschnitt 5.1 vorgestellten DES-Systems durch Eventhandler erreicht werden, die gegebenenfalls den Start eines Arbeitsgangs an einer Maschine verzögern. Anschließend kann ein so konstruierter Ablaufplan mit den typischen Analysewerkzeugen (Gantt-Diagramme, Kennzahlenübersichten, Auslastungsdiagramme, Einschleuslisten etc.) des DES-Systems bewertet werden. Abbildung 5.5 fasst den in diesem Abschnitt beschriebenen hybriden Optimierungsansatz zusammen. Detailliertere Betrachtungen bzgl. der Implementierung werden in Abschnitt 7.1 diskutiert. Im nachfolgenden Abschnitt wird dieser Ansatz auf der Basis verschiedener Testinstanzen genauer untersucht.

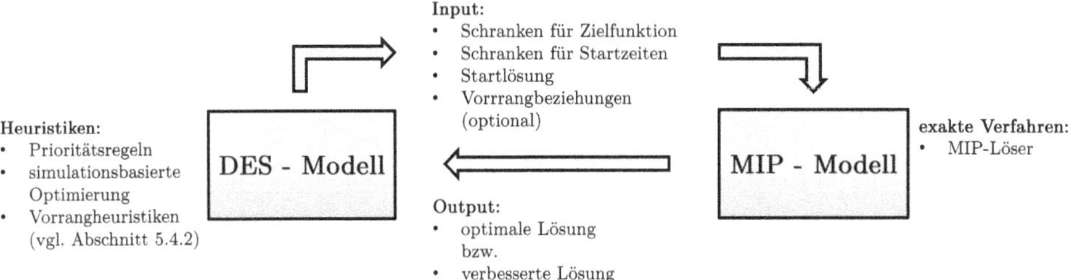

Abbildung 5.5.: Hybride Optimierung

5.5. Einsetzbarkeit und Erweiterbarkeit

Das vorgestellte mathematische Modell erlaubt die Abbildung von vielen typischen Problemstellungen der Ablaufplanung. Diese reichen von einfachen Flow-Shop-Problemen bis hin zu flexiblen Job-Shop-Problemen mit vielen Nebenbedingungen. Bis auf wenige Ausnahmen ist dieses Modell für alle in Abschnitt 4.1 bzw. 5.2 skizzierten Job- und Maschineneigenschaften sowie deren Verknüpfung mit verschiedenen Zielfunktionen anwendbar[17]. Die Tatsache, dass sich durch das vorgestellte Verfahren viele verschiedene Ablaufplanungsprobleme mathematisch beschreiben lassen, hat bereits zwei Vorteile:

(i) eine eindeutige Problembeschreibung (vgl. Bemerkung 5.4.1)

(ii) eine Normierungsgrundlage für verschiedenste Verfahren (insbesondere Heuristiken).

Speziell bzgl. Punkt (ii) warnen Ovcik und Uzsoy [OU97] vor dem Vergleich von Heuristiken mit Heuristiken.

„While a given dispatching rule may perform well relative to other dispatching rules, its performance relative to the optimum may extremely poor.“ [OU97]

[17]Einschränkungen sind hierbei lediglich im Bereich von Vorrangbeziehungen für Batch-Maschinen, über den Nachfolgearbeitsgang hinausgehende Zeitkopplungen sowie bzgl. der Abbildung von seriellen Batches zu machen.

Die in Punkt (i) und (ii) angesprochenen Eigenschaften gelten dabei unabhängig davon, ob durch das Lösen des mathematischen Optimierungsproblems schneller eine bessere Lösung gefunden wird als mit einem anderen Verfahren. Dennoch ist es das Ziel dieser Arbeit, Anwendungsfälle zu skizzieren, in denen der dargestellte hybride Optimierungsansatz sinnvoll anwendbar ist und bei höherer Flexibilität bessere Ergebnisse liefert als vergleichbare Ansätze. Für große Problemstellungen soll weiterhin der Einsatz von Dekompositionsansätzen betrachtet werden (vgl. Abschnitt 6). In Abschnitt 5.5.1 wird daher zunächst die Anwendbarkeit des hybriden Optimierungsansatzes untersucht und dieser mit anderen Ansätzen der Literatur verglichen. Weiterhin werden auch dessen Grenzen dargestellt. In einem zweiten Teil (Abschnitt 5.5.2) werden typische praktische Problemstellungen skizziert, für die dieser Ansatz ebenso anwendbar ist. In Abschnitt 5.5.3 werden Möglichkeiten vorgestellt, wie der Ansatz bzgl. weiterer Anforderungen angepasst werden kann.

5.5.1. Fallbeispiele der Literatur

In diesem Abschnitt wird der entwickelte Ansatz zunächst auf der Basis typischer Problemstellungen der Literatur untersucht. Primäres Ziel dabei ist es, die Stärken bzw. Schwächen des hybriden Optimierungsverfahrens gegenüber anderen Ansätzen (insbesondere auch MIP-Modellen ohne angekoppelten Simulator) darzustellen. Aufgrund der $\mathcal{NP}$-Schwere der meisten untersuchten Probleme sollen hierbei Aussagen darüber gewonnen werden, bis zu welchen typischen Problemgrößen derartige Probleme optimal lösbar, effizient lösbar bzw. nicht mehr sinnvoll lösbar sind. Dies stellt eine wesentliche Voraussetzung für die in Kapitel 6 untersuchten Dekompositionsansätze dar.

5.5.1.1. Job-Shop-Probleme

Die Untersuchungen beginnen mit der Optimierung der bereits in Abschnitt 4.4 eingeführten Benchmarks für Job-Shop-Probleme (vgl. Abbildung 5.6). Hierbei werden durch MIP und GS die bereits zuvor (vgl. Abbildung 4.11) untersuchten Verfahren als Referenz dargestellt. Durch MIP_S werden die Ergebnisse des hybriden MIP-Ansatzes mit Schrankengewinnung und Startlösung repräsentiert. Die Ergebnisse des hybriden MIP-Ansatzes mit Schrankengewinnung und Startlösung sowie der in Abschnitt 5.4.2 beschriebenen Vorrangheuristik ($x_D = 3$, $x_S = 0{,}1$) werden mit MIP_H gekennzeichnet. Eine detaillierte Einzelauswertung aller Ergebnisse dieser Untersuchungen ist wiederum Tabelle A.3 im Anhang zu entnehmen.

Erwartungsgemäß ist festzustellen, dass durch die Verwendung von Schranken und Startlösungen für alle Benchmarks zulässige Ablaufpläne berechnet werden konnten[18]. Für kleinere Probleminstanzen (bis ca. 20×10) sind die Ergebnisse von MIP und MIP_S nahezu identisch. Eine erste Lösung wird hier auch ohne explizite Übergabe einer Startlösung im (Milli-)Sekundenbereich durch den MIP-Löser berechnet. Für größere Probleminstanzen ist der MIP_S-Ansatz dem Verfahren MIP deutlich überlegen. Noch deutlicher ist dies allerdings für das Verfahren MIP_H, das lediglich bei der größten untersuchten Problemklasse (50×10) schlechtere Ergebnisse lieferte

[18] Die maximale Optimierungsdauer beträgt auch bei dieser Untersuchung fünf Minuten pro Benchmark. Dargestellt ist jeweils der erreichte Mittelwert bei zehn Wiederholungen.

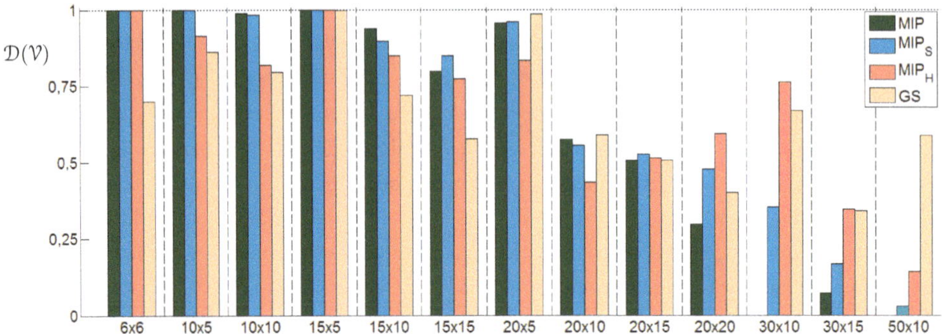

Abbildung 5.6.: Ausnutzung des Optimierungspotentials für Instanzen des Problems $J \mid\mid C_{\max}$ mittels hybrider Optimierung

als GS. Andersherum liefert der MIP$_H$-Ansatz für kleinere Probleme weniger gute Ergebnisse, weil Freiheitsgrade u.U. zu stark eingeschränkt werden und daraus resultierend das Optimum nicht mehr im eingeschränkten zulässigen Bereich liegt. An dieser Stelle bleibt jedoch festzuhalten, dass die beschriebene Vorrangheuristik nicht primär für klassische Job Shop Probleme konstruiert ist. Diese zielt vielmehr auf Fließfertigungen oder ähnliche Maschinenumgebungen ab (vgl. Abschnitt 5.5.2). Weiterhin besitzen die Jobs in klassischen Job-Shop-Problemen weder Bereitstellungstermine, noch ist das System initialisiert. Dies trägt jedoch ebenfalls zu einer gesteigerten Leistung der Vorrangheuristik bei.

5.5.1.2. Ablaufplanungsprobleme mit Zyklen

Ein weiteres praxisrelevantes Beispiel sind Ablaufplanungsprobleme mit Zyklen, d.h. Probleme vom Typ $J \mid rcrc \mid C_{\max}$. Häufig treten diese z.B. im Bereich der Halbleiterindustrie auf (vgl. Abschnitt 2.1). Die mathematische Beschreibung dieser Probleme, insbesondere die Definition von Unbekannten, kann je nach gewählter Modellierung sehr aufwendig werden. Häufig wird z.B. das Manne-Modell in der Literatur mit Hilfe einer binären Unbekannten X_{ijk} definiert [DBRL98, Pan97, KHWW09]. Diese nimmt den Wert 1 an, wenn J_i vor J_j auf Maschinen M_k bearbeitet wird (sonst 0). Diese Modellierung ist zwar intuitiv verständlicher da lediglich drei Indizes zur Beschreibung notwendig sind, jedoch ist diese nur bedingt für Job-Shop-Probleme mit Zyklen einsetzbar[19]. In dieser Arbeit wurde das Manne-Modell daher konsequent mit arbeitsgangbezogenen Vorrangvariablen X_{iojp} eingeführt (vgl. Optimierungsmodell (4.13) in Abschnitt 4.2.2), die eine Abbildung von Zyklen zulassen. Hierbei sichert A_k, dass jeweils nur Vorrangbeziehungen zwischen Arbeitsgängen definiert werden, die auch tatsächlich auf derselben Maschine stattfinden. Die Darstellung über X_{iojp} ist zwar unhandlicher, hat jedoch für klassische Job-Shop-Probleme ein MIP-Modell identischer Größe wie die Modellierung über X_{ijk} zur Folge.

In einer umfassenden Studie untersuchten Pan und Chen [PC05] fünf verschiedene MIP-Modelle für das Problem $J \mid rcrc \mid C_{\max}$. In dieser Arbeit wird auch ein Benchmark-Schema beschrieben, mit dem Pan und Chen diese Modelle testeten. Faktoren des Benchmarks sind die

[19] In [KHWW09] wird eine solche Erweiterung durch Dummy-Jobs und zusätzlichen Vorrangbeziehungen erreicht.

Anzahl von Jobs (n), Maschinen (m) sowie die Anzahl an Arbeitsgängen pro Job (n_i). Hierbei wird n_i zufällig aus einem Intervall $[m+1, n_i^{\max}]$ gewählt um sicherzustellen, dass jeder Job mindestens einer Maschine mehrfach zugeordnet wird. Die Bearbeitungszeiten werden diskret gleichverteilt, gemäß $p_{iok} \sim DU[1, 20]$, definiert. Die Zuordnung der Arbeitsgänge zu den Maschinen erfolgt zufällig. Für jede untersuchte Problemgröße $n \times m \times [m+1, n_i^{\max}]$ werden zehn Instanzen erstellt. Insgesamt untersuchten Pan und Chen acht Benchmark-Klassen (verschiedene Problemgrößen). Hierbei beobachteten sie pro Klasse die durchschnittliche Optimierungsdauer (t^*) bis zum Auffinden der optimalen Lösung in Abhängigkeit der durchschnittliche Anzahl an

- Arbeitsgängen ($\sum_{i \in J} n_i$)
- binären Unbekannten (n_b)
- reellwertigen Unbekannten (n_r)
- Nebenbedingungen (n_c)

für jedes der fünf untersuchten MIP-Modelle. Die als Ergebnis dieser Untersuchung ermittelten besten Modelle – nachfolgend bezeichnet als RJS-2 und RJS-4 – werden mit dem hybriden MIP-Ansatz MIP_S verglichen. Abbildung 5.7 fasst die Ergebnisse dieser Untersuchung zusammen. Dabei beschreibt $\mathcal{D}(\mathcal{V}, \mathcal{K})$ pro Verfahren $\mathcal{V}$ (RJS-2, RJS-4, MIP_S) und Benchmark-Klasse die relative Veränderung von Kriterium $\mathcal{K}$ (t^*, n_b, n_r, n_c) zu den jeweils durch Verfahren RJS-2 ermittelten Werten, d.h.

$$\mathcal{D}(\mathcal{V}, t^*) = \frac{1}{10} \sum_{l=1}^{10} \frac{t^*(\mathcal{V}, l)}{t^*(\text{RJS-2}, l)}, \quad \mathcal{D}(\mathcal{V}, n_b) = \frac{1}{10} \sum_{l=1}^{10} \frac{n_b(\mathcal{V}, l)}{n_b(\text{RJS-2}, l)} \quad \text{etc.}$$

Eine detaillierte (unnormierte) Einzelauswertung ist wiederum in Tabelle A.12 im Anhang dargestellt. Obwohl die ermittelten Laufzeiten der Optimierung nicht direkt mit den Ergebnissen von Pan und Chen [PC05] vergleichbar sind, zeigt Abbildung 5.7 dennoch, dass durch die verwendeten (Index-)Mengen in Modell 5.1 i.Allg. deutlich weniger Unbekannte sowie Nebenbedingungen zur Problembeschreibung notwendig sind. Dadurch lassen sich auch deutlich größere Probleme mit geringem Zeitaufwand lösen.

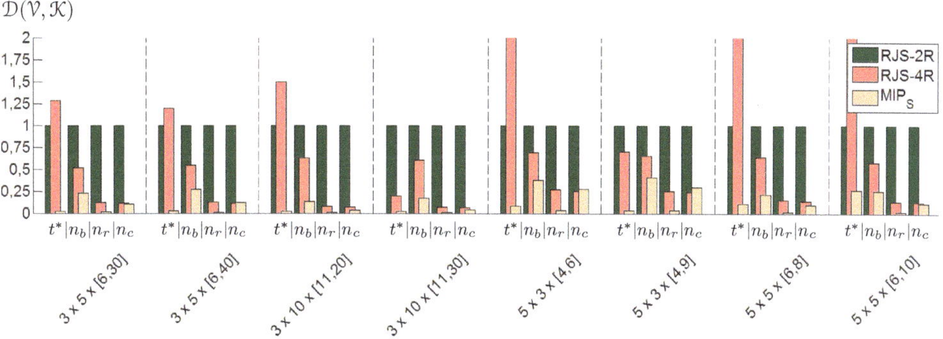

Abbildung 5.7.: Untersuchungen von Instanzen des Problems $J \mid rcrc \mid C_{\max}$

Um dies zu untermauern und um weitergehende Aussagen bzgl. der Lösbarkeit der untersuchten Probleme zu erhalten, wurden (vgl. Tabelle A.12) die Problemgrößen der Benchmarks sukzessive erhöht. Konnte für einen Benchmark einer Klasse keine Lösung innerhalb von fünf Minuten ermittelt werden, wird in Tabelle A.12 die verbleibende Lücke $\mathcal{L}$ sowie die Anzahl der ungelösten Instanzen angegeben. Abbildung 5.8 zeigt exemplarisch die optimale Lösung einer solchen vergrößerten Probleminstanz mit durchschnittlich 23 und maximal 29 Arbeitsgängen pro Job[20].

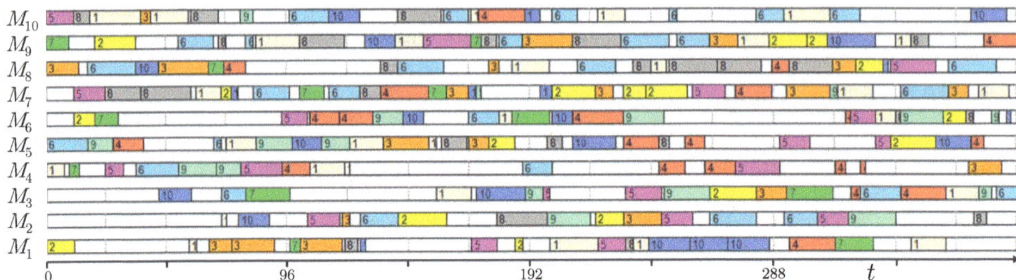

Abbildung 5.8.: Lösung einer Instanz des Problems $J \mid rcrc \mid C_{\max}$ durch hybride Optimierung

5.5.1.3. Ablaufplanungsprobleme mit Zeitkopplungen

Eine weitere Nebenbedingung für Ablaufplanungsprobleme, die zunehmend häufiger in der Literatur diskutiert wird, ist das Auftreten von Zeitkopplungsrestriktionen [DBRL98, Sch03, YKJ09]. Das einfachste Ablaufplanungsproblem mit Zeitkopplungen ist das Problem $F2 \mid tb \mid C_{\max}$, das im Gegensatz zum Problem $F2 \mid\mid C_{\max}$ bereits $\mathcal{NP}$-schwer ist [WL09]. An diesem Beispiel lassen sich auch die Grenzen des vorgestellten hybriden Optimierungsansatzes gut darstellen. Mit Hilfe des Johnson-Algorithmus [Joh54] können optimale Lösungen für das Problem $F2 \mid\mid C_{\max}$ in polynomialer Laufzeit berechnet werden. Für den hybriden MIP-Ansatz ist hingegen ein exponentielles Laufzeitverhalten zu beobachten. Tabelle 5.2 stellt dies dar. Diese zeigt, wie die Laufzeit, die für das Auffinden (und Beweisen) des Optimums einer Instanz des Problems $F2 \mid\mid C_{\max}$ abhängig von der Anzahl der Jobs (n) notwendig ist, ansteigt[21].

n	**10**	**20**	**30**	**50**
t^*	0,2s (0,3s)	1,1s (1,8s)	2,5s (-)	35s (-)

Tabelle 5.2.: Laufzeiten der hybriden Optimierung für Instanzen des Problems $F2 \mid\mid C_{\max}$

Hierzu wurden die Bearbeitungszeiten für beide Maschinen gemäß $DU \sim [50, 500]$ gewählt. Ähnlich wie bei vorangegangenen Untersuchungen (vgl. Abbildung 4.12) zeigt sich, dass gute bzw. optimale Lösungen schnell gefunden werden können, der Beweis der Optimalität jedoch sehr lange dauert[22]. Mit Hilfe des Johnson-Algorithmus kann eine optimale Lösung für alle Instan-

[20] Die FIFO-Lösung des dargestellten Benchmarks beträgt 573, das ermittelte Optimum 375 (gefunden nach 55s).

[21] Untersuchungsgegenstand ist hierbei lediglich ein Benchmark je Problemgröße. Die Ergebnisse sind somit nicht verallgemeinerbar und sollen lediglich einen Eindruck über den Zusammenhang zwischen Optimierungsdauer und Problemgröße vermitteln.

[22] Ein "-" bedeutet, dass innerhalb von fünf Minuten kein Beweis der Optimalität erfolgte. In jedem dieser Fälle war die verbleibende Lücke $\mathcal{L}$ jedoch kleiner als 1% ausgehend von der FIFO-Lösung und zugehörigen Schranken.

zen in weniger als einer Sekunde berechnet werden, womit das untersuchte Verfahren für diese Problemklasse als ineffektiv zu bewerten ist. Anders sieht dies jedoch bereits für das Problem $F2 \mid tb \mid C_{\max}$ aus. Für dieses existiert nachweislich[23] kein polynomiales Lösungsverfahren.

Wang und Li [WL09] untersuchten verschiedene Heuristiken für dieses Problem, indem sie Lösungen für das speziellere Problem $F2 \mid prmu; tb \mid C_{\max}$ konstruierten. Diese Heuristiken lassen sich für Permutations-Flow-Shop-Probleme mit lediglich zwei Maschinen auch in einem DES-System abbilden. Hierzu bedarf es lediglich einer Sortierung (Priorisierung) der Eingangswarteschlange (organisatorische Reihenfolge an M_1) sowie einer Regel (vgl. Eventhandler in Abschnitt 5.1), die den Start eines Jobs J_i zum Zeitpunkt t an M_1 um $(p_{*22} - p_{i11} - z_{i2})^+$ Zeiteinheiten verzögert. Dabei beschreibt p_{*22} die Restbearbeitungszeit von M_2 zum Zeitpunkt t. Diese Prozedur wird in [WL09] als *minimale Versatzzeit* (engl. Minimum Time Offset, MTO) bezeichnet. Als beste Sortierregel für die Eingangswarteschlange identifizierten Wang und Li [WL09] die SDD-MTO-Regel (engl. Small Difference Degree, SDD), die dieser Veröffentlichung zu entnehmen ist. Die Regel ist im Vergleich zur Johnson-MTO-Regel[24] deutlich komplexer, da diese auf der Konstruktion von n Ablaufplänen beruht. Im Folgenden werden diese beiden Heuristiken mit dem hybriden MIP-Ansatz MIP_S (SDD-Startlösung und Schrankengewinnung) sowie dem reinen MIP-Ansatz MIP verglichen. Untersucht werden, angelehnt an [WL09], zufällig erzeugte Testinstanzen aus insgesamt 20 verschiedenen Benchmark-Klassen. Tabelle 5.3 fasst den Versuchsaufbau zusammen.

Faktoren	**Ausprägungen**	**Varianten**
Anzahl Jobs (n)	10, 20, 30, 50, 100	5
Zeitkopplung (z_{i2})	0, 10, 25, 50	4
	Anzahl Replikationen (unabhängiger Instanzen)	10
	Anzahl gesamter Probleme	200

Tabelle 5.3.: Benchmark-Schema für Instanzen des Problems $F2 \mid prmu; tb \mid C_{\max}$

Alle Bearbeitungszeiten werden, wie auch zuvor dargestellt, gleichverteilt gemäß $DU \sim [50, 500]$ erzeugt. Gemessen wird anschließend die prozentuale Abweichung $\mathcal{D}(\mathcal{V})$ eines jeden Verfahrens $\mathcal{V}$ (Johnson-MTO, SDD-MTO, MIP, MIP_S), die durch

$$\mathcal{D}(\mathcal{V}) = \frac{C_{\max}(\mathcal{V}) - C_{\max}^{\text{Johnson}}}{C_{\max}^{\text{Johnson}}}$$

berechnet wird. Das heißt, die Lösung wird mit der optimalen Lösung $C_{\max}^{\text{Johnson}}$ des zugehörigen Problems $F2 \mid prmu \mid C_{\max}$ normiert, die eine starke untere Schranke für das Problem $F2 \mid prmu; tb \mid C_{\max}$ darstellt. Abbildung 5.9 stellt den Mittelwert aller so berechneten Abweichungen pro Klasse (Kombination $n \times z_{i2}$) grafisch dar. Außerdem werden wiederum alle Ergebnisse in numerischer Form in Tabelle A.10 im Anhang angegeben.

[23] Unter der Annahme das $\mathcal{NP} \neq \mathcal{P}$ gilt.
[24] Die Jobs werden gemäß Johnson-Algorithmus sortiert und durch die MTO-Regel verzögert gestartet.

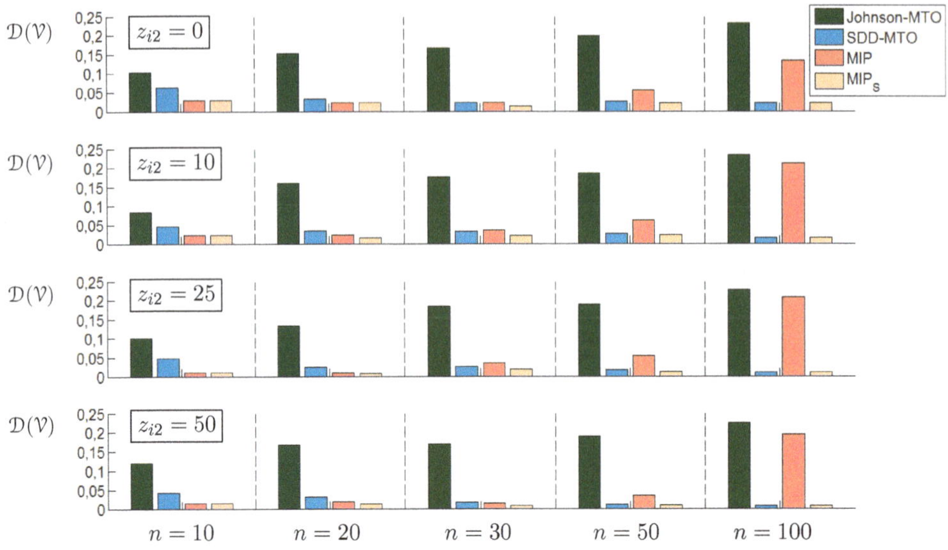

Abbildung 5.9.: Untersuchungen von Instanzen des Problems $F2 \mid prmu; tb \mid C_{\max}$

Wie in [WL09] dargestellt, liefert die SDD-MTO-Regel deutlich bessere Ergebnisse als die Johnson-MTO-Regel. Hierbei ist festzustellen, dass die Qualität der SDD-MTO-Regel mit steigender Anzahl an Jobs und zunehmend gelockerten Zeitkopplungsrestriktionen zunimmt. Bei der Johnson-MTO-Regel ist ein eher gegenläufiges Verhalten zu beobachten. Die Erklärung hierfür ist offensichtlich und wird an dieser Stelle nicht weiter diskutiert (siehe [WL09]). Die Verfahren MIP und MIP$_S$ liefern für $n = 10$ deutlich bessere Ergebnisse als die Heuristiken. Alle Instanzen können dabei optimal gelöst werden. Für $n = 20$ liefern beide Verfahren ebenfalls bessere Ergebnisse. Hierbei sind jedoch Vorteile von MIP$_S$ gegenüber MIP sichtbar. Ab $n = 50$ liefert MIP keine guten Lösungen mehr und ist als nicht mehr praktikabel einzustufen. MIP$_S$ hingegen gelingt es, auch noch für $n = 50$ und $n = 100$ die SDD-MTO-Lösung zu verbessern. Bedingt durch die zunehmend besser werdenden Ergebnisse der SDD-MTO-Regel mit steigender Job-Anzahl fallen diese Verbesserungen jedoch nur noch marginal aus. Hierbei ist jedoch folgendes zu beachten. Die Untersuchungen lassen lediglich Rückschlüsse auf das Lösungsverhalten der Verfahren untereinander (abhängig von n und z_{i2}) zu. Prozentuale Aussagen, wie z.B. das Verfahren MIP liefert bei $n = 20$ und $z_{i2} = 0$ zwei Prozent bessere Ergebnisse als die der SST-MTO-Regel, lassen sich aus diesen – wie auch aus anderen – Untersuchungen nicht allgemein ableiten. Insbesondere die Struktur des Problems (z.B. Verteilung der Bearbeitungszeiten[25]) haben einen Einfluss darauf, wie hoch die realen prozentualen Verbesserungen ausfallen.

Während die SDD-MTO-Regel für das Flow-Shop-Problem mit zwei Maschinen gute Ergebnisse liefert, ist diese Regel für Zeitkopplungsprobleme mit mehr als zwei Arbeitsgängen pro Job, wie z.B. dem in Abbildung 4.15 dargestellten $no-wait$-Job-Shop-Problem, bereits nicht mehr anwendbar. Anders ist dies hingegen beim hybriden MIP-Ansatz. Dieser kann auch für das $no-wait$-Job-Shop-Problem bzw. weitere Zeitkopplungsprobleme eingesetzt werden. In dieser Flexibilität steckt somit einer der Hauptvorteile dieses Verfahrens.

[25]In [WL09] wurden die Bearbeitungszeiten gemäß $DU \sim [50, 80]$ gewählt, wodurch $\mathcal{D}$(SDD-MTO) geringer ausfiel.

5.5.2. Praxisbezogene Problemstellungen

Die vorangegangenen Fallbeispiele basierten primär auf bekannten und in der Literatur häufig diskutierten Shop-Problemen. Viele praktische Problemstellungen lassen sich jedoch nur bedingt auf der Basis von Shop-Problemen beschreiben. Die daraus resultierenden Modelle vereinfachen reale Probleme oftmals zu stark, wodurch sich auf diese Weise konstruierte Ablaufpläne in der Realität u.U. nicht umsetzen lassen. Aus diesem Grund wurden in Abschnitt 5.2 verschiedene erweiterte Maschinenmodelle definiert, welche die Modellierung vieler praxisbezogener Problemstellungen zulassen. Einige Beispiele hierfür werden in diesem Abschnitt vorgestellt, die u.a. einen Ausblick auf das nächste Kapitel geben. Ziel ist es zunächst, einen Eindruck für die Abbildungsbreite des vorgestellten Ansatzes zu vermitteln.

Ein erstes illustratives Beispiel wird in [KHWW09] vorgestellt. Der Untersuchungsgegenstand hierbei ist die Optimierung der Ablaufplanung einer SMT-Linie (vgl. Abschnitt 2.1.4). Abstrakt kann diese Problemstellung als flexibles Job-Shop-Problem mit Rüstungen, Bereitstellungsterminen und harten Fertigstellungsterminen, d.h. als Problem vom Typ $FJ \mid r_i; d_i; s_{ij} \mid C_{\max}$, angesehen werden. Ein im Gegensatz zu [KHWW09] leicht verändertes DES-Modell dieses Ablaufplanungsproblems ist in Abbildung 5.10 dargestellt.

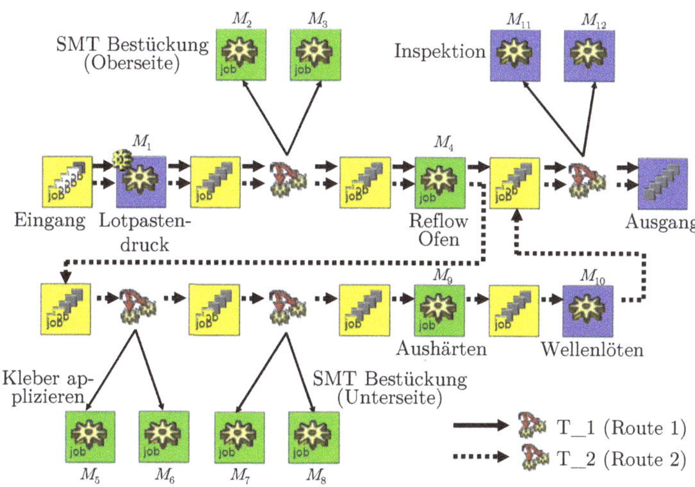

Abbildung 5.10.: DES-Modell einer SMT-Linie

Der Kern des Problems besteht im Vorhandensein verschiedener Technologien sowie verschiedener Maschinenumgebungen im DES-Modell. So existieren Arbeitspläne für Jobs (Leiterplatten), die entweder einseitig (Technologie T_1) oder beidseitig (Technologie T_2) bestückt werden müssen. Im DES-Modell kommen drei verschiedene Maschinen-Modelle zur Anwendung. Der Lotpastendrucker wird durch das Maschinenmodell $^{J}_{o}$ abgebildet, da zur Änderung des Produktes ein Schablonenwechsel (Rüstung) notwendig ist. Der Reflow-Ofen wird durch ein $^{J}_{T}$ Maschinenmodell repräsentiert, da dieser, bedingt durch ein internes Förderband, kontinuierlich Jobs aufnehmen kann. Weitere Arbeitsgänge, wie das Bestücken, finden innerhalb einer parallelen Maschinenumgebung, repräsentiert durch $^{\mathrm{J}}_{\mathrm{o}}$ innerhalb von ^{J}, statt. Zu bemerken ist außerdem, dass das Modell bereits initialisiert ist, d.h. dass einige Jobs bereits Arbeitsgänge abgeschlossen haben bzw. sich gegenwärtig in Bearbeitung befinden. Die Betrachtung aller dieser Nebenbedingungen in einem Modell lässt die Anwendung klassischer (exakter) Lösungsansätze für Ablaufplanungsprobleme fraglich erscheinen. Das vorgestellte MIP-Basismodell (5.1) ist hierzu jedoch in der Lage. Hierbei erweist sich insbesondere auch der Einsatz der in Abschnitt 5.4.2 vorgestellten Vorrangheuristik als zielführend (vgl. [KHWW09]).

Die Behandlung typischer Problemstellungen in einer Halbleiterfertigung bedarf ebenfalls einer angepassten Modellierung verschiedener Maschinenumgebungen. Im Frontend sind hierbei vorrangig Bearbeitungen auf Wafer- sowie auf Batch-Basis zu beobachten. Abbildung 5.11 stellt am Beispiel eines Einzelscheibenofens dar, wie eine Wafer-basierte Bearbeitung durch ein losfeines DES-Modell hinreichend genau modelliert werden kann.

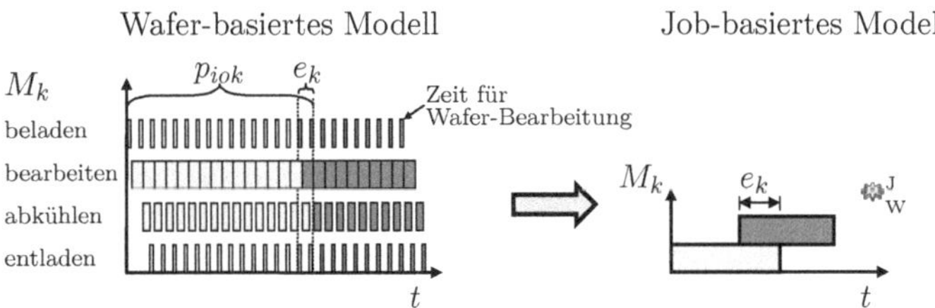

Abbildung 5.11.: Modellierung eines Einzelscheibenofens als DES-Maschinenobjekt

In dieser Maschine wird zunächst ein Wafer der Horde entnommen und zur Ofenkammer transportiert. In dieser findet die eigentliche Bearbeitung, d.h. die Prozessierung, statt. Anschließend wird der Wafer aus der Kammer entnommen und in einer weiteren Station abgekühlt. Nach der Abkühlung findet der Rücktransport in die Horde statt. Bereits während der Abkühlung wird der nächste Wafer in die Ofenkammer, dem kapazitiven Engpass der Maschine, eingebracht. Die Bearbeitungszeit eines Loses[26] ergibt sich somit aus der Differenzzeit des Starts der ersten Wafer-Bewegung bis zum Rücktransport der letzten Scheibe aus der Anlage in die Horde. Durch eine negative Loswechselzeit e_k lassen sich die Überlappungszeiten zweier Lose in der Maschine abbilden. Tabelle 5.4 fasst auf diese Weise verschiedene Prozessschritte der Halbleiterindustrie zusammen und stellt die jeweilige Verbindung zu den in Abschnitt 5.2 eingeführten Maschinenmodellen her. Hierbei ist anzumerken, dass manche Clustertool-Arbeitsgänge, wie die nasschemische Ätzung oder das chemisch-mechanische Polieren, nur vereinfacht durch getaktete Maschinenmodelle abgebildet werden.

Erste Benchmarks für Batch-Probleme wurden bereits in Abschnitt 4.4 anhand der Instanzen OVE-1 bis OVE-4 für verschiedene Zielgrößen untersucht und diskutiert. Hierbei wurde die Maschinenumgebung $^{\mathrm{B_I}}_{\mathrm{o}}$ (vgl. Abbildung 4.19) verwendet. Weitere typische Problemstellungen ergeben sich durch die Notwendigkeit von Rüstungen, z.B. im Bereich Implantation. So wurde bereits für die Untersuchungen der Instanzen t2-ps01 bis t2-ps15 in Abschnitt 4.4 das Maschinenmodell $^{\mathrm{J}}_{\mathrm{o}}$ verwendet.

[26] In Abbildung 5.11 ist die Bearbeitung von zwei Losen, gekennzeichnet durch verschiedene Farben, dargestellt.

Prozessschritt und Beschreibung	Maschinenumgebung
Diffusion & Oxidation: Die Bearbeitung eines Loses erfolgt typischerweise innerhalb inkompatibler Batch-Familien. Ein Boot wird zunächst mit Jobs beladen und anschließend – zur Bearbeitung – in den Reaktor der Anlage gefahren. Hierbei existieren verschiedene Anlagentypen:	
1. Anlagen mit zwei Booten: Die Beladung eines Bootes beginnt, während die Bearbeitung des gegenwärtigen Batches noch läuft.	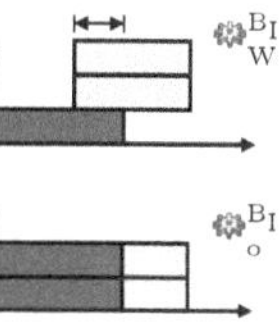
2. Anlagen mit einem Boot: Die Beladung des Bootes beginnt frühestens nachdem die Bearbeitung des gegenwärtigen Batches abgeschlossen und das Boot entladen ist.	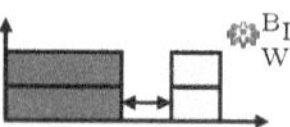
3. Anlagen mit einem Boot und Wechselzeiten: Zwischen Ent- und Beladen liegt eine (durchschnittliche) Wartezeit.	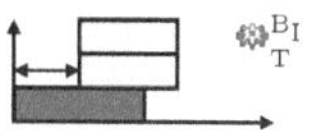
Nasschemische Ätzung: Die Bearbeitung eines Loses erfolgt innerhalb inkompatibler Batch-Familien. Während der Bearbeitung durchläuft ein Batch mehrere interne Ätzbäder. Nach einer (durchschnittlichen) Taktzeit kann der nächste Batch gestartet werden.	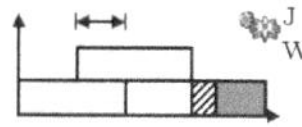
Implantation: Die Implantation erfolgt Wafer-basiert. Bevor alle Wafer eines Loses wieder in die Horde zurückgeführt worden sind, beginnt bereits die Bearbeitung des nächsten Loses. Dabei erfordert die Bearbeitung eines Jobs definierte Prozessparameter (Gas, Dosis, Energie). Ändern sich diese Parameter, d.h. die Job-Familie, ist eine Umrüstung der Anlage notwendig, während der keine Bearbeitung erfolgen kann.	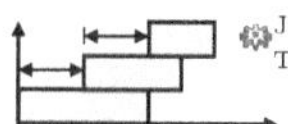
Chemisch-mechanisches Polieren: Die Bearbeitung erfolgt ebenfalls Wafer-basiert. Alle Wafer durchlaufen dabei mehrere interne Bearbeitungsschritte (Polieren, Spülen, Trocknen). Nach Ablauf einer (durchschnittlichen) Taktzeit kann mit der Bearbeitung des nächsten Jobs begonnen werden.	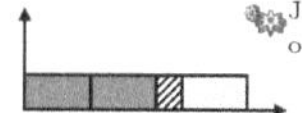
Chip-Bonden (Backend): Die Bearbeitung eines Loses erfolgt sequentiell. Ändert sich die Job-Familie, ist eine Umrüstung der Maschine notwendig.	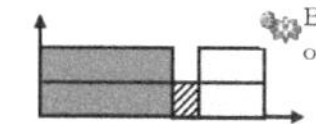
Finaler Test (Backend): Es können maximal zwei Jobs parallel getestet werden. Ändert sich die Job-Familie (z.B. Produkttyp oder Testtemperatur), ist eine Umrüstung der Maschine notwendig.	

Tabelle 5.4.: Übersicht ausgewählter Maschinenumgebungen der Halbleiterindustrie

5.5.3. Mögliche Erweiterungen

In den letzten Abschnitten wurden zahlreiche Anwendungsbeispiele für MIP-Modell (5.1) skizziert. Hierbei ermöglichen insbesondere die verschiedenen Maschinenumgebungen eine breite Anwendbarkeit auf praxisnahe Problemstellungen. Dennoch kann es vorkommen, dass einige der in Abschnitt 5.2 getätigten Einschränkungen zu restriktiv für spezielle praktische Aufgaben sind. In diesem Abschnitt werden daher an ausgewählten Beispielen Möglichkeiten dargestellt, wie das beschriebene MIP-Basismodell (5.1) um neue Maschinenumgebungen erweitert werden kann bzw. wie Anforderungen an das DES-Modell gelockert werden können, ohne dabei die zugrundeliegende Modellierung (insbesondere die Definition von Unbekannten) zu verändern.

5.5.3.1. Erweiterungen von Maschinenumgebungen

Will man das MIP-Basismodell (5.1) um eine neue Maschinenumgebung erweitern, sind i.Allg. vier Schritte notwendig. Basis hierfür ist, wie in Abschnitt 5.2 dargestellt, ein zugehöriges DES-Maschinenobjekt, das (evtl. erweiterte) Eingangsdaten bereitstellt. Diese vier Schritte sind:

(i) Definition einer neuen bzw. neuer (Index-)Menge(n)

(ii) Definition neuer Variablen (optional)

(iii) Definition zusätzlicher Nebenbedingungen, welche die neue Maschinenumgebung beschreiben (evtl. unter Zuhilfenahme der in (ii) definierten neuen Unbekannten)

(iv) Implementierung der neuen Bedingungen im MIP-Modell (inkl. Fallunterscheidung).

Folgende Beispiele mit Relevanz für spätere Untersuchungen veranschaulichen dies.

Beispiel: Batch-Maschine mit familienabhängigen Batch-Größen

Das MIP-Basismodell (5.1) soll um eine Maschinenumgebung erweitert werden, in der die Kapazität einer Batch-Maschine nicht fixiert, sondern abhängig von der zu bearbeiteten Job-Familie ist[27]. Das bedeutet, dass anstelle der Eingangsinformation b_k^M am zugehörigen DES-Maschinenobjekt ein Parameter b_{kv}^M existiert, der die maximale (Mengen-)Kapazität auf der Batch-Maschine $k \in M^B$ für Familie $v \in D_k$ definiert. Um diese neue Anforderung in das Modell (5.1) aufzunehmen, muss zunächst eine Indexmenge, vgl. Punkt (i), $M^{B_F} \subseteq M^{B_I} \subseteq M^B$ definiert werden, welche die Batch-Maschinen für die diese erweiterten Nebenbedingungen gelten, kennzeichnet[28]. Weiterhin muss die Nebenbedingung

$$\sum_{U_{io} \in A_k} Z_{ioqk} g_i - K(1 - Y_{qvk}) \leq b_{kv}^M \qquad k \in M^{B_F},\ v \in D_k,\ q = 1, \ldots, c_k \tag{5.44}$$

definiert werden, vgl. Punkt (iii), welche die neuen Maschineneigenschaften im MIP-Modell beschreibt. Anschließend wird diese zum Basis-Modell (5.1) hinzugefügt, vgl. Punkt (iv), und die bestehende Nebenbedingung (5.24) – durch eine Anpassung der Laufvariablen auf $k \in M^B \backslash M^{B_F}$ – verändert. Im Unterschied zu Restriktion (5.24) sind in (5.44) also $|D_k|$-mal mehr Nebenbedingungen pro Maschine zu definieren. Dies erhöht die Problemgröße i.Allg. deutlich. Durch

[27] Ein solcher Spezialfall wird z.B. in Abschnitt 6.1.5 behandelt.

[28] Die Definition zusätzlicher Unbekannter, vgl. Punkt (ii), ist für diese Erweiterung nicht notwendig.

die Menge M^{B_F} und die Fallunterscheidung in Restriktion (5.24) reduziert sich die Anzahl der zusätzlichen Nebenbedingungen jedoch ausschließlich auf die betreffenden Maschinen $k \in M^{B_F}$. Für diese Maschinen werden die schwächeren Bedingungen (5.24) nicht definiert.

Beispiel: Maschinenumgebung mit allgemeiner p-batch Charakteristik

Das MIP-Basismodell (5.1) soll um eine Maschinenumgebung erweitert werden, welche die Abbildung von allgemeinen parallelen Batches innerhalb inkompatibler Familien zulässt. Das heißt, die Jobs einer Familie besitzen u.U. nicht die gleiche Bearbeitungszeit auf einer Batch-Maschine. Vielmehr folgt die Dauer der Batch-Bearbeitung aus der längsten Bearbeitungszeit der jeweils zum Batch gehörenden Jobs. Als Anwendungsbeispiel für eine derartige Problemstellung ist z.B. der Prozessschritt Burn-In zu nennen. Um diese neue Anforderung in das Basis-Modell (5.1) aufzunehmen, muss zunächst wieder eine Indexmenge, vgl. Punkt (i), $M^{B_P} \subseteq M^{B_I} \subseteq M^B$ definiert werden, welche die allgemeinen p-Batch-Maschinen kennzeichnet. Weiterhin ist die Definition, vgl. Punkt (ii), einer neuen reellwertigen Unbekannten P^B_{qk} ($k \in M^{B_P}$, $q = 1, \ldots, c_k$) notwendig. Diese repräsentiert die Bearbeitungszeit von Batch q auf Maschine $k \in M^{B_P}$. Diese Variable wird anschließend, vgl. Punkt (iii), durch die neue Nebenbedingung

$$K(1 - Z_{ioqk}) + P^B_{qk} \geq p_{iok} \qquad k \in M^{B_P},\ q = 1, \ldots, c_k,\ O_{io} \in A_k \tag{5.45}$$

beschränkt. Außerdem sind Fallunterscheidungen in den bestehenden Nebenbedingungen (5.27) und (5.28), vgl. Punkt (iv), vorzunehmen[29]. An deren Stelle wird für $k \in M^{B_P}$ folgende neue Nebenbedingung definiert[30]:

$$S^B_{qk} + P^B_{qk} \leq S^B_{q+1,k} \qquad k \in M^{B_P},\ q = 1, \ldots, c_k - 1. \tag{5.46}$$

Weitere Fallunterscheidungen sind für den Fall $\exists\, i \in J$ mit $n_i > 1$ in den Gleichungen (5.7), (5.10) und (5.38) vorzunehmen. Auf deren Darstellungen wird an dieser Stelle verzichtet. Für $n_i = 1,\ i \in J$ ist in Gleichung (5.39) ebenfalls eine Fallunterscheidung vorzunehmen und an deren Stelle die folgende Nebenbedingung zu definieren (sei o.B.d.A. $I > 1$) :

$$K(1 - Z_{ioqk}) + C_i \geq S^B_{qk} + P^B_{qk} \qquad i \in J, o = 1, k \in M_{io} \subseteq M^{B_P}, q = 1, \ldots, c_k. \tag{5.47}$$

Abbildung 5.12 zeigt zur Verdeutlichung die optimale Lösung einer Instanz (vgl. Tabelle A.14 im Anhang) des Problems $P3 \mid M_{io}; p - batch; r_i \mid \sum w_i T_i$.

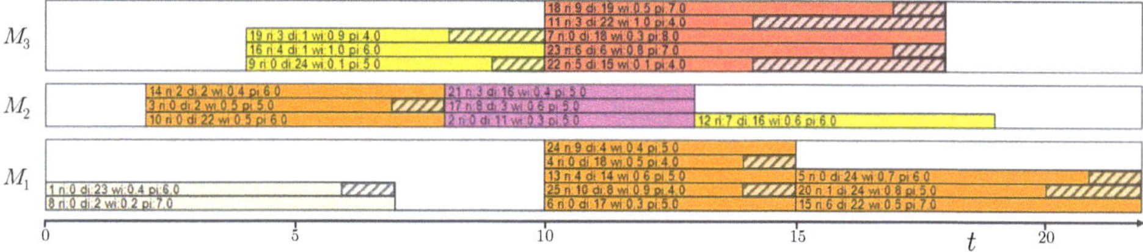

Abbildung 5.12.: Optimale Lösung einer Instanz des Problem $P3 \mid M_{io}; p - batch; r_i \mid \sum w_i T_i$

[29] Die Laufvariable k wird in Nebenbedingung (5.27) und (5.28) auf $k \in (M^B \setminus M^{B_S}) \setminus M^{B_P}$ begrenzt.

[30] Auf die Behandlung von Takt- oder Wechselzeiten in Nebenbedingung (5.46) wird verzichtet.

5.5.3.2. Lockerung von Anforderungen an das DES-Modell

Neben der Definition neuer Maschinenumgebungen ist es weiterhin möglich, Forderungen, die in Abschnitt 5.2 an das DES-Modell gestellt wurden, zu entspannen. Dies wird nachfolgend an einem Beispiel exemplarisch dargestellt.

Beispiel: Sekundäre Ressourcen

Eine der restriktivsten Forderungen an das DES-Modell in Abschnitt 5.2 ist die Begrenzung der Parallelität des Verzweigungsobjektes auf den Wert eins. Diese Forderung entstammt der eingangs erfolgten Definition 4.1.5 eines Ablaufplanungsproblems, wonach sich keine zwei Bearbeitungsintervalle eines Jobs zeitlich überlappen dürfen. Bei klassischen Shop-Problemen wird mit dieser Restriktion die Einhaltung der technologischen Reihenfolge der Arbeitsgänge eines Jobs erzwungen. In diesem Abschnitt wird diese Restriktion nun gelockert bzw. erweitert und der Sonderfall diskutiert, dass ein Job zur Bearbeitung an einem Arbeitsgang zwei Maschinen (parallel) benötigt. Praktisch tritt dieser Fall auf, wenn eine Maschine zur Bearbeitung spezielle Werkzeuge oder andere Hilfsmittel (sekundäre Ressourcen) benötigt, die nur begrenzt verfügbar sind. Eine Lockerung der Anforderung an das DES-Modell bzgl. des Verzweigungsobjektes lässt jedoch viele verschiedene Sonderfälle zu, die im MIP-Basismodell (5.1) separat behandelt werden müssen. Deshalb soll an dieser Stelle genau ein solcher Anwendungsfall skizziert und die diesbezügliche Erweiterung des Basis-Modells (5.1) beschrieben werden. Das Problem besitzt hierbei folgende Nebenbedingungen:

- Die Menge $M_{io} \subseteq M^J$ besteht aus zwei disjunkten Teilmengen M_{io}^M und M_{io}^R, die jeweils die Menge der Maschinen bzw. sekundären Ressourcen beschreiben.
- Ein Job J_i benötigt im Arbeitsgang O_{io} genau eine Maschine $k \in M_{io}^M$ sowie genau eine sekundäre Ressource $l \in M_{io}^R$ zur Bearbeitung.
- Die Bearbeitungszeit p_{io} von Job J_i in Arbeitsgangs O_{io} ist auf allen Maschinen identisch.

Abbildung 5.13 stellt die Abbildung dieses Problem mittels eines DES-Modells[31] für einen Arbeitsplan (Technologieobjekt) dar.

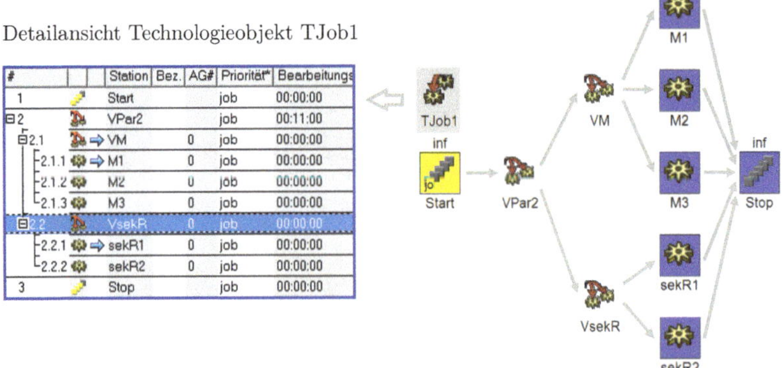

#	Station	Bez.	AG#	Priorität*	Bearbeitungs
1	Start			job	00:00:00
2	VPar2			job	00:11:00
2.1	VM		0	job	00:00:00
2.1.1	M1		0	job	00:00:00
2.1.2	M2		0	job	00:00:00
2.1.3	M3		0	job	00:00:00
2.2	VsekR		0	job	00:00:00
2.2.1	sekR1		0	job	00:00:00
2.2.2	sekR2		0	job	00:00:00
3	Stop			job	00:00:00

Abbildung 5.13.: DES-Modell mit sekundären Ressourcen

[31]Sekundäre Ressourcen werden sowohl im DES-Modell als auch im MIP-Modell als Maschinen abgebildet.

Hierbei besteht der aktive Arbeitsgang des Jobs J_i aus einer Verzweigung (VPar2 in Abbildung 5.13) der Parallelität zwei mit der festen Bearbeitungszeit p_{io}. Diese Verzweigung beinhaltet genau zwei Verzweigungen (VM und VsekR) der Parallelität eins. Diese beiden Verzweigungen wiederum beinhalten jeweils eine endliche Anzahl von zueinander disjunkten Job-Maschinen (durch M_{io}^M bzw. M_{io}^R definiert).

Um das Basis-Modell (5.1) für dieses Problem zu erweitern, muss wiederum eine Indexmenge $O_i^{V_R}$ definiert werden, die spezifiziert, in welchen Arbeitsgängen O_{io} von J_i die beschriebenen sekundären Ressourcen zu beachten sind. Weiterhin müssen für diese Arbeitsgänge die Mengen M_{io}^M bzw. M_{io}^R definiert werden, wobei beide Mengen in diesem Beispiel eine Teilmenge von M^J sind. Danach sind für diese Arbeitsgänge folgende Restriktionen anstelle von (5.12) zu formulieren:

$$\sum_{k \in M_{io}} W_{iok} = 2 \qquad i \in J, O_{io} \in O_i^{V_R}, M_{io} \subseteq M^J, \tag{5.48}$$

$$\sum_{k \in M_{io}^M} W_{iok} = 1 \qquad i \in J, O_{io} \in O_i^{V_R}, M_{io}^M \subseteq M^J. \tag{5.49}$$

Hierbei wird durch (5.48) gefordert, dass genau zwei Maschinen zur Bearbeitung genutzt werden. Nebenbedingung (5.49) fordert weitergehend, dass genau eine dieser Maschinen nicht zur Menge der sekundären Ressourcen gehört. Hiermit ist die Erweiterung des MIP-Basismodells (5.1) für die beschriebene Problemstellung abgeschlossen.

In Abbildung 5.14 ist die optimale Lösung einer Instanz des Problems $P \mid r_i; aux \mid \sum w_i C_i$ zur Veranschaulichung dargestellt. Hierbei wird zur Bearbeitung eines Jobs auf Maschine M_4 bzw. M_5 ($M_{io}^M := \{M_4, M_5\}$) eine spezielle sekundäre Ressource aus der Menge $M_{io}^R := \{M_1, M_2, M_3\}$ benötigt, die jeweils nur einmal vorhanden ist.

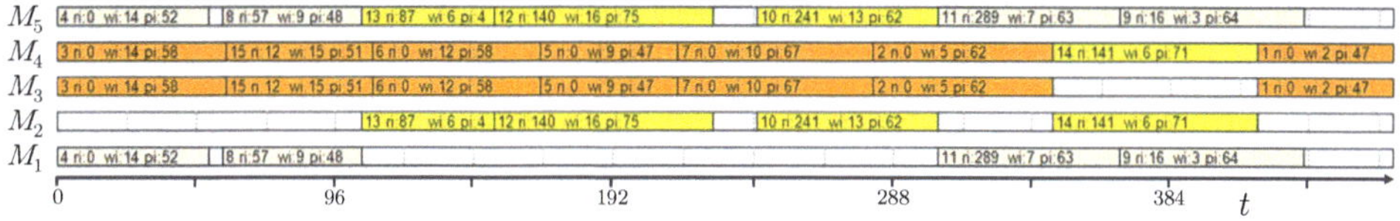

Abbildung 5.14.: Lösung einer Instanz des Problems $P \mid r_i; aux \mid \sum w_i C_i$ nach [CM07]

Die in Abbildung 5.14 dargestellte Instanz wurde auf der Basis eines Benchmark-Schemas von Cakici und Mason [CM07] erstellt, das nachfolgend untersucht werden soll. Veränderliche Parameter dieses Schemas sind die Anzahl der Jobs, die Anzahl der Maschinen sowie die Anzahl der sekundären Ressourcen. Die Bearbeitungszeiten und Gewichte der Jobs werden gemäß $p_i = DU \sim [45, 75]$ bzw. $w_i = DU \sim [1, 20]$ erzeugt. Alle Jobs J_i mit $i < \lfloor n/2 \rfloor$ erhalten den Bereitstellungstermin $r_i = 0$. Für die restlichen Jobs wird dieser gemäß $r_i = DU \sim [1, 360]$ bestimmt. Die Zuordnung der Jobs zu jeweils genau einer sekundären Ressource erfolgt ebenfalls gleichverteilt. Tabelle 5.5 fasst das Benchmark-Schema zusammen. Hierbei werden wiederum pro Faktorkombination zehn verschiedene Instanzen erzeugt.

Cakici und Mason [CM07] entwickelten zunächst ein MIP-Modell für diese spezielle Problemstellung, mit dessen Hilfe sie alle Instanzen optimal lösten. Hierbei beobachteten sie Laufzeiten von durchschnittlich ca. 90 Minuten bis zum Beweis der Optimalität eines Benchmarks. An-

Faktoren	Ausprägungen	Varianten
Anzahl Jobs	10, 15	2
Anzahl Maschinen	2, 3	2
Anzahl sekundäre Ressourcen	3, 6	2
	Anzahl Replikationen (unabhängiger Instanzen)	10
	Anzahl gesamter Probleme	80

Tabelle 5.5.: Parameter für die Erzeugung der Instanzen des Problems $P \mid r_i;\, aux \mid \sum w_i C_i$

schließend untersuchten sie die Leistungsfähigkeit verschiedener konstruktiver Heuristiken sowie Kombinationen dieser mit einer TS. Hierbei wurde jeweils die Abweichung des Zielfunktionswertes der gefundenen Lösung zum vorher ermittelten Optimum gemessen. Das beste Verfahren lieferte dabei nach durchschnittlich 7s Zielfunktionswerte mit einer durchschnittlichen Abweichung von weniger als einem Prozent zu den jeweiligen Optimallösungen[32].

Auf der Basis dieser Untersuchungsergebnisse soll wiederum die Effizienz und Einsetzbarkeit des hybriden Optimierungsansatzes evaluiert werden. Hierzu wurde für jeden Benchmark ein DES-Modell erstellt[33]. Anschließend wurde aus diesen DES-Modellen jeweils ein MIP-Modell (mit Schranken und gültiger Startlösung) mit dem zuvor beschriebenen hybriden Ansatz abgeleitet. Jedes dieser MIP-Modelle wurde anschließend optimal gelöst. In Abbildung 5.15 sind diese Ergebnisse unter MIP_{**} dargestellt. Hierbei ist auf der Ordinate abzulesen, wie viele Instanzen nach Ablauf welcher Optimierungsdauer (Abszisse, logarithmisch skaliert) optimal gelöst werden konnten. Weiterhin wird der Mittelwert $(\bar{t})$ und der Median $(\hat{t})$ angegeben. Mit dem dargestellten Ansatz kann somit über die Hälfte aller Probleme in weniger als einer Sekunde optimal gelöst werden. Dennoch dauert der Beweis der Optimalität für 25 der 80 Instanzen länger als fünf Minuten (maximal 4,7 Stunden), was eine durchschnittliche Lösungsdauer von ca. 13,5 Minuten zu Folge hat. Eine Heuristik besteht nun z.B. darin, vgl. Abschnitt 3.4 Punkt (iii), ein exaktes Verfahren, wie den hybriden MIP-Ansatz, nach einer definierten Optimierungsdauer abzubrechen. Abbildung 5.15 stellt dies ebenfalls dar. Diese gibt an, wie viele Instanzen nach Ablauf welcher Dauer bereits optimal gelöst (MIP_*) werden konnten, ohne dass das Optimum bis dahin bewiesen wurde. Weiterhin ist eine Kurve $(\text{MIP}_{1\%})$ dargestellt, die ausweist, wann bereits Lösungen mit einer Abweichung von weniger als einem Prozent zur Optimallösung gefunden wurden. Wie man der Abbildung entnehmen kann, wird die optimale Lösung einer Instanz im Schnitt nach 0,6 Sekunden und maximal bereits nach zehn Sekunden gefunden. Lösungen der Qualität, die durch Cakici und Mason [CM07] erreicht wurden, ließen sich so deutlich schneller auffinden.

Eine detaillierte Einzelauswertung aller Untersuchungen ist wiederum Tabelle A.11 im Anhang zu entnehmen. Hierbei ist festzuhalten, dass die dargestellten, deutlich kürzeren Laufzeiten nur bedingt mit jenen in [CM07] vergleichbar sind[34]. Dennoch lassen sich z.B. die verschiedenen

[32]Wie bereits in Abschnitt 5.5.1 dargestellt, ist dieser Wert abhängig von der Struktur des Problems (insbesondere den Verteilungen der Bearbeitungszeiten). Die ermittelten Abweichungen lassen somit lediglich einen qualitativen Vergleich der verschiedenen Verfahren zu.

[33]Für das dargestellte Problem enthält die Verzweigung VsekR (vgl. Abbildung 5.13) immer genau eine sekundäre Ressource. Als Prioritätsregel wird die WSPT-Regel (vgl. Abschnitt 4.3.2) verwendet.

[34]Die verwendete Rechentechnik ist nicht vergleichbar. Die Untersuchungen liegen ca. zwei Jahre auseinander.

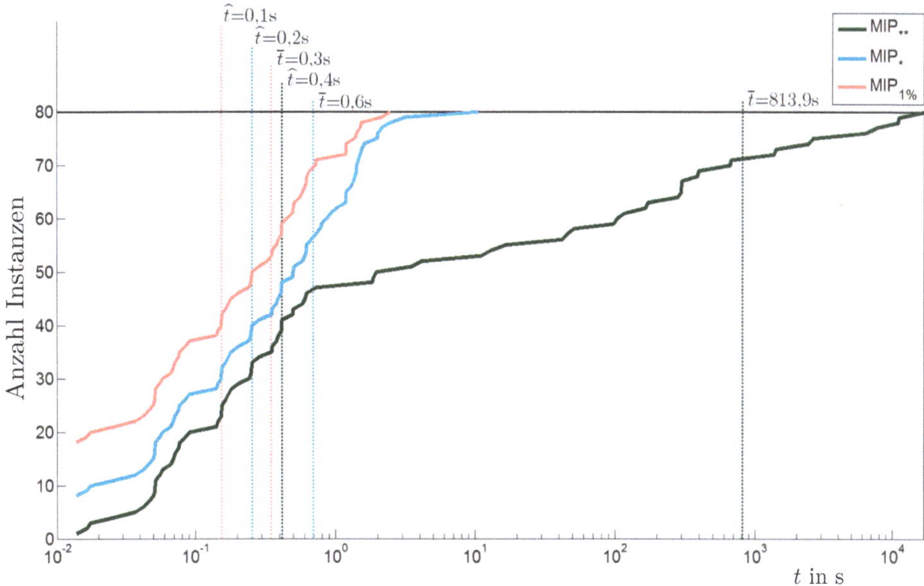

Abbildung 5.15.: Konvergenzuntersuchungen des hybriden Optimierungsverfahrens auf Basis von Instanzen des Problems $P \mid r_i; aux \mid \sum w_i C_i$

MIP-Modelle bzgl. der Anzahl an Unbekannten und Nebenbedingungen vergleichen. Hierbei ist festzustellen (vgl. Tabelle A.11), dass im vorgestellten MIP-Modell durchschnittlich 30% weniger binäre Unbekannte definiert werden müssen. Dies ist neben der verbesserten Rechenleistung der Hauptgrund für die deutlich bessere Performance. Das von Cakici und Mason [CM07] verwendete MIP-Modell benötigt jedoch ca. 40% weniger Nebenbedingungen. Dieser Vorteil kommt besonders dann zum Tragen, wenn die Anzahl paralleler identischer Maschinen steigt. Dennoch ist dieses Modell nur bedingt erweiterbar. Insbesondere, wenn für einen Arbeitsgang mehr als eine sekundäre Ressource zur Verfügung steht, ist der Ansatz in der dargestellten Form nicht mehr anwendbar. Der hybride MIP-Ansatz hingegen erlaubt auch die Modellierung dieser Problemstellungen (vgl. Verzweigungsobjekt VsekR in Abbildung 5.13).

5.5.4. Übertragbarkeit auf verwandte Problemstellungen

Die Definition eines Ablaufplanungsproblems (vgl. Abschnitt 4.1) lässt i.Allg. viele Interpretationen zu, insbesondere die Interpretation von Maschine und Job. Während in den vorangegangenen Abschnitten Ablaufplanungsprobleme vorrangig auf der Basis von Fertigungen bzw. Fertigungsabschnitten diskutiert wurden, lassen sich Ablaufplanungsprobleme oftmals auf verschiedensten Abstraktionsebenen wiederfinden. So lassen sich mit einem DES-Modell für gewöhnlich viele praktische Problemstellungen beschreiben. Ein Maschinenobjekt muss nicht ausschließlich eine Maschine einer realen Produktion darstellen, sondern kann auch einen Monteur, einen Montageplatz, eine Landebahn oder einen Roboterarm abbilden. Wichtig hierbei ist lediglich, dass dieses Objekt eine Kapazität einer kontextspezifischen Einheit bereitstellt, die durch sich bewegende Objekte, die Jobs (Definition ebenfalls kontextabhängig), verbraucht wird. DES-Modelle für Ablaufplanungsprobleme können somit für eine ganze Fertigung, ausgewählte Maschinenumgebungen oder auch nur eine einzige reale Maschine definiert werden. Erfüllt ein DES-Modell die Anforderungen aus Abschnitt 5.2, lassen sich für dieses Problem MIP-Modelle automatisch ableiten.

Folgendes Beispiel aus der Halbleiterindustrie soll dies illustrieren. Untersuchungsgegenstand ist eine einzelne Maschine (Nassbank) des Prozessschrittes nasschemische Ätzung. Die nasschemische Ätzung findet in einem Clustertool statt. Das heißt, eine einzelne Maschine besteht aus mehreren verschiedenen Ätzbädern sowie einem Roboterarm, der die Jobs[35] von einem Bad zum nächsten transportiert. Ein so genanntes Rezept definiert dabei, welche Ätzbäder der Maschine in welcher Reihenfolge über welche Dauer pro Job zu benutzen sind[36].

Das Ablaufplanungsproblem auf Anlagenebene besteht nun darin, Bewegungszeitpunkte für den Roboterarm zu berechnen, so dass alle Jobs in der Maschine konfliktfrei bearbeitet werden können. Dies bedeutet insbesondere, dass sowohl das nächste Ätzbad als auch der Roboterarm nach Beendigung eines Badaufenthaltes sofort verfügbar sind. Weiterhin soll die Maschine hierbei optimal bzgl. definierter Ziele ausgelastet werden. Um das Problem zu modellieren, gelten die in Tabelle 5.6 dargestellten Entsprechungen zu den Objekten der vorangegangenen Abschnitte.

Fertigung (DES-Modell)	**Nassbank**
Arbeitsplan (Technologie)	Rezept
Job	Batch von Wafern gleichen Rezeptes
Maschinen	Ätzbäder und Roboter
Zyklen	Transportvorgänge
Zeitkopplung	Konfliktfreiheit

Tabelle 5.6.: Übertragbarkeit eines Ablaufplanungsproblems auf Anlagenebene

Abbildung 5.16 stellt das Gantt-Diagramm einer optimalen Lösung eines solchen Problems vom Typ $J \mid rcrc;\, no-wait \mid \sum w_i T_i$ dar. Hierbei wird auch der Bezug zwischen den Maschinen (des Modells) und deren realen Gegenstücken angegeben. Die Farben der Jobs repräsentieren deren Rezept. Exemplarisch wird außerdem der Bearbeitungsablauf eines Jobs hervorgehoben, um das Einhalten der "*no-wait*"-Bedingung zu demonstrieren. Für die Ätzbäder wird das Maschinenmodell $\circledast^{\mathrm{J}}_{\mathrm{W}}$ mit einer Wechselzeit $e_k > 0$ verwendet. Dies stellt sicher, dass ein Bad zunächst entladen werden muss, bevor dieses durch einen neuen Job belegt werden kann. Der Roboter lässt sich sowohl durch das Maschinenmodell $\circledast^{\mathrm{J}}_{\mathrm{o}}$ als auch $\circledast^{\mathrm{J}}_{\mathrm{W}}$ beschreiben ($e_k > 0$). Letzteres bietet dabei die Möglichkeit, Wartezeiten zwischen Transportvorgängen zu definieren.

Untersuchungen haben ergeben, dass sich derartige Ablaufplanungsprobleme (Anzahl Maschinen und Rezepte zu obigem Beispiel identisch) bis zu einer Anzahl von ca. 12 bis 15 Jobs in

[35] Ein Job ist in diesem Zusammenhang ein Batch aus einer (maschinenabhängig) definierten Anzahl von Wafern.
[36] Auf einer Maschine können i.Allg. verschiedene Rezepte bearbeitet werden.

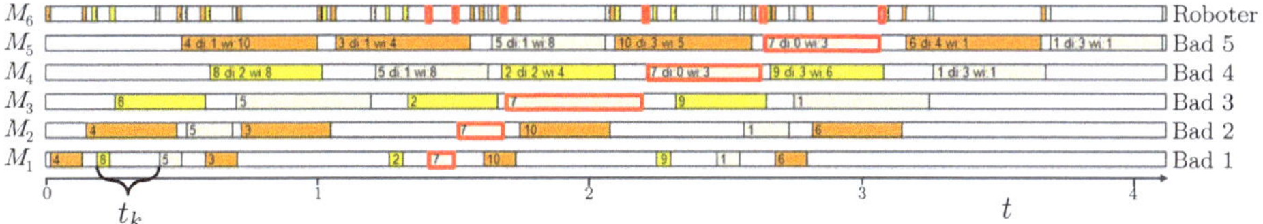

Abbildung 5.16.: Lösung einer Instanz des Problems $J \mid rcrc; no-wait \mid \sum w_i T_i$

Echtzeit optimal lösen lassen. Dabei kann mit dem beschriebenen MIP-Basismodell auch eine initial gefüllte Nassbank (es werden bereits Jobs bearbeitet, vgl. SMT-Linie in Abschnitt 5.5.2) modelliert werden. Für deutlich größere Probleme lassen sich (ohne Beweis der Optimalität) weiterhin zulässige Lösungen im Sekundenbereich konstruieren. Dies ist jedoch von eher geringem praktischen Interesse, denn maximal können $m-1$ Jobs zur gleichen Zeit bearbeitet werden[37] und die Aufgabenstellung besteht darin, den konfliktfreien Startzeitpunkt des bzw. der nächsten Jobs[38] zu berechnen. Daher ist die Anzahl der Jobs im Modell bei dieser Problemstellung vergleichsweise gering.

Soll eine Nassbank als eine Maschine in einem übergeordneten DES-Modell abgebildet werden, kann man hierfür das ⚙$^{\mathrm{J}}_{\mathrm{T}}$-Maschinenmodell verwenden. In Abbildung 5.16 ist der hierfür zu benutzende Parameter t_k – der durchschnittlichen Taktzeit – dargestellt.

5.6. Fazit

In Kapitel 5 wurde ein MIP-Basismodell vorgestellt, das sich direkt aus einem DES-Modell ableiten lässt. Weiterhin wurde untersucht, wie sich die Simulationsergebnisse des DES-Modells dazu benutzen lassen, das MIP-Basismodell zu verbessern bzw. dessen Freiheitsgrade einzugrenzen.

Dieser hybride Optimierungsansatz erlaubt dabei die Abbildung von vielen typischen Problemstellungen der Ablaufplanung. Diese reichen von einfachen Flow-Shop-Problemen über verschiedene Batch-Probleme bis hin zu flexiblen Job-Shop-Problemen mit vielen praxisrelevanten Nebenbedingungen. Diese Abbildungsbreite sowie die Flexibilität bzgl. verschiedener Zielfunktionen und Nebenbedingungen stellt das Alleinstellungsmerkmal des hybriden Optimierungsverfahrens dar. Dabei konnte in verschiedenen Gegenüberstellungen an ausgewählten Problemstellungen der Literatur gezeigt werden, dass mit dem hybriden Optimierungsverfahren vergleichbar gute bzw. bessere Optimierungsergebnisse erreicht werden können als durch bekannte, alternative Verfahren. Für diese alternativen Verfahren – meist problemspezifische Heuristiken – muss i.Allg. immer eine angepasste Suchstrategie (vgl. Lösungsrepräsentation, Nachbarschaften etc. in Abschnitt 4.2) implementiert werden, die einerseits zeitaufwändig ist, andererseits auch Expertenwissen voraussetzt. Durch die Anbindung eines Standardlösers im hybriden Optimierungsansatz entfällt die Implementierung der Suche komplett. Expertenwissen ist außerdem lediglich bei Erweiterungen des MIP-Basismodells (vgl. Abschnitt 5.5) bzgl. der Abbildung neuer Anforderungen notwendig.

[37] Im Idealfall sind alle Bäder belegt.

[38] Die Anzahl der zu betrachtenden Jobs ist hierbei durch die Anzahl der Ladestationen der Nassbank begrenzt.

Weiterhin wurden problemspezifisch die Grenzen einer (sinnvollen) operativen Anwendbarkeit dieses Ansatzes untersucht. Hierbei konnte festgestellt werden, dass das vorgestellte Verfahren vor allem bei zunehmend komplexer werdenden Nebenbedingungen, wie Zeitkopplungen, Bereit- und Fertigstellungsterminen, Dedizierungen etc. über entscheidende Vorzüge verfügt. Die genannten Nebenbedingungen schränken den zulässigen Bereich und somit auch Freiheitsgrade des Optimierungsproblems ein[39]. Weiterhin wurde anhand mehrerer Benchmarks die Abhängigkeit der Lösungsqualität von den Eingangsparametern (z.B. Anzahl Jobs, Maschinen etc.) untersucht. Dabei wurde festgestellt, dass vorrangig die Anzahl der Arbeitsgänge, die auf einer Maschine bearbeitet werden müssen bzw. können, primärer Indikator für die Lösbarkeit (Lösungsdauer) eines Problems sind.

Offen blieb jedoch zunächst, wie der dargestellte Ansatz auch auf deutlich größere, praxisrelevante Problemstellungen angewendet werden kann. Auch wenn die Ableitung eines exakten mathematischen Modells für diese Probleme prinzipiell möglich ist, so ist eine direkte Lösung i.Allg. nicht mehr sinnvoll. Das Argument, dass realitätsnahe Problemstellungen sowieso viel zu komplex für mathematische Lösungsverfahren sind, wird von Praktikern bzw. von DES-Anbietern oft als allgemeine Rechtfertigung gegen den Einsatz exakter Verfahren verwendet. Diese pauschale Behauptung hat jedoch nur begrenzte Gültigkeit, denn mit Hilfe von Dekompositionstechniken lassen sich viele Ablaufplanungsprobleme zerlegen. Eine Lösung der Teilprobleme kann dann durchaus auf der Basis exakter Verfahren erfolgen, wofür wiederum z.B. der in diesem Kapitel beschriebene Ansatz (inkl. Erweiterungen) benutzt werden kann. Einige Dekompositionsverfahren werden daher im nachfolgenden Kapitel auf der Basis von Problemstellungen aus der Halbleiterindustrie ausführlicher diskutiert.

[39]Im günstigsten Fall – z.B. beim Vorhandensein von Dedizierungen – wirkt sich dies sogar reduzierend auf die Größe des zugrundeliegenden Optimierungsproblems aus.

6. Dekompositionsansätze für praxisrelevante Problemstellungen

Das Ziel dieses Kapitels besteht darin, verschiedene *Dekompositionsansätze* zu untersuchen, welche die Anwendbarkeit der hybriden Optimierung auch für praktische Problemstellungen (dutzende Maschinen, hunderte Jobs etc.) zulassen. Dekomposition bedeutet, ein Problem in mehrere Teilprobleme zu zerlegen und durch die optimierten Lösungen derer, eine Lösung für das Gesamtproblem zu berechnen. Obwohl dieses Vorgehen der dynamischen Optimierung ähnelt, gilt das Bellmann'sche Optimalitätsprinzip (vgl. Abschnitt 3.3) bei den nachfolgend vorgestellten Dekompositionsverfahren i.Allg. nicht. Das heißt, es handelt sich bei diesen um Heuristiken, die exakte Lösungsverfahren zur Lösung von Teilproblemen benutzen. In der Literatur existieren verschiedene Klassen von Dekompositionsansätzen. Ovacik und Uzsoy [OU97] unterscheiden

- *zeitbasierte Dekompositionsansätze* (engl. Temporal Decomposition)
- *maschinengruppenbasierte Dekompositionsansätze* (engl. Workcenter-based Decomposition)
- *Job-basierte Dekompositionsansätze* (engl. Job-based Decomposition)
- *arbeitsgangbasierte Dekompositionsansätze* (engl. Operation-based Decomposition)

sowie Kombinationen derer. In den nachfolgenden Abschnitten werden vorrangig zeitbasierte sowie maschinengruppenbasierte Dekompositionsansätze untersucht. Bei zeitbasierten Dekompositionsansätzen wird das Ablaufplanungsproblem bzgl. der Zeitachse zerlegt, die Jobs werden also innerhalb von Zeitscheiben verplant (vgl. Abschnitt 6.1.3.1). Bei der maschinengruppen- bzw. maschinenbasierten Dekomposition findet eine Problemzerlegung bezüglich bzw. innerhalb verschiedener Maschinengruppen statt (vgl. Abschnitt 6.1.3.2). Bei der Job- bzw. arbeitsgangbasierten Dekomposition erfolgt die Erstellung eines Ablaufplans durch die sequentielle Verplanung einzelner Arbeitsgänge bzw. Jobs. Diese beiden letztgenannten Verfahren werden in den nachfolgenden Abschnitten nicht behandelt. Weitere Informationen sind [OU97] zu entnehmen.

Die in diesem Kapitel vorgestellten Dekompositionsverfahren werden, in Kombination mit dem in Abschnitt 5 entwickelten hybriden Optimierungsansatz, auf der Basis realer Problemstellungen der Halbleiterindustrie untersucht. Wie in Kapitel 2 dargestellt, besteht der Herstellungsprozess aus hunderten Prozessschritten, die in mehreren Wochen von den einzelnen Jobs (den Losen) durchlaufen werden. Eine Optimierung der Abläufe der gesamten Fertigung, die dem Typ $FJR \mid M_{io}; p - batch; non - identical; incompatible; rcrc; aux; s_{ij}; r_i; tb \mid \sum w_i T_i$ zugeordnet werden kann, in einem Modell ist dabei aus verschiedenen Gründen nicht sinnvoll bzw. möglich. Daher hat es sich bereits in der Vergangenheit als zielführend erwiesen, eine maschinengruppenbasierte Dekomposition durchzuführen, d.h. Optimierungsverfahren lokal auf einzelne Teilbereiche der Fertigung anzuwenden, die z.B. Engpässe darstellen.

„... the resolution of certain critical (bottleneck) subproblems will enable us to construct the solution to the remaining parts of the original problem ...“ [OU97]

Hierbei kann ein DES-System zunächst dazu verwendet werden, Engpässe in einem Fertigungssystem zu identifizieren. Vielfältige Ansätze hierzu werden in der Literatur untersucht, siehe z.B. [RNT01, FEH05, RNT02], die jedoch nicht Bestandteil dieser Arbeit sind. Weitere Heuristiken zur Subproblem- bzw. Engpassidentifikation sind verschiedene Varianten der *Shifting Bottleneck Heuristik*, die ebenfalls den maschinengruppenbasierten Dekompositionsansätzen zuzuordnen sind. Näher Informationen hierzu finden sich z.B. in [OU97, Pin08, MSPF07]. In diesem Kapitel sollen ausschließlich Ablaufpläne für Maschinengruppen optimiert werden. Globale Ziele, wie die Minimierung der totalen gewichteten Verspätung, werden durch lokale Ersatzzielfunktionen repräsentiert. Hierzu wird der globale Fertigstellungstermin gemäß den Bearbeitungszeitanteilen auf jede Station des Arbeitsplanes, d.h. auf *lokale Fertigstellungstermine*, heruntergerechnet [Ros03]. Diese lokalen Fertigstellungstermine werden dann in der lokalen Ersatzzielfunktion berücksichtigt.

Alle Dekompositionsverfahren sowie verschiedene Steuerungsalgorithmen werden – in Anlehnung an Abschnitt 4.3.4 (vgl. Abbildung 4.10) – auf der Grundlage eines *DES-Basismodells*, das ein Basissytem bzw. einen Basisprozess beschreibt, untersucht. Für das übergeordnete Steuerungssystem werden (abhängig vom Dekompositionsverfahren) vorrangig *DES-Steuerungsmodelle* untersucht, die nur bestimmte, insbesondere zeitliche, Ausschnitte aus dem DES-Basismodell darstellen. Anschließend werden die DES-Steuerungsmodelle (mit verschiedenen Prioritätsregeln) simuliert bzw. (mit der simulationsbasierten bzw. hybriden Optimierung) optimiert. Aus den (lokal) erzeugten Ablaufplänen werden anschließend Steuerungsentscheidungen für das DES-Basismodell abgeleitet.

Im nachfolgenden Abschnitt 6.1 werden Dekompositionsansätze für Ablaufplanungsprobleme am Beispiel verschiedener Ofenprozesse detailliert untersucht und abschließend an Realdaten (vgl. Abschnitt 6.1.5) evaluiert. In Abschnitt 6.2 wird ein Ausblick gegeben, wie der hybride Optimierungsansatz in Kombination mit Dekompositionstechniken auch für andere Maschinengruppen der Halbleiterfertigung eingesetzt werden kann. Implementierungsaspekte bzgl. der verschiedenen Ansätze werden im nachfolgenden Kapitel 7 diskutiert.

6.1. Optimierte Batch-Bildung an Diffusions- und Oxidationsöfen

Speziell an Maschinen bzw. Maschinengruppen, die aufgrund von vergleichsweise langen Bearbeitungszeiten einen großen Einfluss auf Durchlaufzeit und Produktmix haben, ist ein hohes Optimierungspotential durch eine effiziente Ablaufplanung zu erwarten [MU98]. Im Frontend einer Halbleiterindustrie sind derartige Anlagen vorrangig im Bereich der Diffusions- bzw. Oxidationsprozesse (kurz Ofenprozesse) anzutreffen (vgl. Abschnitt 2.1.1). Zusätzlich wird die Planung dieser Prozesse durch eine Batch-Bearbeitung der Lose an den Maschinen erschwert, die zu einer hohen Diskontinuität im Job-Fluss und zu Veränderungen im Produktmix führen.

In diesem Abschnitt erfolgt eine umfangreiche Untersuchung von verschiedenen Optimierungsalgorithmen zur effizienten Ablaufplanung von Batch-Problemen sowie zugehöriger Dekompositionstechniken. Dies geschieht insbesondere unter dem Gesichtspunkt einer möglichen realitätsnahen Anwendung. Nach einer Literaturübersicht in Abschnitt 6.1.1 werden zunächst alle untersuchten Verfahren in Abschnitt 6.1.2 vorgestellt. Im folgenden Abschnitt 6.1.3 werden verschiedene Dekompositionstechniken für die Batch-Probleme diskutiert, die eine Anwendung der Verfahren auch für praktische Problemgrößen zulassen. Anschließend werden diese Verfahren auf der Basis umfangreicher, realitätsnaher Testinstanzen miteinander verglichen (Abschnitt 6.1.4). Hierzu wurde ein eigenes Benchmark-Schema (Versuchsaufbau) entworfen. Die Erzeugung dieser Testinstanzen wird in Abschnitt 6.1.4.1 beschrieben. Die erzeugten Instanzen erlaubten dabei eine Zusammenarbeit mit anderen Forschern. Deren Ergebnisse (VNS-Ansatz) wurden in diese Arbeit eingearbeitet, was einen objektiven Vergleich zu den eigenen Methoden ermöglicht. Alle Benchmarks lassen sich nach der $(\alpha \mid \beta \mid \gamma)$- Notation (vgl. Abschnitt 4.1.1) durch

$$R \mid M_{io};\, p - batch;\, incompatible;\, r_i \mid \sum w_i T_i$$

klassifizieren. Ein Beispiel für einen Benchmark mit drei Maschinen und 240 Jobs aus vier verschiedenen Familien ist in Abbildung 6.1 dargestellt[1].

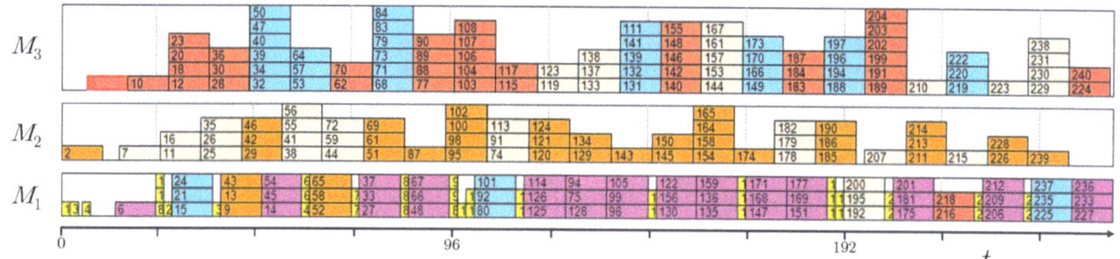

Abbildung 6.1.: Gantt-Diagramm eines Batch-Problems mit drei Maschinen und 240 Jobs

In Abschnitt 6.1.5 wird untersucht, ob sich die aus den Benchmark-Untersuchungen gewonnenen Ergebnisse auch in einer realen Fertigungsumgebung nachweisen lassen. Die betrachteten Probleme umfassen dabei einige zusätzliche Nebenbedingungen, wie familienabhängige Batch-Kapazitäten und Zeitkopplungen. Diese lassen sich nach der $(\alpha \mid \beta \mid \gamma)$- Notation durch

$$R \mid M_{io};\, p - batch;\, non - identical;\, incompatible;\, r_i;\, tb \mid \sum w_i T_i$$

klassifizieren. Mit Hilfe der in Abschnitt 4.1.2 vorgestellten Reduktionsregeln lässt sich die $\mathcal{NP}$-Schwere der jeweiligen Probleme sofort herleiten:

$$\begin{aligned}
& 1 \mid p - batch \mid \textstyle\sum w_i T_i \\
\propto \quad & P \mid p - batch \mid \textstyle\sum w_i T_i \\
\propto \quad & R \mid p - batch \mid \textstyle\sum w_i T_i \\
\propto \quad & R \mid M_{io};\, p - batch \mid \textstyle\sum w_i T_i \\
\propto \quad & R \mid M_{io};\, p - batch;\, r_i \mid \textstyle\sum w_i T_i \\
\propto \quad & R \mid M_{io};\, p - batch;\, incompatible;\, r_i \mid \textstyle\sum w_i T_i \\
\propto \quad & R \mid M_{io};\, p - batch;\, non - identical;\, incompatible;\, r_i \mid \textstyle\sum w_i T_i \\
\propto \quad & R \mid M_{io};\, p - batch;\, non - identical;\, incompatible;\, r_i;\, tb \mid \textstyle\sum w_i T_i.
\end{aligned}$$

[1] Die Jobs im Gantt-Diagramm sind entsprechend ihrer Zugehörigkeit zu einer Job-Familie unterschiedlich gefärbt.

Es gilt $1 \mid p-batch \mid \sum w_iT_i$ ist $\mathcal{NP}$-schwer[2] [BGH+98]. Das Problem $R \mid p-batch \mid \sum w_iT_i$ ist ein Spezialfall von $R \mid M_{io};\, p-batch \mid \sum w_iT_i$. Hierzu müssen lediglich alle Jobs auf allen Maschinen freigegeben werden. Die Reduktion $R \mid M_{io};\, p-batch;\, r_i \mid \sum w_iT_i \propto R \mid M_{io};\, p-batch;\, incompatible;\, r_i \mid \sum w_iT_i$ lässt sich zurückführen, indem die Anzahl der inkompatiblen Familien eins gesetzt wird. Gleiches gilt für $R \mid p-batch;\, incompatible;\, r_i \mid \sum w_iT_i \propto R \mid p-batch;\, non-identical;\, incompatible;\, r_i \mid \sum w_iT_i$, da das Problem $R \mid M_{io};\, p-batch;\, incompatible;\, r_i \mid \sum w_iT_i$ ein Spezialfall des *non − identical*-Problems ist. Hierzu muss lediglich die Größe der Jobs gleich gesetzt werden. Weiterhin lässt sich jedes Problem ohne Zeitkopplung als Spezialfall eines Problems mit hinreichend großen Zeitkopplungen verstehen. Dadurch ist die Reduktion $R \mid M_{io};\, p-batch;\, non-identical;\, incompatible;\, r_i \mid \sum w_iT_i \propto R \mid M_{io};\, p-batch;\, non-identical;\, incompatible;\, r_i;\, tb \mid \sum w_iT_i$ gerechtfertigt.

6.1.1. Vorarbeiten

Eine Übersicht über bisherige Veröffentlichungen bzgl. der Modellierung und Optimierung von Batch-Problemen ist in [MS03] zu finden. Dabei untersuchen Mathirajan und Sivakumar [MS03] über 100 Veröffentlichungen dieser Problemklasse. Hierbei werden Batch-Probleme in verschiedene Kategorien, wie z.B. *s*-batch und *p*-batch oder Einzelmaschinen- und Mehrmaschinenprobleme untergliedert. Dobson und Nabinadom [DN92] untersuchen Batch-Probleme mit Jobs aus unterschiedlichen inkompatiblen Familien mit dem Ziel, die mittlere gewichtete Fertigstellungszeit ($1/n \sum_{i=1}^{n} w_iC_i$) auf einer Maschine zu minimieren. Dafür stellen sie verschiedene Heuristiken sowie eine MIP-Formulierung vor. Chandru et al. [CLU93] diskutieren verschiedene exakte Algorithmen sowie Heuristiken zur Optimierung der totalen Fertigstellungszeit auf Einzelmaschinen bzw. parallelen identischen Maschinen. Uzsoy [Uzs94] untersucht das Problem $1 \mid p-batch;\, incompatible;\, non-identical \mid \sum C_i$. Hierbei werden Branch & Bound-Algorithmen sowie effiziente Heuristiken vorgeschlagen. Ein ähnliches Problem ($1 \mid p-batch;\, incompatible;\, non-identical \mid \sum w_iC_i$) wird von Azizoglu und Webster [AW01] untersucht. Es wird ebenfalls ein Branch & Bound-Algorithmus entwickelt.

Die am meisten zitierte Veröffentlichung in Bezug auf die Optimierung von Batch-Problemen stammt von Mehta und Uzsoy [MU98]. Dabei wird das Problem $1 \mid p-batch;\, incompatible \mid \sum T_i$ untersucht. Mehta und Uzsoy [MU98] stellen u.a. einen Ansatz der dynamischen Programmierung sowie Heuristiken vor, die in kurzer Zeit gute Lösungen erzeugen. Dafür teilen Mehta und Uzsoy das Optimierungsproblem in folgende zwei Schritte auf:

1. Zuerst werden alle Jobs in Batches zusammengefasst.

2. Die daraus resultierenden Batches werden anschließend auf der Maschine geplant.

Perez [Per99] untersucht und erweitert dieses Verfahren für die Zielgröße der totalen gewichteten Verspätung (siehe auch [DFCP00, PFC05]). Balasubramanian et al. [BMFP04] erweitern diesen Dekompositionsansatz wiederum für den Fall paralleler identischer Maschinen, d.h. für das Problem $P \mid p-batch;\, incompatible \mid \sum w_iT_i$. Hierzu nutzen sie einen GA sowie die von [MU98] vorgestellte Dekompositionsheuristik zur Lösung der Teilprobleme 1. und 2. Durch Almeder und

[2] Lawler [Law77] zeigte, dass sogar bereits das Problem $1 \mid\mid \sum w_iT_i$ $\mathcal{NP}$-schwer ist.

Mönch [AM10] werden die Arbeiten von Balasubramanian et al. [BMFP04] erweitert, indem eine VNS statt eines GA eingesetzt wird. Dies hat eine deutliche Verbesserung der Konvergenzeigenschaften zur Folge. Durch Mönch et al. [MBFP05] wird dieses parallele Maschinenproblem weiterhin um die praxisrelevante Bedingung erweitert, dass nicht alle Jobs initial bereitgestellt sind, sondern diese Bereitstellungstermine besitzen $(P \mid p-batch;\, incompatible;\, r_i \mid \sum w_i T_i)$. Hierbei stellen Mönch et al. [MBFP05] zwei verschiedene Dekompositionsansätze vor. Eine erste Variante arbeitet, in Anlehnung an die Arbeit von Mehta und Uzsoy [MU98], mit der Zuordnung von Jobs in Batches und einer anschließenden Verplanung der gebildeten Batches auf den Maschinen. Bei der zweiten Variante werden zuerst die Jobs den Maschinen zugewiesen. Danach werden die Batches auf jeder Maschine gebildet. Hierzu werden wiederum verschiedene Heuristiken eingesetzt (GA sowie prioritätsregelbasierte Verfahren).

Eine MIP-Formulierung für das noch allgemeinere Problem $R \mid M_{io};\, p-batch;\, incompatible;\, non-identical;\, r_i \mid C_{\max}$ bzw. $R \mid M_{io};\, p{-}batch;\, incompatible;\, non{-}identical;\, r_i \mid \sum C_i$ wird in Klemmt et al. [KHWH08] vorgestellt. Dabei wird für die Untersuchung von Realdatensätzen eine Zeitscheibendekomposition vorgestellt, die in erweiterter Form auch im nachfolgenden Abschnitt 6.1.3 verwendet wird. Außerdem werden für diese Probleme Ansätze der simulationsbasierten Optimierung untersucht. In [KLW09] wird der MIP-Ansatz auf die Zielgröße der gewichteten Verspätung, d.h. auf das Problem $R \mid M_{io};\, p-batch;\, incompatible;\, non-identical;\, r_i \mid \sum w_i T_i$, erweitert. Weiterhin wird die MIP-basierte Zeitscheibendekomposition in [KWAM09] mit einer Weiterentwicklung des in [AM09] vorgestellten VNS-Ansatzes verglichen. Die Ergebnisse dieser Untersuchungen werden in Abschnitt 6.1.4 diskutiert. Die Behandlung weiterer praktisch relevanter Nebenbedingungen (wie. z.B. Zeitkopplungen, familienabhängige Batch-Größen, Job-Wechselzeiten etc.) in einem MIP-Modell steht im Vordergrund der Veröffentlichung von Klemmt et al. [KWW11]. In dieser wird das Optimierungspotential MIP-basierter Lösungsansätze innerhalb einer existierenden Fertigungsumgebung im Vergleich zur klassischen prioritätsregelbasierten Steuerung ermittelt. Die Ergebnisse dieser Untersuchung werden in deutlich erweiterter Form in Abschnitt 6.1.5 vorgestellt und diskutiert. Auch Bixby et al. [BBM06] evaluieren das Optimierungspotential MIP- bzw. CP-basierter Lösungsansätze für Ablaufplanungsprobleme mit Batch-Bearbeitung innerhalb einer realen Halbleiterproduktion. Hierbei wird eine arbeitsgangübergreifende Planung zwischen den Prozessbereichen nasschemische Ätzung und Diffusion untersucht. Modellierungsdetails und numerische Ergebnisse werden jedoch nicht vorgestellt.

6.1.2. Untersuchte und alternative Verfahren

In diesem Abschnitt werden zunächst die grundlegenden Nebenbedingungen erläutert, die an die Ablaufplanung der nachfolgend behandelten Batch-Probleme gestellt werden. Dabei werden die in vorangegangenen Abschnitten (vgl. abschnitt 5.3) eingeführten Notationen verwendet. Anschließend wird gezeigt, dass die betrachteten Batch-Probleme prinzipiell mit dem vorgestellten hybriden Optimierungsansatz modellierbar sind. Weiterhin werden in den Unterabschnitten 6.1.2.1 bis 6.1.2.3 alternative Heuristiken für diese Problemklasse vorgestellt, die in Abschnitt 6.1.4 mit dem hybriden Optimierungsansatz verglichen werden. Zu diesen Verfahren zählen prioritätsregelbasierte Verfahren, die simulationsbasierte Optimierung sowie ein VNS-Ansatz.

Die nachfolgenden Nebenbedingungen[3] und Notationen[4] gelten für den gesamten Abschnitt 6.1:

1. Es existieren n Jobs. $J := \{J_1, \ldots, J_n\}$ beschreibt die Menge aller Jobs.
2. Es gibt eine Maschinengruppe bestehend aus m Batch-Maschinen. $M := \{M_1, \ldots, M_m\}$ stellt die Menge aller Maschinen dar.
3. Es existieren f inkompatible Familien. $F := \{F_1, \ldots, F_f\}$ ist die Menge aller Familien.
4. Jeder Job J_i besitzt genau einen Arbeitsgang $O_{io} = O_{i1}$. Dieser Arbeitsgang ist genau einer Familie $f_{io} = f_{i1} = f_i \in F$ zugeordnet.
5. Jeder Arbeitsgang O_{i1} kann auf einer durch $M_{i1} \subseteq M$ definierten (Teil-)Menge von Maschinen durchgeführt werden. Diese Zuordnung ist für alle Jobs einer Familie identisch, d.h., es existiert eine Menge $D_k \subseteq F$, die alle auf einer Maschine $k \in M$ bearbeitbaren Familien definiert (familienbezogene Dedizierungen).
6. Jeder Job $i \in J$ besitzt einen Bereitstellungstermin r_i.
7. Jeder Job $i \in J$ hat einen geforderten lokalen Fertigstellungstermin d_i an der Maschinengruppe.
8. Jeder Job $i \in J$ besitzt ein Gewicht w_i.
9. Die Bearbeitungszeit eines Jobs $i \in J$ der Familie $v = f_i$ auf Maschine $k \in M_{i1}$ ist gegeben durch p_{vk}. Für alle Untersuchungen bis Abschnitt 6.1.5 gilt weiterhin, dass die Bearbeitungszeit eines Jobs auf allen Maschinen identisch ist (d.h. $p_{v*} = p_i,\ i \in J, v = f_i$).
10. Eine Maschine $k \in M$ kann erst einen Batch bearbeiten, wenn die letzte Batch-Bearbeitung abgeschlossen bzw. eine initiale Restbearbeitungszeit $u_k \geq 0$ abgelaufen ist.
11. Ein begonnener Batch kann nicht unterbrochen oder gestoppt werden. Das Einfügen von Jobs in einen Batch ist nach dem Batch-Start nicht mehr möglich.
12. Jede Maschine $k \in M$ besitzt eine Kapazität $b_k \in \mathbb{N}$, welche die maximale Anzahl parallel bearbeitbarer Jobs angibt.

Abbildung 6.2 zeigt exemplarisch ein DES-Modell für ein Batch-Problem mit drei Maschinen, sechs inkompatiblen Familien und 240 Jobs[5]. Im DES-Modell lassen sich die Batch-Maschinen mit Hilfe des in Abschnitt 5.2 beschriebenen Maschinenmodells ⚙$^{B_I}_{o}$ abbilden. Für jede Familie existiert ein eigenes Technologieobjekt. Dieses enthält jeweils eine Eingangs- und Ausgangswarteschlange sowie den durch eine Verzweigung abgebildeten aktiven Arbeitsgang. Innerhalb der Eingangswarteschlange werden die Prioritätsregeln umgesetzt, d.h. eine Sortierung der bereitgestellten Jobs vorgenommen. Das Verzweigungsobjekt enthält alle für die jeweils repräsentierte Familie erlaubten Maschinen. Die an der Verzweigung definierte Bearbeitungszeit stellt sicher, dass ein Job auf allen Maschinen (familienabhängig) die gleiche Bearbeitungszeit besitzt.

[3] Weitere Nebenbedingungen werden in Abschnitt 6.1.5 behandelt.
[4] Wie in den vorangegangenen Abschnitten gilt weiterhin Bemerkung 4.1.4.
[5] Ein Gantt Diagramm dieses Problems wurde bereits in Abbildung 6.1 dargestellt.

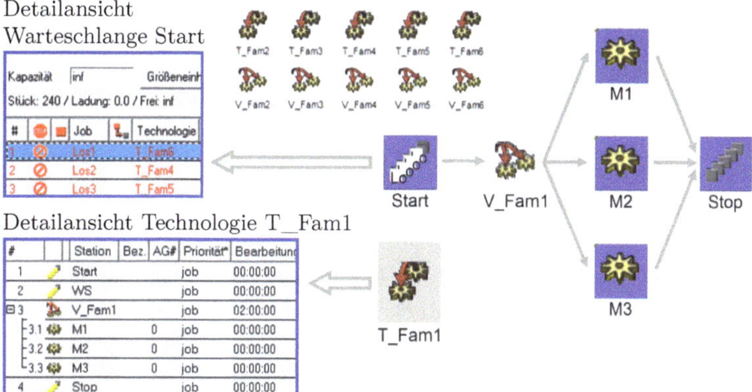

Abbildung 6.2.: DES-Modell des in Abbildung 6.1 dargestellten Problems vom Typ $R_3 \mid M_{io}$; *p–batch*; *incompatible*; $r_i \mid \sum w_i T_i$

Mit Hilfe des in Abschnitt 5.3 beschriebenen Verfahrens lassen sich derartige DES-Modelle in MIP-Modelle überführen. In diesem Fall vereinfacht sich das MIP-Basismodell (5.1) zu:

Unbekannte

$C_i \in \mathbb{R}_+$	Fertigstellungszeit von Job i, $i \in J$,
$T_i \in \mathbb{R}_+$	Verspätung von Job i, $i \in J$,
$S^B_{qk} \in \mathbb{R}_+$	Startzeitpunkt vom q-ten Batch auf Maschine $k \in M$, $q = 1, \ldots, c_k$,
$Y_{qvk} \in \{0,1\}$	Batch q auf $k \in M$ wird mit Familie $v \in D_k$ gebildet, $q = 1, \ldots, c_k$, 0 sonst,
$Z_{ioqk} \in \{0,1\}$	Arbeitsgang O_{io} wird im q-ten Batch auf Maschine $k \in M$ bearbeitet, $O_{io} \in A_k$, $q = 1, \ldots, c_k$, 0 sonst.

Optimierungsmodell: (6.1)

$$\sum_{i \in J} w_i T_i \to \min \quad \text{bei} \tag{6.2}$$

$$S_{qk} \geq Z_{ioqk} r_i \quad i \in J, o = 1, k \in M_{io}, q = 1, \ldots, c_k, \tag{6.3}$$

$$S_{qk} \geq u_k \quad q = 1, k \in M, \tag{6.4}$$

$$\sum_{k \in M_{io}} \sum_{q=1}^{c_k} Z_{ioqk} = 1 \quad i \in J, o = 1, \tag{6.5}$$

$$\sum_{O_{io} \in A_k} Z_{ioqk} \leq b_k \quad k \in M, q = 1, \ldots, c_k, \tag{6.6}$$

$$Z_{ioqk} - Y_{qvk} \leq 0 \quad i \in J, o = 1, k \in M_{io}, v = f_i, q = 1, \ldots, c_k, \tag{6.7}$$

$$S^B_{qk} + \sum_{v \in D_k} Y_{qvk} p_{vk} \leq S^B_{q+1,k} \quad k \in M, q = 1, \ldots, c_k - 1, \tag{6.8}$$

$$K(1 - Z_{ioqk}) + C_i \geq S_{qk} + p_{vk} \quad i \in J, o = 1, k \in M_{io}, v = f_i, q = 1, \ldots, c_k, \tag{6.9}$$

$$C_i - d_i \leq T_i \quad i \in J. \tag{6.10}$$

Bemerkung 6.1.1

Optimierungsmodell (6.1) sowie analog abgeleitete Modelle für weitere Zielfunktionen wurden für die Untersuchungen der Benchmarks OVE-1 bis OVE-4 in Abschnitt 4.4 benutzt.

Durch Optimierungsmodell (6.1) lassen sich Batch-Probleme mit den genannten Eigenschaften prinzipiell abbilden und mit dem in Abschnitt 5.4 vorgestellten hybriden Optimierungsansatz behandeln. Dennoch ist aufgrund der $\mathcal{NP}$-Schwere des Problems eine effiziente Lösung für praxisrelevante Größenordnungen (vgl. Abbildung 6.1) derzeit ausgeschlossen. Aus diesem Grund werden in Abschnitt 6.1.3 Methoden diskutiert, die das Problem in Teilprobleme zerlegen. Zunächst werden jedoch weitere Heuristiken für Batch-Probleme vorgestellt, die eine objektive Beurteilung des vorgestellten hybriden Verfahrens ermöglichen.

6.1.2.1. Prioritätsregeln

Bereits in Abschnitt 4.3.2 wurden einige Prioritätsregeln vorgestellt, die mittels eines übergeordneten DES-Systems dazu verwendet werden können Ablaufpläne zu erzeugen. In diesem Abschnitt werden diese Regeln auf die eingeführten Batch-Probleme erweitert. Erste sehr einfache Verfahren leiten sich direkt aus der FIFO- bzw. EDD-Regel ab:

BFIFO und BEDD

Alle Jobs werden gemäß ihrer Bereitstellungstermine (BFIFO) bzw. ihrer lokalen Fertigstellungstermine (BEDD) priorisiert. Sobald eine Maschine frei wird, wird der Job mit der höchsten Priorität, der auf dieser Maschine bearbeitet werden kann, ausgewählt. Dieser bestimmt die Familie des Batches. Alle weiteren Jobs dieser Familie werden gemäß ihrer Sortierung dem Batch hinzugefügt, bis entweder keine passenden Jobs mehr vorhanden sind oder die maximale Maschinenkapazität erreicht ist. Die Bearbeitung eines Jobs bzw. Batches beginnt, sobald mindestens ein Job verfügbar ist.

Der Nachteil dieser Regeln besteht darin, dass die Gewichte der Jobs keine Berücksichtigung in der Priorisierung finden. Eine in der Praxis anzutreffende Regel (vgl. [KHWH08]), die diese Gewichte berücksichtigt und die beiden oben genannten Regeln mit einander kombiniert, wird nachfolgend vorgestellt. Diese wird mit BPRIO bezeichnet.

BPRIO

Sobald eine Maschine frei wird und Jobs bereitgestellt sind, welche auf dieser Maschine bearbeitet werden können, werden alle Jobs gemäß der folgenden Eigenschaften sortiert:

1. *Gewicht w_i des Jobs*
2. *Zeit zum lokalen Fertigstellungstermin d_i*
3. *Standzeit des Jobs.*

Somit werden die Jobs mit dem größten Gewicht am höchsten priorisiert. Alle Jobs mit gleichem Gewicht werden intern nach der Differenz zum lokalen Fertigstellungstermin d_i sortiert etc. Das weitere Vorgehen entspricht der BEDD-Regel.

Der Nachteil der BPRIO-Regel besteht darin, dass sowohl die Batch-Größe als auch die Länge der Batch-Bearbeitung, d.h. der Kapazitätsverbrauch der Maschine, nicht mit in die Rangwertberechnung einbezogen werden. Die von Mason et al. [MFC02] vorgeschlagene, wesentlich komplexere BATC-Regel berücksichtigt auch diese Parameter. Sie stellt eine Erweiterung der von Vepsalainen und Morton [VM87] vorgestellten ATC-Regel (vgl. Abschnitt 4.3.2) für Batch-Probleme dar. Dabei fließen in die Berechnung des Rangwertes eines Job $i \in J$ die Parameter Bearbeitungszeit p_{vk}, Fertigstellungstermin d_i, Gewicht w_i und die durchschnittliche Bearbeitungszeit der verbleibenden ungeplanten Jobs $\overline{p}$ ein. Man erhält:

BATC

Sobald eine Maschine $k \in M$ zum Zeitpunkt t frei wird, wird für alle auf dieser Maschine erlaubten Familien $v \in D_k$, für die auch mindestens ein Job verfügbar ist, ein Batch x_v gebildet. Unter allen gebildeten Batches wird anschließend der Batch mit der höchsten Batch-Priorität

$$I_B(x_v, k, t) = \sum_{i \in x_v} I_i(k, t)$$

ausgewählt und sofort gestartet. Dabei enthält jeder Batch x_v jeweils (unter Beachtung der Kapazitätsbeschränkungen b_k) die Jobs mit den höchsten Job-Prioritäten, die definiert werden durch:

$$I_i(k,t) = \frac{w_i}{p_{vk}} \exp\left(-\frac{(d_i - p_{vk} - t)^+}{\kappa \cdot \overline{p}}\right), \quad v = f_i. \tag{6.11}$$

Bemerkung 6.1.2

Die BATC-Regel wurde für die Untersuchungen der Benchmarks in Abbildung 4.20 benutzt.

Wie die ATC-Regel ist die BATC-Regel eine Kombination aus der WSPT- und MS-Regel (vgl. Abschnitt 4.3.2). Die WSPT-Regel versucht, Jobs mit kurzer Bearbeitungszeit und hohem Gewicht zu priorisieren und betrachtet dabei die Verspätung der Jobs nicht. Die MS-Regel hingegen beachtet genau die Schlupfzeit zum geforderten Termin. Der Wert κ dient bei der ATC- bzw. BATC-Regel als Parameter, der je nach Wahl entweder die MS- oder die WSPT-Regel begünstigt. Bei der Verwendung der ATC- bzw. BATC-Regel wird der Wert für κ daher oftmals (vgl. [MU98, MBFP05]) mit einer äquidistanten Gittersuche ermittelt. Anschließend wird derjenige Wert für κ festgehalten, der den besten Zielfunktionswert erreicht.

Bemerkung 6.1.3

In der Literatur werden für κ nahezu übereinstimmend Werte zwischen 0,5 und 5 (Schrittweite 0,5) gewählt. Dies stellt auch die Vorgehensweise für alle nachfolgenden Untersuchungen dar.

Alle bisher genannten Regeln erzeugen in Verbindung mit einem übergeordneten DES-Modell – ohne jegliche Vorausschau – einen verzögerungsfreien Ablaufplan. Dies bedeutet jedoch, dass u.U. Batches, bestehend aus nur wenigen Losen, gestartet werden. Da jedoch gerade bei Batch-Prozessen vergleichsweise lange Bearbeitungszeiten anfallen und das nachträgliche Einfügen von

Jobs in einen bereits gestarteten Batch nicht möglich ist, kann dies dazu führen, dass Maschinenkapazität ungenutzt bleibt. Um diesem Problem entgegenzutreten, werden in [MBFP05] zwei Modifikationen der BATC-Regel, bezeichnet als BATC-I- bzw. BATC-II-Regel, vorgeschlagen, die mit einer Vorausschau arbeiten. Diese Verfahren können den Start eines Batches verzögern, wenn innerhalb einer vorgegebenen Zeitspanne Δt weitere in den Batch passende Jobs eintreffen. Die BATC-I- bzw. BATC-II-Regel erweitern die vorgestellte BATC-Regel wie folgt:

BATC-I und BATC-II

Die Berechnung findet wiederum für die freie Maschine $k \in M$ statt. Ausgehend von der BATC-Regel wird anstelle von Gleichung (6.11) *der Index*

$$I_i(k,t,\Delta t) = \frac{w_i}{p_{vk}} \exp\left(-\frac{(d_i - p_{vk} - \max(t, r_i))^+}{\kappa \overline{p}}\right), \quad v = f_i \tag{6.12}$$

zur Prioritätswertberechnung eines Jobs $i \in J$ benutzt. Dabei werden alle Jobs mit $f_i \in D_k$ und $r_i \leq t + \Delta t$ in Betracht gezogen. Anschließend werden alle Jobs nach ihrem Rangwert $I_i(k,t,\Delta t)$ sortiert. Aus dieser sortierten Liste werden (pro Familie) maximal die τ höchstpriorisierten Jobs ausgewählt. Nach dieser Auswahl werden für jede vorkommende Familie $v \in D_k$ alle möglichen Batch-Kombinationen x_v innerhalb der Familie berechnet. Jede der Batch-Kombinationen wird dabei mittels des durch:

$$\text{BATC-I:} \qquad I_B(x_v,k,t,\Delta t) = \frac{w_v}{p_{vk}} \exp\left(-\frac{(d_v - p_{vk} - t + (r_v - t))^+}{\kappa \overline{p}}\right) \frac{n_v}{b_k},$$

$$\text{BATC-II:} \qquad I_B(x_v,k,t,\Delta t) = \sum_{i \in x_v} \frac{w_i}{p_{vk}} \exp\left(-\frac{(d_i - p_{vk} - t + (r_v - t)^+)^+}{\kappa \overline{p}}\right) \frac{n_v}{b_k}$$

berechneten Prioritätswertes bewertet. Dabei stellt w_v das durchschnittliche Gewicht der Jobs im Batch x_v, $d_v = \min_{i \in x_v} d_i$ den frühesten lokalen Fertigstellungstermin aller Jobs im Batch, $r_v = \max_{i \in x_v} r_i$ den spätesten Bereitstellungstermin der Jobs im Batch und n_v die Anzahl der Jobs im Batch dar. Anschließend wird aus allen berechneten Batches derjenige Batch gestartet, der den höchsten Prioritätswert $I_B(x_v,k,t,\Delta t)$ besitzt. Der Start des Batches erfolgt zum Zeitpunkt $\max(r_v, t)$, d.h. eventuell verzögert. Während einer Verzögerung wird kein anderer Batch auf Maschine $k \in M$ gestartet. Bezüglich der Wahl des Parameters κ gilt Bemerkung 6.1.3.

Bemerkung 6.1.4

Die durch τ definierte Einschränkung der maximal betrachteten Jobs pro Familie ist notwendig, da bei einer Kapazität b_k und bei n_v Jobs einer Familie bereits $\sum_{i=1}^{\min(b_k,n_v)} \binom{n_v}{i}$ Kombinationen von Batches berechnet und ausgewertet werden müssen. Im Folgenden wird $\tau = 10$ gewählt.

Die Vorausschau Δt liegt sowohl in der Praxis als auch in einem DES-Modell nur bedingt vor, z.B. wenn sich gegenwärtig Jobs im vorgelagerten Arbeitsgang befinden und deren Restbearbeitungszeiten bekannt sind. Die (reale) Bestimmung einer solchen Vorausschau Δt ist als problemspezifisch einzustufen. Im Allgemeinen gilt jedoch, dass mit zunehmender Vorausschau deren Vorhersagegenauigkeit abnimmt und der Aufwand, diese zu bestimmen, steigt. In den nächsten Abschnitten wird daher die Lösungsgüte in Abhängigkeit von der Vorausschau untersucht werden.

6.1.2.2. Simulationsbasierte Optimierung

Bei der simulationsbasierten Optimierung (vgl. Abschnitt 4.3.3) werden im Gegensatz zur prioritätsregelbasierten Planung viele verschiedene Ablaufpläne erzeugt und miteinander verglichen. Erreicht wird dies durch die Definition von Stellgrößen (z.B. Regelparameter, Abarbeitungsreihenfolgen etc.) im DES-Modell. Die im letzten Abschnitt vorgestellten Verfahren BATC, BATC-I und BATC-II sind somit bereits der simulationsbasierten Optimierung zuzuordnen, wenn man κ als Stellgröße, d.h. als veränderlichen Parameter in einem DES-Modell, benutzt. Wie in Abschnitt 4.3.3 dargestellt, ist die Definition problemspezifischer Stellgrößen ein entscheidender Faktor bei der Verwendung simulationsbasierter Optimierungsansätze. In dieser Arbeit werden folgende drei Stellgrößen untersucht, welche die Batch-Bildung beeinflussen [KHWH08, KWW11, Dol10]:

- *Stellgröße 1:* maximale Wartezeit $t^{\max} \in [0, \Delta t]$
- *Stellgröße 2:* minimale Batch-Größe $b_k^{\min} \in [0, b_k]$
- *Stellgröße 3:* Reihenfolge in der Warteschlange.

Mit Hilfe dieser Stellgrößen wird eine statische Prioritätsregel parametrisiert, die zu einem Zeitpunkt t die Auswahl des jeweils nächsten Batches beeinflusst. Dabei gibt die erste Stellgröße die maximale Wartezeit $t^{\max}$ an, die ein Batch verzögert werden darf, falls im Zeitintervall $[t, t+t^{\max}]$ noch zum Batch passende Jobs eintreffen. Diese Verzögerung findet jedoch nicht statt, wenn eine durch die zweite Stellgröße definierte minimale Batch-Größe $b_k^{\min}$ bereits erreicht ist. In diesem Fall wird der Batch sofort gestartet. Mit Hilfe der dritten Stellgröße wird die Auswahl der nächsten zu prüfenden Familie beeinflusst. Falls die Anzahl der bereitgestellten Jobs einer Familie in der Warteschlange höher als die Kapazität der Maschine ist, werden mit dieser Stellgröße auch die zum Batch gehörenden Jobs gemäß der Reihenfolge in der Warteschlange festgelegt.

Alle drei Stellgrößen lassen sich durch die in Abschnitt 4.3.3 skizzierten abstrakten Stellgrößen im DES-System beschreiben (Stellgrößen vom Typ Zuordnung und Reihenfolge). Anstelle der eingangs genannten reellwertigen Belegungen für die ersten beiden Stellgrößen wird bei der Implementierung jedoch auf diskrete Zuordnungen zurückgegriffen, um die Anzahl möglicher Kombinationen dieser Stellgrößen auf ein sinnvolles Maß zu reduzieren. Während jeder Simulation werden für diese beiden Stellgrößen zwei Parameter $P_i, P_j \in \{0, 1, 2, 3, 4, 5, 6, 7, 8, 9, 10\}$ durch die verwendete LS-Heuristik ausgewählt. Anschließend werden die Parameter der statischen Prioritätsregel berechnet durch: $t^{\max} := 0,1 \cdot P_i \cdot \Delta t$ bzw. $b_k^{min} := \lceil 0,1 \cdot P_j \cdot b_k \rceil$.

Beispiel 6.1.5 stellt den Einfluss der drei Stellgrößen auf die Batch-Bildung anschaulich dar (vgl. [Dol10]). Dabei beschreibt der Wert Δt eine obere Grenze für die maximale Wartezeit, die auch als die vorher eingeführte Vorausschau interpretiert werden kann.

Beispiel 6.1.5

In Abbildung 6.3 werden drei Zeitpunkte t_1, t_2 und t_3 dargestellt, an welchen die unterschiedlichen Stellgrößen die Batch-Bildung an einer Maschine $k \in M$ mit $b_k = 6$ beeinflussen. Die hierbei ausgeführten Aktionen werden in Tabelle 6.1 dokumentiert. Für die drei Stellgrößen werden folgende Zuordnungen bzw. wird folgende Reihenfolge ausgewählt:

- *Stellgröße 1* wird der diskrete Wert 4 zugeordnet, woraus $t^{\max} = 0{,}4 \cdot \Delta t$ folgt.
- *Stellgröße 2* wird der diskrete Wert 8 zugeordnet, woraus $b_k^{\min} = 5$ folgt.
- *Stellgröße 3* wird die Permutation (6,2,3,1,4,5,8,7,9,12,11,13,10) zugeordnet.

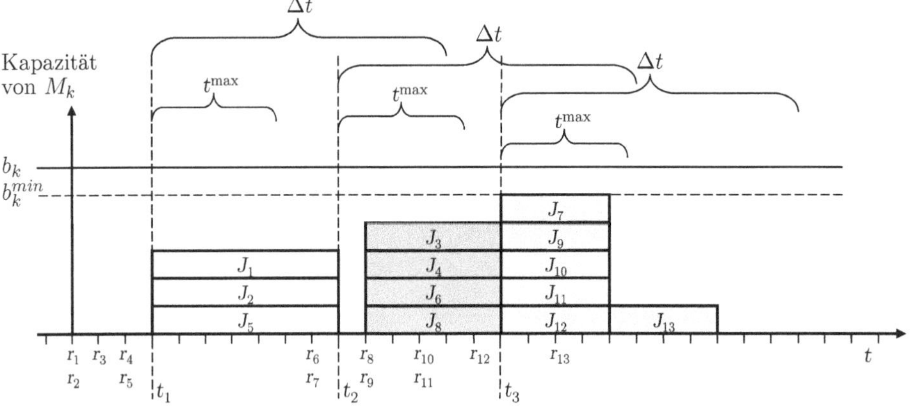

Abbildung 6.3.: Darstellung der verwendeten Stellgrößen für die simulationsbasierte Optimierung

Zeitpunkt	Aktion
t_1	Zur Batch-Bildung werden die Jobs J_1, J_2, J_3, J_4 und J_5 in Betracht gezogen. Durch den durch die Reihenfolgestellgröße definierten ersten verfügbaren Job (J_2) wird die Familie des nächsten Batches bestimmt. Da innerhalb des Zeitintervalls $[t_1, t_1 + t_{\max}]$ keine weiteren Jobs dieser Familie eintreffen, wird der Batch bestehend aus den Jobs J_1, J_2 und J_5 sofort gestartet.
t_2	Zur Batch-Bildung werden die Jobs $J_3, J_4, J_6, J_7, J_8, J_9, J_{10}$ und J_{11} in Betracht gezogen. Durch die Reihenfolgestellgröße wird die Familie von J_6 ausgewählt. Da innerhalb des Intervalls $[t_2, t_2 + t_{\max}]$ der noch zur Familie passende Job J_8 eintrifft und die minimale Batch-Größe $b_k^{\min}$ noch nicht erreicht ist, wird der Start des Batches bis zum Zeitpunkt r_8 verzögert.
t_3	Zur Batch-Bildung werden die Jobs $J_7, J_9, J_{10}, J_{11}, J_{12}$ und J_{13} in Betracht gezogen. Durch die Reihenfolgestellgröße wird die Familie von J_7 ausgewählt. Innerhalb des Intervalls $[t_3, t_3 + t_{\max}]$ trifft noch Job J_{13} der gleichen Familie ein. Da jedoch die minimale Batch-Größe $b_k^{\min}$ bereits erreicht ist, wird der Batch sofort gestartet.

Tabelle 6.1.: Erläuterungen zu Zeitpunkten und zugehörigen Aktionen

Das Nichtverzögern eines Batches bei erreichter minimaler Batch-Größe ist durch die Annahme begründet, dass während der Bearbeitung des Batches noch weitere Jobs eintreffen die gegenwärtig nicht bekannt sind (Δt ist in der praktischen Anwendung i.Allg. kleiner als die Dauer einer Batch-Bearbeitung). □

Bemerkung 6.1.6

Die vorgestellten Stellgrößen wurden für die Untersuchungen des simulationsbasierten Optimierungsansatzes in Abbildung 4.20 in Kombination mit einem GS benutzt.

Wie die Ergebnisse in Abbildung 4.20 zeigen, erzielen die simulationsbasierten Verfahren für die Benchmarks OVE-1, OVE-2 und OVE-3 deutlich bessere Ergebnisse als die BATC-Regel. Lediglich für das größte Problem OVE-4 mit 60 Jobs ist dies nicht mehr der Fall. Für größere Probleminstanzen und längere Planungsintervalle bedeutet dies, dass das Verfahren in Kombination mit den beschriebenen Stellgrößen nicht mehr in der Lage ist, z.B. auf schwankende Auslastungsszenarios sinnvoll zu reagieren. Dies ist dadurch begründet, dass die statischen Regelparameter $t^{\max}$ und $b_k^{\min}$ während einer Simulation nicht veränderbar sind. Daher wird der vorgestellte simulationsbasierte Optimierungsansatz, ähnlich wie der hybride MIP-Ansatz, nachfolgend mittels einer zeitbasierten Dekomposition auf Teilprobleme angewendet.

6.1.2.3. Variable Nachbarschaftssuche

Ein letztes Verfahren, das bzgl. der Anwendbarkeit auf Batch-Probleme untersucht werden soll, ist VNS. Um diese – durch Algorithmus 3.4.3 beschriebene – Metaheuristik auf Batch-Probleme anwenden zu können, sind die Definitionen problemspezifischer Nachbarschaften N_k bzw. N notwendig. Diese werden, ähnlich wie bereits in Abschnitt 4.2.1 skizziert, auf der vollständigen Lösungsdarstellung definiert. Im übertragen Sinne definieren diese Nachbarschaften mögliche Vertauschoperationen von Batches bzw. Jobs im Gantt-Diagramm.

Almeder und Mönch haben das VNS-Verfahren erstmals für das Batch-Problem $P \mid p-batch; incompatible \mid \sum w_iT_i$ angewendet [AM09, AM10]. In Klemmt et al. [KWAM09] erfolgt eine Erweiterung dieses Ansatzes auf das auch in diesem Abschnitt betrachtete Problem $R \mid M_{io}; p\text{–}batch; incompatible; r_i \mid \sum w_iT_i$. Hierbei wird die Startlösung x_0 des VNS-Verfahrens (*S2* in Algorithmus 3.4.3) mit Hilfe der BATC-II-Regel berechnet. Weiterhin werden folgende fünf Nachbarschaftsoperationen, in Abhängigkeit eines Parameters l, für den Schritt Shaking (*S6* in Algorithmus 3.4.3) definiert:

splitBatch(l) Wähle zufällig einen Batch aus und teile diesen in zwei Batches. Ein Teil(-Batch) verbleibt an der ursprünglichen Position, der andere wird an einer zufälligen Position auf einer anderen Maschine eingefügt. Der Schritt wird l-mal wiederholt.

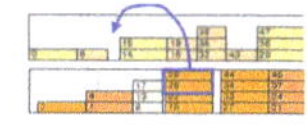

moveBatch(l) Wähle zufällig einen Batch aus, entferne ihn und füge ihn an einer zufälligen Position auf einer zufällig gewählten Maschine wieder ein. Der Schritt wird l-mal wiederholt.

moveSeq(l) Wähle zufällig eine Position auf einer Maschine. Entferne die Abfolge von maximal l Batches (l bzw. die Anzahl der restlichen Batches) und füge die Abfolge oder die umgekehrte Abfolge an einer zufälligen Position auf einer anderen Maschine ein.

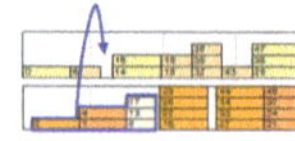

swapBatch(l) Wähle zufällig zwei Batches von verschiedenen Maschinen aus und vertausche ihre Positionen. Der Schritt wird l-mal wiederholt.

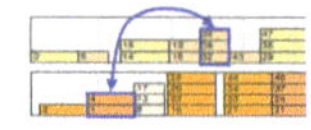

swapSeq(l) Wähle zufällig zwei Positionen auf verschiedenen Maschinen und vertausche die Batch-Folge von diesen Positionen mit der maximalen Länge l (l bzw. die Anzahl der restlichen Batches).

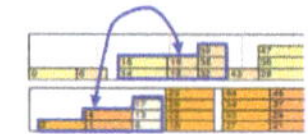

In Almeder und Mönch [AM09] werden verschiedene Tests bzgl. der Nachbarschaften durchgeführt. Hierbei wird insbesondere geprüft, ob die oben genannten Nachbarschaftsoperationen einzeln oder in Kombination anzuwenden sind. Die besten Ergebnisse wurden dabei durch kombinierte Nachbarschaften erzielt. In den folgenden Untersuchungen wird daher, wie in [KWAM09], die kombinierte Nachbarschaft

$$N_k := splitBatch(l) \rightarrow moveBatch(l) \rightarrow moveSeq(l) \rightarrow swapBatch(l) \rightarrow swapSeq(l),$$

mit $l = 3k$ verwendet, d.h., es werden die oben definierten Nachbarschaftsoperationen in genau dieser Reihenfolge ausgeführt. Durch den Parameter k lässt sich die Größe der Nachbarschaft beeinflussen. In den einzelnen Nachbarschaftsoperationen werden jeweils nur Vertauschungen akzeptiert, die einen zulässigen Ablaufplan zur Folge haben.

Durch den Schritt Shaking (*S6* in Algorithmus 3.4.3) werden die Ablaufpläne (abhängig von k) unterschiedlich stark verändert (i.Allg. verschlechtert), um möglichen lokalen Optima zu entkommen. Ein anschließender LS-Schritt (*S7* in Algorithmus 3.4.3) versucht, diese Pläne (wieder) zu verbessern. Da während des Schrittes Shaking zum Teil sehr unterschiedliche Lastverteilungen auf den Maschinen entstehen, wird in [AM10, KWAM09] ein Balancierungsschritt vor dem eigentlichen LS-Schritt ausgeführt:

balance Wenn der Startzeitpunkt des letzten Batches auf der Maschine mit der längsten Bearbeitung später ist als der Fertigstellungszeitpunkt des letzten Batches einer anderen Maschine, die diesen Batch ebenfalls bearbeiten kann, so wird der Batch auf diese Maschine verschoben. Dieser Schritt wird solange wiederholt, bis kein Batch mehr verschoben werden kann.

Wie bei dem Shaking-Schritt werden auch im LS-Schritt problemspezifische, d.h. lösungsraumbasierte, Nachbarschaften verwendet. Diese lassen i.Allg. nur lokale Änderungen am Ablaufplan (meist Job-basiert) zu. Folgende drei Nachbarschaftsoperationen bilden bei der verwendeten LS die Nachbarschaft N:

insertJob Entferne zufällig einen Job aus einem Batch und füge diesen in einen anderen zufällig gewählten Batch der gleichen Familie ein.

swapJob Wähle zufällig zwei Jobs der gleichen Familie aus zwei unterschiedlichen Batches aus und vertausche diese.

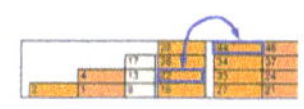

swapBatch Wähle zufällig zwei Batches aus und tausche diese gegeneinander.

Wiederum werden in den einzelnen Nachbarschaftsoperationen jeweils nur Vertauschungen akzeptiert, die einen zulässigen Ablaufplan zur Folge haben.

Die Definition und die Implementierung der Nachbarschaften stellen den aufwendigsten Part des VNS-Ansatzes dar. Dadurch wird die Metaheuristik zu einer problemspezifischen Heuristik, was den Ansatz schwer erweiterbar bzgl. zusätzlicher Nebenbedingungen macht. Untersuchungen von Benchmarks in [KWAM09] haben jedoch gezeigt, dass der dargestellte VNS-Ansatz die derzeit besten Ergebnisse für die Problemklasse $R \mid M_{io}; p-batch; incompatible; r_i \mid \sum w_iT_i$ liefert. Anders als Verfahren, die mit Dekompositionsheuristiken arbeiten, kann der VNS-Ansatz global, d.h. auf der Basis aller Eingangsdaten arbeiten. Dies macht ihn insbesondere für die Optimierungspotentialaussagen lokaler Optimierungsverfahren zu einer wichtigen Referenz.

6.1.3. Dekompositionsansätze für Maschinengruppen mit Batch-Bildung

Im vorangegangenen Abschnitt wurden verschiedene Verfahren skizziert, die sich prinzipiell zur Optimierung der eingeführten Batch-Probleme eignen. Für einige dieser Verfahren wurde bereits angemerkt, dass sich diese nur bei einer Problemzerlegung sinnvoll anwenden lassen. Diese Problemzerlegungen (Dekompositionen) werden im Folgenden diskutiert.

„Decomposition methods attemp to develop solutions to complex problems by decomposing them into smaller subproblems which are more tractable and easier to understand.“ [OU97]

6.1.3.1. Zeitbasierte Dekompositionsansätze

Zeitbasierte Dekompositionsansätze sind vorrangig dann anwendbar, wenn die Jobs Bereitstellungstermine r_i besitzen. Durch diese erhalten die Jobs eine gewisse Grundordnung. Der Ansatz einer zeitbasierten Dekomposition besteht darin, diese Grundordnung für eine Problemzerlegung zu nutzen. Konkret bedeutet dies, nicht alle in einem Beobachtungszeitraum ΔH, $\Delta H = \max_{i \in J} r_i$ eintreffenden Jobs zu betrachten, sondern einen Ablaufplan sukzessive auf der Basis von Zeitscheiben zu erstellen. Diese Zeitscheiben beinhalten jeweils nur Teilprobleme des ursprünglichen Batch-Problems. Das heißt, zu einem Zeitpunkt t_x werden nur Jobs mit einem Bereitstellungstermin $r_i \leq t_x + \Delta t$ in Betracht gezogen. Die Menge der zu verplanenden Jobs J wird somit lokal auf $\widetilde{J_x} := \{i \in J \mid r_i \leq t_x + \Delta t\} \subseteq J$ begrenzt. Auf Basis dieser Jobs wird das (Sub-)Batch-Problem der Zeitscheibe $[t_x, t_x + \Delta t]$ gelöst. Anschließend wird ein Neuplanungszeitpunkt t_{x+1} berechnet. Alle Jobs, die bis zu diesem Zeitpunkt innerhalb der aktuellen Zeitscheibe verplant wurden (Bearbeitung gestartet), werden in einem globalen Ablaufplan fixiert und von der Menge aller zu planenden Jobs J entfernt. Anschließend wird das nächste (Sub-)Batch-Problem für die Zeitscheibe $[t_{x+1}, t_{x+1} + \Delta t]$ gelöst. Eventuell über t_{x+1} hinaus bestehende Bearbeitungszeiten werden als Restbearbeitungszeiten $u_{k,x+1}$ an den jeweiligen Maschinen M_k gesetzt. Der Vorgang wird wiederholt bis $J = \emptyset$ ist. Abbildung 6.4 verdeutlicht dieses Verfahren.

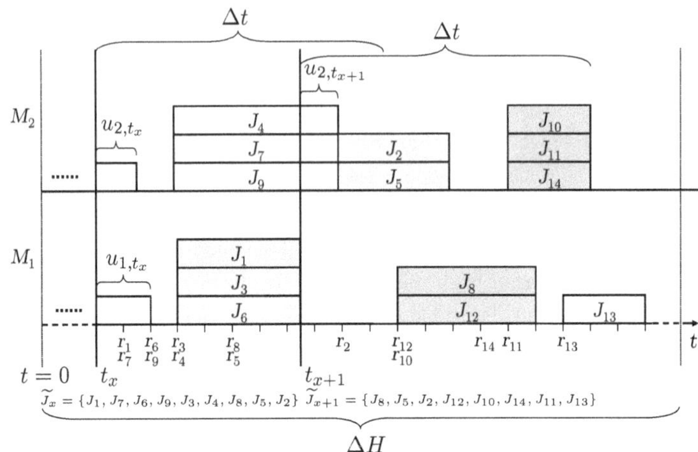

Abbildung 6.4.: Dekomposition eines Batch-Problems auf der Basis von Zeitscheiben

Um das Optimierungspotential der verschiedenen Verfahren bewerten zu können, ist es notwendig, diese unter Verwendung von Probleminstanzen mit hinreichend langen Beobachtungszeiträumen ΔH zu vergleichen. Das Wissen über das zukünftige Eintreffen von Jobs liegt in der praktischen Anwendung i.Allg. jedoch (oft) nicht für derartige Zeiträume vor. Vielmehr existiert zum Zeitpunkt t einer geforderten Steuerungsentscheidung lediglich eine teils unsichere Vorausschau. Die vorgestellte zeitbasierte Dekomposition hat daher einen sehr hohen Bezug zu einer praktischen Anwendung, wenn man Δt als eben diese Vorausschau interpretiert.

Die strenge zeitliche Ausrichtung dieser Dekomposition (einmal fixierte Batches sind nicht mehr veränderbar) führt weiterhin dazu, dass sich diese Dekomposition hervorragend mit DES-Systemen abbilden lässt. Hierzu wird ein DES-Basismodell auf Basis aller Eingangsinformationen erstellt. Dieses wird einmal simuliert. Während der Simulation des DES-Basismodells werden zu definierten Ereignissen DES-Steuerungsmodelle erstellt[6]. Diese basieren ausschließlich auf den Daten der gegenwärtigen Zeitscheibe. Diese Zeitscheibenmodelle werden anschließend optimiert. Um die verfolgte, globale Zielfunktion besser innerhalb der Optimierung einer Zeitscheibe abzubilden, wird anstelle von Zielfunktion (6.2) die Ersatzzielfunktion

$$\widehat{K} \sum_{i \in J} w_i T_i + \sum_{i \in J} C_i \rightarrow \min \tag{6.13}$$

verwendet. Dabei beschreibt $\widehat{K}$ einen hinreichend großen Gewichtsfaktor[7]. Dieser stellt sicher, dass primär bzgl. der gewichteten Verspätung optimiert wird. Insbesondere Jobs, die jedoch keine Verspätung besitzen, werden sekundär nach deren Fertigstellungszeit optimiert. Dies führt dazu, dass Restbearbeitungszeiten in nachfolgenden Zeitscheiben möglichst minimal sind.

[6]Information bzgl. der Umsetzung werden in Abschnitt 7.2 dargestellt.

[7]Anders als K (vgl. Abschnitt 3.1.2.3) ist $\widehat{K}$ angepasst an die Dimension der Zielfunktion zu wählen.

Der aus dieser Optimierung resultierende Ablaufplan (pro Zeitscheibe) dient der Ermittlung einer Steuerungsentscheidung für das Ereignis im DES-Basismodell. Anschaulich bedeutet dies, dass anstelle der Auswertung einer Prioritätsregel ein Optimierungsproblem gelöst wird, das die Steuerungsentscheidung ermittelt. Zu definieren bleibt an dieser Stelle jedoch, zu welchen konkreten Ereignissen die Erstellung eines DES-Steuerungsmodells, d.h. eine lokale Optimierung, erfolgt (vgl. t_{x+1} in Abbildung 6.4). In Klemmt et al. [KHWH08, KWAM09] bzw. [Dol10] werden diesbezüglich sowohl feste als auch dynamische Neuplanungsintervalle untersucht. Dabei werden die lokal optimierten Steuerungsentscheidungen des DES-Zeitscheibenmodells bis zum Neuplanungszeitpunkt im DES-Basismodell umgesetzt. Das Ergebnis dieser Untersuchungen ist, dass ein häufiges Neuplanen die besten Ergebnisse zur Folge hat, da in diesem Fall die Zeitscheibenmodelle immer über aktuelle Informationen verfügen. Im Folgenden wird daher die einfache Neuplanungsstrategie verfolgt, dass zu den Ereignissen:

(i) Maschine wird frei (Ende Batch-Bearbeitung, Maschine verfügbar) und mindestens ein Job ist verfügbar

(ii) Job wird an der Maschinengruppe bereitgestellt und mindestens eine freigegebene Maschine ist verfügbar

des DES-Basismodells eine der folgenden Aktionen ausgeführt wird:

(1) Auswertung einer Prioritätsregel (BFIFO, BEDD, RTD, BATC, BATC-I oder BATC-II, vgl. Abschnitt 6.1.2.1) zur Berechnung des bzw. der nächsten Batches auf der bzw. den verfügbaren Maschine(n).

(2) Erstellung eines DES-Steuerungsmodells, Durchführung einer simulationsbasierten Optimierung dieses Modells (vgl. Abschnitt 6.1.2.2) und Ermittlung des bzw. der nächsten Batches auf der bzw. den verfügbaren Maschine(n) als Ergebnis des optimierten Ablaufplans.

(3) Erstellung eines DES-Steuerungsmodells, Durchführung einer hybriden Optimierung dieses Modells[8] (vgl. Abschnitt 6.1.2) und Ermittlung des bzw. der nächsten Batches auf der bzw. den verfügbaren Maschine(n) als Ergebnis des optimierten Ablaufplans.

6.1.3.2. Maschinenbasierte Dekompositionsansätze

Für spezielle Problemstellungen können maschinenbasierte Dekompositionsverfahren dazu verwendet werden, unnötige Freiheitsgrade einzuschränken bzw. diese aufzulösen. Ein Anwendungsfall hierfür ist die Optimierung von Dedizierungsnebenbedingungen. Diese treten in vielen praktischen Problemstellungen auf. Hierbei werden sowohl familien- als auch arbeitsgangbasierte Zuordnungen zu Maschinen definiert. Durch das entwickelte MIP-Modell (5.1) werden diese Dedizierungen (familienbasiert) auf der Basis der Mengen D_k für jede Maschine $k \in M$ abgebildet[9]. Wie in Abschnitt 4.4 (vgl. Abbildung 4.17 und 4.18) dargestellt, können Dedizierungen

[8] Die Gewinnung von Schranken bzw. einer Startlösung erfolgt mittels BATC-Regel.

[9] Soll ein einzelner Arbeitsgang O_{io} auf Maschine $k \in M$ verboten werden, lässt sich dies durch die zusätzliche Nebenbedingung $Z_{io*k} = 0$ erreichen. Dieser Fall wird nachfolgend nicht weiter untersucht.

zu ungünstigen Ablaufplänen führen. Dies ist primär dann der Fall, wenn zu definierten Ereignissen (Steuerungsentscheidungen im DES-Modell) unzureichendes Wissen über zukünftige Job-Ankünfte (insbesondere auch die Menge der ankommenden Jobs) vorliegt bzw. dieses Wissen nicht in die Steuerungsentscheidungen einfließt. Auch bei der zeitbasierten Dekomposition kann dieses Verhalten beobachtet werden, wenn die Vorausschau Δt verhältnismäßig gering ausfällt[10]. Dann kann es vorkommen, dass ein Job eine von mehreren möglichen Maschinen belegt, die ausschließlich durch einen anderen, wenig später eintreffenden Job, benutzt werden kann.

Eine maschinenbasierte Dekomposition besteht im Auflösen kapazitiv unnötiger Freigaben. Die nachfolgend skizzierte maschinenbasierte Dekomposition wirkt dabei direkt auf das zugrundeliegende DES-Modell ein, indem einzelne Zweige im Verzweigungsobjekt deaktiviert werden, und kann dabei sowohl bei prioritätsregelbasierten Ansätzen, der simulationsbasierten Optimierung als auch bei dem hybriden Optimierungsansatz angewendet werden. Der Einsatz dieser Dekomposition wird im Folgenden jedoch ausschließlich auf Basis des hybriden MIP-Ansatzes für Batch-Probleme[11] untersucht. Hierbei wirkt sich die Dekomposition auch reduzierend auf die Größe[12] des zugrundeliegenden MIP-Modells aus.

Ziel ist es, die kumulierte Last, d.h. die belegte Maschinenkapazität pro Job-Familie, so auf den Anlagen zu verteilen, dass alle Maschinen möglichst gleich ausgelastet sind. Dabei werden Familien auf Maschinen mit potentieller Überlast gesperrt, sofern für diese alternative Maschinen zur Auswahl stehen. Dieser maschinenbasierte Dekompositionsansatz ist den *kapazitiven Optimierungsproblemen* (engl. Capacity Allocation Problems, CAP) zuzuordnen, die für vielfältige Anwendungsgebiete und in verschiedensten Varianten in der Literatur diskutiert werden (vgl. [Wol98, AnU05]). Beispiel 6.1.7 skizziert eine typische Problemstellung.

Beispiel 6.1.7

Untersuchungsgegenstand ist ein Batch-Problem mit drei Maschinen, vier inkompatiblen Familien ($v = 4$) und 40 Jobs pro Familie, d.h. insgesamt $n = 160$ Jobs. Die Maschinen haben jeweils unterschiedliche maximale Kapazitäten $b_k = (3, 4, 6)$. Es existieren identische Bearbeitungszeiten $p_{v*} = (10, 16, 2, 10)$ für jede Familie auf allen Maschinen[13]. Außerdem existieren die Dedizierungen $D_k = \{\{1, 2, 3, 4\}, \{1, 3\}, \{1, 4\}\}$. Abbildung 6.5 stellt eine mittels DES-System

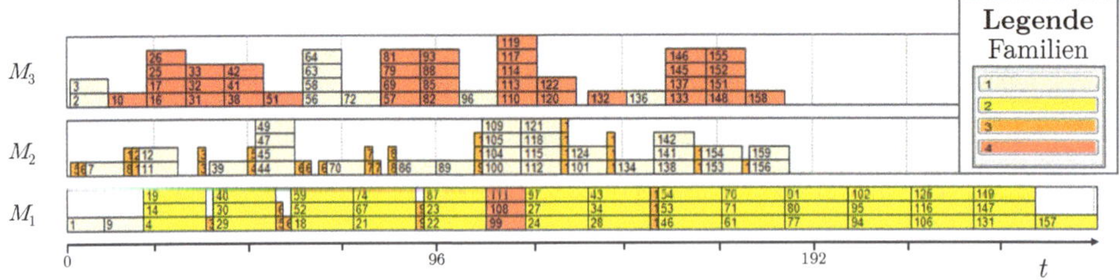

Abbildung 6.5.: BATC-Lösung eines Batch-Problems mit drei Maschinen, vier inkompatiblen Familien und 160 Jobs vom Typ $R_3 \mid M_{io}; p-batch; incompatible; r_i \mid \sum w_i T_i$

[10] Insbesondere wenn diese deutlich kleiner als eine durchschnittliche Bearbeitungszeit ist.

[11] Verallgemeinerungen dieser Dekomposition werden z.B. in Klemmt et al. [KLW+11] betrachtet.

[12] Hiermit ist insbesondere die Definition von Y_{qvk} und Z_{ioqk} sowie zugehöriger Nebenbedingungen gemeint.

[13] Weiterhin besitzen alle Jobs Gewichte sowie Bereitstellungs- und Fertigstellungstermine.

und BATC-Regel erzeugte Lösung eines solchen Ablaufplanungsproblems dar, der zu entnehmen ist, dass auf jeder Maschine mindestens ein Batch aller freigegebenen Familien bearbeitet wird. Dies ist für diese Problemstellung jedoch kapazitiv nicht sinnvoll, da Familie F_2 ausschließlich auf Maschine M_1 bearbeitet werden kann, die Bearbeitungszeit von F_2 sehr lang und die Kapazität von M_1 gering ist. Eine Sperrung der Familien F_1, F_3 und F_4 auf M_1 würde daher voraussichtlich einen besseren Ablaufplan zur Folge haben. Auf Grund der zeitlich gerichteten Vorgehensweise des DES-Systems wird die entstehende Überlastsituation auf M_1 jedoch nicht erkannt bzw. berücksichtigt, vielmehr wird zu dem Ereignis "M_1 wird frei" der nächste verfügbare, höchstpriorisierte Batch gestartet. □

Wie Beispiel 6.1.7 zeigt, muss der kapazitive, maschinenbasierte Dekompositionsansatz flexibel, d.h. abhängig von der Anzahl an Jobs pro Familie (n_v), den verfügbaren Maschinenkapazitäten b_k und den Bearbeitungszeiten p_{vk} konstruiert werden. Weiterhin ist zu beachten, dass das Ziel der Dekomposition nicht das Löschen möglichst vieler Freigaben ist. Eine zu starke Einschränkung der Freiheitsgrade wirkt sich i.Allg. negativ auf Zielgrößen wie die gewichtete Verspätung aus, da rein kapazitive Betrachtungen dynamische Systemeigenschaften (insbesondere Job-Bereitstellungen) nicht berücksichtigen. Ziel der nachfolgend dargestellten maschinenbasierten Dekomposition ist das Löschen möglichst weniger Freigaben unter der Nebenbedingung, dass durch die verbleibenden Freigaben eine optimale Lastbalancierung über den Maschinen möglich ist. Mit folgenden Parametern lässt sich die maschinenbasierte Dekompositionsheuristik beeinflussen:

Parameter

$n^{\min} \in \mathbb{Z}$	Anzahl an Jobs einer Familie $v \in F$, die innerhalb reduzierter Freigaben minimal auf Maschine $k \in M$ zu bearbeiten sind ($n^{\min} \leq \min_{v \in F} n_v$),
$f_k^{\min} \in \mathbb{Z}$	minimale Anzahl an Familien, die auf Maschine $k \in M$ freizugeben sind ($f_k^{\min} \leq \lvert D_k \rvert$),
$m_v^{\min} \in \mathbb{Z}$	minimale Anzahl an Maschinen, die für Familie $v \in F$ freizugeben sind ($m_v^{\min} \leq \sum_{k \in M\,(v \in D_k)} 1$).

Durch diese Eingangsparameter lässt sich das CAP (6.14) formulieren, dessen Lösung die reduzierten Freigaben

$$D_k^{\text{red}} := \{v \mid D_{vk} = 1, v \in D_k\}, \ k \in M$$

mit den oben beschriebenen Eigenschaften zur Folge hat. Hierbei werden folgende Entscheidungsvariablen definiert:

Unbekannte

$Q_{vk} \in \mathbb{Z}$	Anzahl Jobs der Familie $v \in D_k$, die auf $k \in M$ bearbeitet werden,
$D_{vk} \in \{0, 1\}$	Familie $v \in D_k$ wird auf $k \in M$ bearbeitet, 0 sonst,
$C_{\max} \in \mathbb{R}$	minimal anfallende Zykluszeit.

$$\textit{Optimierungsmodell:} \tag{6.14}$$

$$C_{\max}\widehat{K} - \sum_{k\in M}\sum_{v\in D_k} D_{vk} \longrightarrow \min \qquad \text{bei} \tag{6.15}$$

$$\sum_{v\in D_k} Q_{vk}\frac{p_{vk}}{b_k} \leq C_{\max} \qquad k \in M, \tag{6.16}$$

$$Q_{vk} \leq D_{vk}n_v \qquad k \in M,\ v \in D_k, \tag{6.17}$$

$$D_{vk}n^{\min} \leq Q_{vk} \qquad k \in M,\ v \in D_k, \tag{6.18}$$

$$\sum_{v\in D_k} D_{vk} \geq f_k^{\min} \qquad k \in M, \tag{6.19}$$

$$\sum_{k\in M\,(v\in D_k)} D_{vk} \geq m_v^{\min} \qquad v \in F, \tag{6.20}$$

$$\sum_{k\in M\,(v\in D_k)} Q_{vk} = n_v \qquad v \in F. \tag{6.21}$$

Optimierungsmodell (6.14) lässt sich wie folgt interpretieren. Es wird eine multikriterielle Zielfunktion (6.15) definiert, die primär die minimal anfallende Zykluszeit einer Probleminstanz minimiert. Dies hat eine optimierte Lastverteilung zur Folge. Weiterhin wird sekundär eine Lösung mit der maximal möglichen Anzahl an Freigaben gesucht. Die Umsetzung der Hierarchie der Zielgrößen wird wiederum durch einen hinreichend großen Skalierungsfaktor $\widehat{K}$ erreicht, der weiterhin die Dimensionslosigkeit der Zielfunktion durch eine Normierung der Einzelziele sicherstellt. Die minimal anfallende Zykluszeit $C_{\max}$ wird durch Nebenbedingung (6.16) beschränkt. Restriktion (6.17) fordert, dass wenn $Q_{vk} > 0$ ist, die zugehörige Variable $D_{vk} = 1$ sein muss. Andersherum fordert Ungleichung (6.18), dass wenn Familie $v \in D_k$ auf Maschine M_k freigegeben bleibt, mindestens $n^{\min}$ Jobs dieser Familie auf Maschine M_k allokiert werden. Die Restriktionen (6.19) und (6.20) sichern die Einhaltung der Grenzen $f_k^{\min}$ bzw. $m_v^{\min}$. Nebenbedingung (6.21) fordert die kapazitive Berücksichtigung aller Jobs bei der Lösung des CAP.

Wendet man die maschinenbasierte Dekomposition, d.h. Optimierungsmodell (6.14), auf das in Beispiel 6.1.7 dargestellte Ablaufplanungsproblem an[14], erhält man folgende reduzierte Freigaben: $D_k^{\text{red}} = \{\{2\},\{1,3\},\{1,4\}\}$. Abbildung 6.6 stellt eine Lösung des mittels zeit- und maschinenbasierter Dekomposition arbeitenden hybriden MIP-Ansatzes in Form eines Gantt-Diagramms dar. Der Zielfunktionswert kann dadurch in diesem Beispiel von $\sum_{i\in J} w_i T_i = 1818$

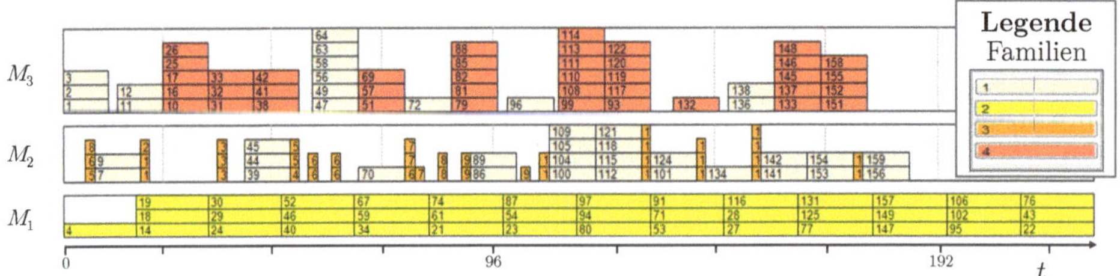

Abbildung 6.6.: Lösung des in Beispiel 6.1.7 vorgestellten Batch-Problems mittels hybrider Optimierung sowie zeit- und maschinenbasierter Dekomposition

[14] Hierbei wurden die Parameter $f_k^{\min} = m_v^{\min} = 1$ $(k \in M,\ v \in D_k)$ und $n^{\min} = 2$ gewählt.

(BATC-Lösung) auf $\sum_{i \in J} w_i T_i = 1540$ gesenkt werden. Bei genauerer Betrachtung der reduzierten Dedizierungen D_k^{red} ist festzustellen, dass das in Beispiel 6.1.7 betrachtete Ausgangsproblem, nachfolgend gekennzeichnet durch $\mathcal{P}$, nun auch in Form zweier disjunkter Probleme betrachtet werden kann. Einem Einzelmaschinenproblem $\mathcal{P}_1$, durch das alle Jobs der Familie F_2 geplant werden sowie einem Zweimaschinenproblem $\mathcal{P}_2$ für die Jobs der anderen Familien. Sowohl $\mathcal{P}_1$ als auch $\mathcal{P}_2$ lassen sich durch unabhängige MIP's beschreiben und getrennt voneinander lösen. Dabei ist deren Größe jeweils deutlich kleiner als das MIP von $\mathcal{P}$. Führt man zusätzlich folgende Unbekannte ein:

$I_k \in \{0,1\}$ Maschine $k \in M$ wird bei $I_k = 1$ Problem $\mathcal{P}_1$ zugewiesen, Problem $\mathcal{P}_2$ sonst,

so lässt sich mit Optimierungsmodell (6.22) eine solche Problemzerlegung immer erreichen:

Optimierungsmodell: (6.22)

$$C_{\max}\widehat{K} - \sum_{k \in M} \sum_{v \in D_k} D_{vk} \longrightarrow \min \quad \text{bei} \tag{6.23}$$

$$K(1 - D_{vk}) + K(1 - D_{vl}) \geq I_k - I_l \quad k \in M,\ l \in M,\ k \neq l,\ v \in D_k \cap D_l, \tag{6.24}$$

$$\sum_{k \in M} I_k \geq 1, \tag{6.25}$$

$$\sum_{k \in M} I_k \leq m - 1. \tag{6.26}$$

sowie (6.16) – (6.21).

Restriktion (6.24) sichert, dass alle Maschinen, auf denen mindestens eine gleiche Familie bearbeitet werden kann, auch zum gleichen Teilproblem gehören. Die Nebenbedingungen (6.25) und (6.26) fordern weiterhin, dass nicht alle Maschinen demselben Teilproblem zugeordnet werden[15].

Mit Hilfe der zeit- und maschinenbasierten Dekomposition ist es nun möglich, die untersuchten Batch-Probleme in effizient lösbare Teilprobleme zu zerlegen. Die durch das Optimierungsmodell (6.22) beschriebene Problemzerlegung wird im Folgenden jedoch nur zur Identifikation von zusammengehörenden Maschinengruppen im Rahmen der Auswertung von Realdaten verwendet (vgl. Abschnitt 6.1.5).

6.1.4. Experimentiersystem und Testdaten

In diesem Abschnitt werden die dargestellten Verfahren verglichen. Um diese Gegenüberstellung objektiv zu gestalten, wurde ein Benchmark-Schema entworfen, das bereits mehrfach durch unterschiedliche Forscher mit verschiedenen Methoden untersucht wurde. So entstammen die nachfolgend dargestellten Ergebnisse des in Abschnitt 6.1.2.3 skizzierten globalen VNS-Ansatzes den Untersuchungen von Almeder und Mönch aus [KWAM09]. Die Ergebnisse des simulationsbasierten Optimierungsansatzes (vgl. Abschnitt 6.1.2.2) entstanden im Rahmen einer Diplomarbeit [Dol10]. Das Benchmark-Schema wird in Abschnitt 6.1.4.1 beschrieben. Die bei den Untersuchungen erzielten Ergebnisse werden anschließend in Abschnitt 6.1.4.2 vorgestellt und diskutiert.

[15] Hierbei ist auch eine Verschärfung bzgl. einer Mindestanzahl an Maschinen pro Teilproblem möglich.

6.1.4.1. Versuchsaufbau und Testdatenerzeugung

Ziel der Benchmark-Erstellung ist es, verschiedene realitätsnahe Instanzen von Batch-Problemen zu erzeugen, ohne hierbei auf reale bzw. vertrauliche Daten zurückzugreifen. Dabei sollen die Instanzen nach Möglichkeit viele verschiedene Szenarien (Auslastungssituation, Maschinenanzahl etc.) und typische Nebenbedingungen möglichst detailliert widerspiegeln. Aus den Ergebnissen der Untersuchungen lassen sich anschließend Rückschlüsse auf die Anwendbarkeit, das erreichbare Verbesserungspotential und die Erweiterbarkeit der untersuchten Methoden ziehen, um daraus resultierend geeignete Methoden für existierende Fertigungsumgebungen abzuleiten (vgl. Abschnitt 6.1.5).

Die Erzeugung der Benchmarks erfolgt auf der Basis typischer Benchmark-Schemas für Batch-Probleme, wie diese z.B. in [MU98] oder [MBFP05] zu finden sind. Jedoch werden diese um Nebenbedingungen erweitert, die typisch für reale Prozesse bzw. notwendig für die in Abschnitt 6.1.5 untersuchten Probleme sind. Dazu gehören u.a. Bereitstellungstermine von Jobs, Dedizierungen und ungleiche Maschinenkapazitäten. Durch diese Erweiterungen sind Ansätze für identische parallele Maschinenprobleme i.Allg. nicht mehr (unmodifiziert) anwendbar. Für die Erstellung verschiedener Benchmarks werden zunächst folgende Faktoren definiert:

m	Anzahl Maschinen
f	Anzahl Familien
n, n_v	Anzahl Jobs, Anzahl Jobs pro Familie ($n_v := n/f$)
d_i	Fertigstellungstermin von J_i
r_i	Bereitstellungstermin von J_i
p_i	Bearbeitungszeit von J_i
f_i	Familie von J_i
w_i	Gewicht von J_i
b_k	maximale Job-Kapazität auf Maschine M_k
D_k	Menge aller zugelassenen Familien auf Maschine M_k
u^M	durchschnittliche (kapazitive) Maschinenauslastung
u^B	durchschnittliche (kapazitive) Batch-Auslastung.

Durch diese Faktoren lässt sich jede Instanz des Benchmark-Schemas vollständig beschreiben. Verschiedene Ausprägungen dieser Faktoren haben verschiedene Ablaufplanungsprobleme zur Folge. Zu Beginn einer Benchmark-Erstellung wird zunächst der Beobachtungshorizont

$$\Delta H = \frac{n \cdot \overline{p}}{u^B \cdot u^M \cdot \sum_{k=1}^{m} b_k} \tag{6.27}$$

berechnet. Dabei gibt $\overline{p}$ die durchschnittliche Bearbeitungszeit der Jobs an. Die Bearbeitungszeiten selbst unterliegen einer diskreten Verteilung, d.h., sie werden aus der Menge $\{2, 4, 10, 16, 20\}$ mit den Wahrscheinlichkeiten $P(2) = 20\%$, $P(4) = 20\%$, $P(10) = 30\%$, $P(16) = 20\%$ und $P(20) = 10\%$ für jede Familie separat gewählt. Weiterhin wird den Jobs eines der Gewichte $\{0,3; 0,6; 1,0\}$ gemäß den Wahrscheinlichkeiten $P(0{,}3) = 75\%$, $P(0{,}6) = 20\%$ und $P(1{,}0) = 5\%$ zugeordnet. Innerhalb des Beobachtungshorizonts ΔH werden die Bereitstellungstermine der Jobs gemäß $r_i \sim DU[0, \Delta H]$ erzeugt. Die Fertigstellungstermine werden gleichverteilt um die

Bereitstellungstermine gemäß $d_i \sim DU[r_i - 4\,\overline{p}, r_i + 6\,\overline{p}]$ erstellt. Die Maschinenkapazitäten b_k, die erlaubten Familien pro Maschine D_k sowie die durchschnittliche Batch-Auslastung u^B werden fest vergeben. Eine Übersicht über die Ausprägungen der verschiedenen Faktoren ist in Tabelle 6.2 dargestellt.

Faktoren	**Ausprägungen**	**Varianten**
Anzahl der Maschinen (m)	3, 4, 5	3
Anzahl der Jobs pro Familie (n_v)	20, 30, 40	3
Anzahl der Familien (f)	4, 6, 8	3
Maschinenauslastung (u^M)	0,7; 0,8; 0,9	3
Batch-Auslastung (u^B)	0,75	
Bearbeitungszeit pro Familie (p_{vk}) (mit Wahrscheinlichkeit)	2 (20%), 4 (20%), 10 (30%), 16 (20%), 20 (10%)	
Gewicht pro Job (w_i) (mit Wahrscheinlichkeit)	0,3 (75%); 0,6 (20%); 1,0 (5%)	
Bereitstellungstermin (r_i)	$r_i \sim DU[0, \Delta H]$	
Fertigstellungstermin (d_i)	$d_i \sim DU[r_i - 4\,\overline{p}, r_i + 6\,\overline{p}]$	
Batch-Größen (b_k)	$b_1 = 3$, $b_2 = 4$, $b_3 = 6$, $b_4 = 4$, $b_5 = 2$	
Freigegebene Familien (D_k)	$D_1 = \{1,2,3,4,5,6\}$, $D_2 = \{1,3,7,8\}$, $D_3 = \{1,4,6,7\}$, $D_4 = \{1,4,5,8\}$, $D_5 = \{1,3,4\}$	
	Anzahl Replikationen (unabhängiger Instanzen)	10
	Anzahl gesamter Probleme	810

Tabelle 6.2.: Parameter der Benchmark-Erstellung

Um möglichst viele verschiedene Ablaufpläne untersuchen zu können, werden Benchmarks für alle möglichen Kombinationen der Faktoren m, n_v, f und u^M erstellt. Zur weiteren Absicherung der Ergebnisse werden – wie auch in der Literatur üblich – von jeder der 81 möglichen Faktorkombinationen jeweils zehn Benchmarks erstellt. Diese unterscheiden sich jeweils nur durch die zufälligen Verteilungen von p_i, r_i, w_i und d_i.

Bemerkung 6.1.8

Die Abbildungen 6.1, 6.5 und 6.6 stellten bereits Instanzen dieses Benchmark-Schemas dar.

Versuchsaufbau

Die Untersuchung der insgesamt 810 verschiedenen Benchmarks durch die in Abschnitt 6.1.2 dargestellten Ansätze erfolgt unter verschiedenen verfahrensabhängigen Bedingungen:

- Vorausschau Δt
- heuristischer Suchalgorithmus
- maximale Optimierungszeit (pro Zeitfenster)
- Einsatz der maschinenbasierten Dekomposition, d.h. von Optimierungsmodell (6.14).

Aufgrund der u.U. stark schwankenden Bearbeitungszeiten innerhalb der Benchmarks werden für die Vorausschau Δt keine festen Werte verwendet. Vielmehr wird diese auf die durchschnittliche Bearbeitungszeit $\overline{p}$ normiert. Folgende Werte werden für die Vorausschau Δt genutzt: $\overline{p}/4$, $\overline{p}/2$ und $\overline{p}$. Sowohl der simulationsbasierte als auch der hybride Optimierungsansatz arbeitet mit der in Abschnitt 6.1.3 vorgestellten zeitbasierten Dekomposition, d.h. abhängig von Δt. Als Abbruchkriterium für diese Verfahren wird jeweils eine maximale Optimierungsdauer pro Zeitscheibe von 5 bzw. 30 Sekunden gewählt. Weiterhin findet die Vorausschau in den Prioritätsregeln BATC-I und BATC-II Anwendung. Zur Gewinnung von Startlösungen und Schranken verwendet der hybride Optimierungsansatz jeweils die BATC-Lösung des zugehörigen DES-Steuerungsmodells. VNS berechnet hingegen den Ablaufplan basierend auf allen Informationen der jeweiligen Probleminstanz (globaler Ansatz). Dieses Verfahren benötigt folglich keine Werte für die Vorausschau. Als Abbruchkriterium wird dabei eine maximale Optimierungsdauer von 60 Sekunden pro Benchmark gesetzt. Für die simulationsbasierten Optimierungsverfahren werden die Heuristiken RW und GS (vgl. Abschnitt 3.4) verwendet. Der hybride MIP-Ansatz wird sowohl mit (gekennzeichnet durch MIP_D) als auch ohne (gekennzeichnet durch MIP) vorgeschaltete maschinenbasierte Dekomposition untersucht. Dabei werden für die MIP-Ansätze mit maschinenbasierter Dekomposition die Parameter $n^{\min} = n_v/20$, $f_k^{\min} = 2$ und $m_v^{\min} = 2$ verwendet (vgl. Abschnitt 6.1.3.2). Somit bleibt eine Dedizierung erhalten, wenn mindestens 5% der Jobs einer Familie diese benutzen und mindestens[16] zwei Familien auf jeder Maschine bearbeitet werden bzw. zwei Maschinen pro Familie freigegeben sind. In Tabelle 6.3 werden alle untersuchten Verfahren $\mathcal{V}$ (parameterabhängig) zusammenfassend aufgelistet.

Verfahren $\mathcal{V}$	**Variante**
Prioritäts-regel	BPRIO, BATC, BATC-I $\overline{p}/4$, BATC-I $\overline{p}/2$, BATC-I $\overline{p}$, BATC-II $\overline{p}/4$, BATC-II $\overline{p}/2$, BATC-II $\overline{p}$
simulationsb. Optimierung	GS $\overline{p}/4$ 5s, GS $\overline{p}/2$ 5s, GS $\overline{p}$ 5s, GS $\overline{p}/4$ 30s, GS $\overline{p}/2$ 30s, GS $\overline{p}$ 30s, RW $\overline{p}/4$ 5s, RW $\overline{p}/2$ 5s, RW $\overline{p}$ 5s, RW $\overline{p}/4$ 30s, RW $\overline{p}/2$ 30s, RW $\overline{p}$ 30s
hybride Optimierung	MIP $\overline{p}/4$ 5s, MIP $\overline{p}/2$ 5s, MIP $\overline{p}$ 5s, MIP $\overline{p}/4$ 30s, MIP $\overline{p}/2$ 30s, MIP $\overline{p}$ 30s, MIP_D $\overline{p}/4$ 5s, MIP_D $\overline{p}/2$ 5s, MIP_D $\overline{p}$ 5s, MIP_D $\overline{p}/4$ 30s, MIP_D $\overline{p}/2$ 30s, MIP_D $\overline{p}$ 30s
VNS	VNS 60s

Tabelle 6.3.: Übersicht aller untersuchten Verfahren für die Benchmark-Optimierung

Insgesamt werden 33 verschiedene Verfahren $\mathcal{V}$ auf Basis der 810 verschiedenen Benchmarks untersucht. Das heißt, die nachfolgenden Ergebnisse basieren auf 26.730 erzeugten Ablaufplänen.

Bemerkung 6.1.9

Da die Berechnungen auf unterschiedlicher Rechentechnik durchgeführt wurden, sind die Ergebnisse der Verfahren nur bedingt vergleichbar. Dennoch erfüllen alle Verfahren unter den oben genannten Bedingungen den Anspruch der Echtzeit-Einsatzfähigkeit, was der primären Zielstellung entspricht.

[16] Sofern dies auf Basis von D_k möglich ist.

6.1.4.2. Ergebnisse – Testdaten

In diesem Abschnitt werden die Ergebnisse der Benchmark-Untersuchungen vorgestellt und die einzelnen in Tabelle 6.3 aufgeführten Verfahren $\mathcal{V}$ bzgl. ihrer Leistungsfähigkeit bewertet. Für jeden Benchmark $b = 1, \ldots, 810$ und jedes Verfahrens $\mathcal{V}$ wird zunächst die erreichte totale gewichtete Verspätung $z(\mathcal{V}, b) = \sum_{i \in J} w_i T_i$ ermittelt. Anschließend wird der Quotient

$$\mathcal{D}(\mathcal{V}, b) = \frac{z(\mathcal{V}, b)}{z(\text{BATC}, b)} \tag{6.28}$$

der gewichteten Verspätungen des Verfahrens $\mathcal{V}$ und der zugehörigen BATC-Lösung gebildet. Weitergehend wird für alle 810 betrachteten Benchmarks pro Verfahren die durchschnittliche Performance

$$\mathcal{D}(\mathcal{V}) = \frac{1}{810} \sum_{b=1}^{810} \mathcal{D}(\mathcal{V}, b) \tag{6.29}$$

berechnet. Abbildung 6.7 fasst die erzielten Ergebnisse zusammen.

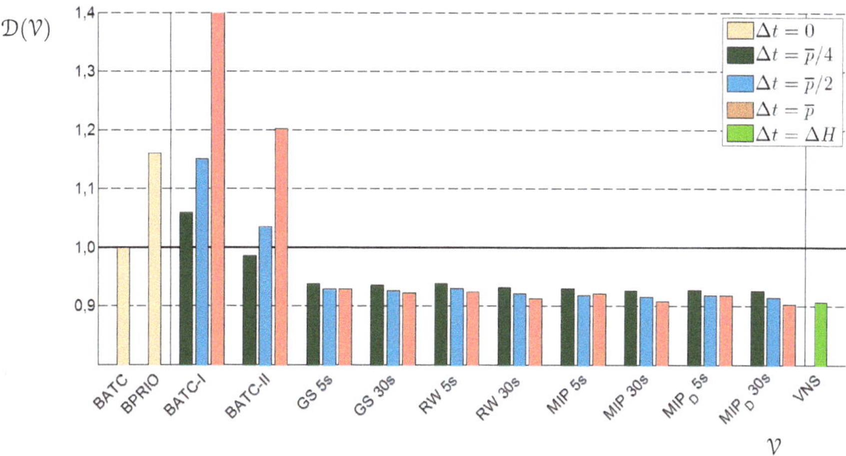

Abbildung 6.7.: Für Benchmark-Schema $R \mid M_{io}; p-batch; incompatible; r_i \mid \sum w_i T_i$ erreichte Optimierungsergebnisse

Aus Abbildung 6.7 lassen sich folgende Rückschlüsse ziehen:

1. Die BPRIO-Regel erreicht eine deutlich geringere Performance als die BATC-Regel, was die in Abschnitt 6.1.2.1 beschriebenen Nachteile dieser Regel bestätigt.

2. Die Ergebnisse der Verfahren BATC-I und BATC-II sind, vor allem bei einer größeren Vorausschau Δt, deutlich schlechter als die Ergebnisse des einfacheren BATC-Verfahrens. Ein Grund für die schlechten Ergebnisse besteht darin, dass diese Verfahren für die untersuchte Problemstellung den Start von Batches zu stark verzögern. Gerade beim Auftreten von Dedizierungen wirkt sich dies negativ auf die Performance aus. Regelbasierte Verfahren mit Vorausschau sollten daher vorsichtig und insbesondere nur mit einer geringen Vorausschau Δt eingesetzt werden.

3. Die simulationsbasierten Optimierungsverfahren liefern gute Ergebnisse (ca. 1% schlechter als die besten gefunden Lösungen). Hierbei steigt das Optimierungspotential, im Gegensatz zur BATC-I- bzw. BATC-II-Regel, mit zunehmender Vorausschau Δt an. Weiterhin führt eine längere Optimierungsdauer pro Zeitscheibe zu besseren Ergebnissen. Da immer die volle Optimierungsdauer pro Zeitscheibe ausgenutzt wird, fallen bei diesen Verfahren die längsten Laufzeiten aller untersuchten Verfahren an (vgl. nachfolgende Abbildung 6.9). Als Suchverfahren liefert GS leicht schlechtere Werte als RW. Dies ist durch lokale Optima zu begründen, welche durch die diskreten Stellgrößen "maximale Wartezeit" und "minimale Batch-Größe" schnell auftreten können. Vor allem bei einer längeren Optimierungsdauer und einer Vorausschau $\Delta t = \overline{p}$ ist dies zu beobachten.

4. Die hybriden MIP-Ansätze erreichen ca. 1% bessere Ergebnisse als die jeweilig zugehörigen simulationsbasierten Verfahren. Hierbei ist die gleiche Tendenz bzgl. Optimierungsdauer und Vorausschau zu beobachten. Durch die maschinenbasierte Dekomposition lassen sich deutliche Verbesserungen für einzelne Benchmarks mit sehr unausgeglichenen Lastverteilungen erreichen. Daraus resultierend können die Ergebnisse der MIP-Ansätze ohne maschinenbasierte Dekomposition insgesamt um ca. 0,5% verbessert werden. Das Verfahren $\mathcal{V}$ ="MIP$_D$ $\overline{p}$ 30s" erreichte mit $\mathcal{D}(\mathcal{V}) = 0{,}903$ die beste durchschnittliche Performance aller untersuchten Verfahren.

5. Der globale VNS-Ansatz erzielte mit $\mathcal{D}(\mathcal{V}) = 0{,}907$ das zweitbeste Gesamtergebnis aller untersuchten Verfahren. Dabei liegt die Laufzeit dieses Verfahrens – mit genau einer Minute Rechenzeit pro Benchmark – deutlich unter den durchschnittlich angefallen Laufzeiten ähnlich effizienter Verfahren (vgl. Abbildung 6.9 und Bemerkung 6.1.9).

Eine detaillierte Einzelauswertung ist Tabelle A.13 im Anhang zu entnehmen. Diese gruppiert die erreichten Ergebnisse nach verschiedenen Faktoren (vgl. Tabelle 6.2). Die nachfolgende Tabelle 6.4 stellt einen Auszug aus Tabelle A.13 für die vier besten Verfahren dar. Es ist deutlich zu

$\mathcal{V}$	$n_v = 20$	$n_v = 30$	$n_v = 40$	$f = 4$	$f = 6$	$f = 8$	$u^M = 0{,}7$	$u^M = 0{,}8$	$u^M = 0{,}9$	$\mathcal{D}(\mathcal{V})$
RW $\overline{p}$ 30s	0,921	0,905	0,911	0,918	0,899	0,921	0,918	0,912	0,907	0,912
MIP $\overline{p}$ 30s	0,915	0,901	0,908	0,911	0,894	0,919	0,913	0,906	0,904	0,908
MIP$_D$ $\overline{p}$ 30s	0,911	0,896	0,902	0,907	0,889	0,913	0,911	0,902	0,896	0,903
VNS 60s	0,903	0,899	0,918	0,899	0,892	0,928	0,913	0,906	0,901	0,907

Tabelle 6.4.: Auszug aus Tabelle A.13

erkennen, dass sich die erreichbaren Optimierungspotentiale der zeitscheibenbasierten Verfahren tendenziell gleich verhalten. Das heißt, "MIP$_D$ $\overline{p}$ 30s" ist für alle Gruppen ca. 0,5% besser als "MIP $\overline{p}$ 30s" und dieses wiederum ca. 0,5% besser als "RW $\overline{p}$ 30s". Der VNS-Ansatz hingegen weist ein deutlich anderes Verhalten auf. Dieser ist, im Falle weniger Jobs pro Familie sowie bei einer geringen Familienanzahl, den besten zeitscheibenbasierten Ansätzen um ca. 1% überlegen. Umgekehrt sieht dies für den Fall vieler Jobs und vieler Familien aus. Hier liegen die Ergebnisse deutlich hinter denen der besten zeitscheibenbasierten Ansätze zurück. Dieses Verhalten ist durch die lokale bzw. globale Optimierung zu begründen. Dadurch, dass der globale VNS-Ansatz Vertauschoperationen durchführen kann, die auf Zeitscheiben zum Teil nicht stattfinden können, kann dieser Freiheitsgrade ausschöpfen, die einem lokalen Ansatz vorenthalten sind. Bei wenigen zu betrachtenden Jobs gelingt es dem VNS-Ansatz auch, diese Freiheitsgrade effizient zu nutzen. Bei steigender Anzahl an Jobs erhöhen sich diese Freiheitsgrade jedoch enorm, so dass innerhalb der begrenzten Rechenzeit von nur einer Minute keine vergleichbaren Lösungen mehr gefunden werden können. Hier ist ein zeitgerichtetes Vorgehen von Vorteil.

Nachfolgende Abbildung 6.8 verdeutlicht die Funktionsweise von drei verschiedenen Verfahren auf der Basis einer Testinstanz mit fünf Maschinen, acht Familien und 320 Jobs. Hierbei werden die jeweiligen Vor- und Nachteile einzelner Verfahren deutlich. Wie in Abschnitt 6.1.3.2 skizziert, gelingt es einer zeitgerichteten Simulation mit einer deterministischen, lastentkoppelten Regel nicht, dedizierungsbedingten Überlastsituationen (vgl. Maschine M_1) entgegenzuwirken. Dem

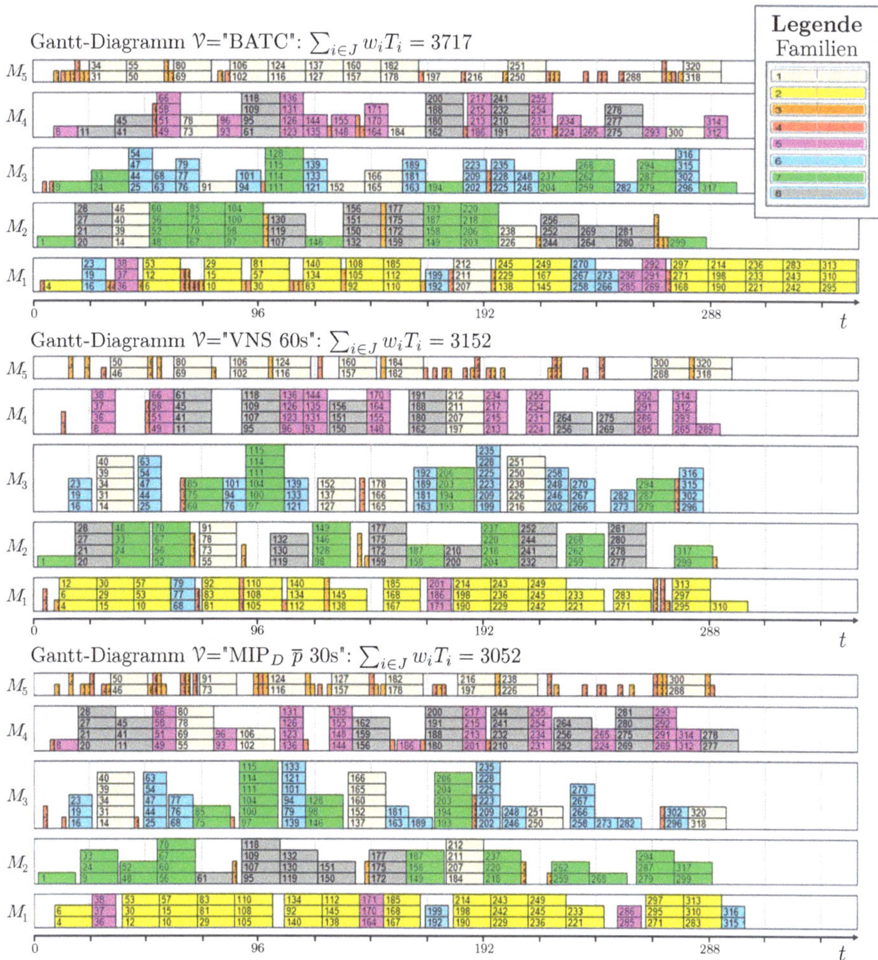

Abbildung 6.8.: Vergleich ausgewählter Verfahren am Beispiel einer Instanz des Problems $R \mid M_{io}; p-batch; incompatible; r_i \mid \sum w_iT_i$

VNS-Ansatz hingegen ist dies durch den Balancierungsschritt *balance* (vgl. Abschnitt 6.1.2.3) möglich. Der VNS-Ansatz findet eine deutlich bessere Lösung als die BATC-Regel, jedoch auf Grund der hohen Anzahl an Jobs keine bessere Lösung als zeitgerichtete MIP-Verfahren. Durch die maschinenbasierte Dekomposition werden (vgl. $\mathcal{V}$="MIP$_D$ $\overline{p}$ 30s" in Abbildung 6.8) einige Familien (Familie F_1, F_3 und F_4) auf der potentiellen Überlastanlage (M_1) nicht bearbeitet.

Weiterhin ist in Abbildung 6.8 zu erkennen, dass durch die BATC-Regel keinerlei Verzögerungen im Ablaufplan entstehen, die nicht auf Bereitstellungen von Jobs zurückzuführen sind. Diese sind jedoch bei den beiden anderen dargestellten Verfahren zu beobachten, wodurch insgesamt weniger dafür aber größere Batches gebildet werden. Im Gegensatz zu den Verfahren BATC-I und BATC-II gelingt es diesen Verfahren, den Start eines Batches situationsabhängig, d.h. im Zusammenspiel mit einem (Teil-)Ablaufplan, sinnvoll zu verzögern. Dies ist durch eine Regelauswertung i.Allg. nicht zu erreichen.

Darüber hinaus wurde die benötigte (Gesamt-)Optimierungsdauer pro Verfahren untersucht. Abbildung 6.9 stellt die Anzahl der gelösten Instanzen in Abhängigkeit der Optimierungsdauer (logarithmisch skaliert) sowie zugehörige Mittelwerte pro Verfahren $\mathcal{V}$ grafisch dar.

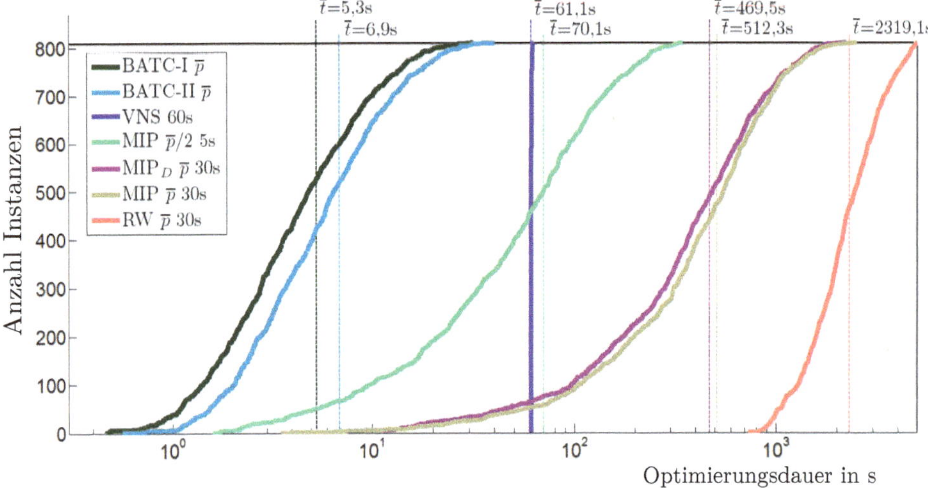

Abbildung 6.9.: Für Benchmark-Schema $R \mid M_{io}$; *p−batch*; *incompatible*; $r_i \mid \sum w_i T_i$ angefallene Laufzeiten pro Verfahren $\mathcal{V}$

Aus dieser Abbildung ist zu entnehmen, dass selbst für die Berechnung von Lösungen auf Basis der BATC-I- und BATC-II-Regel signifikante Laufzeiten zu verzeichnen sind[17]. Dies ist primär auf die Berechnung der verschiedenen Batch-Kombinationen bei jeder Regelauswertung zurückzuführen. Ein zeitscheibenbasierter MIP-Ansatz mit 5 Sekunden Optimierungsdauer pro Zeitscheibe benötigt eine vergleichbare (Gesamt-)Optimierungsdauer wie der globale VNS-Ansatz. Hierbei sind die erreichten Optimierungsergebnisse durchschnittlich 1% schlechter als jene des VNS-Ansatzes. Der VNS-Ansatz kann somit als effizientestes Verfahren bzgl. der Zielfunktionswertverbesserung nach einer Laufzeit von einer Minute betrachtet werden[18]. Die MIP-basierten Verfahren, mit einer Optimierungsdauer von max. 30 Sekunden pro Zeitscheibe, benötigen für

[17]Zum Vergleich: mit der BATC-Regel benötigte die Berechnung einer Lösung durchschnittlich 0,3 Sekunden.

[18]Es ist Bemerkung 6.1.9 zu beachten.

die Erstellung eines Ablaufplanes durchschnittlich acht Minuten. Hierbei verringert sich bei Verwendung des maschinenbasierten Dekompositionsansatzes die Laufzeit um ca. 10%. Dies ist auf die Reduktion der Problemgröße der MIP-Zeitscheibenmodelle zurückzuführen. Die mit durchschnittlich 40 Minuten pro Benchmark deutlich längste Laufzeit erzielt der simulationsbasierte Optimierungsansatz. Dies ist dadurch begründet, dass dieser die Optimierungsdauer pro Zeitscheibe immer voll ausschöpft (vgl. Punkt 3. bzw. Punkt 4 in Abschnitt 4.4).

Die Untersuchungen der betrachteten Verfahren beschränken sich bisher ausschließlich auf die totale gewichtete Verspätung. Dieser Wert hängt jedoch sehr stark von der Problemstruktur, d.h. insbesondere den Parametern r_i, d_i und p_{vk}, ab. Besitzen alle Jobs bereits initial eine deutliche durchschnittliche Verspätung, kann das absolute Optimierungspotential nur marginal ausfallen. Dennoch können die verschiedenen Verfahren relativ zueinander deutliche Unterschiede in Bezug auf die am Arbeitsgang angelaufene gewichtete Verspätung aufweisen. Um von dieser problemstrukturabhängigen Aussage zu einer übertragbaren Bewertung des Optimierungspotentials zu gelangen, wird bei den nachfolgenden Betrachtungen zunächst die initiale gewichtete Verspätung

$$z^{\text{init}}(b) = \sum_{i=1}^{n} w_i \cdot (r_i + p_i - d_i)^+ \tag{6.30}$$

für jeden Benchmark b berechnet. Um das eigentliche Optimierungspotential der untersuchten Verfahren zu evaluieren, werden anschließend die durch die Verfahren $\mathcal{V}$ ermittelten gewichteten Verspätungen $z(\mathcal{V}, b)$ jedes Benchmarks um diese initiale Verspätung bereinigt. Die so gemessene, am Arbeitsgang hinzukommende, gewichtete Verspätung wird anschließend durch

$$z_+(\mathcal{V}, b) = z(\mathcal{V}, b) - z^{\text{init}}(b) \tag{6.31}$$

pro Verfahren $\mathcal{V}$ und Benchmark b berechnet. Die durch Gleichung (6.31) ermittelten Ergebnisse werden nachfolgend wiederum auf die Ergebnisse des (bereinigten) BATC-Verfahrens normiert. Die so bestimmte bereinigte Performance wird mit $\mathcal{D}_+(\mathcal{V})$ bezeichnet. Die Berechnung erfolgt dabei analog zu Formel (6.28) und (6.29). Abbildung 6.10 stellt dieses bereinigte Optimierungspotential abhängig von den verschiedenen Verfahren dar. Dabei ist Abbildung 6.10 zu entnehmen, dass die besten Verfahren bis zu 40% bessere Ergebnisse bzgl. der hinzugekommenden gewichteten Verspätung erreichen als die BATC-Regel.

Zusammenfassend konnte anhand dieser Untersuchungen der Nachweis erbracht werden, dass der vorgestellte hybride Optimierungsansatz vergleichbare Ergebnisse zu den besten in der Literatur bekannten Verfahren liefert. Dieser erreichte unter Echtzeitbedingungen (maximal 30 Sekunden Optimierungsdauer für Batch-Entscheidung) für die betrachteten Benchmark-Probleme die besten Gesamtergebnisse. Qualitativ ähnlich gute Ergebnisse wurden durch VNS sowie durch die simulationsbasierte Optimierung erzielt. Es bleibt offen, ob ein mittels zeitbasierter Dekomposition arbeitenden VNS-Ansatz evtl. noch bessere Ergebnisse (insbesondere für größere Probleminstanzen) erreichen kann. Aufgrund der Tatsache, dass ein Großteil aller MIP-Zeitscheibenprobleme optimal gelöst werden konnte, ist jedoch dadurch nur eine eher geringe Verbesserung zu erwarten. Der simulationsbasierte Optimierungsansatz zeichnet sich primär durch seine Unabhängigkeit von der Problemgröße aus. Diese ist bei MIP-basierten Ansätzen nicht gegeben.

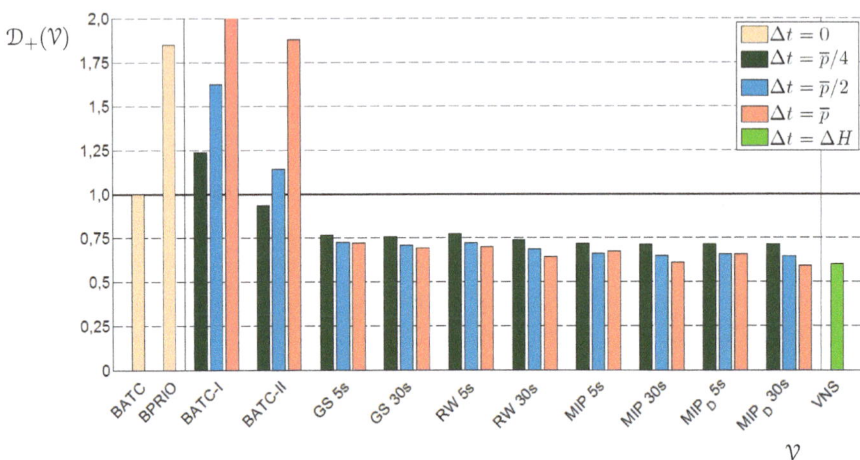

Abbildung 6.10.: Für Benchmark-Schema $R \mid M_{io}$; $p-batch$; $incompatible$; $r_i \mid \sum w_i T_i$ erreichte Optimierungsergebnisse ohne initiale Verspätung

Mit Blick auf die im nächsten Abschnitt untersuchten praxisbezogenen Problemstellungen wird dennoch der hybride MIP-Ansatz favorisiert. Der Grund dafür liegt in der einfachen Erweiterbarkeit dieses Ansatzes bzgl. zusätzlicher Nebenbedingungen. So besitzen die nachfolgend untersuchten Problemstellungen familienabhängige Batch-Größen (vgl. Abschnitt 5.5.3), Wechselzeiten und Zeitkopplungen. Lässt der simulationsbasierte Ansatz die Abbildung von maschinenbezogenen Restriktionen noch zu, so wird spätestens die Abbildung von Zeitkopplungen innerhalb dieses Ansatzes schwierig (vgl. Abschnitt 4.4). Noch schwieriger sieht die Erweiterung des VNS-Ansatzes bzgl. der zusätzlichen Nebenbedingungen aus. Diese würden die Konstruktion neuer Nachbarschaften erfordern bzw. diese würden zu deutlich mehr unzulässigen Nachbarschaften führen. Daraus resultierend würde sich die Effizienz dieses Verfahrens u.U. deutlich verringern.

6.1.5. Bewertung des Optimierungspotentials auf Basis realer Daten

Das Benchmark-Schema aus Tabelle 6.2 wurde in Hinblick auf diesen Abschnitt bereits so konstruiert, dass sich viele praxisrelevante Nebenbedingungen (Maschinenkapazitäten, Dedizierungen, Bereitstellungstermine etc.) sowie typische Problemgrößen (insbesondere Anzahl von Maschinen und Jobs pro Zeitscheibe) abbilden lassen. Die Untersuchung realer Probleme vom Typ $R \mid M_{io}$; $p-batch$; $non-identical$, $incompatible$; r_i; $tb \mid \sum w_i T_i$ ist Gegenstand dieses Abschnittes. Hierbei wird auf der Basis umfangreicher Fertigungsdaten untersucht, ob die im vorangegangenen Abschnitt durch den entwickelten hybriden MIP-Ansatz nachgewiesenen Optimierungspotentiale auch in einer existierenden prioritätsregelgesteuerten Produktionsumgebung vorhanden sind. Der Versuchsaufbau hierfür wird in Abschnitt 6.1.5.1 beschrieben. Die bei den Untersuchungen erzielten Ergebnisse werden anschließend in Abschnitt 6.1.5.2 vorgestellt und diskutiert.

6.1.5.1. Versuchsaufbau und Realdatengewinnung

Die Untersuchung praxisbezogener Batch-Probleme erfolgt wiederum auf der Grundlage eines DES-Basismodells, das jedoch nicht basierend auf Benchmarks erzeugt, sondern vielmehr aus historischen Fertigungsdaten abgeleitet wird. Anders als bei zufällig erzeugten Probleminstanzen lassen sich so typische Besonderheiten einer Fertigung (Wellen in der Anlieferung, schwankender Produktmix, Verteilung lokaler Fertigstellungstermine, Auswirkungen von Maschinenausfällen etc.) praxisnäher bzw. repräsentativer nachbilden. Die Extrahierung derartiger Daten aus den Datensystemen eines Unternehmens ist jedoch weitaus schwieriger als die Konstruktion eines Benchmarks. Hierzu müssen zunächst alle in Abschnitt 6.1.2 beschrieben Eingangsdaten für eine definierte Maschinengruppe und einen definierten Beobachtungszeitraum abgeleitet werden. Insbesondere die konfliktfreie Aggregation von Stammdaten (Bearbeitungszeiten, Dedizierungen, Maschinenkapazitäten etc.) und Bewegungsdaten (Job-Ankünfte, lokale Fertigstellungstermine etc.), die verschiedenen Quelldatensystemen entstammen, stellt eine Herausforderung dar.

Ergebnis der Datenextraktion ist ein DES-Basismodell, das für eine definierte Maschinengruppe und die Dauer des Beobachtungszeitraums zu jedem Ereignis (Job-Bereitstellung, Maschine wird frei etc.) all jene relevanten Informationen besitzt, die auch zum entsprechendem Zeitpunkt der realen Steuerungsentscheidung vorlagen. Auf diese Weise ist es möglich, verschiedene Steuerungsstrategien auf der Basis realer Daten problemspezifisch zu testen und deren Auswirkungen auf den Ablaufplan mit den erfolgten, realen Abläufen zu vergleichen, ohne dabei in die Produktion eingreifen zu müssen. Weiterhin lässt ein solches DES-Basismodell viele Untersuchungsmöglichkeiten zu. Hierzu gehören insbesondere Untersuchungen bzgl. möglicher Auswirkungen einer Vorausschau Δt, d.h. einer kurzfristigen Anlieferprognose. In der Praxis werden teils erhebliche Aufwände betrieben, derartige Vorhersagen von Job-Ankünften zu berechnen. Dabei steigt der Berechnungsaufwand signifikant mit zunehmender Vorausschau an, bei gleichzeitig abnehmender Vorhersagegenauigkeit. Ziel dieses Abschnittes ist es daher insbesondere zu untersuchen, welche Vorausschau praktisch sinnvoll bzw. notwendig ist. Das bedeutet, dass das durch den Einsatz des hybriden MIP-Ansatzes erreichbare Optimierungspotential immer abhängig von Δt untersucht wird. Um eine möglichst repräsentative Aussage bzgl. des vorhandenen Verbesserungspotentials an den untersuchten Batch-Maschinengruppen zu erhalten, wird folgender Versuchsaufbau gewählt:

1. Über einen Zeitraum von 18 Monaten werden im Abstand von ca. sechs Monaten DES-Basismodelle für alle Maschinengruppen mit Batch-Bildung (Oxidations- und Diffusionsöfen) mit einem Beobachtungszeitraum von zwei Wochen extrahiert.

2. Für alle Batch-Maschinengruppen eines Beobachtungszeitraumes wird analysiert, ob der hybride MIP-Ansatz prinzipiell zur Optimierung der Ablaufplanung anwendbar ist.

3. Mit Hilfe eines Experten des Prozessbereiches bzw. eines Mitarbeiters der Liniensteuerung werden innerhalb eines Beobachtungszeitraumes zwei Maschinengruppen ausgewählt, deren Optimierung repräsentativ für die untersuchte Problemstellung ist.

4. Mit Hilfe eines Experten des Prozessbereiches werden die Optimierungsergebnisse und die erzeugten Ablaufpläne validiert, d.h. diese auf deren Richtigkeit geprüft.

Die Datenerfassung (vgl. Punkt 1.) erfolgte über einen längeren Zeitraum. Der Grund hierfür ergibt sich aus der Anforderung, Optimierungspotentialaussagen auf der Basis verschiedener Zustände des Produktionssystems zu erhalten. Hierzu gehören sowohl das Auslastungsniveau der gesamten Fabrik, der aktuelle Produktmix, sich verschiebende Engpässe als auch unterschiedliche Zielstellungen in der Fertigung. Durch den Beobachtungszeitraum von jeweils zwei Wochen wird sichergestellt, dass eine Optimierungspotentialaussage auf der Grundlage vieler Jobs (mehrere hundert bis mehr als eintausend Jobs pro DES-Basismodell) gefällt wird.

Eine Herausforderung bei der Erstellung der DES-Basismodelle (Punkt 1.) pro Beobachtungszeitraum lag zunächst darin zu ermitteln, welche Öfen überhaupt eine Maschinengruppe, basierend auf den jeweils gültigen Prozessfreigaben, bilden. Hierzu wurden zunächst alle Öfen $k \in M$ als eine Maschinengruppe betrachtet und die zugehörigen Dedizierungen D_k extrahiert. Anschließend wurde Algorithmus 6.1.10 rekursiv zur Identifikation der eigentlichen Maschinengruppen verwendet. Dieser benutzt das aus Optimierungsmodell (6.22) abgeleitete bzw. vereinfachte Optimierungsmodell (6.32) für die sukzessive Zerlegung einer Maschinengruppe[19].

Algorithmus 6.1.10 (Identifikation von Maschinengruppe)

Gegeben sei D_k für alle $k \in M$.

Rekursive Funktion x=Split(M)

S1 *Setze $x = 0$ und löse das durch Optimierungsmodell* (6.32) *beschriebene Problem.*

S2 *Wenn $\sum_{k \in M} \sum_{v \in D_k} D_{vk} < \sum_{k \in M} |D_k|$, setze $x = 1$, STOP mit "Maschinengruppe: M".*

S3 $M^{neu} := \{k \in M \mid I_k = 1\}$.

S4 x=*Split*(M^{neu}).

S5 $M^{neu} := \{k \in M \mid I_k = 0\}$.

S6 x=*Split*(M^{neu}).

Durch Algorithmus 6.1.10 wird eine Maschinengruppe nur weiter zerlegt (*S4*, *S6*), falls eine Lösung von Problem (6.32) ohne Reduzierung der Freigaben möglich ist (*S2*).

Optimierungsmodell: (6.32)

$$-\sum_{k \in M} \sum_{v \in D_k} D_{vk} \longrightarrow \min \qquad \text{bei} \qquad (6.24), (6.25) \text{ und } (6.26). \tag{6.33}$$

Durch Algorithmus 6.1.10 können ca. 85% aller Batch-Öfen Maschinengruppen zugewiesen werden, auf die der hybride Optimierungsansatz in Kombination mit einer zeitbasierten Dekomposition direkt einsetzbar ist[20] (vgl. Punkt 2.). Für die verbleibenden größeren Maschinengruppen wird ein zu Algorithmus 6.1.10 ähnlicher, ebenfalls rekursiv arbeitender, Algorithmus A.5.1 zur maschinengruppenbasierten Dekomposition verwendet[21]. Anschließend werden die aus dieser Dekomposition resultierenden Maschinengruppen parallel mit dem hybriden Optimierungsansatz optimiert. Abbildung 6.11 zeigt eine solche Zerlegung einer großen Maschinengruppe anhand

[19] Die Definition der Unbekannten D_{vk} und I_k ist Modell (6.14) bzw. (6.22) zu entnehmen.
[20] Als Kriterium hierfür wurde u.a. gewählt, dass eine Maschinengruppe aus max. acht Maschinen besteht.
[21] Algorithmus A.5.1 wird vollständig in Anhang A.5 beschrieben.

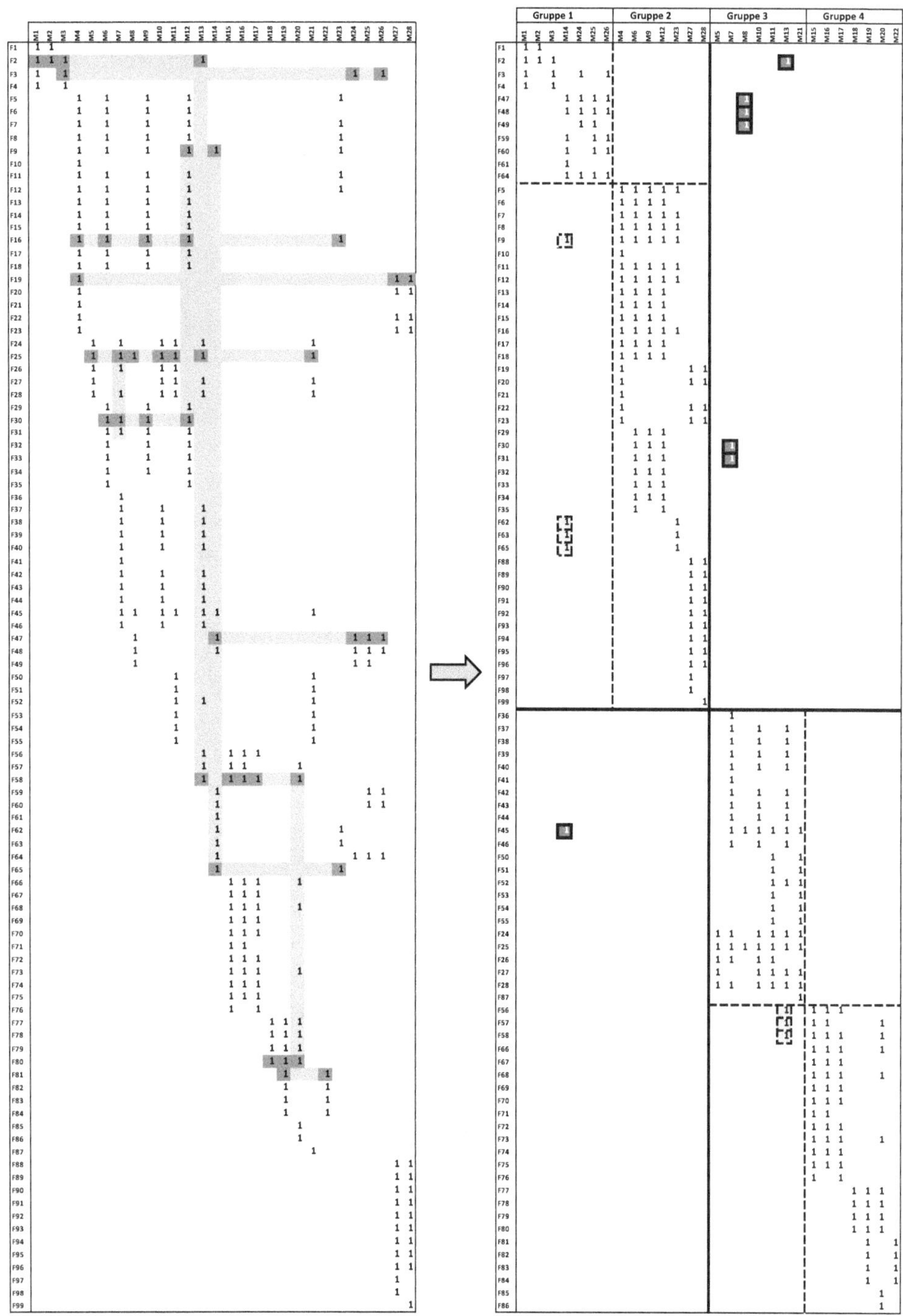

Abbildung 6.11.: Funktionsweise von Algorithmus A.5.1: links, Freigabematrix (original) – rechts, Ergebnis nach dem Löschen einzelner Freigaben und Umsortierung

eines aus Realdaten abgeleiteten Datensatzes. Hierbei sind die Freigaben in Matrixform dargestellt. Das Ausgangsproblem (links) besteht dabei aus 26 Batch-Maschinen und 99 Familien. Eine Zerlegung dieser Maschinengruppe durch *Split*(M) ist aufgrund der prozesstechnischen Überlappungen (vgl. Spannbaum in Abbildung 6.11 links) nicht möglich. Algorithmus A.5.1 teilt diese Maschinengruppe in einem ersten Schritt durch die Aufhebung von nur sieben (von über 300) Freigaben in zwei gleich große Maschinengruppen. Diese Freigaben sind in Abbildung 6.11 schwarz hinterlegt. Die beiden resultierenden Maschinengruppen werden in einer weiteren Iteration zerlegt (gekennzeichnet durch die gestrichelt umrahmten Freigaben). Durch eine Umsortierung der Spalten bzw. Zeilen der Freigabematrix wird die Funktionsweise bzw. das Ergebnis der maschinengruppenbasierten Dekomposition sichtbar. Ein weiteres Aufteilen der Maschinengruppen[22] wird aufgrund von Abbruchbedingungen in Algorithmus A.5.1 verhindert.

Pro Beobachtungszeitraum werden für die nachfolgende Optimierungspotentialanalyse zwei DES-Modelle ausgewählt (vgl. Punkt 3.). Diese Auswahl erfolgt mit Hilfe von Prozessexperten unter Berücksichtigung verschiedener Kriterien. Hierbei wird eine Maschinengruppe als repräsentativ eingestuft, wenn diese im Betrachtungszeitraum hoch ausgelastet war (insbesondere dann, wenn diese einen Engpass darstellte), möglichst wenige Störungen bzw. Prozessabbrüche stattfanden[23] und keine Sonderregeln für die Losbearbeitung existierten bzw. diese vernachlässigbar waren[24]. Durch die Validierung der Optimierungsergebnisse durch einen Prozessexperten (vgl. Punkt 4.) wird sichergestellt, dass die erzeugten Ablaufpläne praktisch auch durchführbar gewesen wären, d.h. durch diese keine Nebenbedingungen verletzt würden.

Alle Maschinen der ausgewählten DES-Modelle gehören zum Typ "Anlagen mit einem Boot und Wechselzeiten" (vgl. Punkt 3. in Tabelle 5.4 auf Seite 107), d.h. diese werden durch das Maschinenmodell $⚙^{\mathrm{B_I}}_{\mathrm{W}}$ abgebildet. Folgende Restriktionen sind, ergänzend zu den bereits behandelten Nebenbedingungen in Abschnitt 6.1.2, für die nachfolgenden Untersuchungen zu beachten:

(i) Die Bearbeitungszeit p_{vk} einer Familie $v \in D_k$ ist nicht identisch auf allen freigegebenen Maschinen.

(ii) Zwischen der Bearbeitung zweier Batches auf einer Maschine $k \in M$ existiert eine nicht-negative Wechselzeit e_k.

(iii) Die Kapazität einer Maschine $k \in M$ hängt von der zu bearbeitenden Familie $v \in D_k$ ab und wird durch einen (Eingangs-)Parameter b^M_{kv} definiert[25] (vgl. Abschnitt 5.5.3.1).

(iv) Für manche Lose existieren Zeitkopplungen z_{i1}.

Aufgrund dieser erweiterten Anforderungen erschien eine Anpassung bzw. Weiterentwicklung des VNS-Ansatzes nicht zielführend. Mit Blick auf Punkt (iv) wird, wie bereits angedeutet, auch der simulationsbasierte Optimierungsansatz nicht weiter verfolgt.

[22]Zum Beispiel durch das Aufheben der Freigabe $F_3 \times M_{24}$ und $F_3 \times M_{26}$ in Maschinengruppe 1.

[23]Maschinenausfälle bzw. Wartungen werden im DES-Modell erfasst, können die Ergebnisse aber dennoch unnötig verfälschen.

[24]Eine derartige Sonderregel ist die Forderung nach einer minimalen Batch-Größe. Diese lassen sich durch eine Erweiterung des MIP-Basismodells (vgl. Abschnitt 5.5.3) abbilden. Diese Erweiterung wurde auch real umgesetzt, wird jedoch nachfolgend nicht diskutiert.

[25]Prozesstechnologisch verbirgt sich hinter dieser Forderung z.B. das Zustellen einer definierten Anzahl von Testscheiben zum Batch (familienabhängig), welche die maximale Kapazität einer Maschine unterschiedlich verringern.

6.1.5.2. Ergebnisse – Realdaten

In diesem Abschnitt erfolgt die Bewertung des Optimierungspotentials auf der Basis der acht repräsentativen DES-Basismodelle. Um Rückschlüsse auf reale Kenngrößen zu vermeiden, werden alle Ergebnisse normiert dargestellt. Das heißt, alle in der realen Produktionsumgebung gemessenen Kenngrößen werden auf eins normiert und es wird lediglich die prozentuale Verbesserung zu diesen angegeben. Die DES-Basismodelle repräsentieren Maschinengruppen mit bis zu sechs Maschinen und jeweils mehreren hundert Jobs. Dies untermauert, dass die untersuchten Probleme zum Teil deutlich größer als die entsprechenden Instanzen aus Abschnitt 6.1.4.1 sind. Um weiterhin Einflüsse der durchschnittlichen initialen Verspätung auf die Untersuchungsergebnisse zu vermeiden, wird nachfolgend die bereits in Abschnitt 6.1.4.2 verwendete durchschnittliche Performance

$$\mathcal{D}_+(\mathcal{V},\Delta t) = \frac{1}{8}\sum_{b=1}^{8}\mathcal{D}_+(\mathcal{V},b,\Delta t), \qquad \text{mit} \qquad \mathcal{D}_+(\mathcal{V},b,\Delta t) = \frac{z(\mathcal{V},b,\Delta t) - z^{\text{init}}(b)}{z^{\text{real}}(b) - z^{\text{init}}(b)} \tag{6.34}$$

verwendet. Das heißt, die initiale gemessene Verspätung $z^{\text{init}}(b)$ wird abgezogen und lediglich die am Arbeitsgang angefallene zusätzliche Verspätung im Verhältnis zur real zusätzlich angefallenen Verspätung $z^{\text{real}}(b)$ dargestellt. Unabhängig von dieser normierten Ergebnisdarstellung erfolgt die Optimierung der Zeitscheibenmodelle bzgl. der totalen gewichteten Verspätung. Neben dieser Zielgröße wird noch eine weitere für die betrachtete Produktionsumgebung relevante Zielfunktion beobachtet bzw. optimiert. Hierbei handelt es sich um die totale Fertigstellungszeit. Da die Bearbeitungszeiten nicht veränderbar, jedoch zwischen den Maschinen einer Maschinengruppe u.U. schwankend sind, wird diese Zielgröße nachfolgend (indirekt) durch die Betrachtung der durchschnittlichen Standzeit

$$\mathcal{D}_Q(\mathcal{V},\Delta t) = \frac{1}{8}\sum_{b=1}^{8}\mathcal{D}_Q(\mathcal{V},b,\Delta t), \qquad \text{mit} \qquad \mathcal{D}_Q(\mathcal{V},b,\Delta t) = \frac{z_Q(\mathcal{V},b,\Delta t)}{z_Q^{\text{real}}(b)} \tag{6.35}$$

untersucht. Hierbei ist $\mathcal{D}_Q(\mathcal{V},b,\Delta t)$ die totale Standzeit aller Jobs im DES-Basismodell b bei einer Vorausschau Δt und $z_Q^{\text{real}}(b)$ die real gemessene totale Standzeit. Folgende Verfahren $\mathcal{V}$ werden untersucht:

FAB

Durch $\mathcal{V}$ = FAB wird eine exakte Nachbildung der in der Fertigung verwendeten Prioritätsregeln untersucht. Ziel dieser Untersuchung ist die Ermittlung eines Fehleranteils $\mathcal{F}$, der sich aus idealisierten Planungsannahmen ergibt. Hierzu gehört insbesondere die Personalverfügbarkeit, die exakte Anlieferung an die Maschinengruppe, die Behandlung von Losen zur Anlagenkontrolle sowie die Reaktion auf Störungen bzw. Prozessabbrüche. Ohne auf Details der FAB-Regel einzugehen ist zu bemerken, dass diese eine deutlich erweiterte Variante der BRIO-Regel aus Abschnitt 6.1.2.1 ist. Insbesondere arbeitet diese Regel mit Verzögerungen von Batch-Starts, die jedoch ausschließlich auf der Basis von Standzeiten und nicht auf der Basis einer Vorausschau getroffen werden. In die Prioritätswertberechnung einzelner Lose fließen weiterhin Informationen bzgl. Zeitkopplungsnebenbedingungen ein.

BATC

Durch $\mathcal{V}$ = BATC wird die in Abschnitt 6.1.2.1 vorgestellte BATC-Regel untersucht. Hierbei werden Jobs mit Zeitkopplungen höher priorisiert. Dieses Konzept wird in Klemmt et al. [KWW11] ausführlich dargestellt. Der Parameter κ wird dabei gemäß Bemerkung 6.1.3 gewählt.

MIP$_\mathrm{T}$

Durch $\mathcal{V} = \mathrm{MIP_T}$ wird der hybride Optimierungsansatz bzgl. der Zielgröße totale gewichtete Verspätung untersucht. Grundlage hierfür ist Optimierungsmodell (6.1) mit der für die zeitbasierte Dekomposition angepassten Zielfunktion (6.13). Weiterhin werden die Nebenbedingungen (5.16) und (5.44) verwendet[26]. Für die Gewinnung von Startlösungen und Schranken werden – analog zu den Untersuchungen in Abschnitt 6.1.4 – die BATC-Lösungen der DES-Zeitscheibenmodelle verwendet (wenn diese zulässig sind).

MIP$_\mathrm{Q}$

Durch $\mathcal{V} = \mathrm{MIP_Q}$ wird der hybride Optimierungsansatz bzgl. der Zielgröße totale gewichtete Fertigstellungszeit untersucht. Die Vorgehensweise ist analog zu Verfahren $\mathcal{V} = \mathrm{MIP_T}$, jedoch wird anstelle von Zielfunktion (6.13) die Zielfunktion (4.6) verwendet.

MIP$_\mathrm{M}$

Durch $\mathcal{V} = \mathrm{MIP_M}$ wird ein multikriterieller hybrider Optimierungsansatz bzgl. der Zielgrößen totale gewichtete Fertigstellungszeit und totale gewichtete Verspätung untersucht. Die Vorgehensweise ist wiederum analog zu Verfahren $\mathcal{V} = \mathrm{MIP_T}$, jedoch wird anstelle von Zielfunktion (6.13) folgende Zielfunktion verwendet:

$$\sum_{i \in J} (w_i T_i + w_i C_i) \to \min . \tag{6.36}$$

Die Abbildungen 6.12 und 6.13 stellen die Optimierungspotentiale bzgl. der zwei untersuchten Zielgrößen grafisch dar. Hierbei ist festzuhalten, dass die Verfahren BATC und FAB unabhängig von der Vorausschau Δt sind und diese deshalb konstant, d.h. als Linie abgebildet werden. Für die Verfahren $\mathrm{MIP_T}$, $\mathrm{MIP_Q}$ und $\mathrm{MIP_M}$ ist in den Abbildungen hingegen eine deutliche Abhängigkeit von Δt zu erkennen. Anders als in Abschnitt 6.1.4 erfolgte die Untersuchung von Δt deutlich differenzierter mit Werten zwischen $\Delta t = 0$ und $\Delta t = 1{,}5\,\overline{p}$ bei einer Schrittweite[27] von $0{,}1\,\overline{p}$. Die Darstellung von Δt erfolgt normiert bzgl. $\overline{p}$ je DES-Basismodell.

Für die Verfahren FAB und $\mathrm{MIP_M}$ werden weiterhin die minimal bzw. maximal erreichten Verbesserungen angegeben. Der daraus resultierende Schwankungsbereich[28] ist in der zugehörigen Farbe des jeweiligen Verfahrens transparent dargestellt. Hierbei ist noch einmal hervorzuheben, dass bereits die Berechnung des Optimierungspotentials eines jeden DES-Basismodells auf mehreren hundert bzw. auf über eintausend Einzelmessungen (Jobs) beruht. Dies unterstützt eine statistische Absicherung der erzielten Ergebnisse. Im Durchschnitt werden pro DES-Basismodell

[26] Diese bilden die erweiterten prozesstechnologischen Nebenbedingungen (vgl. Abschnitt 6.1.5) ab.

[27] Alle Zwischenwerte wurden in den Abbildungen 6.12 und 6.13 mittels linearer Interpolation erzeugt.

[28] Bei dieser Darstellung wurde jeweils der beste bzw. schlechteste ermittelte Wert pro Messung entfernt. Eine Darstellung als Konfidenzintervall ist auf Grund des geringen Messumfangs (acht Modelle) nicht sinnvoll.

ca. 170 DES-Steuerungsmodelle erstellt und optimiert. Dies bedeutet, dass die dargestellten Ergebnisse für die hybriden MIP-Verfahren in jeder der beiden Abbildungen 6.12 bzw. 6.13 auf der Lösung von ca. 65.000 Optimierungsproblemen beruhen.

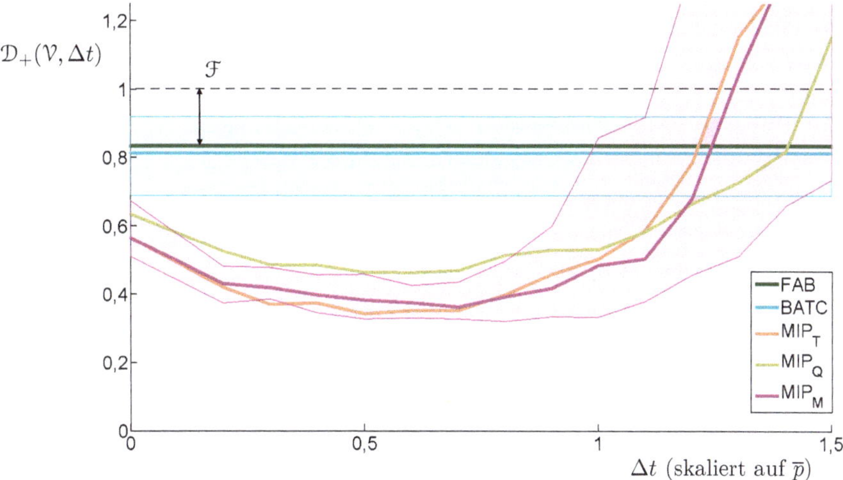

Abbildung 6.12.: Untersuchung des Optimierungspotentials bzgl. $\mathcal{D}_+(\mathcal{V}, \Delta t)$

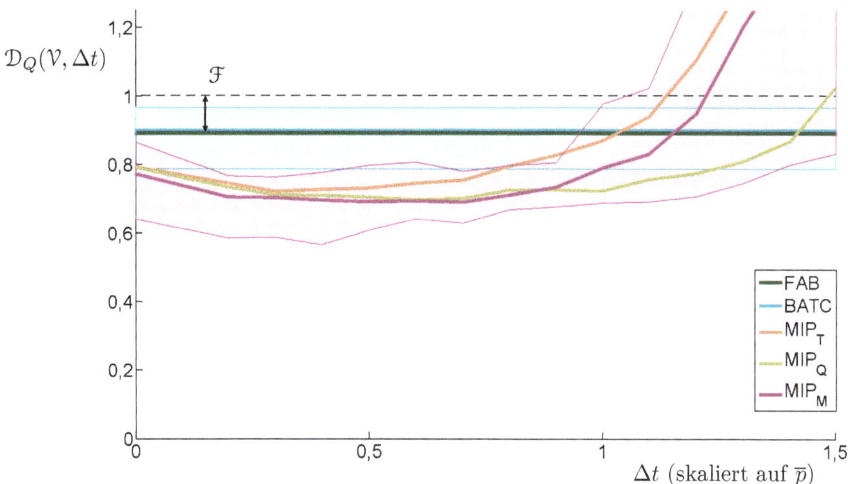

Abbildung 6.13.: Untersuchung des Optimierungspotentials bzgl. $\mathcal{D}_Q(\mathcal{V}, \Delta t)$

Die Ergebnisse dieser Untersuchungen zeigen, dass auch nach Abzug eines Fehleranteils $\mathcal{F}$ von ca. 17% bei $\mathcal{D}_+(\mathcal{V}, \Delta t)$ und ca. 9% bei $\mathcal{D}_Q(\mathcal{V}, \Delta t)$ deutliche Verbesserungen der Performance mittels des hybriden MIP-Ansatzes gegenüber der in der Fertigung verwendeten Steuerungsregel erreicht werden kann. Für die FAB-Regel konnte bestätigt werden, dass diese zur BATC-Regel vergleichbare Ergebnisse liefert. Dies betrifft sowohl $\mathcal{D}_+(\mathcal{V}, \Delta t)$ als auch $\mathcal{D}_Q(\mathcal{V}, \Delta t)$. Durch Verzögerungen von Batches wurden durch die FAB-Regel jedoch deutlich weniger Batches gebildet (vgl. nachfolgende Tabelle 6.5), wodurch diese Regel der BATC-Regel vorzuziehen ist.

Anhand der Untersuchungen wird ebenfalls deutlich, wie flexibel sich der hybride Optimierungsansatz bzgl. der verfolgten Zielstellungen ausrichten lässt. So liefert das Verfahren $\mathrm{MIP_T}$ bessere Ergebnisse bzgl. $\mathcal{D}_+(\mathcal{V}, \Delta t)$ als $\mathrm{MIP_Q}$. Umgekehrt führt eine Optimierung nach der totalen gewichteten Fertigstellungszeit zu kürzeren Standzeiten, als jene, die durch $\mathrm{MIP_T}$ erzielt werden. Eine multikriterielle Zielfunktion – wie diese in $\mathrm{MIP_M}$ verfolgt wird – liefert eine zu favorisierende Kompromisslösung.

Zu beachten ist jedoch, dass alle MIP-basierten Verfahren sensitiv von der Vorausschau Δt abhängen. Es ist nachvollziehbar, dass bei einer sehr kurzen Vorausschau nicht das gesamte Optimierungspotential durch diese Verfahren ausgeschöpft werden kann, da zur Lösung der Zeitscheibenprobleme zu wenige Informationen vorliegen. Übersteigt die Vorausschau jedoch den Wert von ca. einer durchschnittlichen Bearbeitungszeit, ist ebenfalls eine deutlich geringere Performance zu erkennen. Dies hat zwei Ursachen:

1. Systemgrenzen der DES-Zeitscheibenmodelle

2. zunehmende Komplexität der DES-Zeitscheibenmodelle.

In Zeitscheibenmodellen mit einer großen Vorausschau neigen diese Verfahren dazu, Batch-Starts (insbesondere den ersten Batch auf einer Maschine) lange zugunsten von noch eintreffenden Jobs zu verzögern. Hierdurch werden i.Allg. verhältnismäßig große Batches gebildet, die auch günstig bzgl. der verfolgten Zielgröße des Zeitscheibenmodells sind. Der Blick auf diese eingeschränkten Systemgrenzen kann sich jedoch negativ auf die Optimierung des Gesamtsystems auswirken, in welchem kontinuierlich neue Jobs eintreffen. Diese werden dann wiederum durch die resultierenden Restbearbeitungszeiten ebenfalls verzögert. Ein weiterer entscheidender Punkt ist die steigende Komplexität der MIP-Modelle für eine Zeitscheibe. Durch die zunehmende Vorausschau erhöht sich i.Allg. die Anzahl der zu betrachtenden Jobs im Modell. Diese wiederum haben direkten Einfluss auf die Größe des zugehören MIP-Modells (sowohl bzgl. der Anzahl an Unbekannten als auch der Restriktionen). Eine schnelle Konvergenz des Optimierungsprozesses wird dann zunehmend unwahrscheinlicher. Wie aus den Abbildungen 6.12 und 6.13 zu erkennen ist, liefert eine Vorausschau im Bereich $\Delta t = 0{,}5\,\overline{p}$ die besten Ergebnisse. Aufwendungen zur Ermittlung weiterreichender Informationen haben daher keinen oder nur geringen Nutzen für lokale Steuerungsentscheidungen.

Die Abbildungen 6.12 und 6.13 zeigen ausschließlich die erreichten Mittelwerte der untersuchten Verfahren bzgl. $\mathcal{D}_+(\mathcal{V}, \Delta t)$ und $\mathcal{D}_Q(\mathcal{V}, \Delta t)$. Weiterhin interessant ist jedoch auch, wie sich die Verteilungen der einzelnen Zielgrößen verfahrensabhängig verändern. Exemplarisch wird hierzu in Abbildung 6.14 die Standzeitverteilung einer Maschinengruppe für die zwei Verfahren FAB und $\mathrm{MIP_M}$ in Form eines Histogramms dargestellt. Hierbei erfolgt auf der Abszisse eine Einteilung der Standzeiten in Klassen[29]. Auf der Ordinate wird die relative Häufigkeit dargestellt, mit welcher ein Los verfahrensabhängig den jeweiligen Klassen zugeordnet wird. Obwohl das dargestellte Ergebnis nur auf der Untersuchung einer Maschinengruppe beruht, spiegelt dieses das typische, beobachtete Verhalten der Verfahren für alle untersuchten Probleme wieder, sowohl für Verteilungen der Standzeiten als auch der Verspätungen. Auf eine Zuordnung der real gemessenen Werte zu den Klassen wird in dieser Stelle explizit verzichtet, vielmehr soll die Dar-

[29] Jede Klasse repräsentiert ein Zeitintervall gleicher Länge.

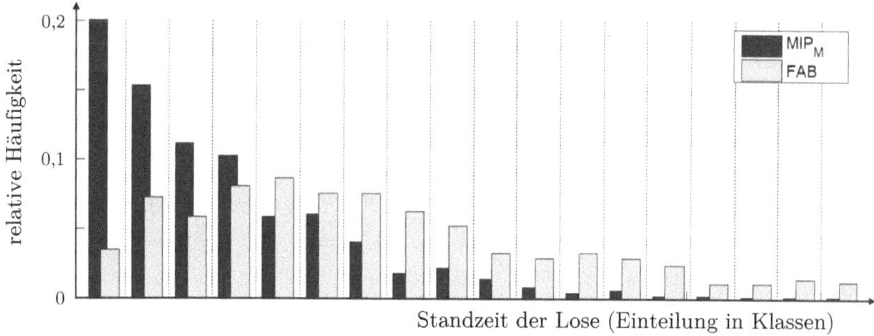

Abbildung 6.14.: Histogramm der Standzeitverteilung

stellung eine wichtige Eigenschaft des hybriden Optimierungsansatzes unterstreichen: nicht nur die gemessenen Mittelwerte sondern auch die Streuungen der einzelnen Zielfunktionen sinken deutlich. Durch eine optimierte Batch-Bildung kann somit auch eine bessere Ausrichtung der Lose auf deren lokalen Fertigstellungstermin erreicht werden.

Neben den dargestellten primären Zielen besteht ebenfalls Interesse daran, die Auswirkungen der verschiedenen Steuerungsstrategien auf Anlagenauslastung bzw. Verbrauchsmittelbedarf zu untersuchen. Durch Verzögerungen von Batch-Starts, wie diese durch die FAB-Regel erzielt werden, werden durchschnittlich größere Batches gebildet. Der Bedarf an Verbrauchsmitteln (wie Energie und Gas), die pro Batch-Bearbeitung anfallen, sinkt. Dies führt wiederum zu einem multikriteriellen Optimierungsproblem, das in dieser Arbeit nicht betrachtet wird, da insbesondere Gewichte, die das Verhältnis von Verbrauchsmittelmehrbedarf zu reduzierten Verspätungen repräsentieren, schwer bestimmbar sind. Aus diesem Grund wurde der Mehrbedarf an Verbrauchsmitteln, gemessen durch die durchschnittliche Batch-Anzahl, abhängig vom jeweiligen Verfahren nur beobachtet. Tabelle 6.5 stellt dies dar. Hierbei werden die Ergebnisse auf die Anzahl der Batches, resultierend aus der FAB-Regel, normiert.

	Fab	**BATC**	**MIP$_{\mathbf{M}}$** $(t = 0{,}5\,\overline{p})$
Batch-Anzahl (normiert)	100%	112,97%	106,7%

Tabelle 6.5.: Entwicklung der durchschnittlichen Batch-Anzahl

Eine weitere interessante Beobachtung besteht in der Betrachtung der durchschnittlich benötigten Optimierungsdauer pro MIP-Zeitscheibenmodell. Wie in Abschnitt 6.1.4.2 wurde eine maximale Optimierungsdauer von 30 Sekunden pro Modell als Abbruchkriterium definiert. Dennoch benötigte das favorisierte Verfahren MIP$_M$ mit $\Delta t = 0{,}5\,\overline{p}$ durchschnittlich nur 0,7 Sekunden zur Lösung eines Optimierungsproblems. Hieraus lässt sich folgern, dass ein Großteil aller Teilprobleme optimal gelöst werden konnte. Besonders in Hinblick auf eine mögliche Echtzeitanwendung ist dies als entscheidendes Auswahlkriterium hervorzuheben.

Zusammenfassend kann festgestellt werden, dass das vorgestellte hybride MIP-Verfahren auch auf der Basis realer Fertigungsdaten die besten Ergebnisse erzielte. Durch seine hohe Flexibilität bzgl. der Abbildung verschiedener prozesstechnologischer Nebenbedingungen, der Ausrichtbarkeit auf verschiedene Zielstellungen und nicht zuletzt durch seine Echtzeitanwendbarkeit, steht mit dem entwickelten Ansatz ein Werkzeug bereit, welches das Potential besitzt, die Sichtweise auf (lokale) Steuerungslogiken zu verändern bzw. diese nachhaltig zu verbessern.

6.2. Erweiterte Anwendungsgebiete – Ausblick

Im vorangegangenen Abschnitt konnte detailliert gezeigt werden, welche Potentiale der entwickelte hybride Optimierungsansatz für die Ablaufplanung an speziellen Maschinengruppen besitzt. Im Folgenden Abschnitt sollen Anregungen gegeben werden, wie dieser Ansatz, ebenfalls in Kombination mit Dekompositionstechniken, auch auf verwandte Problemstellungen anderer Prozessbereiche (vgl. Abschnitt 2.1) angewendet werden kann. Die Darstellungen beschränken sich dabei ausschließlich auf Beispieldaten. Insbesondere ein Vergleich mit anderen Verfahren, wie in Abschnitt 6.1.4 durchgeführt, findet dabei nicht statt.

6.2.1. Zeitkopplungsgesteuerte Batch-Bildung an Nassbänken

Bei Problemen mit Zeitkopplungen ist es oft sinnvoll, diese Nebenbedingung nicht nur zu beachten, sondern gezielt auf diese Einfluss zu nehmen. Dies lässt sich durch eine Erweiterung des in Abschnitt 6.1 beschriebenen Modells um vorgelagerte Arbeitsgänge erreichen. Ein typisches Beispiel hierfür (vgl. [BBM06]) ist z.B. die Abbildung der nasschemischen Ätzung und der nachgelagerten Ofenprozesse in einem Modell vom Typ $FJR \mid M_{io};\, p\text{–}batch;\, incompatible;\, r_i;\, tb \mid \sum w_i T_i$. Ziel ist die effiziente Einschleusung der Lose an den Nassbänken mit Blick auf verfügbare Ofenkapazitäten und unter Berücksichtigung eventueller Zeitkopplungen von Losen.

Durch das MIP-Basismodell (5.1) lässt sich auch eine derartige Problemstellung abbilden. Über eine zeitbasierte Dekomposition ist auch hier eine iterative Zerlegung des Ablaufplanungsproblems möglich. Abbildung 6.15 zeigt beispielhaft die optimale Lösung eines solchen Zeitscheibenproblems. Zwei Nassbänke, die vereinfacht durch das Maschinenmodell $\circledast^{\mathrm{BI}}_{\mathrm{T}}$ abgebildet werden (vgl. Abschnitt 5.5.2 bzw. 5.5.4), beliefern vier Öfen. Dabei müssen nicht alle Lose in den Öfen und den Nassbänken bearbeitet werden. Das Zeitscheibenmodell beinhaltet 40 Jobs, die mit deren Bereitstellungsterminen am jeweils ersten Arbeitsgang sowie deren Fertigstellungs-

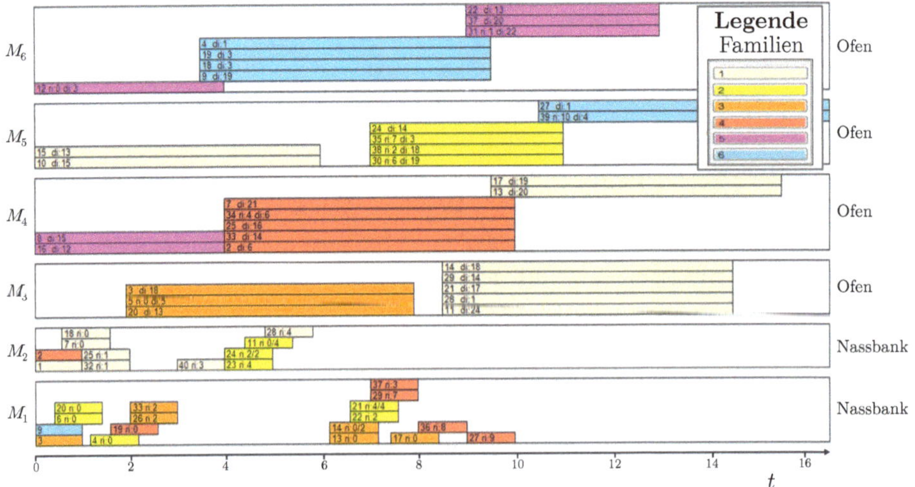

Abbildung 6.15.: Arbeitsgangübergreifendes Modell mit Zeitkopplungen

terminen im Gantt-Diagramm dargestellt sind. Existieren weiterhin Zeitkopplungsrestriktionen, werden diese hinter einem "/" angegeben. Die Familienzugehörigkeit eines Loses wird durch die jeweilige Farbe des Batches in Abbildung 6.15 dargestellt. Es ist deutlich erkennbar, dass sich diese arbeitsgangabhängig ändern können. Das Ziel ist die Minimierung der gewichteten Verspätung. Abbildung 6.15 zeigt außerdem, wie der Batch-Start von einigen Losen (z.B. J_{21} oder J_{14}) zugunsten der verfolgten Zielstellung und unter Berücksichtigung der vorliegenden Nebenbedingungen verzögert wird.

Eine weiterführende Untersuchung dieses Ansatzes erscheint daher sehr vielversprechend. Eine Herausforderung besteht jedoch in der Identifikation von entsprechenden arbeitsgangübergreifenden Modellen. Die Grenzen des hybriden Optimierungsansatzes bzgl. der Anzahl von Maschinen in einem Modell werden hier u.U. schnell erreicht, so dass eine effiziente Zerlegung des Ablaufplanungsproblems hinsichtlich der Maschinenumgebungen unumgänglich sein wird. Eine Weiterentwicklung bzw. Anpassung der maschinenbasierten Dekompositionsansätze kann hierzu der Schlüssel sein.

6.2.2. Optimierte Ablaufplanung in der Lithographie

Ein letztes Anwendungsbeispiel, das in dieser Arbeit skizziert werden soll, ist die Optimierung der Ablaufplanung im Prozessbereich Lithographie. Dieser Bereich ist aufgrund zahlreicher Nebenbedingungen sowie hoher Anlagen- und Hilfsmittelkosten von besonderem Interesse für die Ablaufplanung (vgl. Abschnitt 2.1). Die betrachtete Problemstellung vom Typ $R \mid M_{io}; s-batch; s_{ij}; aux; r_i \mid \sum w_i T_i$ stellt sich dabei als so komplex dar, dass der Einsatz direkter exakter Verfahren für Ablaufplanungsprobleme zunächst als ausgeschlossen erscheint. Im Folgenden wird daher skizziert, wie das Ausgangsproblem in drei aufeinanderfolgenden Stufen zerlegt und in letzter Instanz wiederum mit dem hybriden Optimierungsansatz behandelt werden kann. Zunächst müssen jedoch Anmerkungen zur Literatur bzw. zur Problemstellung erfolgen.

Die charakteristischste Nebenbedingung für die Ablaufplanung in der Lithographie ist das Vorhandensein sekundärer Ressourcen – der Retikel. Nahezu in jedem Literaturbeitrag über diese Problemstellung werden die sekundären Ressourcen – zum Teil aus verschiedenen Sichtweisen – diskutiert (z.B. [AUH+00, CM07, CHL08]). Cakici und Mason [CM07] untersuchten (vgl. Abschnitt 5.5.3) einen direkten MIP-Ansatz sowie verschiedene regelbasierte Verfahren zur losfeinen Ablaufplanung. Toktay und Uzsoy [TU98] erarbeiteten MIP-Modelle für kurzfristige Kapazitätszuweisungen innerhalb von Maschinenverfügbarkeitszeiträumen. Dabei wird kein Ablaufplan erstellt, sondern der *Arbeitsvorrat* (engl. Work In Process, WIP) pro Lithographieebene (Grundtyp[30]-Ebenen-Kombination) anteilig auf die Maschinen verteilt. Ziel dieser Allokation ist eine Maximierung des Durchsatzes. Dieses Problem wurde in verschiedenen Varianten und mit verschiedenen Lösungsansätzen auch in [AnU05] untersucht. Ein deutlich detaillierteres MIP-Modell für eine kurzfristige Ressourcenallokation wird in [KYB02] vorgestellt. Ziel hierbei ist

[30] Der Grundtyp kann als Zusammenfassung mehrerer verschiedener Produkte bzw. Produktvarianten verstanden werden, die gleiche bzw. ähnliche technologische Anforderungen an den Belichtungsprozess haben, jedoch nicht dasselbe Retikel benötigen. Eine Grundtyp-Ebenen-Kombination wird nachfolgend immer als Lithographieebene bezeichnet.

die bestmögliche Erfüllung von Produktionszielvorgaben. Dennoch bilden diese rein kapazitiven Ansätze nicht alle derzeit existierenden Nebenbedingungen ab. Hierzu gehören insbesondere vertikale Dedizierungen[31] [CHL06]. Ein MIP-Modell, das nahezu ausschließlich auf diese Bedingung fokussiert, wird in [PSC08] vorgestellt. Weitere detaillierte MIP-Modelle, die z.B. kapazitive Allokationen in Zeitscheiben vornehmen, werden in Chung et al. [CHL08] verwendet. Simulationsbasierte Lösungsansätze für Ablaufplanungsprobleme in der Lithographie werden u.a. in [MPS01] und [AY04] diskutiert. Hierbei werden in [MPS01] zahlreiche weitere Nebenbedingungen der Lithographie, wie das Auftreten von *Vorläufern*[32], abgebildet. Ziel der Untersuchungen sind dabei lastbalancierte Anlagenbelegungen. Diaz et al. [DFP+05] beschäftigen sich sehr ausführlich mit dem Retikel-Management.

Weiterhin ist der Literatur zu entnehmen, dass das Ziel der Ablaufplanung im Bilden serieller Batches besteht. Dabei werden mehrere Lose einer Lithographieebene, die dasselbe Retikel benötigen, hintereinander bearbeitet. Dies ist durch Rüstaufwände [AU00, MPS01], die bei einem Wechsel des Retikels (insbesondere bedingt durch eine Retikel-Inspektion) entstehen und auf begrenzte maschineninterne Retikel-Lagerplätze [DFP+05] zurückzuführen. Diese Problemstellung verliert jedoch zunehmend an Bedeutung, da neuere Anlagen eine große Anzahl an Retikeln vorhalten und Wechsel bzw. Inspektionen vollkommen automatisiert durchführen können. Die anfallende Rüstzeit nimmt dabei nur noch einen Bruchteil der Bearbeitungszeit ein. Andererseits werden Lithographieprozesse jedoch auch immer komplexer und stellen zunehmend neue Anforderungen an die Prozesstechnik. Ein Beispiel hierfür ist die Lacktechnik. Moderne Belichtungsprozesse erfordern zum Teil unterschiedliche Lacke und Lackdicken auf dem Wafer. Lacke können jedoch nur in begrenzter Zahl und nicht in beliebiger Kombination auf den Anlagen installiert werden. Dadurch ergeben sich signifikante Einschränkungen in den Freigabemöglichkeiten. Ansätze, die es erlauben, Lithographieebenen gezielt umzuqualifizieren, werden in der Literatur noch relativ wenig diskutiert. Gerade bei einem stark schwankenden und breiten Produktmix bietet sich dieses Vorgehen jedoch als Steuerungsoption an [KLW+10].

Ein reiner losbasierter Ansatz zur Optimierung der Ablaufplanung, wie z.B. bei den Ofenprozessen, ist in der Lithographie nur bedingt anwendbar. Vielmehr ist ein effizientes und flexibles Zusammenspiel von Lackbelegung, Ebenenqualifikation, Retikel-Management und Rüststrategien für eine optimierte Ablaufplanung erforderlich. Die Optimierung dieser Größen in einem mathematischen Modell ist jedoch aufgrund der hohen Anzahl an Freiheitsgraden derzeit nicht möglich[33]. Daher wird in Klemmt et al. [KLW+10] eine vierstufige, zeit- bzw. ressourcenbezogene Dekomposition dieses Problems vorgestellt, die Abbildung 6.16 zu entnehmen ist.

In jeder Dekompositionsstufe werden verschiedene Typen von Optimierungsproblemen mit unterschiedlichen Zielen, Nebenbedingungen, Granularitäten und Planungshorizonten gelöst. Diese

[31] Jedes Linsensystem einer Lithographieanlage weist geringfügige Distorsionsfehler auf. Mit fortschreitender Miniaturisierung wirkt sich dies zunehmend auf das Belichtungsbild aus. Müssen aufeinanderfolgende Lithographieebenen deckungsgleich sein, besteht die Forderung, dass eine oder mehrere nachfolgende Ebenen auf derselben Anlage belichtet werden müssen. Dies wird als vertikale Dedizierung bezeichnet.

[32] Nach einem Lithographieschritt werden verschieden Messungen bzgl. Dimension und Deckungsgleichheit der erzeugten Strukturen durchgeführt. Abhängig von diesen Ergebnissen kann eine Parameteranpassung an der Lithographieanlage fällig werden. Dann wird zunächst nur ein Wafer bzw. ein Los der entsprechenden Ebene belichtet. Erst wenn dessen Messergebnisse vorliegen, können weitere Lose dieser Ebene auf der entsprechenden Anlage belichtet werden. Während der Messung ist die Anlage jedoch für andere Lose verfügbar.

[33] Bereits das in [TU98] diskutierte kapazitive Ressourcenallokationsproblem ist $\mathcal{NP}$-schwer.

Dekomposition	Stufe 4	Stufe 3	Stufe 2	Stufe 1
Granularität	- Los	- Retikel	- Grundtyp	- Grundtyp
Losdaten	- aktueller Losbestand	- aktueller Losbestand (inkl. Vorausschau)	- erwarteter WIP	- geplanter WIP (versch. Szenarien)
Optimierungsziele	- losbasierte Ziele (Priorität, Termin)	- Lastbalancierung, - Aufwandreduktion (Vorläufer, Retikel-Wechsel)	- Lastbalancierung, - Aufwandreduktion (Anlagenqualifikation)	- Plausibilitätsprüfung, - Lackbelegung
Optimierungsergebnisse	- Los-Maschinenzuweisungen - Reihenfolgen	- Retikel-Zuweisung bzw. -Verlagerung - Lastverteilung	- Anlagenqualifikation (Ebenenbelegung)	- Lackbelegung - Durchsatz
Nebenbedingungen	- Detaillierte Prozessbedingungen (Retikel, Vorläufer, Dedizierungen,...) - Lastverteilung	- Dedizierungen (verschärft) - allokierter WIP (aus vertikalen Dedizierungen) - Prioritäten, Kosten	- Dedizierungen (verschärft) - vertikale Dedizierungen - Durchsatz	- Dedizierungen - vertikale Dedizierungen - Lackdedizierungen - ...
Horizont	kurz (operativ)		mittelfristig bzw. langfristig (strategisch)	

Abbildung 6.16.: Vierstufige Dekomposition eines Ablaufplanungsproblems in der Lithographie

reichen von reinen kapazitiven bis hin zu losfeinen disjunktiven Optimierungsproblemen. Während in der Literatur häufig nur eine dieser Stufen, losgelöst von den anderen, betrachtet wird, können bei diesem Ansatz Nebenbedingungen gezielt relaxiert werden. Die Kernidee besteht dabei darin, dass jede Stufe die Freiheitsgrade der Optimierung in der darunterliegenden Stufe einschränkt. Angefangen von groben Modellen, basierend auf verschiedenen Grundtypen, erhöhen sich der Detailierungsgrad und die Dynamik (Wiederholungsrate) in jeder Stufe. Eine Stufe kann dabei sowohl einzeln (fixierte Nebenbedingungen) oder in Kombination mit einer darüber liegenden Stufe (relaxierte Nebenbedingungen) optimiert werden. Dies ist das Alleinstellungsmerkmal dieses Ansatzes. Die vier Stufen werden nachfolgend kurz skizziert. Für eine detaillierte Darstellung von Stufe 1 und Stufe 2 wird auf [KLW+10] verwiesen.

Stufe 1

Das Ziel von Stufe 1 ist es, eine Lackbelegung der Anlagen zu finden. Dabei wird eine Lastbalancierung auf den Maschinen und eine Minimierung von Lackneuinstallationen angestrebt. Weiterhin soll die ermittelte Lackbelegung für verschiedene prognostizierte WIP-Szenarien gültig sein. Die Planung findet auf der Granularität des Grundtyps und auf Wochenbasis statt. Der Planungshorizont reicht über mehrere Lieferwochen. Liefervorgaben können kapazitiv geprüft und notwendige Aufwendungen (z.B. Umqualifizierungen von Lithographieebenen, Lackinstallationen) abgeschätzt werden. Nebenbedingungen wie vertikale Dedizierungen werden rein kapazitiv abgebildet.

Stufe 2

Das Ergebnis von Stufe 1 ist eine optimierte Lackbelegung für längere Planungshorizonte, die für verschiedene WIP-Szenarien gültig ist und gleichzeitig eine balancierte Lastverteilung zulässt. In

Stufe 2 wird nun die Lithographieebenenbelegung optimiert. Aufgrund von deutlich reduzierten Planungshorizonten (Tage bzw. Woche) wird diese Optimierung i.Allg. häufiger durchgeführt. Die Planung findet ebenfalls auf der Granularität des Grundtyps statt und basiert auf den geplanten Losstarts bzw. den bereits in die Fertigung eingeschleusten Losen, d.h. auf dem aktuellen bzw. erwarteten WIP. Die in Stufe 1 fixierte Lackbelegung schränkt die Möglichkeiten von Umqualifizierungen der Lithographieebenen in dieser Stufe deutlich ein. Ziel der Planung ist, neben einer optimierten Lastverteilung, eine minimale Anzahl an Ebenenneuqualifikationen. Wird bei dieser Planung sichtbar, dass eine gleichmäßige Lastverteilung nicht möglich ist bzw. dass sehr viele Umqualifizierungen notwendig sind, kann jederzeit durch eine Optimierung von Stufe 1 geprüft werden, ob eine Änderung der Lackbelegung sinnvoll ist (relaxierte Dedizierungen).

Stufe 3

Das Ergebnis von Stufe 2 ist eine optimierte Ebenenbelegung, die eine balancierte Lastverteilung des gegenwärtigen Produktmixes zulässt. Durch die Anlagenqualifikationen[34] werden alle kurzfristigen (Retikel-Zuweisungen) bzw. operativen Entscheidungen (Loszuweisungen) eingeschränkt. Optimierte Retikel-Zuweisungen für kurze Planungszeiträume (Stunden) und Wiederholungen im Minutenbereich sind das Ziel von Stufe 3. Durch diese dritte Dekompositionsstufe wird das Ablaufplanungsproblem in separat lösbare Teilprobleme zerlegt, die anschließend z.B. mit dem hybriden Optimierungsansatz behandelt werden können (Stufe 4). Nachfolgend wird das Grundprinzip dieses Dekompositionsschrittes anhand einer vereinfachten Problemstellung ausführlicher dargestellt. Das Ziel besteht dabei darin, eine Retikel-Zuweisung zu den Anlagen zu finden, die bei minimalen Aufwendungen (Vermeidung von Vorläufern) eine balancierte Verteilung möglichst vieler anstehender Lose, unter Beachtung der Losprioritäten sowie aller Dedizierungen, zulässt.

Um dieses Problem zu lösen, wird zunächst die Granularität der Planung auf Retikel-Ebene erhöht. Bei der skizzierten vereinfachten Problemstellung wird nachfolgend davon ausgegangen, dass pro identischem Belichtungsbild nur ein Retikel, d.h. keine Retikel-Kopien existieren. Pro Retikel wird die Anzahl aller zugehörigen Lose, die aktuell an der Lithographie anstehen bzw. die diese innerhalb einer definierten Vorausschau erreichen, kumuliert. Es werden ausschließlich Maschinen betrachtet, die gegenwärtig verfügbar sind. Weiterhin müssen losspezifische Information wie Prioritäten (insbesondere Eillose) und vertikale Dedizierungen sowie Nebenbedingungen bzgl. der Retikel wie Vorläuferfälligkeiten, Retikel-Standort etc. beachtet werden. Für die Abbildung dieser Informationen in den nachfolgenden mathematischen Modellen werden Kostenparameter c^R bzw. Nutzenparameter c^L definiert.

Kostenparameter beschreiben Aufwände. Verschiedene Aufwände können durch verschiedene Werte der Kostenparameter ins Verhältnis gesetzt werden. Wird z.B. für ein fälliges Vorläuferlos $c^R = 2$ und für einen notwendigen Vorläufer-Wafer $c^R = 4$ definiert, bedeutet dies, dass ein Vorläufer-Wafer doppelt so hohe Aufwände verursacht, wie ein Vorläuferlos. Nutzenparameter repräsentieren die Wichtigkeit von Allokationen. Diese resultieren vorrangig aus verschiedenen Losprioritäten (z.B. Eillos: $c^L = 100$, Volumenlos: $c^L = 1$ etc.). Weiterhin stehen c^R und c^L in einem direkten Verhältnis, d.h. diese gehen mit gleicher Dimension in eine nachfolgende Ziel-

[34] Hinter jeder Lithographieebene stehen mehrere verschiedene Retikel.

funktion ein. Auf die aufgeführten Beispiele übertragen bedeutet dies, dass ein Vorläuferlos ab einer Allokation von mindestens vier Volumenlosen oder beim Eintreffen eines Eilloses gestartet werden darf. Die jeweiligen Werte für c^R und c^L sind vom Anwender parametrierbar.

Sei $R = \{R_1, \ldots, R_r\}$ die Menge aller Retikel, M die Menge aller Maschinen und n die Anzahl aller zu planenden Lose, dann werden zur Berechnung einer optimierten Retikel-Zuweisung folgende Eingangsparameter für die oben genannte vereinfachte Problemstellung definiert[35]:

Parameter

D_k	Menge aller Retikel $v \in R$, die auf $k \in M$ freigegeben sind,
p_{vk}	Bearbeitungszeit für ein Los mit Retikel $v \in D_k$ auf $k \in M$,
n_{vk}	Anzahl (vertikal) dedizierter Lose für Retikel $v \in D_k$ auf $k \in M$,
l_{vk}	Retikel $v \in D_k$ ist gegenwärtig in $k \in M$, dann $l_{vk} = 1$, sonst $l_{vk} = 0$,
u_k	Restbearbeitungszeit auf $k \in M$,
w_v	kumulierte Anzahl an Losen für Retikel $v \in R$,
c_v^L	kumulierte Losprioritäten für Retikel $v \in R$,
c_{vk}^L	kumulierte Losprioritäten für Retikel $v \in D_k$ die auf $k \in M$ vertikal dediziert sind ($n_{vk} > 0$),
c_{vk}^R	Kosten für Allokation von Retikel $v \in D_k$ auf $k \in M$.

Der Wert für c_v^L setzt sich dabei aus der Summe der durch c^L definierten Nutzwerte aller Lose für Retikel v zusammen. Gleiches gilt für c_{vk}^L. Aus diesen Werten wird weiterhin ein Prioritätswert $c_{vk}^{\max}$ errechnet, der unter Berücksichtigung der vertikalen Dedizierungen, die maximal auf eine Retikel-Maschinen-Kombination kumulierbaren Nutzwerte, d.h.

$$c_{vk}^{\max} := c_v^L - \sum_{l \in M(l \neq k, v \in D_l)} c_{vl}^L \qquad k \in M,\ v \in D_k$$

repräsentiert. Der Wert c_{vk}^R bildet die durch c^R definierten Kosten auf die möglichen Kombination von Retikel und Maschine ab. Auf Basis dieser Eingangsparameter wird die Maschinengruppe, d.h. M, zunächst mit Algorithmus 6.1.10 in disjunkte Maschinengruppen zerlegt (vgl. T_1 – T_6 in der nachfolgenden Abbildung 6.17). Anschließend werden für jede dieser (Teil-)Maschinengruppen T_* hintereinander drei Optimierungsprobleme gelöst. Diese werden durch die nachfolgenden drei Optimierungsmodelle (6.37), (6.43) und (6.46) beschrieben. In Anlehnung an Abschnitt 6.1.3.2 werden folgende Unbekannte definiert:

Unbekannte

$Q_{vk} \in \mathbb{Z}$	Anzahl der Lose von Retikel $v \in D_k$, die auf $k \in M$ bearbeitet werden sollen,
$D_{vk} \in \{0,1\}$	Retikel $v \in D_k$ wird Maschine $k \in M$ zugewiesen, 0 sonst,
$I_k \in \{0,1\}$	Maschine $k \in M$ wird mindestens ein Retikel zugewiesen, 0 sonst,
$B^U \in \mathbb{R}$	obere Schranke für die maximal auf einer Maschine anfallende Last.

[35] Es gilt wiederum Bemerkung 4.1.4.

Optimierungsmodell (6.37)

$$\sum_{k\in M}\sum_{v\in D_k}\left(\left(c_{vk}^R - c_{vk}^{\max}\right)\widehat{K} - l_{vk}\right)D_{vk} \longrightarrow \min \qquad \text{bei} \tag{6.38}$$

$$Q_{vk} + \sum_{l\in M\,(l\neq k, v\in D_l)} n_{vl} \leq w_v \qquad k\in M,\ v\in D_k, \tag{6.39}$$

$$Q_{vk} \leq D_{vk}w_v \qquad k\in M,\ v\in D_k, \tag{6.40}$$

$$D_{vk} \leq Q_{vk} \qquad k\in M,\ v\in D_k. \tag{6.41}$$

$$\sum_{k\in M\,(v\in D_k)} D_{vk} \leq 1 \qquad v\in R, \tag{6.42}$$

Optimierungsmodell (6.37) lässt sich wie folgt interpretieren. Es wird eine multikriterielle Zielfunktion (6.38) minimiert. Das primäre Ziel[36] ist es, den WIP gemäß der kumulierten Lospríoritäten so auf die Anlagen zu verteilen, dass möglichst viele hochpriorisierte Lose (Nutzwert $c_{vk}^{\max}$) bei gleichzeitig minimalen Kosten (c_{vk}^R) auf den Anlagen allokiert werden. Innerhalb dieser Lösung wird sekundär die Anzahl der notwendigen Retikel-Wechsel minimiert. Die Nebenbedingung (6.39) legt fest, wie viel WIP maximal auf eine Retikel-Maschinen-Kombination allokierbar ist. Restriktion (6.40) fordert, dass bei einer solchen Allokation $D_{vk} = 1$ ist. Umgekehrt wird durch Nebenbedingung (6.41) sichergestellt, dass bei $D_{vk} = 1$ auch Lose allokiert werden. Restriktion (6.42) fordert, dass jedes Retikel maximal einmal vergeben wird.

Sei D_{vk}^* eine optimale Lösung für die Variable D_{vk} dieses Optimierungsproblems sowie

$$z_C^* := \sum_{k\in M}\sum_{v\in D_k}\left(\left(c_{vk}^R - c_{vk}^{\max}\right)\widehat{K} - l_{vk}\right)D_{vk}^*$$

der erreichte Zielfunktionswert. Dann liefert diese Lösung zunächst die Menge aller Retikel

$$R^* := \{v\in R \mid \exists D_{vk}^* = 1,\ k\in M,\ v\in D_k\},$$

bei denen der Nutzwert einer Allokation gegenüber den definierten Kosten auf mindestens einer Maschine überwiegt. Anschließend wird das durch Modell (6.43) beschriebene Optimierungsproblem gelöst.

Optimierungsmodell (6.43)

$$-\sum_{k\in M}\sum_{v\in D_k} Q_{vk} \longrightarrow \min \qquad \text{bei} \tag{6.44}$$

$$\sum_{k\in M}\sum_{v\in D_k\cap R^*}\left(\left(c_{vk}^R - c_{vk}^{\max}\right)\widehat{K} - l_{vk}\right)D_{vk} = z_C^*, \tag{6.45}$$

sowie (6.39) – (6.42).

In Optimierungsmodell (6.43) wird die Anzahl der allokierten Lose durch die Zielfunktion (6.44) maximiert. Nebenbedingung (6.45) sichert, dass die zuvor optimierten Allokationskosten für alle Retikel der Menge R^* eingehalten werden. Sei Q_{vk}^* eine optimale Lösung für die Entscheidungs-

[36] Die Priorisierung der Einzelziele wird (vgl. Abschnitt 6.1.3.1) durch eine hinreichend große Konstante $\widehat{K}$ erreicht.

variable Q_{vk} dieses Optimierungsproblems, dann wird der erreichte Zielfunktionswert durch

$$z_P^* := \sum_{k \in M} \sum_{v \in D_k} Q_{vk}^*$$

definiert. Abschließend wird das durch Modell (6.46) beschriebene Optimierungsproblem gelöst.

$$\text{Optimierungsmodell} \tag{6.46}$$

$$B^U \widehat{K}_2 - \sum_{k \in M} I_k \longrightarrow \min \qquad \text{bei} \tag{6.47}$$

$$\sum_{v \in D_k} D_{vk} \leq n I_k \qquad k \in M, \tag{6.48}$$

$$\sum_{v \in D_k} D_{vk} \geq I_k \qquad k \in M, \tag{6.49}$$

$$\sum_{k \in M} \sum_{v \in D_k} Q_{vk} = z_P^*, \tag{6.50}$$

$$\sum_{v \in D_k} Q_{vk} p_{vk} + u_k \leq B^U \qquad k \in M, \tag{6.51}$$

sowie (6.39) – (6.42) und (6.45).

Optimierungsmodell (6.46) lässt sich wie folgt interpretieren. Durch die multikriterielle Zielfunktion (6.47) wird eine Lastbalancierung angestrebt. Hierzu wird durch B^U die auf einer Maschine maximal anfallende Last so weit wie möglich gesenkt. Dabei wird B^U durch Nebenbedingung (6.51) beschränkt. Sekundär werden die Lose möglichst breit auf den Anlagen verteilt, d.h., es wird versucht jeder Maschine mindestens ein Retikel zuzuweisen. Dies erfolgt durch die Maximierung von $\sum_{k \in M} I_k$, beschränkt durch die Restriktionen (6.48) und (6.49). Die Hierarchie der Zielgrößen wird wiederum durch einen hinreichend großen Skalierungsfaktor $\widehat{K}_2$ realisiert, der außerdem die Dimensionslosigkeit der Zielfunktion durch eine Normierung der Einzelziele sicherstellt (vgl. Abschnitt 6.1.3.2). Die durch die vorangegangenen Optimierungen ermittelten Parameter z_C^* und z_P^* werden durch die Nebenbedingungen (6.50) und (6.45) beachtet.

Bemerkung 6.2.1

Bei der betrachteten vereinfachten Problemstellung findet durch die Modelle (6.37), (6.43) *und* (6.46) *eine sehr restriktive Zuweisung der Retikel zu den Maschinen statt, sobald vertikale Dedizierungen oder Allokationskosten hinterlegt sind. Zuweisungsalternativen bestehen lediglich für Retikel-Maschinen-Kombinationen mit gleichen Randbedingungen. Bei der praktischen Implementierung dieses Problems werden einige dieser Nebenbedingungen relaxiert, was eine multikriterielle Entscheidungsfindung erlaubt. Weiterhin wird das Auftreten von Retikel-Kopien abgebildet, was weitere Freiheitsgrade zur Folge hat. Hierzu ist eine entsprechende Anpassung der Nebenbedingung* (6.42) *notwendig. Außerdem müssen verschiedene Fallunterscheidungen bzgl. vertikaler Dedizierungen und Allokationskosten getroffen werden, welche die MIP-Modelle erheblich vergrößern. Aus diesem Grund wurde auf eine detailiertere Darstellung an dieser Stelle verzichtet und nur das Grundprinzip*[37] *der Dekomposition skizziert.*

[37] Hiermit ist insbesondere die Definition der Variablen Q_{vk}, D_{vk} und I_k gemeint.

Ein Beispiel für diese erweiterte, multikriterielle Entscheidungsfindung ist in Abbildung 6.17 dargestellt. Es werden die zwei gegenläufigen Ziele Lastbalancierung und Minimierung der Retikel-Wechsel betrachtet. Jeder Balken auf der Abszisse repräsentiert eine Maschine. Die Länge des Balkens stellt die allokierte Last pro Maschine dar. Diese unterteilt sich in eine initiale Last (grauer Balkenanteil) sowie eine Last der zugewiesenen Retikel (farbiger Anteil). Jedes Retikel wird dabei durch eine eigene Farbe repräsentiert. Die senkrechten gepunkteten Linien unterteilen die identifizierten disjunkten Maschinengruppen. Die waagerechten Pfeile geben die Verschiebung eines Retikels an. Die blaue waagerechte Linie repräsentiert B^U pro Maschinengruppe.

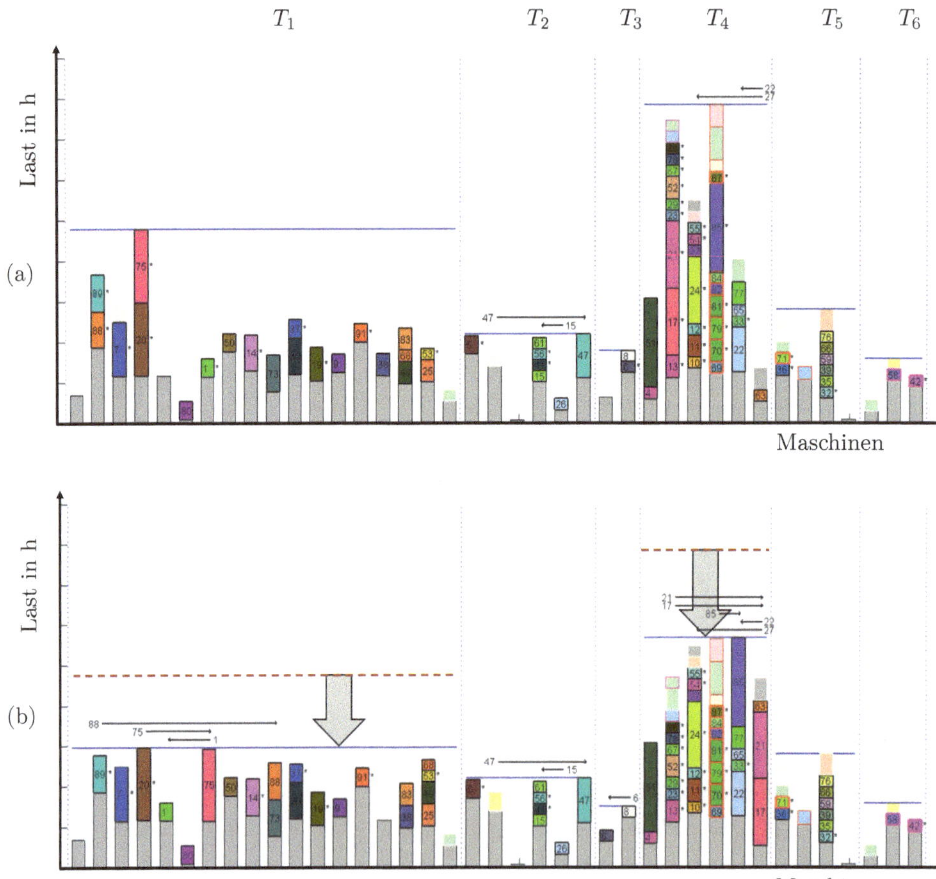

Abbildung 6.17.: Dekomposition zur Retikel-Zuweisung

In Abbildung 6.17 (a) ist eine Lösung mit einer minimalen Anzahl an notwendigen Retikel-Wechseln dargestellt. Abbildung 6.17 (b) zeigt eine optimale Lösung bzgl. der Lastbalancierung (innerhalb der Maschinengruppen). Der vertikale Pfeil hebt hervor, wie stark die maximale allokierte Last im Vergleich zu (a) gesenkt werden kann. Hierbei wird jedoch auch deutlich, dass dies mehr Retikel-Wechsel zur Folge hat[38]. Durch diese multikriterielle Entscheidungsfindung besteht

[38]Die Minimierung der maximal allokierten Last (Lastbalancierung) korreliert mit der Minimierung der totalen Fertigstellungszeit. Die Minimierung der Retikel-Wechsel geht mit der Reduktion der Personalaufwände einher.

somit die Möglichkeit, personalabhängig bzw. situationsbezogen auf das Retikel-Management Einfluss zu nehmen. Gelingt dauerhaft keine gleichmäßige Lastverteilung, ist wiederum eine Relaxation durch eine übergeordnete Dekompositionsstufe möglich.

Stufe 4

Das Ergebnis von Stufe 3 ist eine optimierte Retikel-Zuweisung für kurze Zeithorizonte. Diese Eingangswerte werden nun auf Steuerungsebene verwendet. Zahlreiche Nebenbedingungen, die bis zu diesem Zeitpunkt primär kapazitiv oder als Kosten abgebildet wurden, werden nun detailliert beachtet (Rüstungen bei Retikel-Wechsel, Vorläufer etc.). Die Ziele der Ablaufplanung basieren primär auf den Eigenschaften der Lose (Termin, Gewicht etc.). Durch die vorgeschalteten Dekompositionen wird eine deutliche Reduktion an Freiheitsgraden auf Steuerungsebene erreicht. Im dargestellten Fall zerfällt das Ablaufplanungsproblem dabei in m Einzelmaschinenprobleme vom Typ $1 \mid s_{ij}; r_i \mid \sum w_i T_i$. Dies reduziert die Komplexität der gegenwärtig in diesem Prozessbereich verwendeten Prioritätsregeln erheblich.

Zur (parallelen) Lösung dieser Einzelmaschinenprobleme kann wiederum das in Kapitel 5 vorgestellte hybride Optimierungsverfahren verwendet werden. Abbildung 6.18 stellt die optimale Lösung bzgl. der Zielgröße totale gewichtete Verspätung eines derartigen (Teil-)Problems dar.

Abbildung 6.18.: Optimale Lösung eines Problems vom Typ $1 \mid s_{ij}; r_i \mid \sum w_i T_i$ mittels hybrider Optimierung

Weiterhin kann das hybride Optimierungsverfahren auch direkt auf Maschinengruppen (vgl. z.B. T_5 in Abbildung 6.17) angewendet werden. Hierzu kann das in Abschnitt 5.5.3.1 vorgestellte sekundäre Ressourcenmodell mit $M_{io}^M \in M_o^{Js}$ verwendet werden[39]. Abbildung 6.19 stellt die optimale Lösung bzgl. der Zielgröße totale gewichtete Verspätung eines derartigen (Teil-)Problems vom Typ $R \mid M_{io}; s_{ij}; r_i, aux \mid \sum w_i T_i$ dar.

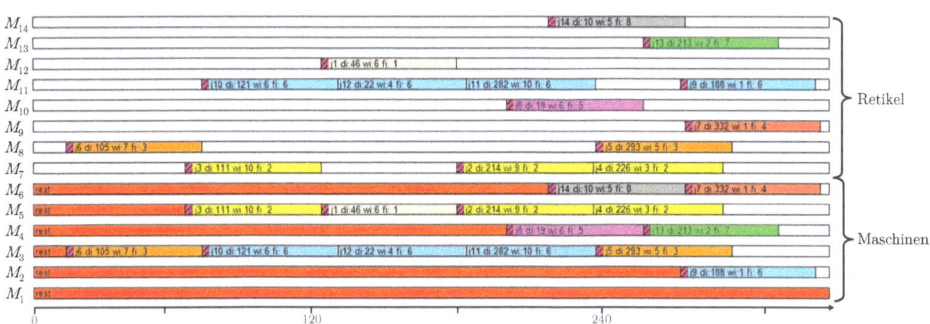

Abbildung 6.19.: Optimale Lösung eines Problems vom Typ $R \mid M_{io}; s_{ij}; r_i, aux \mid \sum w_i T_i$ mittels hybrider Optimierung

[39] Es gelten die in Abschnitt 5.5.3.1 bzw 5.2 getroffenen Einschränkungen. Für die Abbildung von nichtidentischen Bearbeitungszeiten sowie alternativen Vorläuferentscheidungen sind wiederum Erweiterungen des MIP-Basismodells (5.1) notwendig.

Der Vorteil dieses Ansatzes besteht in der zeitlichen Abbildbarkeit eines Retikel-Wechsels, was nochmals zur Steigerung der Performance beiträgt. Dieses Vorgehen ist jedoch streng begrenzt bzgl. der Anzahl an Jobs und Maschinen. Größere Problemstellungen (wie T_1 oder T_4 in Abbildung 6.17) lassen sich mit diesem Ansatz nicht direkt bearbeiten. An dieser Stelle kann evtl. ein zu Algorithmus A.5.1 ähnliches Verfahren zur weiteren Problemzerlegung verwendet werden.

6.3. Fazit

In diesem Kapitel wurden Dekompositionstechniken vorgestellt, die den Einsatz der hybriden Optimierung für große und realitätsnahe Probleme zulassen. Hierbei wurden vorrangig zeit- und maschinenbasierte Dekompositionsansätze untersucht, die auf dem Prinzip der Reduktion von Freiheitsgraden beruhen. Dabei konnten deutliche Vorteile des hybriden Optimierungsansatzes – im Vergleich zu anderen Heuristiken – am Beispiel von Maschinengruppen mit Batch-Bildung nachgewiesen werden. Eine Evaluierung des Verfahrens auf Realdatenbasis bestätigte, dass der Einsatz des Verfahrens auch in einer existierenden Fertigungsumgebung zur signifikanten Reduzierung von Standzeiten und Verspätungen beitragen kann.

Während bei einer zeitbasierten Dekomposition primär die Anzahl der Jobs in einem betrachteten Modell gering gehalten wird, zielt die maschinenbasierte Dekomposition auf die Reduzierung von Freiheitsgraden in Form von Auswahlalternativen ab. Außerdem kann durch diese Dekomposition eine Problemzerlegung und daraus resultierend eine parallele Problembearbeitung erreicht werden. Beide Techniken können weiterhin sinnvoll miteinander kombiniert werden. Auch eine mehrstufige Dekomposition von Ablaufplanungsproblemen, wie dies am Beispiel des Prozessbereiches Lithographie skizziert wurde, ist möglich. Der Kern der Dekompositionsverfahren wurde dabei so allgemein gehalten, dass dieser eine Anwendung auf verschiedenste Problemstellungen erlaubt[40].

Eine Erweiterung der vorgestellten Methoden auf andere Prozessbereiche, wie z.B. den Wafer-Test oder die Ionenimplantation, ist daher naheliegend. Im Wafer-Test stellen Nadelkarten, ähnlich wie die Retikel in der Lithographie, sekundäre Ressourcen dar. Das Ziel einer Dekomposition besteht dann in einer sinnvollen Zuweisung dieser sekundären Ressourcen zu den Testern mit Blick auf den aktuellen WIP (vgl. Klemmt et al. [KLW+11]). Bei der Ionenimplantation besteht das Ziel in der Optimierung der Rüstaufwände, d.h. in der Berechnung von Anlagenkonfigurationen (Gas, Dosis, Energie), die auf den aktuellen WIP zugeschnitten sind. Diese Problemstellung ist mit dem Auffinden einer optimierten Lithographieebenenbelegung vergleichbar. Zahlreiche weitere Einsatzgebiete von Dekompositionsverfahren sind denkbar. Diese Arbeit kann dabei als Anreiz bzw. Ausgangspunkt für weitergehende Untersuchungen verwendet werden.

[40] Hiermit ist insbesondere die unterschiedliche Verwendung der Variablen Q_{vk}, D_{vk} und I_k im gesamten Kapitel gemeint.

7. Implementierungsaspekte

Im Zusammenhang mit den durchgeführten Forschungsarbeiten entstanden zahlreiche Softwarelösungen. Diese reichen von rein akademischen Testprogrammen (z.B. für Benchmark-Untersuchungen) über experimentelle Umsetzungen für Industriepartner (Machbarkeitsstudien, Abschätzungen von Optimierungspotentialen etc.) bis hin zu Anwendungen, die in der laufenden Produktion getestet wurden. Einige dieser Implementierungen mit hoher praktischer Relevanz werden in diesem Abschnitt skizziert und Herausforderungen bei der Umsetzung diskutiert. Hierzu wird in Abschnitt 7.1 die hardware- und softwaretechnische Realisierung des hybriden Optimierungsansatzes (vgl. Abschnitt 5.4 bzw. Abbildung 5.5) erläutert. Die Entwicklung eines Testsystems zur Evaluierung von Steuerungsregeln (Emulation Basisprozess) eines realen Produktionssystems (vgl. Abschnitt 6.1.5) wird in Abschnitt 7.2 diskutiert. Ein Konzept zur Einbettung mathematischer Optimierungsverfahren in die Echtzeitsteuerungslogik einer Halbleiterfertigung wird in Abschnitt 7.3 skizziert.

Weitere im Rahmen der Arbeit entwickelte und angewendete Softwarelösungen, wie z.B. *LithOpt* für den Bereich Lithographie (vgl. Ressourcenallokation Stufe 1 und Stufe 2 in Abschnitt 6.2.2), werden in Klemmt et al. [KLW$^+$10] vorgestellt. Primär akademisch genutzte Programme, wie z.B. die Software *OptVis3D* zur Visualisierung von Optimierungsprozessen, werden in Klemmt und Weigert [KW08] ausführlich erläutert.

7.1. Implementierung des hybriden Optimierungsansatzes

Der hybride Optimierungsansatz ist eine softwaretechnische Lösung auf Steuerungssystemebene (vgl. Abschnitt 4.3.4). Die Grundlage bildet ein, von einem nicht näher spezifiziertem Basissystem abgeleitetes, DES-Modell. Ziel ist die Erstellung eines optimalen Ablaufplans auf der Basis dieses Modells. Die weitere Verwendung dieses Ablaufplans (z.B. zur Ableitung von Steuerungsentscheidungen) durch das Basissystem wird an dieser Stelle zunächst nicht weiter betrachtet.

Der Steuerungsprozess wird bei den nachfolgenden Betrachtungen durch einen Anwender definiert. Dieser wählt über eine *grafische Benutzeroberfläche* (engl. Graphical User Interface, GUI) ein zu optimierendes DES-Modell sowie das zu verfolgende Ziel (vgl. Abschnitt 4.1.1.3) aus. Über eine Eingabemaske[1] hat der Anwender die Möglichkeit, durch verschiedene Parameter sowohl die MIP-Modellerstellung als auch den Lösungsprozess zu beeinflussen. Hierzu gehören insbesondere Angaben zur Verwendung von Schranken, Startlösungen und Vorrangheuristiken (inkl. der Parameter x_D und x_S – vgl. Abschnitt 5.4.2) sowie die Parametrisierung des Lösers. Alle Parameter werden in einer Datenbank gespeichert und bei der MIP-Modellerstellung bzw. bei der

[1]Auf eine Darstellung der GUI wird an dieser Stelle verzichtet.

Problemlösung berücksichtigt. Die Software wurde anwendungsfallbezogen sowohl in MATLAB als auch in JAVA implementiert. Als Datenbank wurde ORACLE verwendet.

Die Implementierung der Datenextraktion aus dem DES-Modell (vgl. Abschnitt 5.3 Schritt 1) wurde in der Skriptsprache Tcl/Tk realisiert. Das Ergebnis dieser Extraktion ist eine ASCII-Datei mit einer definierten Syntax, welche die Eingangsdaten für das MIP-Modell (5.1) darstellt. Soll ein anderes DES-System eingesetzt werden, muss lediglich die Dateierstellung angepasst werden. In die Datenextraktion fließen (vgl. Abbildung 5.5) die zuvor definierten Eigenschaften und Parameter ein. Das MIP-Modell (vgl. Abschnitt 5.3 Schritt 2) wird direkt nach der abgeschlossenen Datenextraktion erstellt. Die durch den Anwender definierten Parameter (z.B. maximale Lösungsdauer, Abbruch beim Erreichen einer definierten Lücke) werden dabei an den Löser übergeben. Zur Optimierung der MIP-Modelle werden sowohl kommerzielle als auch freie Löser verwendet. Diese werden je nach Architektur entweder direkt als Bibliothek in die Anwendung integriert oder per Dateitransfer durch die Anwendung gestartet. Nach der Problemlösung erfolgt eine Rückmeldung an die GUI sowie die Archivierung des berechneten Ablaufplans in der Datenbank. Aus der Anwendung heraus können nun verschiedene weitere Anwendungen zur Visualisierung bzw. zur Kennzahlenanalyse des erzeugten Ablaufplans gestartet werden. Abbildung 7.1 fasst die Implementierung zusammen.

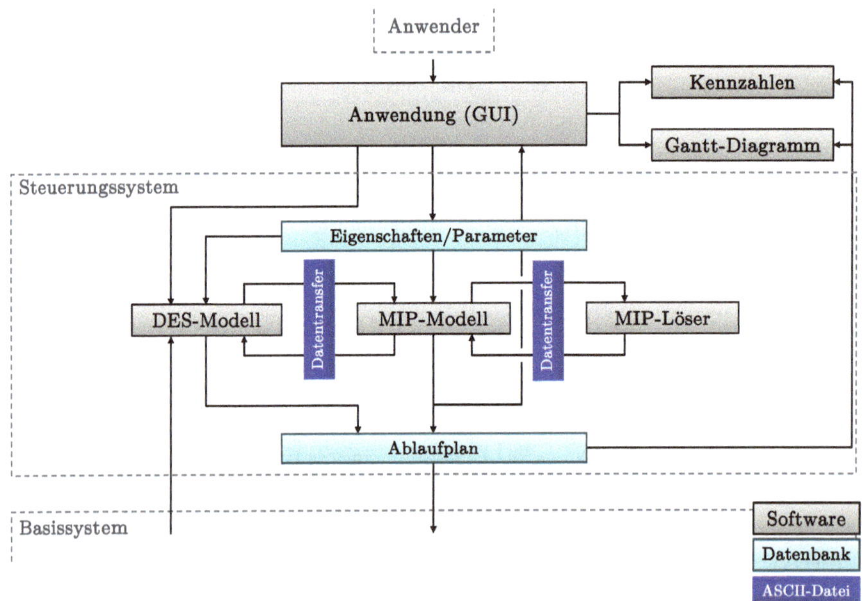

Abbildung 7.1.: Implementierung des hybriden Optimierungsansatzes

Alternativ zu dieser Implementierung kann das Ergebnis der Optimierung auch in das DES-Modell zurück transferiert werden (vgl. Abschnitt 5.4.3). Durch zusätzlich ausgeführten Programmcode werden dann im DES-Modell Nebenbedingungen erweitert, die in einer anschließenden Simulation beachtet werden. Hierzu gehören z.B. Job-Maschinen-Zuweisungen in Verzweigungen oder definierte Abarbeitungsreihenfolgen von Jobs an Maschinen. Der so erzeugte Ablaufplan wird ebenfalls in der Datenbank gespeichert.

Diese zweite Variante hat verschiedene Vorteile gegenüber direkt aus dem MIP-Modell erzeugten Ablaufplänen, denn optimale Ablaufpläne (insbesondere bzgl. der Zielgröße Zykluszeit) müssen nicht notwendigerweise semiaktiv sein. Abbildung 7.2 stellt einen solchen direkt aus dem MIP-Modell abgeleiteten optimalen Ablaufplan für die Instanz ft06 des Problems $J \mid\mid C_{\max}$ dar. Es ist erkennbar, dass die Arbeitsgänge O_{23}, O_{25}, O_{31}, O_{35}, O_{43} und O_{55} eher gestartet werden könnten, was jedoch keinen Einfluss auf die Zykluszeit hat. Einem Praktiker sind derartige Verzögerungen allerdings nur schwer vermittelbar. Durch eine Simulation mit fixierten organisatorischen Reihenfolgen lassen sich diese unnötigen Verzögerungen auf natürliche Weise vermeiden. Abbildung 4.16 in Abschnitt 4.4 stellte bereits eine so erzeugte Lösung dar.

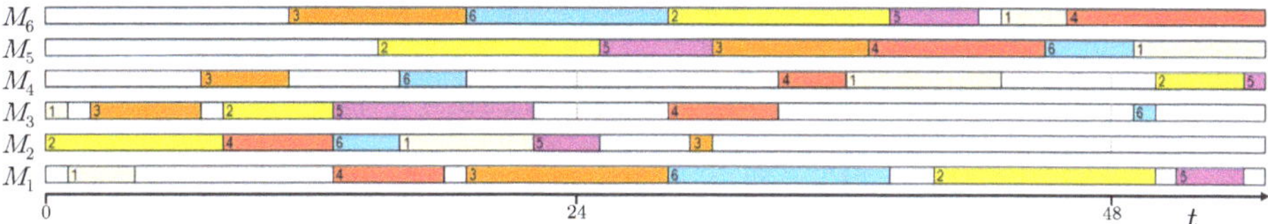

Abbildung 7.2.: Optimale Lösung für die Instanz ft06 des Problems $J \mid\mid C_{\max}$ (nicht semiaktiv)

Eine Herausforderung bei der Implementierung des hybriden Optimierungsansatzes besteht in der mehrfachen Verwendung eines DES-Modells für verschiedene Aufgaben (regelbasierte Ablaufplanerzeugung, Datenquelle, Umsetzung optimierter Ablaufpläne). Die Abbildung von komplexen Maschinenumgebungen erfolgt dabei über Template-Modelle, die intern mit Eventhandlern arbeiten (vgl. Abschnitt 5.2). Eventhandler werden jedoch auch bei der Datenextraktion sowie für die Erzeugung zusätzlicher Nebenbedingungen (Ergebnis-Import) angelegt. Werden mehrere Eventhandler zu einem Ereignis ausgeführt, muss sichergestellt sein, dass eine Abarbeitungsreihenfolge beim Ausführen des Programmcodes definiert ist, die einen konfliktfreien Simulationslauf ermöglicht. Weitere Herausforderungen entstehen bei der Behandlung von Fehlern, insbesondere in der Überprüfung, ob die Anforderungen an das DES-Modell erfüllt sind sowie bei der Ableitung einer Startlösung. Für eine Startlösung muss der Lösungsvektor (Definition von Unbekannten) bereits im DES-Modell definiert und mit Werten[2] aus der Simulation gefüllt werden.

7.2. Implementierung eines Testsystems zur Evaluierung von Steuerungsregeln auf Realdatenbasis

Durch den hybriden Optimierungsansatz wurde eine flexible Ablaufplanungskomponente auf der Steuerungsebene geschaffen. Dabei war zunächst nicht bekannt, welchen Effekt der (rollierende) Einsatz einer solchen (lokalen) Steuerungslösung auf eine reale Produktionsumgebung hat. Weiterhin war nicht abzuschätzen, welche Vorteile – im Verhältnis zu welchem Mehraufwand – zu anderen Steuerungsstrategien (komplexere Prioritätsregeln, simulationsbasierte Optimierung etc.) zu erwarten sind. Aus diesem Grund wurde ein Testsystem entwickelt (vgl. Abschnitt 6.1.5),

[2] Dies betrifft insbesondere auch Redundanzen im Lösungsvektor.

das diesbezüglich detaillierte Aussagen auf der Basis eines vorliegenden, realen Fertigungssystems zulässt. Dabei wird das Basissystem durch ein DES-System emuliert, d.h. auf der Basis historischer Daten werden exakte Anlieferung, Dedizierungen, Loseigenschaften und die Eigenschaften der Maschinenumgebungen (Kapazitäten, Wartungen, Ausfälle etc.) einer Maschinengruppe in einem DES-System nachgebildet. An dieser (nachgebildeten) Maschinengruppe können nun verschiedene Steuerungsstrategien untersucht werden.

Das Testsystem ist eine eigenständige Anwendung, die innerhalb des Unternehmens für ausgewählte Maschinengruppen zur Evaluierung von Steuerungsregeln herangezogen werden kann. Implementierungsaspekte dieses Systems werden in Abbildung 7.3 dargestellt.

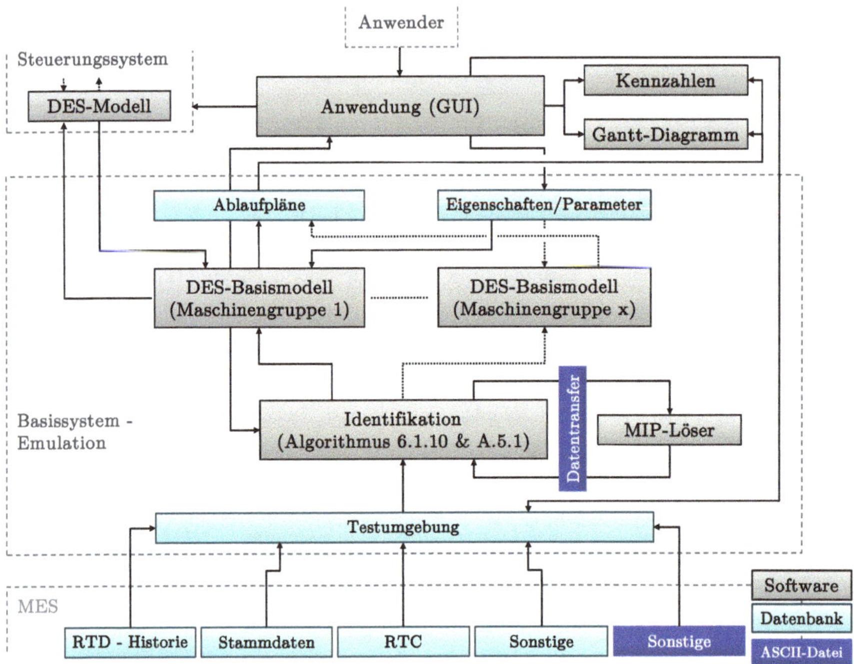

Abbildung 7.3.: Implementierung der Emulation des Basissystem

Der Anwender hat zunächst die Möglichkeit, über eine GUI (vgl. Abbildung 7.4) einen Prozessbereich (z.B. Ofen, Nasschemie) sowie einen Zeitraum in der Vergangenheit auszuwählen und diesbezüglich detaillierte historische Ablaufinformationen aus dem *Produktionsleitsystem* (engl. Manufacturing Execution System, MES) zu extrahieren. Hierbei werden eine Vielzahl von notwendigen Datenquellen wie das historische Datenrepository des RTD, verschiedene Stammdatenbanken (Datenquellen bzgl. Bearbeitungszeiten, Dedizierungen, Maschinenparameter etc.), die *Ressourcenverfolgung* (engl. Ressource Tracking Control, RTC) sowie diverse andere Quellen (insbesondere auch Dateien mit Regelparametern) ausgelesen und daraus gefilterte Informationen in eine zentrale Datenbank, d.h. eine *Testumgebung* (engl. Testbed), gespeichert[3]. Auf Basis dieser aggregierten Daten können zunächst mit dem in Abschnitt 6.1.5 vorgestelltem Algorith-

[3]Die Aggregation dieser Daten wurde durch Projektpartner durchgeführt und war nicht Gegenstand dieser Arbeit.

mus 6.1.10 innerhalb des Prozessbereiches Maschinengruppen dynamisch identifiziert werden. Ist diese Identifikation abgeschlossen, erfolgt eine Rückmeldung an die GUI. Der Anwender hat nun die Möglichkeit, eine der identifizierten Maschinengruppen für eine detaillierte Untersuchung des Steuerungssystems auszuwählen. Anschließend wird ein DES-Basismodell erstellt, welches das Verhalten des realen Fertigungssystems emuliert. Weiterhin können sowohl Eigenschaften des Steuerungssystems als auch verschiedene Parameter des DES-Basismodells definiert werden (vgl. Abschnitt 6.1.4.2 bzw. 6.1.5.2). Zu diesen gehören z.B. die Auswahl des zu untersuchenden Verfahrens sowie zugehörige Parametern (z.B. Vorausschau Δt). Abbildung 7.4 stellt dies dar[4]. Das DES-Basismodell erzeugt, wie in Abschnitt 6.1.3.1 dargestellt, während der Simulation ereignisgetrieben DES-Steuerungsmodelle, die durch das Steuerungssystem (vgl. Abbildung 7.1) optimiert werden.

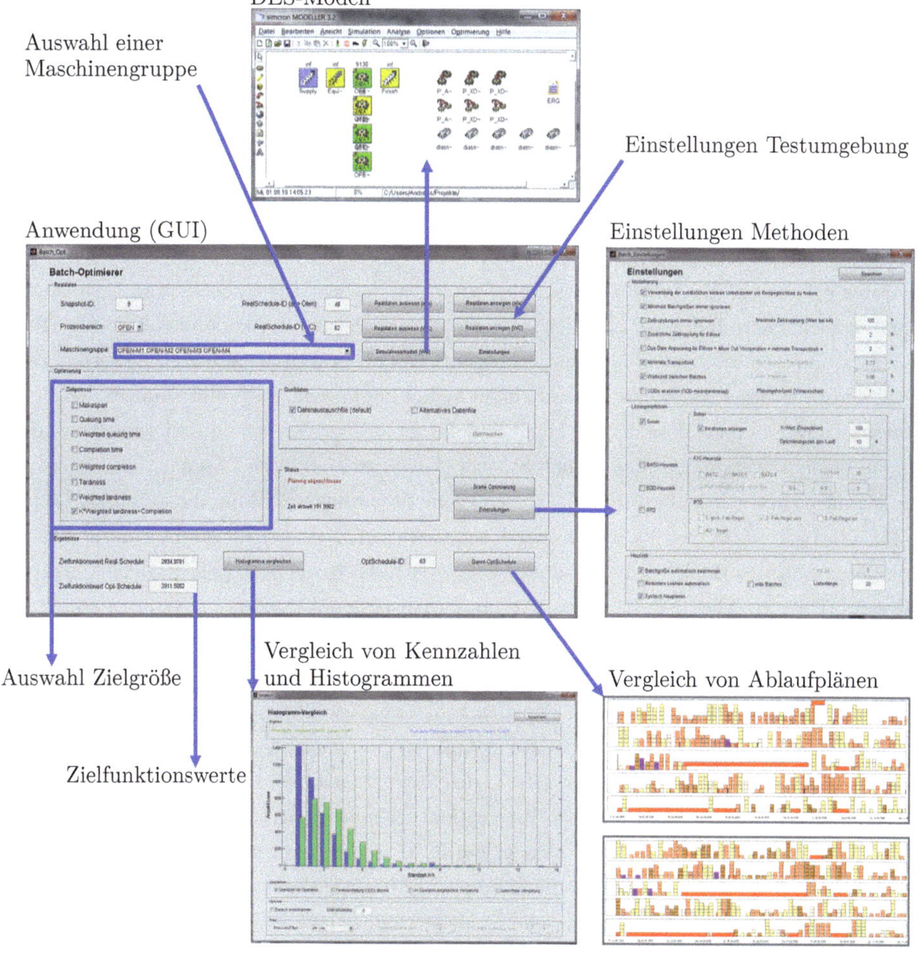

Abbildung 7.4.: Anwendung (GUI) zur Evaluierung von Steuerungsregeln

[4]Den in Abbildung 7.4 dargestellten Kennzahlen liegen keine realen Werte zugrunde.

Die erzeugten Ablaufpläne des DES-Steuerungsmodells werden anschließend zur Ableitung von Steuerungsentscheidungen im DES-Basismodell verwendet. Ein auf diese Weise erzeugter Ablaufplan wird mit den zugehörigen Untersuchungsparametern wiederum in einer Datenbank gespeichert. Der Anwender hat nun die Möglichkeit, unter Verwendung verschiedener Anwendungen, Ablaufpläne zu bewerten, diese miteinander zu vergleichen, Steuerungsverfahren zu validieren, Kennzahlen und Histogramme zu analysieren sowie das Laufzeitverhalten einzelner Steuerungsverfahren zu beobachten.

Eine Herausforderung bei der Implementierung des Testsystems besteht im Entwurf der zugrundeliegenden Datenbank (Testumgebung). Weiterhin ist der Ansatz, ein DES-System aus einer laufenden Simulation heraus zu starten, mit zahlreichen Anforderungen bzgl. Schnittstellen und Ergebnisverarbeitung verbunden. Eine weitere Herausforderung an ein generisches Softwarekonzept stellt die Abbildung verschiedener Methoden mit zum Teil sehr unterschiedlichen Parametrisierungen dar.

7.3. Einbettung mathematischer Optimierungsverfahren in Echtzeitsteuerungslogiken

Der Einsatz des im letzten Abschnitt vorgestellten Testsystems erlaubt eine Steuerungsregelevaluierung auf Basis der Daten eines realen Systems, ohne in dieses eingreifen zu müssen. Nur durch ein solches Testsystems ist ein objektiver Vergleich zwischen neuen und bestehenden Steuerungsstrategien überhaupt möglich[5]. Wurde eine Steuerungsmethode in zahlreichen Tests als effizient und gemessen am Implementierungsaufwand als praktisch einsetzbar bewertet, kann eine Integration dieser Methodik in das Echtzeitsteuerungssystem des Unternehmens[6] erfolgen. Dafür wird angenommen, dass sich die in der Simulation nachgewiesenen Optimierungspotentiale auch bei einer Anwendung in dem realen System (tendenziell) erzielen lassen.

Im Rahmen dieser Arbeit wurden für verschiedene Steuerungsverfahren die Möglichkeiten eines Produktiveinsatzes geprüft, geplant und nachgewiesen. Dies betrifft sowohl Methoden auf Lossteuerungsebene als auch auf einer übergeordneten Ressourcenebene (vgl. Retikel-Allokation in Abschnitt 6.2.2). Alle diese Steuerungsverfahren basieren dabei – wie im Rahmen dieser Arbeit mehrfach dargestellt – intern auf der Lösung mathematischer Optimierungsprobleme[7]. Das verwendete Konzept zur Integration mathematischer Optimierungsverfahren in das Echtzeitsteuerungssystem wird mit Hilfe eines Flussdiagramms in Abbildung 7.5 skizziert.

Eine grundlegende Eigenschaft dieses Konzeptes ist das Vorhandensein einer Rückfallebene. Diese stellt i.Allg. das bis zur Einführung der neuen Steuerungsmethodik verwendete Steuerungsverfahren (z.B. Prioritätsregel) dar. Die Integration der mathematischen Optimierungsmodelle erfolgt dann in drei Stufen. Zunächst erzeugt ein RTD-Report die für das Optimierungsmodell benötigten Daten und legt diese (mit Zeitstempel) in einer eigens angelegten Applikationsdatenbank ab. Danach erfolgt die eigentliche Modellerstellung auf Basis dieser Daten sowie die

[5] Zwar lassen sich verschiedene Performance-Kennzahlen, die Rückschlüsse auf die Qualität einer Steuerungsmethodik zulassen, auch aus einer laufenden Produktion ableiten doch mit einem stetig schwankendem Produktmix und einer sich ändernden Einschleusung sind diese Ergebnisse i.Allg. nur subjektiv zu bewerten.

[6] Im vorliegenden Fall ist dies der RTD.

[7] Aus diesem Grund wurde die Überschrift dieses Abschnittes allgemeiner gewählt.

Lösung des Optimierungsproblems durch einen angebundenen Löser (Unterprogramm). In einem dritten Schritt wird die so erzeugte Lösung innerhalb einer Prioritätsregel zur Ableitung von Steuerungsentscheidungen herangezogen.

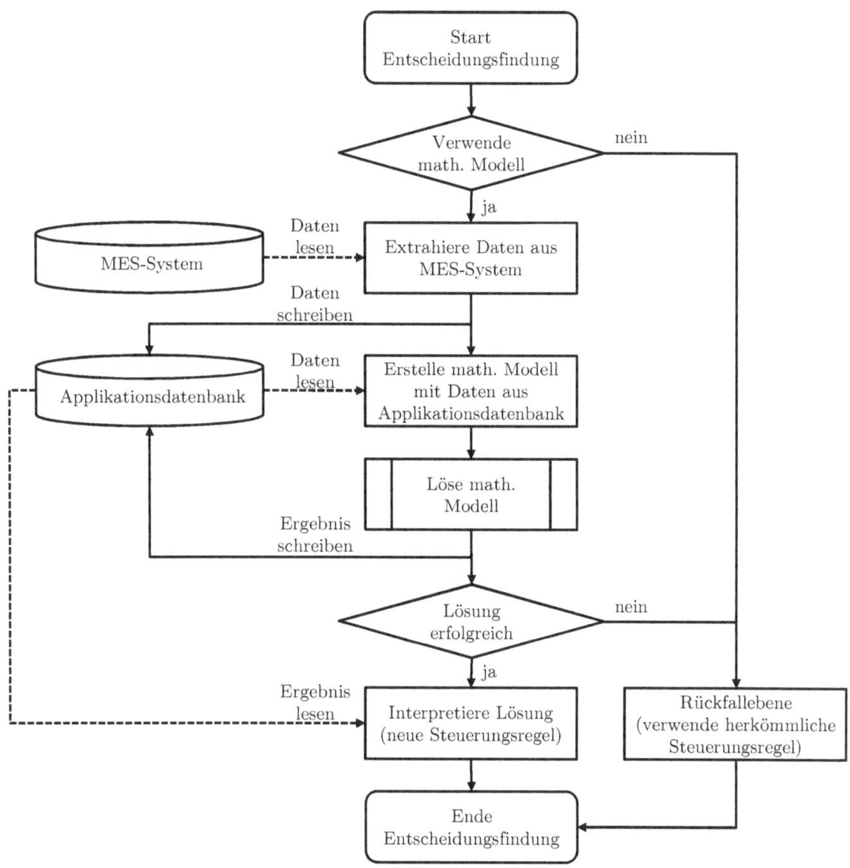

Abbildung 7.5.: Flussdiagramm zur Einbettung mathematischer Optimierungsverfahren in Steuerungsregeln

Im Gegensatz zu den Darstellungen in Abbildung 7.5 ist die Modellerstellung und Problemlösung i.Allg. nochmals in einem Unterprogramm gekapselt, das aus einem RTD-Report heraus angesprochen wird (evtl. mit Übergabeparametern). Weiterhin hat es sich als sinnvoll erwiesen, die Ergebnisse und Eingangsdaten (pro Zeitstempel) nochmals in einer nicht produktiv angeschlossenen Datenbank zu archivieren. Dies ist insbesondere für eine Fehlersuche von Vorteil, da Modelle so schnell rekonstruiert werden können. Außerdem können diese Datenquellen die Basis für weitere Anwendungen wie z.B. Visualisierungen sein (vgl. Abbildung 6.17).

Eine Herausforderung bei der Implementierung dieses Ansatzes stellt das Zusammenspiel von Datenaggregation, Modellerstellung, Problemlösung sowie einer Ergebnisumsetzung unter Echtzeitbedingungen dar. Die Datenaggregation sowie das Ableiten von konkreten Steuerungsanweisungen aus den Ergebnissen der Optimierungsmodelle sollte dabei ausschließlich Experten der RTD-Regelprogrammierung vorbehalten bleiben, die tiefergehende Kenntnisse über das Steuerungssystem besitzen. Die Entwicklung von mathematischen Optimierungsmodellen hingegen sollte vorrangig durch Experten auf dem Gebiet des Operations Research erfolgen, da sich oftmals nur durch eine effiziente Problemmodellierung bzw. -zerlegung überhaupt signifikante Optimierungspotentiale ausschöpfen lassen. An diesem Punkt zeigt sich einmal mehr, wie sich Theorie (universitäre Forschung) und Praxis (Produktion) sinnvoll miteinander kombinieren lassen.

8. Zusammenfassung und Ausblick

In dieser Arbeit konnte auf vielfältige Art und Weise gezeigt werden, wie der gezielte Einsatz mathematischer Optimierungsverfahren zur Lösung von Ablaufplanungsproblemen in der Halbleiter- und Elektronikproduktion beitragen kann. Es wurde ein innovatives Planungswerkzeug vorgestellt, das einerseits hoch flexibel ist und andererseits teilweise bessere Optimierungsergebnisse erreicht als bekannte, meist problemspezifische Verfahren der Literatur. Der Kern dieser neuen Planungsmethodik besteht dabei in der Kopplung eines ereignisdiskreten Simulationssystems mit einem Löser für gemischt-ganzzahlige Optimierungsprobleme. Auf diese Weise ist es möglich, die Vorteile verschiedener Modellierungsansätze zu kombinieren. Diese wurden bislang in der Literatur durch unterschiedliche Forschergruppen vorwiegend getrennt betrachtet. Weiterhin entfällt durch das vorgestellte Verfahren die Implementierung problemspezifischer Suchstrategien. Die praktische Einsetzbarkeit des hybriden Optimierungsansatzes wurde durch die Entwicklung von Dekompositionstechniken erreicht, die es erlauben, Ablaufplanungsprobleme gezielt in effizient lösbare Teilprobleme zu zerlegen.

Durch die Kombination von Dekompositionstechniken und der hybriden Optimierung ist es möglich sowohl zeit- als auch ressourcenbezogene Nebenbedingungen effizient abzubilden. Die Behandlung derartiger Nebenbedingungen, teilweise unter sich ändernden Zielstellungen, ist eine der wesentlichsten Anforderungen die neue, immer komplexer werdende Technologien an die Fertigung stellen. Mit Blick auf diese Tendenzen der technologischen Entwicklung wurden in dieser Arbeit gezielt Problemstellungen aus dem Frontend einer Halbleiterfertigung diskutiert. Diese gilt als eine der derzeit komplexesten bekannten Fertigungen. Durch den Nachweis der Anwendbarkeit der entwickelten Methoden innerhalb dieser Umgebung wird die Übertragbarkeit der untersuchten Verfahren auch auf andere Bereiche der Elektronikproduktion sichergestellt, in denen zukünftig ähnlich komplizierte Problemstellungen zu erwarten sind (z.B. Package-Herstellung).

Das Optimierungspotential des vorgestellten Verfahrens wurde detailliert am konkreten Beispiel des Prozessbereiches Ofentechnik (Oxidations- bzw. Diffusionsprozesse) auf der Basis von Realdaten untersucht. Dieser Bereich ist durch sehr viele, sowohl zeit- als auch ressourcenbezogene Nebenbedingungen (z.B. Batch-Bildung, Zeitkopplungen, Prozessfreigaben und dynamische Bereitstellungen von Jobs) gekennzeichnet. In aufwändigen Untersuchungen konnte nachgewiesen werden, dass durch den Einsatz der entwickelten Verfahren in diesem Prozessbereich signifikante Verbesserungen der Performance erreichbar sind. So konnte eine Reduktion der am Arbeitsgang anfallenden Verspätung (zum lokalen Fertigstellungstermin) um bis zu 40% und eine Reduktion der Standzeit um bis zu 20% erreicht werden.

Weitergehend wurden Dekompositionsverfahren skizziert, die eine Anwendung des hybriden Optimierungsverfahrens auf den Prozessbereich Lithographie zulassen. Das dabei verwendete

Grundkonzept einer kapazitiven Ressourcenallokation ist generisch und leicht erweiterbar, was wiederum eine Übertragbarkeit der Methodik auf weitere typische Problemstellungen erlaubt. Anregungen diesbezüglich wurden dabei u.a. die für Prozessbereiche Ionenimplantation, Wafer-Test und nasschemische Ätzung gegeben.

Teile der in dieser Arbeit skizzierten Verfahren befinden sich gegenwärtig in der Produktionseinführung, weitere Implementierungen werden zukünftig folgen. Die Herausforderungen für eine weiterreichende produktive Nutzung sind jedoch nicht gering, denn die Philosophie der Entscheidungsfindung ändert sich mit diesem neuen Ansatz grundlegend. Während bei einer klassischen prioritätsregelbasierten Steuerung Entscheidungen automatisiert auf der Basis fest definierter Parameter und Regeln gefällt werden, die mehr oder weniger gut auf ein Ziel hinarbeiten, müssen beim Einsatz von mathematischen Optimierungsverfahren Nebenbedingungen und Zielfunktionen automatisiert erstellt, Optimierungsprobleme gelöst und Ergebnisse interpretiert werden. Das heißt, die Steuerungsstrategie wird aus der Lösung von Optimierungsproblemen abgeleitet und erfolgt situationsbezogen. Dies stellt zum Teil vollkommen neue Anforderungen an die Steuerungsumgebung (z.B. Datenaggregation).

Auch der hybride Optimierungsansatz selbst kann in Zukunft weiterentwickelt werden. So bietet sich z.B. die Anbindung bzw. weitere Untersuchung von CP-Lösern an. In diesem Bereich wurden, insbesondere für die Abbildung klassischer Ressourcen, in den vergangenen Jahren enorme Fortschritte erzielt. Für spezielle Typen von Ablaufplanungsproblemen sind so u.U. weitere Steigerungen der Performance möglich. Weiterhin ist auch eine Kombination von MIP und CP denkbar.

Eine weitere Tendenz, die zunehmend häufiger zu beobachten ist, ist der Einsatz paralleler Rechentechnik für Branch & Bound-Verfahren. Suchbäume können so parallel traversiert werden, wobei aktuell erreichte Schranken fortlaufend kommuniziert werden. Dies kann zu einer deutlich gesteigerten Performance führen. Eine abschließende Untersuchung der in dieser Arbeit oft verwendeten Benchmarks vom Typ $J \mid\mid C_{\max}$ demonstriert dies. Hierzu wird der in Abschnitt 5.5.1 beschriebene Versuchsaufbau gewählt. Anstelle einer nicht-parallelen Suche wird eine parallele Suche auf 24 Kernen[1] durchgeführt. In Abbildung 8.1 sind die dadurch erreichten Verbesse-

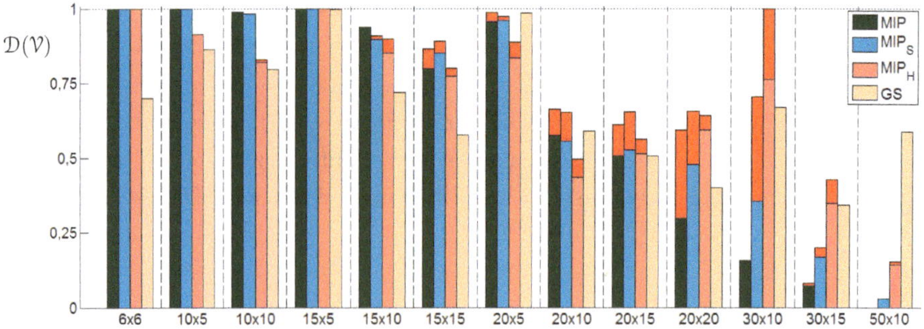

Abbildung 8.1.: Parallele Suche für Instanzen des Problems $J \mid\mid C_{\max}$ mittels hybrider Optimierung

[1] Verwendet wird ein Blade-Server mit 4 x Intel Xeon X7542 Prozessor (je 6 Kerne mit 2,66 GHz) und 128 GB RAM.

rungen im Vergleich zu den Untersuchungen in Abschnitt 5.5.1 rot hervorgehoben. Besonders für mittelgroße Instanzen (20×10 bis 30×10) können signifikante Optimierungspotentiale festgestellt werden. Gerade in diesem Bereich lagen sehr viele der in dieser Arbeit betrachteten Teil- bzw. Zeitscheibenprobleme.

Trotz der stetigen Weiterentwicklung moderner Löser existieren auch zukünftig Grenzen für den praktischen Einsatz exakter Optimierungsverfahren, die einerseits stets zu beachten sind, andererseits das Wissen über diese Grenzen auch gezielt genutzt werden kann. Dekompositionstechniken stellen eine Möglichkeit dazu dar. Diese sind, wie in dieser Arbeit mehrfach gezeigt, oftmals der Schlüssel zur Lösung von praxisbezogenen Ablaufplanungsproblemen.

A. Anhang

A.1. Grundlagen

Dieser Grundlagenabschnitt stellt die wichtigsten Ergebnisse der restringierten Optimierung (Optimierung unter Nebenbedingungen) zusammen, die in dieser Arbeit vielfach benötigt werden. Als Vorlage für dieses Kapitel dienen die Werke [GT97, GK02] und [Ach07]. In diesen sind jeweils auch Beweise bzw. weitergehende Erläuterungen zu den hier zusammengefassten Ergebnissen zu finden.

Definition A.1.1 (Konvexe Menge)
Eine Menge $\boldsymbol{X}$ heißt konvex, falls

$$\lambda x + (1-\lambda)y \in \boldsymbol{X}$$

für alle $x, y \in \boldsymbol{X}$ und $\lambda \in (0,1)$ gilt.

Definition A.1.2 (Konvexe Funktion)
Sei $\boldsymbol{X} \subseteq \mathbb{R}^n$ eine nichtleere konvexe Menge. Eine Funktion $z : \boldsymbol{X} \to \mathbb{R}$ heißt konvex auf $\boldsymbol{X}$, falls

$$z(\lambda x + (1-\lambda)y) \leq \lambda z(x) + (1-\lambda)z(y)$$

für alle $x, y \in \boldsymbol{X}$ und alle $\lambda \in (0,1)$ gilt.

Bemerkung A.1.3

Lineare Funktionen der Form $z(x) = a^T x + b$ (mit $x, a \in \mathbb{R}^n$ und $b \in \mathbb{R}$) sind konvex.

Satz A.1.4

Seien $z : \mathbb{R}^n \to \mathbb{R}$ stetig differenzierbar und $G \subseteq \mathbb{R}^n$ konvex. Ist z konvex auf G, so ist die Lösungsmenge von Optimierungsproblem (3.1) konvex (evtl. auch leer). Insbesondere ist dann jede lokale Lösung eine globale Lösung.

Definition A.1.5 (Relaxation)

Ein Optimierungsproblem

$$\bar{z}(x) \rightarrow \min \quad \text{bei} \quad x \in \bar{G} \tag{A.1}$$

heißt Relaxation zu Optimierungsproblem (3.1), *wenn* $G \subseteq \bar{G}$ *und*

$$\bar{z}(x) \leq z(x) \quad \forall x \in G$$

gilt, d.h. die Ersatzzielfunktion $\bar{z}(x) : \bar{G} \rightarrow \mathbb{R}$ *eine Minorante für* z *auf* G *bildet.*

Definition A.1.6 (Duales lineares Optimierungsproblem)

Das Optimierungsproblem

$$\begin{aligned} \bar{z}(x) &:= -b^T y \rightarrow \min \quad \text{bei} \\ y \in U &:= \{y \in \mathbb{R}^m_+ \mid A^T y \geq c\} \end{aligned} \tag{A.2}$$

heißt das zu Optimierungsproblem (3.3) *gehörige duale lineare Optimierungsproblem* (*engl. Dual Linear Program*).

Satz A.1.7 (Schwaches duales Paar, Lagrange-Relaxation)

Das gemischt-ganzzahlige lineare Optimierungsproblem (3.3) *und das zugehörige duale lineare Problem* (A.2) *bilden ein schwaches duales Paar, d.h. es gilt die Lagrange-Relaxation:*

$$z := c^T x \geq b^T y =: \bar{z} \quad \forall x \in G, y \in U.$$

Es gelten außerdem folgende Aussagen:

(*i*) *Ist Problem* (A.2) *unbeschränkt, dann ist Problem* (3.3) *nicht lösbar.*

(*ii*) *Existiert ein* $x^* \in G$ *und ein* $y^* \in U$ *mit* $c^T x^* = b^T y^*$, *so ist* x^* *optimal für Problem* (3.3) *und* y^* *optimal für Problem* (A.2).

Definition A.1.8 (Erfüllbarkeitsproblem der Aussagenlogik, SAT)

Sei $K = K_1 \wedge \cdots \wedge K_m$ *eine aussagenlogische Formel in CNF über booleschen Variablen* $b_1, \ldots, b_n$. *Jede Klausel* $K_i = l_1^i \vee \cdots \vee l_{k_i}^i$ *ist eine Disjunktion von* k_i *Literalen* l. *Ein Literal* $l \in L = \{b_1, \ldots, b_n, \bar{b}_1, \ldots, \bar{b}_n\}$ *ist dabei entweder eine Variable* b_j *oder deren Negation* $\bar{b}_j$. *Das Erfüllbarkeitsproblem der Aussagenlogik* (*SAT*) *besteht darin, entweder eine Zuweisung* $b^* \in \{0,1\}^n$ *zu finden, so dass* K *in jeder Klausel erfüllt ist oder nachzuweisen, dass* K *nicht lösbar ist.*

Beispiel A.1.9

Gesucht wird eine Lösung $x = (x_1, x_2)$ mit $x_1 \in \{1, 2, 3\}$ und $x_2 \in \{1, 2, 3, 4\}$, die den Bedingungen des folgenden CSP genügt:

$$C_1 : x_1 + x_2 \leq 5,$$
$$C_2 : x_1 - x_2 \leq -1 \quad \textbf{oder} \quad x_2 - x_1 \leq -1.$$

Mit der Definition der booleschen Variablen $b_1, \ldots, b_5$:

$$\begin{array}{ll} b_1 \in \{0,1\} & x_1 \leq 1, \text{ 0 sonst,} \\ b_2 \in \{0,1\} & x_1 \leq 2, \text{ 0 sonst,} \\ b_3 \in \{0,1\} & x_2 \leq 1, \text{ 0 sonst,} \\ b_4 \in \{0,1\} & x_2 \leq 2, \text{ 0 sonst,} \\ b_5 \in \{0,1\} & x_2 \leq 3, \text{ 0 sonst,} \end{array}$$

lassen sich die Bedingungen C_1 und C_2 wie folgt abbilden:

$$C_1 : \quad (b_1 \vee b_5) \wedge (b_2 \vee b_4)$$
$$C_1 : \quad \underbrace{(\overline{b_3} \wedge (b_1 \vee \overline{b_4}) \wedge (b_2 \vee \overline{b_5}))}_{b_6 \in \{0,1\}} \vee \underbrace{(\overline{b_1} \wedge (b_3 \vee \overline{b_2}) \wedge b_4)}_{b_7 \in \{0,1\}}.$$

Durch die zusätzlich Einführung von b_6 und b_7 erhält man folgende konjugierte Normalform mit sieben Variablen und zwölf Klauseln:

$$\begin{array}{lllll} K_1 : & \overline{b_1} \vee b_2, & & K_7 : & b_1 \vee \overline{b_4} \vee \overline{b_6}, \\ K_2 : & \overline{b_3} \vee b_4, & & K_8 : & b_2 \vee \overline{b_5} \vee \overline{b_6}, \\ K_3 : & \overline{b_4} \vee b_5, & & K_9 : & \overline{b_1} \vee \overline{b_7}, \\ K_4 : & b_1 \vee b_5, & & K_{10} : & b_3 \vee \overline{b_2} \vee \overline{b_7}, \\ K_5 : & b_2 \vee b_4, & & K_{11} : & b_4 \vee \overline{b_7}, \\ K_6 : & \overline{b_3} \vee \overline{b_6}, & & K_{12} : & b_6 \vee b_7. \end{array}$$

Für dieses Problem gibt es insgesamt sieben Lösungen L_1 bis L_7:

$$\begin{array}{lllllllll} L_1 : & b_1 = 1, & b_2 = 1, & b_3 = 0, & b_4 = 1, & b_5 = 1, & b_6 = 1, & b_7 = 0 & \text{entspricht } x = (1,2), \\ L_2 : & b_1 = 1, & b_2 = 1, & b_3 = 0, & b_4 = 0, & b_5 = 1, & b_6 = 1, & b_7 = 0 & \text{entspricht } x = (1,3), \\ L_3 : & b_1 = 1, & b_2 = 1, & b_3 = 0, & b_4 = 0, & b_5 = 0, & b_6 = 1, & b_7 = 0 & \text{entspricht } x = (1,4), \\ L_4 : & b_1 = 0, & b_2 = 1, & b_3 = 0, & b_4 = 0, & b_5 = 1, & b_6 = 1, & b_7 = 0 & \text{entspricht } x = (2,3), \\ L_5 : & b_1 = 0, & b_2 = 1, & b_3 = 1, & b_4 = 1, & b_5 = 1, & b_6 = 0, & b_7 = 1 & \text{entspricht } x = (2,1), \\ L_6 : & b_1 = 0, & b_2 = 0, & b_3 = 1, & b_4 = 1, & b_5 = 1, & b_6 = 0, & b_7 = 1 & \text{entspricht } x = (3,1), \\ L_7 : & b_1 = 0, & b_2 = 0, & b_3 = 0, & b_4 = 1, & b_5 = 1, & b_6 = 0, & b_7 = 1 & \text{entspricht } x = (3,2). \end{array}$$

Der SAT-Löser bricht dabei jedoch bereits nach dem Auffinden einer dieser Lösungen ab und klassifiziert das Problem als erfüllbar (engl. Satisfiable).

□

A.2. Mathematische Modelle für ausgewählte Ablaufplanungsprobleme

An dieser Stelle werden die in Abschnitt 4.2.2 eingeführten Modelle für klassische Job-Shop-Probleme zu Flow-Shop- und Permutations-Flow-Shop-Formulierungen weiterentwickelt. Ziel dieser Darstellungen ist es zu zeigen, wie sich die Modelle der jeweilig unterschiedlichen Modellierungsansätze (Manne- bzw. Wilson-Modell) abhängig von den sich vereinfachenden Nebenbedingungen ändern. Das Ergebnis dieser Untersuchungen ist die Basis für Tabelle 4.3 auf Seite 56. Folgende Eingangsdaten (vgl. auch Abschnitt 4.1) sind in allen Modellen gegeben:

n	Anzahl Jobs,
m	Anzahl Maschinen und Anzahl Arbeitsgänge,
p_{io}	Bearbeitungszeit von Arbeitsgang O_{io},
M_{io}	die zu Arbeitsgang O_{io} zugeordnete Maschine $k \in M$,
A_k	Menge aller Arbeitsgänge die $k \in M$ enthalten.

Die betrachtete Zielgröße ist die Gesamtdurchlaufzeit $C_{\max}$. Weiterhin ist K eine – wie in Abschnitt 3.1.2.3 beschriebene – hinreichend große Konstante. Im Gegensatz zu den oben genannten Eingangsdaten erfolgt die Definition der Unbekannten modellspezifisch. Dabei beschreibt X_* immer die Positions- bzw. Vorrangeigenschaften einzelner Arbeitsgänge (binäre Unbekannte) und S_* die gesuchten Startzeiten. Es wird jedoch explizit darauf hingewiesen, dass sich diese Variablen (inkl. Indizes), abhängig vom jeweiligen Modell, unterscheiden.

A.2.1. Manne-Modell

Das Manne-Modell zeichnet sich durch die Besonderheit aus, dass lediglich die Vorrangbeziehungen der Arbeitsgänge untereinander als binäre Unbekannte definiert werden. Dies schränkt die Zahl der binären Unbekannten im Vergleich zu anderen Modellen deutlich ein.

Manne-Modell (Flow-Shop-Problem)

Die Definition der Unbekannten erfolgt analog zur Job-Shop-Formulierung (4.13).

$X_{iojp} \in \{0,1\}$	Arbeitsgang O_{io} wird vor Arbeitsgang O_{jp} bearbeitet, $k = 1, \ldots, m$, $O_{io}, O_{jp} \in A_k$, $i < j$, 0 sonst,
$S_{io} \in \mathbb{R}$	Startzeit von Arbeitsgang O_{io} auf Maschine $k = 1, \ldots, m$, $O_{io} \in A_k$,
$C_{\max} \in \mathbb{R}$	Zykluszeit.

Hieraus resultiert folgende Darstellung eines Flow-Shop-Problems:

$$\textit{Optimierungsmodell:} \tag{A.3}$$

$$
\begin{aligned}
&C_{\max} \rightarrow \min && \text{bei} && \text{(A.4)}\\
&S_{io} + p_{io} \leq C_{\max} && i = 1, \dots, n, o = m, && \text{(A.5)}\\
&S_{io} + p_{io} \leq S_{i,o+1} && i = 1, \dots, n,\ o = 1, \dots, m-1, && \text{(A.6)}\\
&KX_{iojp} + S_{io} - S_{jp} \geq p_{jp} && k = 1, \dots, m, O_{io}, O_{jp} \in A_k, i < j, && \text{(A.7)}\\
&K(1 - X_{iojp}) + S_{jp} - S_{io} \geq p_{io} && k = 1, \dots, m, O_{io}, O_{jp} \in A_k, i < j. && \text{(A.8)}
\end{aligned}
$$

Dabei ist festzustellen, dass das Manne-Modell für ein Flow-Shop-Problem identisch zur Job-Shop-Formulierung (4.13) ist. Dies ist dadurch zu begründen, dass die durch X_{iojp} abgebildeten organisatorischen Reihenfolgen der Arbeitsgänge an den Maschinen, d.h. die Nebenbedingungen (A.7) und (A.8), auch bei einem Flow-Shop-Problem modelliert werden müssen. Die Restriktion (A.6) lässt weiterhin keine Vereinfachung der festen technologischen Reihenfolgen zu.

Manne-Modell (Permutations-Flow-Shop-Problem)

Die Definition der Unbekannten erfolgt wiederum analog zur Manne Job-Shop-Formulierung. Lediglich die binäre Entscheidungsvariable X_{iojp} kann jetzt zu X_{ij} vereinfacht werden, was deren Gesamtanzahl deutlich verringert. Ist $X_{ij} = 1$, bedeutet dies, dass J_i auf allen Maschinen vor J_j bearbeitet wird, sonst ($X_{ij} = 0$) wird J_j auf allen Maschinen vor J_i bearbeitet.

$$\textit{Optimierungsmodell:} \tag{A.9}$$

$$
\begin{aligned}
&C_{\max} \rightarrow \min && \text{bei} && \text{(A.10)}\\
&S_{io} + p_{io} \leq C_{\max} && i = 1, \dots, n, o = m, && \text{(A.11)}\\
&S_{io} + p_{io} \leq S_{i,o+1} && i = 1, \dots, n,\ o = 1, \dots, m-1, && \text{(A.12)}\\
&KX_{ij} + S_{io} - S_{jp} \geq p_{jp} && k = 1, \dots, m, O_{io}, O_{jp} \in A_k, i < j, && \text{(A.13)}\\
&K(1 - X_{ij}) + S_{jp} - S_{io} \geq p_{io} && k = 1, \dots, m, O_{io}, O_{jp} \in A_k, i < j. && \text{(A.14)}
\end{aligned}
$$

Das Manne-Modell für ein Permutations-Flow-Shop-Problem ist analog zur obigen Flow-Shop-Formulierung zu interpretieren. Lediglich die Nebenbedingungen (A.13) und (A.14) können vereinfacht werden, da die Jobs auf allen Maschinen nun die gleiche organisatorische Reihenfolge besitzen müssen. Dennoch ist die Abbildung diskreter Alternativen, durch die Verwendung von K, erforderlich.

A.2.2. Wilson-Modell

Im Wilson-Modell erfolgt die Modellierung der Vorrangbeziehungen einzelner Arbeitsgänge grundsätzlich anders als im Manne-Modell. Hier werden die binären Unbekannten jeweils über die Positionen der Arbeitsgänge auf den Maschinen definiert. Entsprechend ändert sich auch die Definition der Startzeiten.

Wilson-Modell (Flow-Shop-Problem)

Die Definition der Unbekannten erfolgt analog zur Job-Shop-Formulierung (4.19). Lediglich $C_{\max}$ braucht nicht mehr explizit definiert zu werden.

$X_{ioq} \in \{0,1\}$ Arbeitsgang O_{io} wird an Position q auf Maschine $k = 1,\dots,m$ bearbeitet, $O_{io} \in A_k,\ q = 1,\dots,n,$

$S_{kq} \in \mathbb{R}$ Startzeit des q-ten Arbeitsgangs auf Maschine $k = 1,\dots,m,\ q = 1,\dots,m.$

Hieraus resultiert folgende Darstellung eines Flow-Shop-Problems:

Optimierungsmodell: (A.15)

$$S_{mn} + \sum_{O_{io}\in A_m} X_{ion}p_{io} \to \min \qquad \text{bei} \tag{A.16}$$

$$\sum_{q=1}^{n} X_{ioq} = 1 \qquad k = 1,\dots,m,\ O_{io} \in A_k, \tag{A.17}$$

$$\sum_{O_{io}\in A_k} X_{ioq} = 1 \qquad k = 1,\dots,m,\ q = 1,\dots,n, \tag{A.18}$$

$$KX_{ioq} + KX_{i,o+1,r} + S_{kq} + p_{io} \leq 2K + S_{lr} \qquad \begin{cases} i = 1,\dots,n,\ o = 1,\dots,m-1, \\ q,r = 1,\dots,n,\ k = M_{io},\ l = M_{i,o+1}, \end{cases} \tag{A.19}$$

$$S_{kq} + \sum_{O_{io}\in A_k} X_{ioq}p_{io} \leq S_{k,q+1} \qquad k = 1,\dots,m,\ q = 1,\dots,n-1. \tag{A.20}$$

Somit entfallen durch die festen technologischen Reihenfolgen eines Flow-Shops-Problems im Wilson-Modell sämtliche Nebenbedingungen zur Beschränkung der Zielfunktion (4.21). Alle weiteren Restriktionen bleiben unverändert.

Wilson-Modell (Permutations-Flow-Shop-Problem)

Für das Permutations-Flow-Shop-Problem kann die binäre Entscheidungsvariable X_{ioq} wiederum vereinfacht werden zu X_{iq}. Dabei gilt $X_{iq} = 1$, wenn J_i auf allen Maschinen an Position q bearbeitet wird, sonst ist $X_{iq} = 0$.

Optimierungsmodell: (A.21)

$$S_{mn} + \sum_{O_{io}\in A_m} X_{ion}p_{io} \to \min \qquad \text{bei} \tag{A.22}$$

$$\sum_{q=1}^{n} X_{ioq} = 1 \qquad k = 1,\dots,m,\ O_{io} \in A_k, \tag{A.23}$$

$$\sum_{O_{io}\in A_k} X_{ioq} = 1 \qquad k = 1,\dots,m,\ q = 1,\dots,n, \tag{A.24}$$

$$S_{kq} + \sum_{O_{io}\in A_k} X_{iq}p_{io} \geq S_{k+1,q} \qquad k = 1,\dots,m-1,\ q = 1,\dots,n, \tag{A.25}$$

$$S_{kq} + \sum_{O_{io}\in A_k} X_{iq}p_{io} \leq S_{k,q+1} \qquad k = 1,\dots,m,\ q = 1,\dots,n-1. \tag{A.26}$$

Damit vereinfacht sich das Wilson-Modell für das Permutations-Flow-Shop-Problem bzgl. der Restriktion (A.19) zur Einhaltung der technologischen Reihenfolge auf die Nebenbedingung (A.25). Auch die Restriktion (A.26) wird entsprechend der vereinfachten Variablendefinition angepasst. Festzuhalten ist, dass keine diskreten Alternativen modelliert werden müssen.

A.3. Benchmark-Ergebnisse

In diesem Abschnitt erfolgt eine detaillierte Einzelauflistung aller erreichten Benchmark-Ergebnisse. Die Tabellen A.1, A.2 und A.3 stellen die Ergebnisse der Instanzen des Typs $J \mid\mid C_{\max}$ aus Abschnitt 4.4 bzw. 5.5.1 dar. Diese beinhalten für alle 122 Benchmarks (Spalte "Instanz"):

- die Größe des Ablaufplanungsproblems (Jobs $\times$ Maschinen) in Spalte "Größe"
- das aus der Literatur bekannte Optimum bzw. die beste obere Schranke in Spalte "Opt"
- den Zielfunktionswert einer initialen, mittels DES-System und Prioritätsregel FIFO (vgl. Abschnitt 4.3.2) erzeugten Lösung ist in Spalte "FIFO"
- sowie den durchschnittlich erreichten absoluten Zielfunktionswert $C_{\max}$, die daraus resultierende prozentuale Verbesserung (gegenüber FIFO) und die verbleibende prozentuale Differenz zur besten (bekannten) oberen Schranke für jedes untersuchte Verfahren.

Wird für ein Problem keine zulässige Lösung innerhalb der zeitlichen Begrenzung gefunden, wird dies durch einen "-" gekennzeichnet.

Tabelle A.4 stellt die Ergebnisse bzgl. der Instanzen vom Typ $J \mid s_{ij} \mid C_{\max}$ aus Abschnitt 4.4 dar. Hierbei wird die Größe des jeweiligen Ablaufplanungsproblems in Spalte "Größe" wie folgt angegeben: Anzahl Job-Familien $\times$ Anzahl Jobs $\times$ Anzahl Maschinen.

Die Tabellen A.5 bis A.9 stellen die Ergebnisse der Batch-Probleminstanzen aus Abschnitt 4.4 dar. Hierbei wird die Größe des jeweiligen Ablaufplanungsproblems in Spalte "Größe" wie folgt angegeben: Anzahl Job-Familien $\times$ Anzahl Jobs $\times$ Anzahl Maschinen.

Tabelle A.10 stellt die Ergebnisse bzgl. der Instanzen vom Typ $F2 \mid prmu; z_{io} \mid C_{\max}$ aus Abschnitt 5.5.1 dar.

Tabelle A.11 stellt die Ergebnisse bzgl. der Instanzen vom Typ $P \mid r_i; aux \mid \sum w_i C_i$ aus Abschnitt 5.5.3 dar. Hierbei wird die Größe des jeweiligen Ablaufplanungsproblems in Spalte "Größe" wie folgt angegeben: Anzahl Maschinen $\times$ Anzahl Jobs $\times$ Anzahl sekundäre Ressourcen.

Tabelle A.12 stellt die Ergebnisse bzgl. der Instanzen vom Typ $J \mid rcrc \mid C_{\max}$ aus Abschnitt 5.5.1 dar. Hierbei wird die Größe des jeweiligen Ablaufplanungsproblems in Spalte "Größe" wie folgt angegeben: Anzahl Jobs $\times$ Anzahl Maschinen $\times$ Anzahl Arbeitsgänge.

Tabelle A.13 stellt die Ergebnisse bzgl. der Instanzen vom Typ $R \mid p - batch; incompatible; r_i \mid \sum w_i T_i$ aus Abschnitt 6.1.4.2 dar.

Instanz	Größe	FIFO	Opt	MIP (Verb / Diff)	CP (Verb / Diff)	SAT (Verb / Diff)	GS (Verb / Diff)
ft06	6×6	65	55	55 (15,4 / 0)	55 (15,4 / 0)	55 (15,4 / 0)	58 (10,8 / 5,2)
la01	10×5	772	666	666 (13,7 / 0)	666 (13,7 / 0)	666 (13,7 / 0)	666 (13,7 / 0)
la02	10×5	830	655	655 (21,1 / 0)	655 (21,1 / 0)	655 (21,1 / 0)	685 (17,5 / 4,4)
la03	10×5	755	597	597 (20,9 / 0)	597 (20,9 / 0)	597 (20,9 / 0)	631 (16,4 / 5,4)
la04	10×5	695	590	590 (15,1 / 0)	590 (15,1 / 0)	590 (15,1 / 0)	621 (10,6 / 5)
la05	10×5	610	593	593 (2,8 / 0)	593 (2,8 / 0)	593 (2,8 / 0)	593 (2,8 / 0)
abz5	10×10	1467	1234	1234 (15,9 / 0)	1234 (15,9 / 0)	1234 (15,9 / 0)	1268 (13,6 / 2,7)
abz6	10×10	1045	943	943 (9,8 / 0)	943 (9,8 / 0)	943 (9,8 / 0)	977 (6,5 / 3,5)
ft10	10×10	1184	930	930 (21,5 / 0)	930 (21,5 / 0)	930 (21,5 / 0)	986 (16,7 / 5,7)
la16	10×10	1180	945	945 (19,9 / 0)	945 (19,9 / 0)	945 (19,9 / 0)	997 (15,5 / 5,2)
la17	10×10	943	784	784 (16,9 / 0)	784 (16,9 / 0)	784 (16,9 / 0)	819 (13,1 / 4,3)
la18	10×10	1049	848	848 (19,2 / 0)	848 (19,2 / 0)	848 (19,2 / 0)	889 (15,3 / 4,6)
la19	10×10	987	842	842 (14,7 / 0)	842 (14,7 / 0)	842 (14,7 / 0)	876 (11,2 / 3,9)
la20	10×10	1272	902	902 (29,1 / 0)	902 (29,1 / 0)	902 (29,1 / 0)	940 (26,1 / 4)
orb01	10×10	1368	1059	1104 (19,3 / 4,1)	1059 (22,6 / 0)	- (- / -)	1126 (17,7 / 6)
orb02	10×10	1007	888	888 (11,8 / 0)	888 (11,8 / 0)	888 (11,8 / 0)	927 (7,9 / 4,2)
orb03	10×10	1405	1005	1024 (27,1 / 1,9)	1005 (28,5 / 0)	1026 (27 / 2)	1088 (22,6 / 7,6)
orb04	10×10	1325	1005	1005 (24,2 / 0)	1005 (24,2 / 0)	1005 (24,2 / 0)	1057 (20,2 / 4,9)
orb05	10×10	1155	887	887 (23,2 / 0)	887 (23,2 / 0)	887 (23,2 / 0)	938 (18,8 / 5,4)
orb06	10×10	1316	1010	1013 (23 / 0,3)	1010 (23,3 / 0)	1015 (22,9 / 0,5)	1062 (19,3 / 4,9)
orb07	10×10	473	397	397 (16,1 / 0)	397 (16,1 / 0)	397 (16,1 / 0)	414 (12,5 / 4,1)
orb08	10×10	1331	899	899 (32,5 / 0)	899 (32,5 / 0)	899 (32,5 / 0)	976 (26,7 / 7,9)
orb09	10×10	1189	934	934 (21,4 / 0)	934 (21,4 / 0)	934 (21,4 / 0)	984 (17,2 / 5,1)
orb10	10×10	1303	944	944 (27,6 / 0)	944 (27,6 / 0)	944 (27,6 / 0)	977 (25 / 3,4)
la06	15×5	926	926	926 (0 / 0)	926 (0 / 0)	- (- / -)	926 (0 / 0)
la07	15×5	1088	890	890 (18,2 / 0)	890 (18,2 / 0)	910 (16,4 / 2,2)	892 (18 / 0,2)
la08	15×5	980	863	863 (11,9 / 0)	863 (11,9 / 0)	- (- / -)	863 (11,9 / 0)
la09	15×5	1018	951	951 (6,6 / 0)	951 (6,6 / 0)	- (- / -)	951 (6,6 / 0)
la10	15×5	1006	958	958 (4,8 / 0)	958 (4,8 / 0)	- (- / -)	958 (4,8 / 0)
la21	15×10	1265	1046	1065 (15,8 / 1,8)	1128 (10,8 / 7,3)	1128 (10,8 / 7,3)	1137 (10,1 / 8)
la22	15×10	1272	927	949 (25,4 / 2,3)	927 (27,1 / 0)	945 (25,7 / 1,9)	1008 (20,8 / 8)
la23	15×10	1354	1032	1032 (23,8 / 0)	1032 (23,8 / 0)	- (- / -)	1045 (22,8 / 1,2)
la24	15×10	1141	935	954 (16,4 / 2)	935 (18,1 / 0)	949 (16,8 / 1,5)	1012 (11,3 / 7,6)
la25	15×10	1283	977	995 (22,4 / 1,8)	1003 (21,8 / 2,6)	1003 (21,8 / 2,6)	1079 (15,9 / 9,5)
la36	15×15	1516	1268	1315 (13,3 / 3,6)	1268 (16,4 / 0)	1303 (14,1 / 2,7)	1383 (8,8 / 8,3)
la37	15×15	1873	1397	1452 (22,5 / 3,8)	1397 (25,4 / 0)	1429 (23,7 / 2,2)	1520 (18,8 / 8,1)
la38	15×15	1526	1196	1275 (16,4 / 6,2)	1229 (19,5 / 2,7)	1234 (19,1 / 3,1)	1328 (13 / 9,9)
la39	15×15	1532	1233	1289 (15,9 / 4,3)	1233 (19,5 / 0)	1236 (19,3 / 0,2)	1333 (13 / 7,5)
la40	15×15	1531	1222	1261 (17,6 / 3,1)	1222 (20,2 / 0)	1315 (14,1 / 7,1)	1330 (13,1 / 8,1)
ta01	15×15	1486	1231	1270 (14,5 / 3,1)	1231 (17,2 / 0)	1256 (15,5 / 2)	1365 (8,1 / 9,8)
ta02	15×15	1486	1244	1281 (13,8 / 2,9)	- (- / -)	1248 (16 / 0,3)	1343 (9,6 / 7,4)
ta03	15×15	1456	1218	1330 (8,7 / 8,4)	- (- / -)	1255 (13,8 / 2,9)	1347 (7,5 / 9,6)
ta04	15×15	1575	1175	1269 (19,4 / 7,4)	1199 (23,9 / 2)	1243 (21,1 / 5,5)	1341 (14,9 / 12,4)
ta05	15×15	1457	1224	1232 (15,4 / 0,6)	- (- / -)	1262 (13,4 / 3)	1347 (7,5 / 9,1)
ta06	15×15	1528	1238	1290 (15,6 / 4)	1273 (16,7 / 2,7)	- (- / -)	1359 (11,1 / 8,9)
ta07	15×15	1525	1227	1288 (15,5 / 4,7)	- (- / -)	- (- / -)	1353 (11,3 / 9,3)
ta08	15×15	1496	1217	1305 (12,8 / 6,7)	- (- / -)	1229 (17,8 / 1)	1347 (10 / 9,7)
ta09	15×15	1642	1274	1358 (17,3 / 6,2)	1311 (20,2 / 2,8)	1312 (20,1 / 2,9)	1423 (13,3 / 10,5)
ta10	15×15	1600	1241	1308 (18,3 / 5,1)	- (- / -)	1248 (22 / 0,6)	1388 (13,2 / 10,6)
ft20	20×5	1645	1165	1246 (24,3 / 6,5)	1331 (19,1 / 12,5)	- (- / -)	1191 (27,6 / 2,2)
la11	20×5	1272	1222	1222 (3,9 / 0)	1222 (3,9 / 0)	- (- / -)	1222 (3,9 / 0)
la12	20×5	1039	1039	1039 (0 / 0)	1039 (0 / 0)	- (- / -)	1039 (0 / 0)
la13	20×5	1164	1150	1150 (1,2 / 0)	1150 (1,2 / 0)	- (- / -)	1150 (1,2 / 0)
la14	20×5	1292	1292	1292 (0 / 0)	1292 (0 / 0)	- (- / -)	1292 (0 / 0)
la15	20×5	1587	1207	1207 (23,9 / 0)	1207 (23,9 / 0)	- (- / -)	1207 (23,9 / 0)
la26	20×10	1372	1218	1281 (6,6 / 4,9)	1249 (9 / 2,5)	- (- / -)	1312 (4,4 / 7,2)
la27	20×10	1644	1235	1323 (19,5 / 6,7)	1285 (21,8 / 3,9)	- (- / -)	1373 (16,5 / 10,1)
la28	20×10	1488	1216	1316 (11,6 / 7,6)	- (- / -)	- (- / -)	1366 (8,2 / 11)
la29	20×10	1540	1157	1343 (12,8 / 13,8)	- (- / -)	- (- / -)	1354 (12,1 / 14,5)
la30	20×10	1648	1355	1418 (14 / 4,4)	1418 (14 / 4,4)	- (- / -)	1437 (12,8 / 5,7)
swv01	20×10	2154	1392	1678 (22,1 / 17)	1440 (33,1 / 3,3)	- (- / -)	1643 (23,7 / 15,3)
swv02	20×10	2157	1475	1694 (21,5 / 12,9)	1596 (26 / 7,6)	- (- / -)	1659 (23,1 / 11,1)
swv03	20×10	2019	1369	1763 (12,7 / 22,3)	- (- / -)	- (- / -)	1598 (20,9 / 14,3)
swv04	20×10	1994	1450	1806 (9,4 / 19,7)	- (- / -)	- (- / -)	1680 (15,7 / 13,7)
swv05	20×10	2003	1421	1761 (12,1 / 19,3)	- (- / -)	- (- / -)	1674 (16,4 / 15,1)
abz7	20×15	803	656	732 (8,8 / 10,4)	705 (12,2 / 7)	- (- / -)	748 (6,8 / 12,3)
abz8	20×15	936	645	763 (18,5 / 15,5)	- (- / -)	- (- / -)	775 (17,2 / 16,8)
abz9	20×15	929	661	770 (17,1 / 14,2)	- (- / -)	- (- / -)	785 (15,5 / 15,8)
swv06	20×15	2519	1591	2148 (14,7 / 25,9)	- (- / -)	- (- / -)	2006 (20,4 / 20,7)
swv07	20×15	2268	1446	1876 (17,3 / 22,9)	- (- / -)	- (- / -)	1923 (15,2 / 24,8)
swv08	20×15	2554	1640	2226 (12,8 / 26,3)	- (- / -)	- (- / -)	2096 (17,9 / 21,8)
swv09	20×15	2498	1604	2226 (10,9 / 27,9)	- (- / -)	- (- / -)	2027 (18,9 / 20,9)
swv10	20×15	2339	1761	2162 (7,6 / 18,5)	- (- / -)	- (- / -)	2051 (12,3 / 14,1)
ta11	20×15	1701	1357	1548 (9 / 12,3)	- (- / -)	- (- / -)	1579 (7,2 / 14,1)
ta12	20×15	1810	1367	1548 (14,5 / 11,7)	- (- / -)	- (- / -)	1578 (12,8 / 13,4)
ta13	20×15	1882	1345	1552 (17,5 / 13,3)	- (- / -)	1400 (25,6 / 3,9)	1567 (16,7 / 14,2)
ta14	20×15	1795	1345	1493 (16,8 / 9,9)	- (- / -)	1392 (22,5 / 3,4)	1498 (16,5 / 10,2)
ta15	20×15	1788	1342	1555 (13 / 13,7)	- (- / -)	- (- / -)	1565 (12,5 / 14,2)
ta16	20×15	1825	1362	1543 (15,5 / 11,7)	- (- / -)	- (- / -)	1612 (11,7 / 15,5)
ta17	20×15	1921	1462	1711 (10,9 / 14,6)	- (- / -)	- (- / -)	1644 (14,4 / 11,1)
ta18	20×15	1833	1396	1568 (14,5 / 11)	- (- / -)	- (- / -)	1591 (13,2 / 12,3)
ta19	20×15	1716	1332	1527 (11 / 12,8)	- (- / -)	- (- / -)	1579 (8 / 15,6)
ta20	20×15	1827	1351	1528 (16,4 / 11,6)	- (- / -)	- (- / -)	1560 (14,6 / 13,4)
yn1	20×20	1111	846	974 (12,3 / 13,1)	- (- / -)	- (- / -)	1001 (9,9 / 15,5)
yn2	20×20	1144	870	1034 (9,6 / 15,9)	- (- / -)	- (- / -)	1041 (9 / 16,4)
yn3	20×20	1135	840	1037 (8,6 / 19)	- (- / -)	- (- / -)	999 (12 / 15,9)
yn4	20×20	1169	920	1108 (5,2 / 17)	- (- / -)	- (- / -)	1104 (5,6 / 16,7)
ta21	20×20	2111	1643	1964 (7 / 16,3)	- (- / -)	- (- / -)	1939 (8,1 / 15,3)
ta22	20×20	2146	1600	1740 (18,9 / 8)	- (- / -)	- (- / -)	1851 (13,7 / 13,6)
ta23	20×20	2087	1557	1746 (16,3 / 10,8)	- (- / -)	- (- / -)	1820 (12,8 / 14,5)
ta24	20×20	1989	1645	- (- / -)	- (- / -)	- (- / -)	1899 (4,5 / 13,4)
ta25	20×20	2160	1596	1990 (7,9 / 19,8)	- (- / -)	- (- / -)	1869 (13,5 / 14,6)
ta26	20×20	2182	1651	1829 (16,2 / 9,7)	- (- / -)	- (- / -)	1896 (13,1 / 12,9)
ta27	20×20	2091	1680	- (- / -)	- (- / -)	- (- / -)	1925 (7,9 / 12,7)
ta28	20×20	1980	1614	- (- / -)	- (- / -)	- (- / -)	1860 (6,1 / 13,2)
ta29	20×20	1999	1625	- (- / -)	- (- / -)	- (- / -)	1876 (6,2 / 13,4)
ta30	20×20	1946	1584	- (- / -)	- (- / -)	- (- / -)	1833 (5,8 / 13,6)
la31	30×10	1934	1784	- (- / -)	1858 (3,9 / 4)	- (- / -)	1827 (5,5 / 2,4)
la32	30×10	2110	1850	- (- / -)	1941 (8 / 4,7)	- (- / -)	1924 (8,8 / 3,8)
la33	30×10	1873	1719	- (- / -)	1730 (7,6 / 0,6)	- (- / -)	1781 (4,9 / 3,5)
la34	30×10	1925	1721	- (- / -)	1722 (10,5 / 0,1)	- (- / -)	1826 (5,1 / 5,8)
la35	30×10	2268	1888	- (- / -)	1963 (13,4 / 3,8)	- (- / -)	1952 (13,9 / 3,3)
ta31	30×15	2277	1764	- (- / -)	- (- / -)	- (- / -)	2094 (8 / 15,8)
ta32	30×15	2279	1794	- (- / -)	- (- / -)	- (- / -)	2202 (3,4 / 18,5)
ta33	30×15	2617	1793	2242 (14,3 / 20)	- (- / -)	- (- / -)	2204 (15,8 / 18,6)
ta34	30×15	2448	1828	2279 (6,9 / 19,8)	- (- / -)	- (- / -)	2204 (10 / 17,1)
ta35	30×15	2409	2007	- (- / -)	- (- / -)	- (- / -)	2226 (7,6 / 9,8)
ta36	30×15	2433	1819	- (- / -)	- (- / -)	- (- / -)	2183 (10,3 / 16,7)
ta37	30×15	2354	1779	- (- / -)	- (- / -)	- (- / -)	2124 (9,8 / 16,2)
ta38	30×15	2242	1677	- (- / -)	- (- / -)	- (- / -)	2079 (7,3 / 19,3)
ta39	30×15	2352	1795	- (- / -)	1990 (15,4 / 9,8)	- (- / -)	2128 (9,5 / 15,6)
ta40	30×15	2069	1671	- (- / -)	- (- / -)	- (- / -)	2042 (1,3 / 18,2)
swv11	50×10	4427	2988	- (- / -)	- (- / -)	- (- / -)	3565 (19,5 / 16,2)
swv12	50×10	4749	3003	- (- / -)	- (- / -)	- (- / -)	3601 (24,2 / 16,6)
swv13	50×10	4829	3104	- (- / -)	- (- / -)	- (- / -)	3678 (23,8 / 15,6)
swv14	50×10	4598	2968	- (- / -)	- (- / -)	- (- / -)	3487 (24,2 / 14,9)
swv15	50×10	4643	2903	- (- / -)	3654 (21,3 / 20,6)	- (- / -)	3467 (25,3 / 16,3)
swv16	50×10	2935	2924	- (- / -)	- (- / -)	- (- / -)	2935 (0 / 0,4)
swv17	50×10	2962	2794	- (- / -)	- (- / -)	- (- / -)	2853 (3,7 / 2,1)
swv18	50×10	2974	2852	- (- / -)	- (- / -)	- (- / -)	2857 (3,9 / 0,2)
swv19	50×10	3095	2843	- (- / -)	- (- / -)	- (- / -)	2913 (5,9 / 2,4)
swv20	50×10	2853	2823	- (- / -)	- (- / -)	- (- / -)	2845 (0,3 / 0,8)

Tabelle A.1.: Optimierung klassischer Job-Shop-Probleme – $J \mid\mid C_{\max}$

Instanz	Größe	FIFO	Opt	CP Dichotom (Verb / Diff)	CP Inkrementell (Verb / Diff)
ft06	6×6	65	55	55 (15,4 / 0)	55 (15,4 / 0)
la01	10×5	772	666	666 (13,7 / 0)	666 (13,7 / 0)
la02	10×5	830	655	655 (21,1 / 0)	655 (21,1 / 0)
la03	10×5	755	597	597 (20,9 / 0)	597 (20,9 / 0)
la04	10×5	695	590	590 (15,1 / 0)	590 (15,1 / 0)
la05	10×5	610	593	593 (2,8 / 0)	593 (2,8 / 0)
abz5	10×10	1467	1234	1234 (15,9 / 0)	1234 (15,9 / 0)
abz6	10×10	1045	943	943 (9,8 / 0)	943 (9,8 / 0)
ft10	10×10	1184	930	930 (21,5 / 0)	930 (21,5 / 0)
la16	10×10	1180	945	945 (19,9 / 0)	945 (19,9 / 0)
la17	10×10	943	784	784 (16,9 / 0)	784 (16,9 / 0)
la18	10×10	1049	848	848 (19,2 / 0)	848 (19,2 / 0)
la19	10×10	987	842	842 (14,7 / 0)	842 (14,7 / 0)
la20	10×10	1272	902	902 (29,1 / 0)	902 (29,1 / 0)
orb01	10×10	1368	1059	1059 (22,6 / 0)	1059 (22,6 / 0)
orb02	10×10	1007	888	888 (11,8 / 0)	888 (11,8 / 0)
orb03	10×10	1405	1005	1005 (28,5 / 0)	1351 (3,8 / 25,6)
orb04	10×10	1325	1005	1005 (24,2 / 0)	1005 (24,2 / 0)
orb05	10×10	1155	887	887 (23,2 / 0)	887 (23,2 / 0)
orb06	10×10	1316	1010	1010 (23,3 / 0)	1010 (23,3 / 0)
orb07	10×10	473	397	397 (16,1 / 0)	397 (16,1 / 0)
orb08	10×10	1331	899	899 (32,5 / 0)	1038 (22 / 13,4)
orb09	10×10	1189	934	934 (21,4 / 0)	934 (21,4 / 0)
orb10	10×10	1303	944	944 (27,6 / 0)	944 (27,6 / 0)
la06	15×5	926	926	926 (0 / 0)	926 (0 / 0)
la07	15×5	1088	890	890 (18,2 / 0)	890 (18,2 / 0)
la08	15×5	980	863	863 (11,9 / 0)	863 (11,9 / 0)
la09	15×5	1018	951	951 (6,6 / 0)	951 (6,6 / 0)
la10	15×5	1006	958	958 (4,8 / 0)	958 (4,8 / 0)
la21	15×10	1265	1046	1128 (10,8 / 7,3)	1184 (6,4 / 11,7)
la22	15×10	1272	927	927 (27,1 / 0)	927 (27,1 / 0)
la23	15×10	1354	1032	1032 (23,8 / 0)	1032 (23,8 / 0)
la24	15×10	1141	935	935 (18,1 / 0)	1126 (1,3 / 17)
la25	15×10	1283	977	1003 (21,8 / 2,6)	1212 (5,5 / 19,4)
la36	15×15	1516	1268	1268 (16,4 / 0)	1382 (8,8 / 8,2)
la37	15×15	1873	1397	1397 (25,4 / 0)	1868 (0,3 / 25,2)
la38	15×15	1526	1196	1229 (19,5 / 2,7)	1357 (11,1 / 11,9)
la39	15×15	1532	1233	1233 (19,5 / 0)	1501 (2 / 17,9)
la40	15×15	1531	1222	1222 (20,2 / 0)	1296 (15,3 / 5,7)
ta01	15×15	1486	1231	1231 (17,2 / 0)	1441 (3 / 14,6)
ta02	15×15	1486	1244	- (- / -)	1335 (10,2 / 6,8)
ta03	15×15	1456	1218	- (- / -)	1448 (0,5 / 15,9)
ta04	15×15	1575	1175	1199 (23,9 / 2)	- (- / -)
ta05	15×15	1457	1224	- (- / -)	1456 (0,1 / 15,9)
ta06	15×15	1528	1238	1273 (16,7 / 2,7)	1488 (2,6 / 16,8)
ta07	15×15	1525	1227	- (- / -)	1430 (6,2 / 14,2)
ta08	15×15	1496	1217	- (- / -)	1457 (2,6 / 16,5)
ta09	15×15	1642	1274	1311 (20,2 / 2,8)	- (- / -)
ta10	15×15	1600	1241	- (- / -)	1373 (14,2 / 9,6)
ft20	20×5	1645	1165	1331 (19,1 / 12,5)	- (- / -)
la11	20×5	1272	1222	1222 (3,9 / 0)	- (- / -)
la12	20×5	1039	1039	1039 (0 / 0)	1039 (0 / 0)
la13	20×5	1164	1150	1150 (1,2 / 0)	1150 (1,2 / 0)
la14	20×5	1292	1292	1292 (0 / 0)	1292 (0 / 0)
la15	20×5	1587	1207	1207 (23,9 / 0)	1477 (6,9 / 18,3)
la26	20×10	1372	1218	1249 (9 / 2,5)	1367 (0,4 / 10,9)
la27	20×10	1644	1235	1285 (21,8 / 3,9)	- (- / -)
la28	20×10	1488	1216	- (- / -)	1459 (1,9 / 16,7)
la29	20×10	1540	1157	- (- / -)	1529 (0,7 / 24,3)
la30	20×10	1648	1355	1418 (14 / 4,4)	- (- / -)
swv01	20×10	2154	1392	1440 (33,1 / 3,3)	- (- / -)
swv02	20×10	2157	1475	1596 (26 / 7,6)	1775 (17,7 / 16,9)
swv03	20×10	2019	1369	- (- / -)	1975 (2,2 / 30,7)
swv04	20×10	1994	1450	- (- / -)	1823 (8,6 / 20,5)
swv05	20×10	2003	1421	- (- / -)	- (- / -)
abz7	20×15	803	656	705 (12,2 / 7)	- (- / -)
abz8	20×15	936	645	- (- / -)	- (- / -)
abz9	20×15	929	661	- (- / -)	907 (2,4 / 27,1)
swv06	20×15	2519	1591	- (- / -)	- (- / -)
swv07	20×15	2268	1446	- (- / -)	- (- / -)
swv08	20×15	2554	1640	- (- / -)	- (- / -)
swv09	20×15	2498	1604	- (- / -)	2170 (13,1 / 26,1)
swv10	20×15	2339	1761	- (- / -)	2183 (6,7 / 19,3)
ta11	20×15	1701	1361	- (- / -)	1675 (1,5 / 18,7)
ta12	20×15	1810	1367	- (- / -)	1797 (0,7 / 23,9)
ta13	20×15	1882	1345	- (- / -)	1851 (1,6 / 27,3)
ta14	20×15	1795	1345	- (- / -)	1768 (1,5 / 23,9)
ta15	20×15	1788	1342	- (- / -)	- (- / -)
ta16	20×15	1825	1362	- (- / -)	1783 (2,3 / 23,6)
ta17	20×15	1921	1462	- (- / -)	1867 (2,8 / 21,7)
ta18	20×15	1833	1396	- (- / -)	1721 (6,1 / 18,9)
ta19	20×15	1716	1335	- (- / -)	1706 (0,6 / 21,7)
ta20	20×15	1827	1351	- (- / -)	1818 (0,5 / 25,7)
yn1	20×20	1111	846	- (- / -)	1108 (0,3 / 23,6)
yn2	20×20	1144	870	- (- / -)	- (- / -)
yn3	20×20	1135	840	- (- / -)	1129 (0,5 / 25,6)
yn4	20×20	1169	920	- (- / -)	- (- / -)
ta21	20×20	2111	1644	- (- / -)	2108 (0,1 / 22)
ta22	20×20	2146	1600	- (- / -)	2128 (0,8 / 24,8)
ta23	20×20	2087	1557	- (- / -)	1980 (5,1 / 21,4)
ta24	20×20	1989	1648	- (- / -)	1967 (1,1 / 16,2)
ta25	20×20	2160	1596	- (- / -)	2098 (2,9 / 23,9)
ta26	20×20	2182	1651	- (- / -)	2180 (0,1 / 24,3)
ta27	20×20	2091	1680	- (- / -)	- (- / -)
ta28	20×20	1980	1614	- (- / -)	- (- / -)
ta29	20×20	1999	1625	- (- / -)	1969 (1,5 / 17,5)
ta30	20×20	1946	1584	- (- / -)	- (- / -)
la31	30×10	1934	1784	1858 (3,9 / 4)	1929 (0,3 / 7,5)
la32	30×10	2110	1850	1941 (8 / 4,7)	2087 (1,1 / 11,4)
la33	30×10	1873	1719	1730 (7,6 / 0,6)	1867 (0,3 / 7,9)
la34	30×10	1925	1721	1722 (10,5 / 0,1)	1916 (0,5 / 10,2)
la35	30×10	2268	1888	1963 (13,4 / 3,8)	- (- / -)
ta31	30×15	2277	1764	- (- / -)	- (- / -)
ta32	30×15	2279	1798	- (- / -)	2278 (0 / 21,1)
ta33	30×15	2617	1793	- (- / -)	- (- / -)
ta34	30×15	2448	1829	- (- / -)	- (- / -)
ta35	30×15	2409	2007	- (- / -)	- (- / -)
ta36	30×15	2433	1819	- (- / -)	2432 (0 / 25,2)
ta37	30×15	2354	1779	- (- / -)	2350 (0,2 / 24,3)
ta38	30×15	2242	1677	- (- / -)	2239 (0,1 / 25,1)
ta39	30×15	2352	1795	1990 (15,4 / 9,8)	- (- / -)
ta40	30×15	2069	1674	- (- / -)	- (- / -)
swv11	50×10	4427	2988	- (- / -)	- (- / -)
swv12	50×10	4749	3003	- (- / -)	- (- / -)
swv13	50×10	4829	3104	- (- / -)	4825 (0,1 / 35,7)
swv14	50×10	4598	2968	- (- / -)	- (- / -)
swv15	50×10	4643	2903	3654 (21,3 / 20,6)	- (- / -)
swv16	50×10	2935	2924	- (- / -)	- (- / -)
swv17	50×10	2962	2794	- (- / -)	2961 (0 / 5,6)
swv18	50×10	2974	2852	- (- / -)	2973 (0 / 4,1)
swv19	50×10	3095	2843	- (- / -)	3091 (0,1 / 8)
swv20	50×10	2853	2823	- (- / -)	- (- / -)

Tabelle A.2.: Dichotome Suche und inkrementelle Suche – $J \mid\mid C_{\max}$

Instanz	Größe	FIFO	Opt	MIP (Verb / Diff)	MIP_S (Verb / Diff)	MIP_H (Verb / Diff)
ft06	6×6	65	55	55 (15,4 / 0)	55 (15,4 / 0)	55 (15,4 / 0)
la01	10×5	772	666	666 (13,7 / 0)	666 (13,7 / 0)	666 (13,7 / 0)
la02	10×5	830	655	655 (21,1 / 0)	655 (21,1 / 0)	705 (15,1 / 7,1)
la03	10×5	755	597	597 (20,9 / 0)	597 (20,9 / 0)	597 (20,9 / 0)
la04	10×5	695	590	590 (15,1 / 0)	590 (15,1 / 0)	604 (13,1 / 2,3)
la05	10×5	610	593	593 (2,8 / 0)	593 (2,8 / 0)	593 (2,8 / 0)
abz5	10×10	1467	1234	1234 (15,9 / 0)	1234 (15,9 / 0)	1258 (14,2 / 1,9)
abz6	10×10	1045	943	943 (9,8 / 0)	943 (9,8 / 0)	948 (9,3 / 0,5)
ft10	10×10	1184	930	930 (21,5 / 0)	938 (20,8 / 0,9)	1021 (13,8 / 8,9)
la16	10×10	1180	945	945 (19,9 / 0)	945 (19,9 / 0)	979 (17 / 3,5)
la17	10×10	943	784	784 (16,9 / 0)	784 (16,9 / 0)	813 (13,8 / 3,6)
la18	10×10	1049	848	848 (19,2 / 0)	848 (19,2 / 0)	861 (17,9 / 1,5)
la19	10×10	987	842	842 (14,7 / 0)	842 (14,7 / 0)	850 (13,9 / 0,9)
la20	10×10	1272	902	902 (29,1 / 0)	902 (29,1 / 0)	915 (28,1 / 1,4)
orb01	10×10	1368	1059	1104 (19,3 / 4,1)	1106 (19,2 / 4,2)	1178 (13,9 / 10,1)
orb02	10×10	1007	888	888 (11,8 / 0)	888 (11,8 / 0)	924 (8,2 / 3,9)
orb03	10×10	1405	1005	1024 (27,1 / 1,9)	1036 (26,3 / 3)	1158 (17,6 / 13,2)
orb04	10×10	1325	1005	1005 (24,2 / 0)	1005 (24,2 / 0)	1062 (19,8 / 5,4)
orb05	10×10	1155	887	887 (23,2 / 0)	887 (23,2 / 0)	902 (21,9 / 1,7)
orb06	10×10	1316	1010	1013 (23 / 0,3)	1021 (22,4 / 1,1)	1118 (15 / 9,7)
orb07	10×10	473	397	397 (16,1 / 0)	397 (16,1 / 0)	408 (13,7 / 2,7)
orb08	10×10	1331	899	899 (32,5 / 0)	899 (32,5 / 0)	983 (26,1 / 8,5)
orb09	10×10	1189	934	934 (21,4 / 0)	934 (21,4 / 0)	985 (17,2 / 5,2)
orb10	10×10	1303	944	944 (27,6 / 0)	944 (27,6 / 0)	959 (26,4 / 1,6)
la06	15×5	926	926	926 (0 / 0)	926 (0 / 0)	926 (0 / 0)
la07	15×5	1088	890	890 (18,2 / 0)	890 (18,2 / 0)	890 (18,2 / 0)
la08	15×5	980	863	863 (11,9 / 0)	863 (11,9 / 0)	863 (11,9 / 0)
la09	15×5	1018	951	951 (6,6 / 0)	951 (6,6 / 0)	951 (6,6 / 0)
la10	15×5	1006	958	958 (4,8 / 0)	958 (4,8 / 0)	958 (4,8 / 0)
la21	15×10	1265	1046	1065 (15,8 / 1,8)	1098 (13,2 / 4,7)	1108 (12,4 / 5,6)
la22	15×10	1272	927	949 (25,4 / 2,3)	954 (25 / 2,8)	966 (24,1 / 4)
la23	15×10	1354	1032	1032 (23,8 / 0)	1032 (23,8 / 0)	1032 (23,8 / 0)
la24	15×10	1141	935	954 (16,4 / 2)	958 (16 / 2,4)	967 (15,2 / 3,3)
la25	15×10	1283	977	995 (22,4 / 1,8)	1003 (21,8 / 2,6)	1035 (19,3 / 5,6)
la36	15×15	1516	1268	1315 (13,3 / 3,6)	1301 (14,2 / 2,5)	1352 (10,8 / 6,2)
la37	15×15	1873	1397	1452 (22,5 / 3,8)	1463 (21,9 / 4,5)	1530 (18,3 / 8,7)
la38	15×15	1526	1196	1275 (16,4 / 6,2)	1229 (19,5 / 2,7)	1287 (15,7 / 7,1)
la39	15×15	1532	1233	1289 (15,9 / 4,3)	1265 (17,4 / 2,5)	1290 (15,8 / 4,4)
la40	15×15	1531	1222	1261 (17,6 / 3,1)	1280 (16,4 / 4,5)	1246 (18,6 / 1,9)
ta01	15×15	1486	1231	1270 (14,5 / 3,1)	1280 (13,9 / 3,8)	1318 (11,3 / 6,6)
ta02	15×15	1486	1244	1281 (13,8 / 2,9)	1278 (14 / 2,7)	1300 (12,5 / 4,3)
ta03	15×15	1456	1218	1330 (8,7 / 8,4)	1263 (13,3 / 3,6)	1306 (10,3 / 6,7)
ta04	15×15	1575	1175	1269 (19,4 / 7,4)	1224 (22,3 / 4)	1259 (20,1 / 6,7)
ta05	15×15	1457	1224	1232 (15,4 / 0,6)	1255 (13,9 / 2,5)	1278 (12,3 / 4,2)
ta06	15×15	1528	1238	1290 (15,6 / 4)	1300 (14,9 / 4,8)	1282 (16,1 / 3,4)
ta07	15×15	1525	1227	1288 (15,5 / 4,7)	1260 (17,4 / 2,6)	1288 (15,5 / 4,7)
ta08	15×15	1496	1217	1305 (12,8 / 6,7)	1258 (15,9 / 3,3)	1245 (16,8 / 2,2)
ta09	15×15	1642	1274	1358 (17,3 / 6,2)	1335 (18,7 / 4,6)	1358 (17,3 / 6,2)
ta10	15×15	1600	1241	1308 (18,3 / 5,1)	1295 (19,1 / 4,2)	1302 (18,6 / 4,7)
ft20	20×5	1645	1165	1246 (24,3 / 6,5)	1242 (24,5 / 6,2)	1473 (10,5 / 20,9)
la11	20×5	1272	1222	1222 (3,9 / 0)	1222 (3,9 / 0)	1222 (3,9 / 0)
la12	20×5	1039	1039	1039 (0 / 0)	1039 (0 / 0)	1039 (0 / 0)
la13	20×5	1164	1150	1150 (1,2 / 0)	1150 (1,2 / 0)	1150 (1,2 / 0)
la14	20×5	1292	1292	1292 (0 / 0)	1292 (0 / 0)	1292 (0 / 0)
la15	20×5	1587	1207	1207 (23,9 / 0)	1207 (23,9 / 0)	1213 (23,6 / 0,5)
la26	20×10	1372	1218	1281 (6,6 / 4,9)	1253 (8,7 / 2,8)	1293 (5,8 / 5,8)
la27	20×10	1644	1235	1323 (19,5 / 6,7)	1360 (17,3 / 9,2)	1378 (16,2 / 10,4)
la28	20×10	1488	1216	1316 (11,6 / 7,6)	1337 (10,1 / 9,1)	1305 (12,3 / 6,8)
la29	20×10	1540	1157	1343 (12,8 / 13,8)	1317 (14,5 / 12,1)	1324 (14 / 12,6)
la30	20×10	1648	1355	1418 (14 / 4,4)	1441 (12,6 / 6)	1457 (11,6 / 7)
swv01	20×10	2154	1392	1678 (22,1 / 17)	1724 (20 / 19,3)	1956 (9,2 / 28,8)
swv02	20×10	2157	1475	1694 (21,5 / 12,9)	1765 (18,2 / 16,4)	1996 (7,5 / 26,1)
swv03	20×10	2019	1369	1763 (12,7 / 22,3)	1772 (12,2 / 22,7)	1820 (9,9 / 24,8)
swv04	20×10	1994	1450	1806 (9,4 / 19,7)	1800 (9,7 / 19,4)	1876 (5,9 / 22,7)
swv05	20×10	2003	1421	1761 (12,1 / 19,3)	1782 (11 / 20,3)	1836 (8,3 / 22,6)
abz7	20×15	803	656	732 (8,8 / 10,4)	751 (6,5 / 12,6)	735 (8,5 / 10,7)
abz8	20×15	936	645	763 (18,5 / 15,5)	760 (18,8 / 15,1)	764 (18,4 / 15,6)
abz9	20×15	929	661	770 (17,1 / 14,2)	785 (15,5 / 15,8)	793 (14,6 / 16,6)
swv06	20×15	2519	1591	2148 (14,7 / 25,9)	2116 (16 / 24,8)	2249 (10,7 / 29,3)
swv07	20×15	2268	1446	1876 (17,3 / 22,9)	1952 (13,9 / 25,9)	1947 (14,2 / 25,7)
swv08	20×15	2554	1640	2226 (12,8 / 26,3)	2188 (14,3 / 25)	2223 (13 / 26,2)
swv09	20×15	2498	1604	2226 (10,9 / 27,9)	2069 (17,2 / 22,5)	2191 (12,3 / 26,8)
swv10	20×15	2339	1761	2162 (7,6 / 18,5)	2189 (6,4 / 19,6)	2175 (7 / 19)
ta11	20×15	1701	1361	1548 (9 / 12,1)	1521 (10,6 / 10,5)	1547 (9,1 / 12)
ta12	20×15	1810	1367	1548 (14,5 / 11,7)	1520 (16 / 10,1)	1557 (14 / 12,2)
ta13	20×15	1882	1345	1552 (17,5 / 13,3)	1560 (17,1 / 13,8)	1490 (20,8 / 9,7)
ta14	20×15	1795	1345	1493 (16,8 / 9,9)	1465 (18,4 / 8,2)	1486 (17,2 / 9,5)
ta15	20×15	1788	1342	1555 (13 / 13,7)	1540 (13,9 / 12,9)	1517 (15,2 / 11,5)
ta16	20×15	1825	1362	1543 (15,5 / 11,7)	1525 (16,4 / 10,7)	1506 (17,5 / 9,6)
ta17	20×15	1921	1462	1711 (10,9 / 14,6)	1631 (15,1 / 10,4)	1688 (12,1 / 13,4)
ta18	20×15	1833	1396	1568 (14,5 / 11)	1597 (12,9 / 12,6)	1596 (12,9 / 12,5)
ta19	20×15	1716	1335	1527 (11 / 12,6)	1526 (11,1 / 12,5)	1508 (12,1 / 11,5)
ta20	20×15	1827	1351	1528 (16,4 / 11,6)	1519 (16,9 / 11,1)	1492 (18,3 / 9,5)
yn1	20×20	1111	846	974 (12,3 / 13,1)	974 (12,3 / 13,1)	965 (13,1 / 12,3)
yn2	20×20	1144	870	1034 (9,6 / 15,9)	1028 (10,1 / 15,4)	978 (14,5 / 11)
yn3	20×20	1135	840	1037 (8,6 / 19)	1027 (9,5 / 18,2)	964 (15,1 / 12,9)
yn4	20×20	1169	920	1108 (5,2 / 17)	1143 (2,2 / 19,5)	1109 (5,1 / 17)
ta21	20×20	2111	1644	1964 (7 / 16,3)	1846 (12,6 / 10,9)	1845 (12,6 / 10,9)
ta22	20×20	2146	1600	1740 (18,9 / 8)	1801 (16,1 / 11,2)	1760 (18 / 9,1)
ta23	20×20	2087	1557	1746 (16,3 / 10,8)	1757 (15,8 / 11,4)	1708 (18,2 / 8,8)
ta24	20×20	1989	1648	- (- / -)	1824 (8,3 / 9,6)	1791 (10 / 8)
ta25	20×20	2160	1596	1990 (7,9 / 19,8)	1829 (15,3 / 12,7)	1768 (18,1 / 9,7)
ta26	20×20	2182	1651	1829 (16,2 / 9,7)	1855 (15 / 11)	1801 (17,5 / 8,3)
ta27	20×20	2091	1680	- (- / -)	1929 (7,7 / 12,9)	1932 (7,6 / 13)
ta28	20×20	1980	1614	- (- / -)	1784 (9,9 / 9,5)	1766 (10,8 / 8,6)
ta29	20×20	1999	1625	- (- / -)	1841 (7,9 / 11,7)	1701 (14,9 / 4,5)
ta30	20×20	1946	1584	- (- / -)	1790 (8 / 11,5)	1730 (11,1 / 8,4)
la31	30×10	1934	1784	- (- / -)	1855 (4,1 / 3,8)	1784 (7,8 / 0)
la32	30×10	2110	1850	- (- / -)	1966 (6,8 / 5,9)	1861 (11,8 / 0,6)
la33	30×10	1873	1719	- (- / -)	1860 (0,7 / 7,6)	1776 (5,2 / 3,2)
la34	30×10	1925	1721	- (- / -)	1890 (1,8 / 8,9)	1810 (6 / 4,9)
la35	30×10	2268	1888	- (- / -)	2102 (7,3 / 10,2)	2015 (11,2 / 6,3)
ta31	30×15	2277	1764	- (- / -)	2128 (6,5 / 17,1)	2108 (7,4 / 16,3)
ta32	30×15	2279	1798	- (- / -)	2279 (0 / 21,1)	2184 (4,2 / 17,7)
ta33	30×15	2617	1793	2242 (14,3 / 20)	2311 (11,7 / 22,4)	2289 (12,5 / 21,7)
ta34	30×15	2448	1829	2279 (6,9 / 19,7)	2300 (6 / 20,5)	2160 (11,8 / 15,3)
ta35	30×15	2409	2007	- (- / -)	2408 (0 / 16,7)	2216 (8 / 9,4)
ta36	30×15	2433	1819	- (- / -)	2232 (8,3 / 18,5)	2245 (7,7 / 19)
ta37	30×15	2354	1779	- (- / -)	2308 (2 / 22,9)	2074 (11,9 / 14,2)
ta38	30×15	2242	1677	- (- / -)	2090 (6,8 / 19,8)	2073 (7,5 / 19,1)
ta39	30×15	2352	1795	- (- / -)	2305 (2 / 22,1)	2145 (8,8 / 16,3)
ta40	30×15	2069	1674	- (- / -)	2060 (0,4 / 18,7)	2012 (2,8 / 16,8)
swv11	50×10	4427	2988	- (- / -)	4427 (0 / 32,5)	4426 (0 / 32,5)
swv12	50×10	4749	3003	- (- / -)	4749 (0 / 36,8)	4734 (0,3 / 36,6)
swv13	50×10	4829	3104	- (- / -)	4748 (1,7 / 34,6)	4775 (1,1 / 35)
swv14	50×10	4598	2968	- (- / -)	4579 (0,4 / 35,2)	4550 (1 / 34,8)
swv15	50×10	4643	2903	- (- / -)	4360 (6,1 / 33,4)	4557 (1,9 / 36,3)
swv16	50×10	2935	2924	- (- / -)	2935 (0 / 0,4)	2935 (0 / 0,4)
swv17	50×10	2962	2794	- (- / -)	2962 (0 / 5,7)	2947 (0,5 / 5,2)
swv18	50×10	2974	2852	- (- / -)	2974 (0 / 4,1)	2973 (0 / 4,1)
swv19	50×10	3095	2843	- (- / -)	3074 (0,7 / 7,5)	3041 (1,7 / 6,5)
swv20	50×10	2853	2823	- (- / -)	2853 (0 / 1,1)	2823 (1,1 / 0)

Tabelle A.3.: Hybride Optimierung klassischer Job-Shop-Probleme – $J \| C_{\max}$

Instanz	Größe	FIFO	Opt	MIP (Verb / Diff)	GS (Verb / Diff)	SST (Verb / Diff)
t2-ps01	5×10×5	1080	798	798 (26.1 / 0)	880 (18.5 / 9.3)	954 (11.7 / 16.4)
t2-ps02	5×10×5	1312	784	784 (40.2 / 0)	887 (32.4 / 11.6)	1094 (16.6 / 28.3)
t2-ps03	5×10×5	1046	749	749 (28.4 / 0)	867 (17.1 / 13.6)	959 (8.3 / 21.9)
t2-ps04	5×10×5	977	730	730 (25.3 / 0)	827 (15.4 / 11.7)	848 (13.2 / 13.9)
t2-ps05	5×10×5	833	691	691 (17 / 0)	747 (10.3 / 7.5)	794 (4.7 / 13)
t2-ps06	5×15×5	1271	1009	1056 (16.9 / 4.5)	1176 (7.5 / 14.2)	1129 (11.2 / 10.6)
t2-ps07	5×15×5	1547	970	1020 (34.1 / 4.9)	1181 (23.7 / 17.9)	1247 (19.4 / 22.2)
t2-ps08	5×15×5	1477	982	1028 (30.4 / 4.5)	1149 (22.2 / 14.5)	1136 (23.1 / 13.6)
t2-ps09	5×15×5	1298	1061	1080 (16.8 / 1.8)	1213 (6.5 / 12.5)	1288 (0.8 / 17.6)
t2-ps10	5×15×5	1388	1047	1068 (23.1 / 2)	1184 (14.7 / 11.6)	1230 (11.4 / 14.9)
t2-ps11	5×20×5	2172	1494	1625 (25.2 / 8.1)	2096 (3.5 / 28.7)	1765 (18.7 / 15.4)
t2-ps12	5×20×5	1978	1381	1379 (30.3 / -0.1)	1888 (4.6 / 26.9)	1635 (17.3 / 15.5)
t2-ps13	5×20×5	2309	1457	1600 (30.7 / 8.9)	1993 (13.7 / 26.9)	1670 (27.7 / 12.8)
t2-ps14	5×20×5	2252	1483	1632 (27.5 / 9.1)	2021 (10.3 / 26.6)	1639 (27.2 / 9.5)
t2-ps15	5×20×5	2782	1661	1737 (37.6 / 4.4)	2133 (23.3 / 22.1)	1932 (30.6 / 14)

Tabelle A.4.: Ergebnisse $J \mid s_{ij} \mid C_{\max}$

Instanz	Größe	FIFO	BATC	MIP (Verb / Diff)	GS (Verb / Diff)
OVE-1	7×25×4	29	29	25 (13,8 / -)	25 (13,8 / -)
OVE-2	7×30×5	28	30	22 (21,4 / -)	25 (10,7 / -)
OVE-3	8×40×6	34	33	27 (20,6 / -)	27,6 (18,8 / -)
OVE-4	10×60×8	39	34	28 (28,2 / -)	28 (28,2 / -)

Tabelle A.5.: Ergebnisse $R \mid M_{io}; p-batch; non-identical; incompatible; r_i \mid C_{\max}$

Instanz	Größe	FIFO	BATC	MIP (Verb / Diff)	GS (Verb / Diff)
OVE-1	7×25×4	409	400	371 (9,3 / -)	376 (8,1 / -)
OVE-2	7×30×5	481	474	445 (7,5 / -)	455 (5,4 / -)
OVE-3	8×40×6	746	718	658 (11,8 / -)	679,6 (8,9 / -)
OVE-4	10×60×8	1375	1106	1030 (25,1 / -)	1058,6 (23 / -)

Tabelle A.6.: Ergebnisse $R \mid M_{io}; p-batch; non-identical; incompatible; r_i \mid \sum C_i$

Instanz	Größe	FIFO	BATC	MIP (Verb / Diff)	GS (Verb / Diff)
OVE-1	7×25×4	192	176	161,9 (15,7 / -)	166,74 (13,2 / -)
OVE-2	7×30×5	207	198	184,1 (11,1 / -)	191,94 (7,3 / -)
OVE-3	8×40×6	329	309	281,3 (14,5 / -)	292,64 (11,1 / -)
OVE-4	10×60×8	582	452	420,2 (27,8 / -)	436,24 (25 / -)

Tabelle A.7.: Ergebnisse $R \mid M_{io}; p-batch; non-identical; incompatible; r_i \mid \sum w_iC_i$

Instanz	Größe	FIFO	BATC	MIP (Verb / Diff)	GS (Verb / Diff)
OVE-1	7×25×4	29	29	16 (44,8 / -)	16,6 (42,8 / -)
OVE-2	7×30×5	14	9	6 (57,1 / -)	8 (42,9 / -)
OVE-3	8×40×6	29	24	7 (75,9 / -)	16,8 (42,1 / -)
OVE-4	10×60×8	237	35	14 (94,1 / -)	39,2 (83,5 / -)

Tabelle A.8.: Ergebnisse $R \mid M_{io}; p-batch; non-identical; incompatible; r_i \mid \sum T_i$

Instanz	Größe	FIFO	BATC	MIP (Verb / Diff)	GS (Verb / Diff)
OVE-1	7×25×4	16	8	5,4 (66,3 / -)	5,52 (65,5 / -)
OVE-2	7×30×5	9	3	2,01 (76,7 / -)	3,6 (60 / -)
OVE-3	8×40×6	19	9	2,4 (87,4 / -)	6,98 (63,3 / -)
OVE-4	10×60×8	91	11	5,4 (94,1 / -)	13,3 (85,4 / -)

Tabelle A.9.: Ergebnisse $R \mid M_{io}; p-batch; non-identical; incompatible; r_i \mid \sum w_iT_i$

$z_{\cdot,2}$	$\mathcal{V}$	$n = 10$	$n = 20$	$n = 30$	$n = 50$	$n = 100$
0	Johnson-MTO	10,303	15,225	16,665	19,794	23,113
	SDD-MTO	6,443	3,308	2,234	2,619	2,178
	MIP	2,891	2,335	2,271	5,675	13,389
	MIP_S	2,891	2,234	1,332	2,169	2,176
10	Johnson-MTO	8,447	16,115	17,627	18,581	23,352
	SDD-MTO	4,683	3,366	3,307	2,593	1,576
	MIP	2,286	2,341	3,496	6,247	21,134
	MIP_S	2,286	1,488	2,107	2,313	1,576
25	Johnson-MTO	10,054	13,443	18,485	18,858	22,730
	SDD-MTO	4,760	2,448	2,647	1,654	1,041
	MIP	1,043	0,942	3,516	5,404	20,785
	MIP_S	1,043	0,675	1,807	1,207	1,034
50	Johnson-MTO	12,032	16,764	16,851	18,971	22,382
	SDD-MTO	4,388	3,286	1,810	1,182	0,878
	MIP	1,455	1,889	1,549	3,605	19,347
	MIP_S	1,455	1,294	0,811	0,970	0,838

Tabelle A.10.: Ergebnisse $F2 \mid prmu; z_{io} \mid C_{\max}$

Größe	bin. Unbekannte MIP_H, [CM07]	Nebenbedingungen MIP_H, [CM07]	rell. Unbekannte MIP_H, [CM07]	Opt Zeit in s	Beweis Zeit in s
$2 \times 10 \times 3$	75 (104,8)	239,6 (161,6)	20 (10)	0,19	0,19
$2 \times 15 \times 3$	150 (243,2)	531,4 (338,4)	30 (15)	1,12	430,07
$3 \times 10 \times 3$	85 (104,7)	329,4 (161,4)	20 (10)	0,06	0,06
$3 \times 15 \times 3$	165 (244,5)	744 (341)	30 (15)	0,36	0,78
$2 \times 10 \times 6$	75 (96,9)	223,8 (145,8)	20 (10)	0,21	1,97
$2 \times 15 \times 6$	150 (226,5)	498 (305)	30 (15)	2,48	5816,23
$3 \times 10 \times 6$	85 (97,4)	314,8 (146,8)	20 (10)	0,13	0,13
$3 \times 15 \times 6$	165 (228,4)	711,8 (308,8)	30 (15)	0,96	262,51

Tabelle A.11.: Ergebnisse $P \mid r_i; aux \mid \sum w_i C_i$

Instanz	Methode	Arbeitsgänge	bin. Unbekannte	Nebenbedingungen	rell. Unbekannte	CPU Zeit (s)	$\mathcal{L}$
$3 \times 5 \times [6,30]$	RJS-2 [PC05]	49,3	747,5	3787,8	3787,8	3,5	
	RJS-4R [PC05]	49,3	387,5	437,8	467,3	4,5	
	hybrid Opt.	51,4	172,2	395,8	52,4	0,07	
$3 \times 5 \times [6,40]$	RJS-2 [PC05]	59,0	1094,3	5531,7	5531,7	11,7	
	RJS-4R [PC05]	59,0	596,7	656,7	694,3	14,0	
	hybrid Opt.	65,7	300,8	667,3	66,7	0,33	
$3 \times 10 \times [11,20]$	RJS-2 [PC05]	43,4	625,0	6294,4	6294,4	0,4	
	RJS-4R [PC05]	43,4	392,2	436,7	501,0	0,6	
	hybrid Opt.	49,9	83,3	216,5	50,9	0,01	
$3 \times 10 \times [11,30]$	RJS-2 [PC05]	49,8	814,3	8194,0	8194,0	1,0	
	RJS-4R [PC05]	49,8	490,0	540,7	612,7	0,2	
	hybrid Opt.	64,6	140,8	346,2	65,6	0,02	
$5 \times 3 \times [4,6]$	RJS-2 [PC05]	25,3	256,5	795,8	795,8	15,3	
	RJS-4R [PC05]	25,3	177,0	203,3	214,5	61,2	
	hybrid Opt.	27	97,1	221,2	28	1,33	
$5 \times 3 \times [4,9]$	RJS-2 [PC05]	29,0	331,0	1023,0	1023,0	102,5	
	RJS-4R [PC05]	29,0	216,0	246,0	257,5	72,0	
	hybrid Opt.	32,2	134,7	301,6	33,2	3,29	
$5 \times 5 \times [6,8]$	RJS-2 [PC05]	35,9	513,7	2605,4	2605,4	6,6	
	RJS-4R [PC05]	35,9	329,3	366,1	394,6	14,1	
	hybrid Opt.	37,5	109,6	256,7	38,5	0,73	
$5 \times 5 \times [6,10]$	RJS-2 [PC05]	38,8	600,2	3040,7	3040,7	11,0	
	RJS-4R [PC05]	38,8	346,7	386,5	413,5	37,8	
	hybrid Opt.	42,7	151,8	346,3	43,7	2,91	
$5 \times 10 \times [11,15]$	hybrid Opt.	67	180,3	427,6	68	0,09	
$10 \times 5 \times [6,10]$	hybrid Opt.	84,7	651,2	1387,1	85,7	5,62	
$10 \times 10 \times [11,15]$	hybrid Opt.	134,9	830	1794,9	135,9	-	(5) 2,93%
$10 \times 10 \times [11,30]$	hybrid Opt.	211,9	2018,9	4249,7	212,9	-	(9) 8,53%
$15 \times 10 \times [11,30]$	hybrid Opt.	307,4	4391,8	9091	308,4	-	(10) 17,84%

Tabelle A.12.: Ergebnisse $J \mid rcrc \mid C_{\max}$

Methode	$m=3$	$m=4$	$m=5$	$n_v=20$	$n_v=30$	$n_v=40$	$f=4$	$f=6$	$f=8$	$u^M=0,7$	$u^M=0,8$	$u^M=0,9$	**Gesamt**
BATC	1	1	1	1	1	1	1	1	1	1	1	1	1
RTD	1,208	1,136	1,136	1,144	1,173	1,162	1,142	1,186	1,151	1,141	1,163	1,175	1,16
BATC-I 1P	1,475	1,389	1,341	1,308	1,412	1,484	1,334	1,407	1,463	1,362	1,388	1,454	1,401
BATC-I 1/2P	1,177	1,146	1,129	1,114	1,164	1,174	1,131	1,166	1,155	1,13	1,147	1,174	1,15
BATC-I 1/4P	1,074	1,058	1,046	1,045	1,067	1,066	1,053	1,07	1,054	1,05	1,053	1,075	1,059
BATC-II 1P	1,242	1,187	1,176	1,156	1,209	1,239	1,17	1,21	1,225	1,178	1,197	1,23	1,201
BATC-II 1/2P	1,042	1,031	1,033	1,023	1,039	1,044	1,03	1,039	1,036	1,019	1,034	1,053	1,035
BATC-II 1/4P	0,986	0,984	0,986	0,988	0,984	0,983	0,991	0,983	0,982	0,982	0,981	0,993	0,985
Grdy.Zeit. 1P 5s	0,91	0,929	0,944	0,935	0,921	0,926	0,931	0,914	0,938	0,931	0,928	0,924	0,928
Grdy.Zeit. 1/2P 5s	0,914	0,928	0,943	0,936	0,921	0,928	0,931	0,914	0,94	0,935	0,928	0,923	0,928
Grdy.Zeit. 1/4P 5s	0,922	0,938	0,951	0,945	0,929	0,937	0,939	0,922	0,95	0,945	0,936	0,93	0,937
Grdy.Zeit. 1P 30s	0,905	0,922	0,938	0,931	0,914	0,921	0,926	0,907	0,932	0,926	0,922	0,917	0,922
Grdy.Zeit. 1/2P 30s	0,911	0,925	0,94	0,935	0,918	0,924	0,93	0,91	0,937	0,933	0,925	0,919	0,926
Grdy.Zeit. 1/4P 30s	0,92	0,935	0,949	0,944	0,927	0,933	0,938	0,92	0,946	0,942	0,935	0,927	0,935
BS.Zeit. 1P 5s	0,91	0,924	0,939	0,932	0,917	0,924	0,928	0,911	0,934	0,926	0,923	0,924	0,924
BS.Zeit. 1/2P 5s	0,916	0,927	0,943	0,936	0,921	0,93	0,93	0,915	0,942	0,932	0,929	0,925	0,929
BS.Zeit. 1/4P 5s	0,925	0,938	0,952	0,945	0,931	0,939	0,94	0,924	0,951	0,943	0,939	0,933	0,938
BS.Zeit. 1P 30s	0,897	0,912	0,928	0,921	0,905	0,911	0,918	0,899	0,921	0,918	0,912	0,907	0,912
BS.Zeit. 1/2P 30s	0,907	0,921	0,935	0,929	0,914	0,92	0,926	0,906	0,932	0,929	0,92	0,914	0,921
BS.Zeit. 1/4P 30s	0,917	0,931	0,945	0,94	0,923	0,93	0,934	0,917	0,943	0,94	0,93	0,924	0,931
MIP 1P 5s	0,906	0,916	0,941	0,924	0,913	0,927	0,919	0,907	0,937	0,918	0,917	0,929	0,921
MIP 1/2P 5s	0,908	0,916	0,931	0,926	0,911	0,918	0,922	0,904	0,928	0,922	0,917	0,916	0,918
MIP 1/4P 5s	0,918	0,926	0,942	0,937	0,923	0,927	0,932	0,918	0,936	0,936	0,928	0,922	0,929
MIP 1P 30s	0,896	0,907	0,921	0,915	0,901	0,908	0,911	0,894	0,919	0,913	0,906	0,904	0,908
MIP 1/2P 30s	0,904	0,914	0,927	0,924	0,908	0,913	0,919	0,901	0,924	0,921	0,914	0,91	0,915
MIP 1/4P 30s	0,915	0,925	0,939	0,936	0,92	0,924	0,93	0,915	0,934	0,936	0,926	0,917	0,926
MIPDek 1P 5s	0,905	0,915	0,934	0,921	0,91	0,924	0,915	0,903	0,936	0,917	0,916	0,922	0,918
MIPDek 1/2P 5s	0,908	0,915	0,93	0,924	0,911	0,918	0,918	0,905	0,929	0,923	0,916	0,914	0,918
MIPDek 1/4P 5s	0,917	0,926	0,939	0,935	0,922	0,926	0,929	0,917	0,936	0,936	0,926	0,92	0,927
MIPDek 1P 30s	0,891	0,904	0,915	0,911	0,896	0,902	0,907	0,889	0,913	0,911	0,902	0,896	0,903
MIPDek 1/2P 30s	0,904	0,913	0,925	0,922	0,908	0,913	0,917	0,902	0,924	0,922	0,914	0,907	0,914
MIPDek 1/4P 30s	0,915	0,926	0,938	0,934	0,921	0,924	0,929	0,915	0,935	0,936	0,925	0,918	0,926
VNS	0,898	0,905	0,917	0,903	0,899	0,918	0,899	0,892	0,928	0,913	0,906	0,901	0,907

Tabelle A.13.: Ergebnisse $R \mid p-batch;\ incompatible;\ r_i \mid \sum w_iT_i$

A.4. Benchmark-Instanzen

Nachfolgende Tabelle A.14 beschreibt die untersuchte Probleminstanz aus Abbildung 5.12 (Seite 109) in Abschnitt 5.5.3.1 vollständig.

i	J_1	J_2	J_3	J_4	J_5	J_6	J_7	J_8	J_9	J_{10}	J_{11}	J_{12}	J_{13}
r_i	0	0	0	0	0	0	0	0	0	0	3	7	4
d_i	23	11	2	18	24	17	18	2	24	22	22	16	14
w_i	0,4	0,3	0,5	0,5	0,7	0,3	0,3	0,2	0,1	0,5	1,0	0,6	0,6
p_i	6	5	5	4	6	5	8	7	5	6	4	6	5
f_{i1}	1	5	3	3	3	3	4	1	2	3	4	2	3

i	J_{14}	J_{15}	J_{16}	J_{17}	J_{18}	J_{19}	J_{20}	J_{21}	J_{22}	J_{23}	J_{24}	J_{25}
r_i	2	6	4	8	9	3	1	3	5	6	9	10
d_i	2	22	1	3	19	1	24	16	15	6	4	8
w_i	0,4	0,5	1,0	0,6	0,5	0,9	0,8	0,4	0,1	0,8	0,4	0,9
p_i	6	7	6	5	7	4	5	5	4	7	5	4
f_{i1}	3	3	2	5	4	2	3	5	4	4	3	3

k	M_1	M_2	M_3
D_k	{1,3}	{1,2,3,4,5}	{1,2,3,4,5}
b_k	5	5	5
c_k	4	4	4

Tabelle A.14.: Instanz eines Problems vom Typ $P3 \mid p-batch; r_i \mid \sum w_i T_i$

A.5. Algorithmen

Nachfolgender Algorithmus A.5.1 wurde für die Untersuchungen in Abschnitt 6.1.5.1 verwendet. Er teilt eine Maschinengruppe bzgl. der Freigaben in zwei disjunkte Maschinengruppen $\mathcal{P}_1$ und $\mathcal{P}_2$. Dabei sollen die resultierenden Maschinengruppen möglichst gleich groß sein, bei minimal notwendigen Aufhebungen an Freigaben. Der Algorithmus benutzt dabei folgendes Optimierungsmodell:

Unbekannte

$I_k \in \{0,1\}$ Maschine $k \in M$ wird bei $I_k = 1$ Maschinengruppe $\mathcal{P}_1$ und bei $I_k = 0$ Maschinengruppe $\mathcal{P}_2$ zugewiesen,

$D_{vk} \in \{0,1\}$ Familie $v \in D_k$ wird auf $k \in M$ bearbeitet, 0 sonst,

$A^{\min} \in \mathbb{R}$ minimale Anzahl an Maschinen in einer Maschinengruppe.

Optimierungsmodell: (A.27)

$$-\omega_1 A^{\min} - \sum_{k \in M} \sum_{v \in D_k} D_{vk} \longrightarrow \min \quad \text{bei} \tag{A.28}$$

$$\sum_{k \in M} I_k \geq A^{\min}, \tag{A.29}$$

$$m - \sum_{k \in M} I_k \geq A^{\min}, \tag{A.30}$$

sowie (6.24).

Die Nebenbedingungen (A.29) und (A.30) begrenzen die minimale Anzahl an Maschinen pro resultierender Maschinengruppe. Durch ω_1 ist es möglich, die minimale Größe einer Maschinengruppe gegenüber der Anzahl an Aufhebungen zu gewichten. Folgender Algorithmus wurde für die Untersuchungen in Abschnitt 6.1.5.1 verwendet.

Algorithmus A.5.1 (Teilung einer Maschinengruppe)

Gegeben sei D_k mit $k \in M$. Dann lassen sich durch die Funktion Split2(M) potentielle Maschinengruppen in M identifizieren. Für alle Untersuchungen wird $\omega_1 = 2$, $A^{min} = 1$, $\delta_1 = 2$ und $\delta_2 = 8$ gewählt.

Rekursive Funktion x=Split2(M)

S1 Wenn $|M| < \delta_2$, dann setze $x = 1$, STOP mit "Maschinengruppe: M".

S2 Setze $x = 0$ und löse das durch Optimierungsmodell (A.27) beschriebene Problem.

S3 $M^{neu} := \{k \in M \mid I_k = 1\}$.

S4 Wenn $|M^{neu}| \geq \delta_1$,

S5 dann x=Split2(M^{neu}),

S6 sonst setze $x = 1$, STOP mit "Maschinengruppe: M^{neu}".

S7 $M^{neu} := \{k \in M \mid I_k = 0\}$

S8 Wenn $|M^{neu}| \geq \delta_1$,

S9 dann x=Split2(M^{neu}),

S10 sonst setze $x = 1$, STOP mit "Maschinengruppe: M^{neu}".

Hierbei definiert δ_2 eine maximale Anzahl an Maschinen pro Maschinengruppe, die zum einen überschritten sein muss, damit die Maschinengruppe weiter geteilt wird (*S1*). Zum anderen fordert δ_1 eine minimale Anzahl an Maschinen, die nach der Teilung der Maschinengruppe einer resultierenden Maschinengruppe zugeordnet sein müssen.

Literaturverzeichnis

[ABZ88] Adams, J. ; Balas, E. ; Zawack, D.: The shifting bottleneck procedure for job shop scheduling. In: *Journal Management Science* 34 (1988), Nr. 3, S. 391–401

[AC91] Applegate, D. ; Cook, W.: A computational study of the job-shop scheduling problem. In: *ORSA Journal on Computing* 3 (1991), S. 149–156

[Ach07] Achterberg, T.: *Constraint integer programming*, Technische Universität Berlin, Fakultät II – Mathematik und Naturwissenschaften, Dissertationsschrift, 2007

[AF08] Artigues, C. ; Feillet, D.: A branch and bound method for the job-shop problem with sequence-dependent setup times. In: *Annals of Operations Research* 159 (2008), S. 135–159

[AGKL03] April, J. ; Glover, F. ; Kelly, J.P. ; Laguna, M.: Practical introduction to simulation optimization. In: *Proceedings of the 2003 Winter Simulation Conference*, 2003, S. 71–78

[AM09] Almeder, C. ; Mönch, L.: Variable neighborhood search for parallel batch machine scheduling. In: *Proceedings of the VIII Metaheuristics International Conference*, 2009

[AM10] Almeder, C. ; Mönch, L.: Metaheuristics for scheduling jobs with incompatible families on parallel batching machines. In: *Journal of the Operational Research Society*, 2010

[AnU05] Akcali, E. ; Üngör, A. ; Uzsoy, R.: Short-term capacity allocation problem with tool and setup constraints. In: *Naval Research Logistics* 52 (2005), Nr. 8, S. 754–764

[AS07] Ang, A.T.H. ; Sivakumar, A.I.: Online multiobjective single machine dynamic scheduling with sequence-dependent setups using simulation-based genetic algorithm with desirability function. In: *Proceedings of the 2007 Winter Simulation Conference*, 2007, S. 1828–1834

[AU00] Akcali, E. ; Uzsoy, R.: A sequential solution methodology for capacity allocation and lot scheduling problems for photolithography. In: *Electronics Manufacturing Technology Symposium, 2000, Twenty-Sixth IEEE/CPMT International* (2000), S. 374–381

[AUH+00] AKCALI, E. ; UZSOY, R. ; HISCOCK, D.G. ; MOSER, A.L. ; TEYNER, T.J.: Alternative loading and dispatching policies for furnace operations in semiconductor manufacturing: a comparison by simulation. In: *Proceedings of the 2000 Winter Simulation Conference*, 2000, S. 1428–1435

[AW01] AZIZOGLU, M. ; WEBSTER, S.: Scheduling a batch processing machine with incompatible job families. In: *Computers & Industrial Engineering* 39 (2001), S. 325–335

[AY04] ARISHA, A. ; YOUNG, P.: Intelligent simulation-based lot scheduling of photolithography toolsets in a wafer fabrication facility. In: *Proceedings of the 2004 Winter Simulation Conference*, 2004, S. 1935–1942

[BBKT04] BAPTISTE, P. ; BRUCKER, P. ; KNUST, S. ; TIMKOVSKY, V.G.: Ten notes on equal-processing-time scheduling. In: *4OR* 2 (2004), S. 111–127

[BBM06] BIXBY, R. ; BURDA, R. ; MILLER, D.: Short-interval detailed production scheduling in 300mm semiconductor manufacturing using mixed integer and constraint programming. In: *Proceedings of the Advanced Semiconductor Manufacturing Conference*, 2006, S. 148–154

[BCJS74] BRUNO, J. ; COFFMAN JR., E.G. ; SETHI, R.: Scheduling independent tasks to reduce mean finishing time. In: *Communications of the ACM* 17 (1974), Nr. 7, S. 382–387

[BCNN04] BANKS, J. ; CARSON, J. ; NELSON, B.L. ; NICOL, D.: *Discrete-event system simulation.* Prentice Hall, 2004

[BDW91] BLAZEWICZ, J. ; DROR, M. ; WEGLARZ, J.: Mathematical programming formulations for machine scheduling: a survey. In: *European Journal of Operational Research* 51 (1991), S. 283–300

[Bel57] BELLMAN, R.: *Dynamic programming.* Princeton University Press, 1957

[BEP+01] BLAZEWICZ, J. ; ECKER, K.H. ; PESCH, E. ; SCHMIDT, G. ; WEGLARZ, J.: *Scheduling computer and manufacturing processes.* Springer, 2001

[Ber10] BERKS, F.: *Kostenkalkulation für Fertigungsprozesse der 3D-TSV-Integration in der Mikroelektronik*, Teschnische Universität Dresden, Fakultät Wirtschaftswissenschaften, Diplomarbeit, 2010

[Bey06] BEYNE, E.: The rise of the 3rd dimension for system integration. In: *Proceedings of 9th International Interconnect Technology Conference*, 2006, S. 1–5

[Bey08] BEYNE, E.: Solving technical and economical barriers to the adoption of through-Si-via 3D integration technologies. In: *Proceedings of 10th Electronics Packaging Technology Conference*, 2008, S. 29–34

[BGH+98] BRUCKER, P. ; GLADKY, A. ; HOOGEVEEN, H. ; KOVALYOV, M.Y. ; POTTS, C.N. ; TAUTENHAHN, T. ; VELDE, S.L. van d.: Scheduling a batching machine. In: *Journal of Scheduling* 1 (1998), S. 31–54

[BK05] BRUCKER, P. ; KRAVCHENKO, S.A.: Scheduling jobs with release times on parallel machines to minimize total tardiness. In: *Osnabrücker Schriften zur Mathematik* Heft 258 (2005)

[BK06] BRUCKER, P. ; KNUST, S.: *Complex scheduling*. Springer, 2006

[BK08] BRUCKER, P. ; KRAVCHENKO, S.A.: Scheduling jobs with equal processing times and time windows on identical parallel machines. In: *Journal of Scheduling* 11 (2008), S. 229–237

[BK11] BANG, J.-Y. ; KIM, Y.-D.: Scheduling algorithms for a semiconductor probing facility. In: *Computers & Operations Research* 38 (2011), S. 666–673

[BLPN01] BAPTISTE, P. ; LE PAPE, C. ; NUIJTEN, W.: *Constraint-based scheduling: applying constraint programming to scheduling problems*. Kluwer Academic Publishers, 2001

[BMFP04] BALASUBRAMANIAN, H. ; MÖNCH, L. ; FOWLER, J. ; PFUND, M.: Genetic algorithm based scheduling of parallel batch machines with incompatible job families to minimize total weighted tardiness. In: *International Journal of Production Research* 42 (2004), Nr. 8, S. 1621–1638

[Bro59] BROWMAN, E.H.: The scheduling-sequence problem. In: *Operations Research* 7 (1959), S. 621–624

[Bru04] BRUCKER, P.: *Scheduling algorithms*. Springer, 2004

[BSSB08] BEICA, R. ; SIBLERUD, P. ; SHARBONO, C. ; BERNT, M.: Advanced metallization for 3D integration. In: *Proceedings of 10th Electronics Packaging Technology Conference*, 2008, S. 212–218

[BT96] BRUCKER, P. ; THIELE, O.: A branch & bound method for the general-shop problem with sequence dependent setup-times. In: *OR-Spektrum* 18 (1996), S. 145–161

[BT04] BAPTISTE, P. ; TIMKOVSKY, V.G.: Shortest path to nonpreemptive schedules of unit-time jobs on two identical parallel machines with minimum total completion time. In: *Mathematical Methods of Operations Research* 60 (2004), S. 145–153

[CHL06] CHUNG, S.-H. ; HUANG, C.-Y. ; LEE, A.H.I.: Using constraint satisfaction approach to solve the capacity allocation problem for photolithography area. In: *Computational Science and its Applications* 3982 (2006), S. 610–620

[CHL08] CHUNG, S.-H. ; HUANG, C.-Y. ; LEE, A.H.I.: Heuristic algorithms to solve the capacity allocation problem in photolithography area (CAPPA). In: *OR Spectrum* 30 (2008), S. 431–452

[CLU93] CHANDRU, V. ; LEE, C.Y. ; UZSOY, R.: Minimizing total completion time on batch processing machines. In: *International Journal of Production Research* 31 (1993), S. 2097–2121

[CM07] Cakici, E. ; Mason, S.J.: Parallel machine scheduling subject to auxiliary resource constraints. In: *Production Planning & Control,* 18 (2007), Nr. 3, S. 217–225

[Coo71] Cook, S.A.: The complexity of theorem-proving procedures. In: *Proceedings of the 3rd Annual ACM Symposium on Theory of Computing,* ACM, 1971, S. 151–158

[Cor07] Cornuéjols, G.: Valid inequalities for mixed integer linear programs. In: *Mathematical Programming* 112 (2007), S. 1–41

[COS96] Crama, Y. ; Oerlemans, A.G. ; Spieksma, F.C.R.: *Production planning in automated manufacturing.* Springer, 1996

[CP89] Carlier, J. ; Pinson, E.: An algorithm for solving the job-shop problem. In: *Management Science* 35 (1989), Nr. 2, S. 164–176

[CS04] Chan, W.K. ; Schruben, L.W.: Generating scheduling constraints for discrete event dynamic systems. In: *Proceedings of the 2004 Winter Simulation Conference,* 2004, S. 568–576

[CS08] Chan, W.K.V. ; Schruben, L.W.: Mathematical programming models of closed tandem queueing networks. In: *ACM Transactions on Modeling and Computer Simulation* 19 (2008), Nr. 1, S. 1–27

[DBRL98] Domaschke, J. ; Brown, S. ; Robinson, J. ; Leibl, F.: Effective implementation of cycle time reduction strategies for semiconductor back-end manufacturing. In: *Proceedings of the 1998 Winter Simulation Conference,* 1998, S. 985–992

[DFCP00] Devpura, A. ; Fowler, J.W. ; Carlyle, M. ; Perez, I.: Minimizing total weighted tardiness on a single batch processing machine with incompatible job families. In: *Proceedings of the Symposium on Operations Research* (2000), S. 366–371

[DFP+05] Díaz, S.L.M. ; Fowler, J.W. ; Pfund, M.E. ; Mackulak, G.T. ; Hickie, M.: Evaluating the impacts of reticle requirements in semiconductor wafer fabrication. In: *IEEE Transactions on Semiconductor Manufacturing* 18 (2005), Nr. 4, S. 622–632

[DN92] Dobson, G. ; Nambimadom, R.S.: The batch loading and scheduling problem / Simon Graduate School of Business Administration, University of Rochester. 1992. – Forschungsbericht

[Dol10] Doleschal, D.: *Vergleich heuristischer und deterministischer Verfahren zur Optimierung von Fertigungsabläufen in der Halbleiterproduktion,* Technische Universität Dresden, Institut für Numerische Mathematik, Diplomarbeit, 2010

[DPS98] Dauzère-Pérès, S. ; Sevaux, M: Various mathematical programming formulations for a general one machine sequencing problem / Ecole des Mines, Nantes. 1998. – Forschungsbericht

[DSV08] DOMSCHKE, W. ; SCHOLL, A. ; VOSS, S.: *Produktionsplanung: Ablauforganisatorische Aspekte.* 2. Auflage. Springer, 2008

[Due93] DUECK, G.: New optimization heuristics: the great deluge algorithm and the record-to-record travel. In: *Journal of Computational Physics* 104 (1993), S. 86–92

[EM06] ERRAMILLI, V. ; MASON, S.J.: Multiple orders per job compatible batch scheduling. In: *IEEE Transactions on Electronics Packaging Manufacturing* 29 (2006), Nr. 4, S. 285–296

[FA97] FRÜHWIRTH, T. ; ABDENNADHER, S.: *Constraint-Programmierung.* Springer, 1997

[FEH05] FAGET, P. ; ERIKSSON, U. ; HERRMANN, F.: Applying discrete event simulation and an automated bottleneck analysis as an aid to detect running production constraints. In: *Proceedings of the 2005 Winter Simulation Conference*, 2005, S. 1401–1407

[FGA05] FU, M.C. ; GLOVER, F.W. ; APRIL, J.: Simulation optimization: a review, new developments, and applications. In: *Proceedings of the 2005 Winter Simulation Conference*, 2005, S. 83–95

[FMR06] Kapitel 5: Scheduling and simulation. In: FOWLER, J.W. ; MÖNCH, L. ; ROSE, O.: *Handbook of production scheduling.* Springer, 2006, S. 109–133

[FT63] FISHER, H. ; THOMPSON, G.L.: Probabilistic learning combinations of local job-shop scheduling rules. In: *Industrial Scheduling* (1963), S. 225–251

[GFA+02] GOODALL, R. ; FANDEL, D. ; ALLAN, A. ; LANDLER, P. ; HUFF, H.R: Long-term productivity mechanisms of the semiconductor industry. In: *Proceedings of the American Electrochemical Society Semiconductor Silicon*, 2002

[GG64] GILMORE, P.C. ; GOMORY, R.E.: Sequencing a one state-variable machine: a solvable case of the traveling salesman problem. In: *Operations Research* 12 (1964), Nr. 5, S. 655–679

[GJ78] GAREY, M.R. ; JOHNSON, D.S.: "Strong" NP-completeness results: motivation, examples, and implications. In: *Journal of the Association for Computing Machinery* 25 (1978), Nr. 3, S. 499–508

[GJS76] GAREY, M.R. ; JOHNSON, D.S. ; SETHI, R.: The complexity of flowshop and jobshop scheduling. In: *Mathematics of Operations Research* 1 (1976), Nr. 2, S. 117–129

[GK02] GEIGER, K. ; KANZOW, G.: *Theorie und Numerik restringierter Optimierungsaufgaben.* Springer, 2002

[GLLRK79] GRAHAM, R.L. ; LAWLER, E.L. ; LENSTRA, J.K. ; RINNOOY KAN, A.H.G.: Optimization and approximation in deterministic sequencing and scheduling: A survey. In: *Annals of Discrete Mathematics* 5 (1979), S. 287–326

[GT97] GROSSMANN, C. ; TERNO, J.: *Numerik der Optimierung.* Teubner, 1997

[GVV08] GONZÁLEZ, M.A. ; VELA, C.R. ; VARELA, R.: A new hybrid genetic algorithm for the job shop scheduling problem with setup times. In: *Proceeding of the Eighteenth International Conference on Automated Planning and Scheduling*, 2008, S. 116–123

[Ham02] HAMPEL, D.: *Simulationsgestützte Optimierung von Fertigungsabläufen in der Elektronikproduktion*, Technische Universität Dresden, Fakultät Elektrotechnik und Informationstechnik, Dissertationsschrift, 2002

[Hen02] HENNIG, A.: *Praktische Job-Shop Scheduling-Probleme*, Friedrich-Schiller-Universität Jena, Fakultät für Mathematik und Informatik, Dissertationsschrift, 2002

[HFC00] HORNG, S.-M. ; FOWLER, J.W. ; COCHRAN, J.K.: A genetic algorithm approach to manage ion implantation processes in wafer fabrication. In: *International Journal of Manufacturing Technology and Management* 1 (2000), Nr. 2/3, S. 156–172

[Hil08] HILLERINGMANN, U.: *Silizium-Halbleitertechnologie: Grundlagen mikroelektronischer Integrationstechnik.* 5. Auflage. Vieweg+Teubner, 2008

[HKT95] HU, T.C. ; KAHNG, A.B. ; TSAO, C.A.: Old bachelor acceptance: a new class of non-monotone threshold accepting methods. In: *ORSA Journal on Computing* 7 (1995), Nr. 4, S. 417–425

[HM01] HANSEN, P. ; MLADENOVIC, N.: Variable neighborhood search: principles and applications. In: *European Journal of Operational Research* 130 (2001), S. 449–467

[Hor08] HORN, S.: *Simulationsgestützte Optimierung von Fertigungsabläufen in der Produktion elektronischer Halbleiterspeicher*, Technische Universität Dresden, Fakultät Elektrotechnik und Informationstechnik, Dissertationsschrift, 2008

[HS07] HOPP, W.J. ; SPEARMAN, M.L.: *Factory physics.* 3. Auflage. Irwin McGraw-Hill, 2007

[HW07] HOFSTEDT, P. ; WOLF, A.: *Einführung in die Constraint-Programmierung.* Springer, 2007

[HWB06] HORN, S. ; WEIGERT, G. ; BEIER, E.: Heuristic optimization strategies for scheduling of manufacturing processes. In: *Proceedings of the 29th International Spring Seminar on Electronics Technology (IEEE)*, 2006, S. 422–427

[Inf05] INFINEON TECHNOLOGIES: *Halbleiter: Technische Erläuterungen, Technologien und Kenndaten.* Publicis Corporate Publishing, 2005

[JM99] JAIN, A.S. ; MEERAN, S.: Deterministic job-shop scheduling: past, present and future. In: *European Journal of Operational Research* 113 (1999), Nr. 2, S. 390–434

[Joh54] JOHNSON, S.M.: Optimal two- and three-stage production schedules with setup times included. In: *Naval Research Logistics Quarterly* 1 (1954), S. 61–68

[Kem05] KEMPPAINEN, K.: *Priority scheduling revisited: dominant rules, open protocols, and integrated order management*, Helsinki, School of Economics, Dissertationsschrift, 2005

[KHBW07] KLEMMT, A. ; HORN, S. ; BEIER, E. ; WEIGERT, G.: Investigation of modified heuristic algorithms for simulation-based optimization. In: *Proceedings of the 30th International Spring Seminar on Electronics Technology (IEEE)*, 2007, S. 24–29

[KHW08] KLEMMT, A. ; HORN, S. ; WEIGERT, G.: Analysis and coupling of simulation-based optimization and MIP solver methods for scheduling of manufacturing processes. In: *Proceedings of the 18th International Conference on Flexible Automation and Intelligent Manufacturing*, 2008, S. 1146–1153

[KHW11] Kapitel 6: Simulationsgestützte Optimierung von Fertigungsprozessen in der Halbleiterindustrie. In: KLEMMT, A. ; HORN, S. ; WEIGERT, G.: *Simulation und Optimierung in Produktion und Logistik.* Springer, 2011, S. 49–63

[KHWH08] KLEMMT, A. ; HORN, S. ; WEIGERT, G. ; HIELSCHER, T.: Simulation-based and solver-based optimization approaches for batch processes in semiconductor manufacturing. In: *Proceedings of the 2008 Winter Simulation Conference*, 2008, S. 2041–2049

[KHWW09] KLEMMT, A. ; HORN, S. ; WEIGERT, G. ; WOLTER, K.-J.: Simulation-based optimization vs. mathematical programming: a hybrid approach for optimizing scheduling problems. In: *Robotics and Computer-Integrated Manufacturing* 25 (2009), Nr. 6, S. 917–925

[Kie06] KIENCKE, U.: *Ereignisdiskrete Systeme: Modellierung und Steuerung verteilter Systeme.* 2. Auflage. Oldenbourg, 2006

[KLW09] KLEMMT, A. ; LANGE, J. ; WEIGERT, G.: Work center optimization methods for semiconductor manufacturing. In: *Proceedings of the 19th International Conference on Flexible Automation and Intelligent Manufacturing*, 2009, S. 1325–1332

[KLW+10] KLEMMT, A. ; LANGE, J. ; WEIGERT, G. ; LEHMANN, F. ; SEYFERT, J.: A multistage mathematical programming based scheduling approach for the photolitography area in semiconductor manufacturing. In: *Proceedings of the 2010 Winter Simulation Conference*, 2010, S. 2474–2485

[KLW+11] KLEMMT, A. ; LANGE, J. ; WEIGERT, G. ; BEIER, E. ; WERNER, S.: Combination of simulation and capacity optimization for detailed production scheduling in semiconductor manufacturing. In: *Proceedings of the 21th International Conference on Flexible Automation and Intelligent Manufacturing*, 2011, S. 603–610

[KT96] KUBIAK, W. ; TIMKOVSKY, V.G.: A polynomial-time algorithm for total completion time minimization in two-machine job-shop with unit-time operations. In: *European Journal of Operational Research* 94 (1996), S. 310–320

[KV02] KORTE, B. ; VYGEN, J.: *Combinatorical optimization: theory and algorithms.* 2. Auflage. Springer, 2002

[KW08] KLEMMT, A. ; WEIGERT, G.: 3D-Visualisierung heuristischer Optimierungsalgorithmen. In: *Proceedings of the 19th Simulation and Visualization Conference*, 2008, S. 167–180

[KWAM09] KLEMMT, A. ; WEIGERT, G. ; ALMEDER, C. ; MÖNCH, L.: A comparison of MIP-based decomposition techniques and VNS approaches for batch scheduling problems. In: *Proceedings of the 2009 Winter Simulation Conference*, 2009, S. 1686–1694

[KWW11] KLEMMT, A. ; WEIGERT, G. ; WERNER, S.: Optimisation approaches for batch scheduling in semiconductor manufacturing. In: *European Journal of Industrial Engineering* 5 (2011), Nr. 3, S. 338–359

[KYB02] KIM, S. ; YEA, S.-H. ; BOKANG, K.: Shift scheduling for steppers in the semiconductor wafer fabrication process. In: *IIE Transactions* 34 (2002), S. 167–177

[Law76] LAWLER, E.L.: *Combinatorial optimization: networks and matroids.* Holt, Rinehart and Winston, 1976

[Law77] LAWLER, E.L.: A "pseudopolynomial" algorithm for sequencing jobs to minimize total tardiness. In: *Annals of Discrete Matematics* 1 (1977), S. 331–342

[Law84] LAWRENCE, S.: *Resource constrained project scheduling: an experimental investigation of heuristic scheduling techniques (supplement)*, Carnegie-Mellon University Pittsburgh, Graduate School of Industrial Administration, Dissertationsschrift, 1984

[LK00] LAW, A.M. ; KELTON, W.D.: *Simulation modeling and analysis.* McGraw Hill, 2000

[LMS02] Kapitel 11: Iterated local search. In: LOURENÇO, H. R. ; MARTIN, O. C. ; STÜTZLE, T.: *Handbook of Metaheuristics.* Kluwer Academic Publishers, 2002, S. 321–353

[LP01] LUSTIG, I.J. ; PUGET, J.-F.: Program does not equal program: constraint programming and its relationship to mathematical programming. In: *Interfaces* 31 (2001), Nr. 6, S. 29–53

[LRK79] LENSTRA, J.K. ; RINNOOY KAN, A.H.G.: Computational complexity of discrete optimization problems. In: *Annals of Discrete Matematics* 4 (1979), S. 121–140

[Man60] MANNE, A.S.: On the job shop scheduling problem. In: *Operations Research* 8 (1960), Nr. 2, S. 219–223

[MBFP05] MÖNCH, L. ; BALASUBRAMANIAN, H. ; FOWLER, J.W. ; PFUND, M.E.: Heuristic scheduling of jobs on parallel batch machines with incompatible job families and unequal ready times. In: *Computers & Operations Research* 32 (2005), Nr. 11, S. 2731–2750

[Mej08] MEJTSKY, G.J.: The improved sweep metaheuristic for simulation optimization and application to job shop scheduling. In: *Proceedings of the 2008 Winter Simulation Conference*, 2008, S. 731–739

[MFC02] MASON, S. ; FOWLER, J.W. ; CARLYLE, W.M.: A modified shifting bottleneck heuristic for minimizing total weighted tardiness in complex job shops. In: *Journal of Scheduling* 5 (2002), S. 247–262

[MKRW11] MÄRZ, L. ; KRUG, W. ; ROSE, O. ; WEIGERT, G.: *Simulation und Optimierung in Produktion und Logistik*. Springer, 2011

[Mön07] MÖNCH, L.: Simulation-based benchmarking of production control schemes for complex manufacturing systems. In: *Control Engineering Practice* 15 (2007), Nr. 11, S. 1381–1393

[MP93] MORTEN, T.E. ; PENTICO, D.W.: *Heuristic scheduling systems*. Wiley, 1993

[MPS01] MÖNCH, L. ; PRAUSE, M. ; SCHMALFUSS, V.: Simulation-based solution of load-balancing problems in the photolithography area of a semiconductor wafer fabrication facility. In: *Proceedings of the 2001 Winter Simulation Conference*, 2001, S. 1170–1177

[MRRT53] METROPOLIS, N. ; ROSENBLUTH, A.W. ; ROSENBLUTH, M.N. ; TELLER, A.H.: Equation of state calculations by fast computing machines. In: *Journal of Chemical Physics* 21 (1953), Nr. 6, S. 1087–1092

[MS03] MATHIRAJAN, M. ; SIVAKUMAR, A.I.: Scheduling of batch processors in semiconductor manufacturing - a review. In: *Innovation in Manufacturing Systems and Technology*, 2003

[MSPF07] MÖNCH, L. ; SCHABACKER, R. ; PABST, D. ; FOWLER, J.W.: Genetic algorithm-based subproblem solution procedures for a modified shifting bottleneck heuristic for complex job shops. In: *European Journal of Operational Research* 177 (2007), S. 2100–2118

[MT90] MARTELLO, S. ; TOTH, P.: *Knapsack problems: algorithms and computer implementations*. Wiley, 1990

[MU98] MEHTA, S.V. ; UZSOY, R.: Minimizing total tardiness on a batch processing machine with incompatible job families. In: *IIE Transactions* 30 (1998), S. 165–178

[NS96] NOWICKI, E. ; SMUTNICKI, C.: A fast taboo search algorithm for the job shop problem. In: *Management Science* 42 (1996), Nr. 6, S. 797–813

[OU97] OVACIK, I.M. ; UZSOY, R.: *Decomposition methods for complex factory scheduling problems*. Kluwer Academic Publishers, 1997

[Pan97] PAN, C.-H.: A study of integer programming formulations for scheduling problems. In: *International Journal of Systems Science* 28 (1997), Nr. 1, S. 33–41

[PBM+02] POTORADI, J. ; BOON, O.S. ; MASON, S.J. ; FOWLER, J.W. ; PFUND, M.E.: Using simulation-based scheduling to maximize demand fulfillment in a semiconductor assembly facility. In: *Proceedings of the 2002 Winter Simulation Conference*, 2002, S. 1857–1861

[PC05] PAN, J.C.-H. ; CHEN, J.-S.: Mixed binary integer programming formulations for the reentrant job shop scheduling problem. In: *Computers & Operations Research* 32 (2005), S. 1197–1212

[PCL07] PEARN, W.L. ; CHUNG, S.H. ; LAI, C.M.: Scheduling integrated circuit assembly operations on die bonder. In: *IEEE Transactions on Electronics Packaging Manufacturing* 30 (2007), Nr. 2, S. 97–105

[Per99] PEREZ, T.I.: *Minimizing total weighted tardiness on a single batch process machine with incompatible job families*, Arizona State University, Diplomarbeit, 1999

[PFC05] PEREZ, I.C. ; FOWLER, J.W. ; CARLYLE, W.M.: Minimizing total weighted tardiness on a single batch process machine with incompatible job families. In: *Computers & Operations Research* 32 (2005), S. 327–341

[Pid04] PIDD, M.: *Computer simulation in management science.* 5. Auflage. Wiley, 2004

[Pin05] PINEDO, M.L.: *Planning and scheduling in manufacturing and services.* Springer, 2005

[Pin08] PINEDO, M.L.: *Scheduling: theory, algorithms and systems.* 3. Auflage. Springer, 2008

[PSC08] PHAM, H.N.A. ; SHR, A. ; CHEN, P.P.: An integer linear programming approach for dedicated machine constraint. In: *Proceedings of the Seventh IEEE/ACIS International Conference on Computer and Information Science*, 2008, S. 69–74

[PX99] PINEDO, M.L. ; XIULI, C.: *Operations scheduling with application in manufacturing and services.* Irwin/McGraw-Hill, 1999

[RK76] RINNOOY KAN, A.H.G.: *Machine scheduling problems: classification, complexity and computations.* Martinus Nijhoff, The Hague, 1976

[RNT01] ROSER, C. ; NAKANO, M. ; TANAKA, M.: A practical bottleneck detection method. In: *Proceedings of the 2001 Winter Simulation Conference*, 2001, S. 949–953

[RNT02] ROSER, C. ; NAKANO, M. ; TANAKA, M.: Shifting bottleneck detection. In: *Proceedings of the 2002 Winter Simulation Conference*, 2002, S. 1079–1086

[Ros03] ROSE, O.: Accelerating products under due-date oriented dispatching rules in semiconductor manufacturing. In: *Proceedings of the 2003 Winter Simulation Conference* (2003), S. 1346–1350

[RS64] ROY, B. ; SUSSMANN, B.: Les problemes d'ordonnancement avec contraintes disjonctives / Note DS no 9bis, SEMA, Paris. 1964. – Forschungsbericht

[Sau03] SAUER, W.: *Prozesstechnologie der Elektronik*. Hanser Fachbuchverlag, 2003

[SC00] SUNG, C.S. ; CHOUNG, Y.I.: Minimizing makespan on a single burn-in oven in a semiconductor manufacturing. In: *European Journal of Operational Research* 120 (2000), S. 559–574

[Sch99] SCHNEIDER, J.J.: *Effiziente parallelisierbare physikalische Optimierungsverfahren*, Universität Regensburg, Naturwissenschaftliche Fakultät II-Physik, Dissertationsschrift, 1999

[Sch03] SCHUSTER, C.J.: *No-wait Job-Shop-Scheduling: Komplexität und Local Search*, Universität Duisburg-Essen, Fakultät für Naturwissenschaften, Dissertationsschrift, 2003

[Sch08] SCHRUBEN, L.: Analytical simulation modeling. In: *Proceedings of the 2008 Winter Simulation Conference*, 2008, S. 113–121

[SCHK02] SUNG, C.S. ; CHOUNG, Y.I. ; HONG, J.M. ; KIM, Y.H.: Minimizing makespan on a single burn-in oven with job families and dynamic job arrivals. In: *Computers & Operations Research* 29 (2002), S. 995–1007

[SF00] SCHÖMIG, A. ; FOWLER, J.W.: Modelling semiconductor manufacturing operations. In: *Proceedings of the 9th ASIM Dedicated Conference Simulation in Production and Logistics*, 2000, S. 55–64

[Siv99] SIVAKUMAR, A.I.: Optimization of a cycle time and utilization in semiconductor test manufacturing using simulation based, on-line, near-real-time scheduling system. In: *Proceedings of the 1999 Winter Simulation Conference*, 1999, S. 727–735

[Sör07] SÖRENSEN, K.: Distance measures based on the edit distance for permutation-type representations. In: *Journal of Heuristics* 13 (2007), S. 35–47

[SS95] SOTSKOV, Y.N. ; SHAKHLEVICH, N.V.: NP-hardness of shop-scheduling problems with three jobs. In: *Discrete Applied Mathematics* 59 (1995), Nr. 3, S. 237–266

[SS05] SEVAUX, M. ; SÖRENSEN, K.: Permutation distance measures for memetic algorithms with population management. In: *Proceedings of the 6th Metaheuristics International Conference*, 2005, S. 832–838

[SWV92] STORER, R.H. ; WU, S.D. ; VACCARI, R: New search spaces for sequencing problems with application to job shop scheduling. In: *Management Science* 38 (1992), Nr. 10, S. 1495–1509

[Tai93] TAILLARD, E.: Benchmarks for basic scheduling problems. In: *European Journal of Operational Research* 64 (1993), S. 278–285

[Tai94] TAILLARD, E.D.: Parallel taboo search techniques for the job shop scheduling problem. In: *Journal on Computing* 6 (1994), Nr. 2, S. 108–117

[Tim85] TIMKOVSKY, V.G.: On the complexity of scheduling an arbitrary system. In: *Soviet Journal of Computer and Systems Sciences* 23 (1985), Nr. 5, S. 46–52

[Tim97] TIMKOVSKY, V.G.: A polynomial-time algorithm fot the two-machine unit-time release-date job-shop schedule-length problem. In: *Discrete Applied Mathematics* 77 (1997), Nr. 2, S. 185–200

[Tim98] TIMKOVSKY, V.G.: Is a unit-time job shop not easier than identical parallel machines? In: *Discrete Applied Mathematics* 85 (1998), Nr. 2, S. 149–162

[Tim03] TIMKOVSKY, V.G.: Identical parallel machines vs. unit-time shops and preemptions vs. chains in scheduling complexity. In: *European Journal of Operational Research* 149 (2003), S. 355–376

[TMR04] TOVIA, F. ; MASON, S.J. ; RAMASAMI, B.: A scheduling heuristic for maximizing wirebonder troughput. In: *IEEE Transactions on Electronics Packaging Manufacturing* 27 (2004), Nr. 2, S. 145–150

[TTKB09] TAMURA, N. ; TAGA, A. ; KITAGAWA, S. ; BANBARA, M.: Compiling finite linear CSP into SAT. In: *Constraints* 14 (2009), S. 254–272

[TU98] TOKTAY, L.B. ; UZSOY, R.: A capacity allocation problem with integer side constraints. In: *European Journal of Operational Research* 109 (1998), S. 170–182

[Tum01] TUMMALA, R.R.: *Fundamentals of microsystems packaging.* McGraw-Hill, 2001

[Ull75] ULLMANN, J.D.: NP-complete scheduling problems. In: *Journal of Computer and System Sciences* 10 (1975), S. 384–393

[Uzs94] UZSOY, R.: Scheduling a single batch processing machine with non-identical job sizes. In: *International Journal of Production Research* 32 (1994), Nr. 7, S. 1615–1635

[VAL94] VAESSENS, R.J.M. ; AARTS, E.H.L. ; LENSTRA, J.K.: Job shop scheduling by local search. In: *Journal on Computing* 8 (1994), Nr. 3, S. 302–317

[VDI93] VDI-RICHTLINIE 3633 BLATT 1 (Hrsg.): *Simulation von Logistik-, Materialfluss- und Produktionssystemen.* Berlin: VDI-Richtlinie 3633 Blatt 1, 1993

[VM87] VEPSALAINEN, A.P.J. ; MORTON, T.E.: Priority rules for job shops with weighted tardiness costs. In: *Management Science* 33 (1987), Nr. 8, S. 1035–1047

[Wag59] WAGNER, H.M.: An integer linear-programming model for machine scheduling. In: *Naval Research Logistics Quarterly* 6 (1959), S. 131–140

[WB08] WATSON, J.-P. ; BECK, J.: A hybrid constraint programming / local search approach to the job-shop scheduling problem. In: PERRON, L. (Hrsg.) ; TRICK, M. (Hrsg.): *Integration of AI and OR Techniques in Constraint Programming for Combinatorial Optimization Problems* Bd. 5015. Springer, 2008, S. 263–277

[Wen00] WENZEL, S.: *Referenzmodelle für die Simulation in Produktion und Logistik.* SCS-Europe BVBA, 2000

[Wer07] WERNER, S.: *Entwicklung und Bewertung von Methoden zur Optimierung ausgewählter Fertigungsprozesse in der Halbleiterindustrie*, Technische Universität Dresden, Institut für Numerische Mathematik, Diplomarbeit, 2007

[WHJW06] WEIGERT, G. ; HORN, S. ; JÄHNIG, T. ; WERNER, S.: Automated creation of DES models in an industrial environment. In: *Proceedings of the 16th International Conference on Flexible Automation and Intelligent Manufacturing*, 2006

[WHW06] WEIGERT, G. ; HORN, S. ; WERNER, S.: Optimization of manufacturing processes by distributed simulation. In: *International Journal of Production Research* 44 (2006), S. 3677–3692

[WHWJ06] WERNER, S. ; HORN, S. ; WEIGERT, G. ; JÄHNIG, T.: Simulation based scheduling system in a semiconductor backend facility. In: *Proceedings of the 2006 Winter Simulation Conference*, 2006, S. 1741–1748

[Wil89] WILSON, H.M.: Alternative formulations of a flow-shop scheduling problem. In: *Journal of Operational Research Society* 40 (1989), S. 395–399

[Wil99] WILLIAMS, H.P.: *Model building in mathematical programming.* 3. Auflage. Wiley, 1999

[WKH09] WEIGERT, G. ; KLEMMT, A. ; HORN, S.: Design and validation of heuristic algorithms for simulation-based scheduling of a semiconductor backend facility. In: *International Journal of Production Research* 47 (2009), S. 2165–2184

[WL09] WANG, B. ; LI, T.: Heuristics for the two-machine flowshop scheduling with limited waiting time constraints. In: *Proceedings of the 20th International Conference on Production Research*, 2009

[Wol98] WOLSEY, L.A.: *Integer programming.* Wiley, 1998

[Wol05] WOLF, A.: Recent advances in constraints: better propagation for non-preemptive single-resource constraint problems. In: *Proceedings of the Joint Annual Workshop of ERCIM/CoLogNET on Constraint Solving and Constraint Logic Programming*, 2005, S. 230–243

[Wol09] WOLF, A.: Constraint-based task scheduling with sequence dependent setup times, time windows and breaks. In: *GI Jahrestagung*, 2009, S. 3205–3219

[WW03] WOLTER, K.-J. ; WIESE, S.: *Interdisziplinäre Methoden in der Aufbau- und Verbindungstechnik.* Ddp Goldenbogen, 2003

[YKJ09] YURTSEVER, T. ; KUTANOGLU, E. ; JOHNS, J.: Heuristic based scheduling system for diffusion in semiconductor manufacturing. In: *Proceedings of the 2009 Winter Simulation Conference*, 2009, S. 1677–1685

[YN92] Yamada, T. ; Nakano, R.: A genetic algorithm applicable to large-scale job-shop instances. In: *Parallel Problem Solving from Nature* 2 (1992), S. 281–290

[YN97] Yamada, T. ; Nakano, R.: Genetic algorithms for jop-shop scheduling problems. In: *Proceedings of Modern Heuristic for Decision Support*, 1997, S. 67–81

Index

Zeitfracht Medien GmbH
Ferdinand-Jühlke-Straße 7
99095 Erfurt, Deutschland
produktsicherheit@kolibri360.de